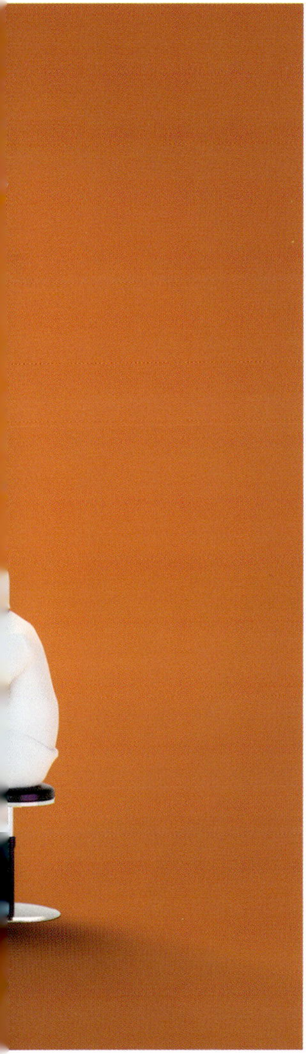

行列の演算と構造

近い将来の実用化が見込まれる量子コンピュータでは，量子力学的な「重ね合わせ」によって，計算の大量な並列処理を可能にすることが目指されている。量子コンピュータにおけるデータの最小単位は量子ビットと呼ばれ，これに量子ゲートという演算を施すことで，情報が処理される。1つの量子ビットはベクトルで表され，量子ゲートはユニタリ行列で表現される。
また，AI などで使われているニューラルネットワークは，多くの変数で与えられるデータを，何重にも処理することで構成されている。それぞれの処理においては，入力されたデータに重みと呼ばれる数を掛けて，これを活性化関数と呼ばれる関数に入れる。この処理を一括で高速に行うために，多次数の行列演算による計算を用いている。

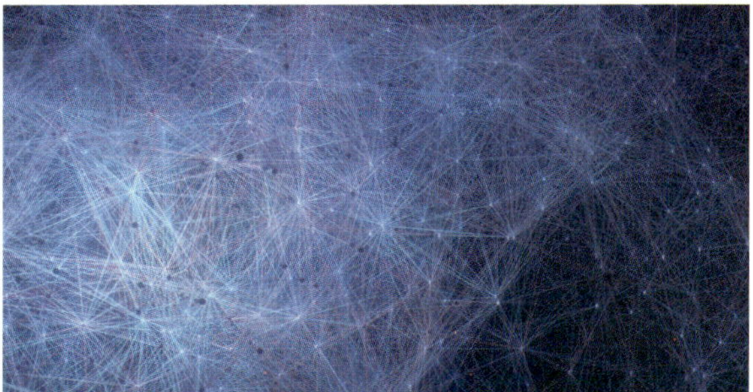

ニューラルネットワーク

まえがき

本書は，高校数学の現今の教育課程（または，それに相当する内容）を修めた人が，大学以降で線形代数学を学ぶための教科書ならびに参考書として，日常的に使用することを想定して書かれている。特に，次の点は本書の特徴である。

・高校数学から大学数学への自然で連続的な接続を図っている。

・読み手それぞれのニーズに合わせて多様な読み方ができる。

最初の点については，この教科書が，高校数学の教科書や参考書を長年にわたり手がけてきた出版社から出版されることによる利点が，最大限に活かされている。例えば，第0章や，その他多くの場所で，高校数学の復習や，大学数学への橋渡しを行うための工夫がなされている。また，高校教科書と同じ体裁で組版されていることも，本書の特徴である。これらによって，高等学校で読み慣れてきた教科書の自然な延長として，読者はすぐにこの教科書に親しんでもらえるものと思う。

また，ひとくちに線形代数学と言っても，読み手の専門や学修の状況に応じて，学びのスタイルは多様であろう。例えば，基本的な計算方法や概念的手法を手早く習得したいという読者もいるであろうし，定理の証明やその仕組みまでじっくり学びたいという人もいるだろう。また，当初は必要ないと思われたことが，何年も後になって必要になるということもあるかもしれない。そういう場合，過去に読み慣れた教科書に，その先のことがちゃんと書いてあると，新たに別の本を読み始めるよりも理解は早いものである。このような多様な読み方に，これ一冊で応えるために，この教科書は〈自己完結的〉になっている。したがって，本書は，最初に線形代数学を一通り学修する段階ではそのすべてを読む必要はないが，その先のことも同じトーンで書いてあるので，最初の学修以後も必要に応じて日常的に参照できるであろう。このような多様な読み方ができるところも，本書の特徴である。

このように，本書には様々な〈使い方〉がある。大学の線形代数学との最初の出会いから，大学卒業後も日常的に読まれる参考書として，本書が長く読まれることになれば，著者として幸甚である。

加藤文元

目次

手引き

章トビラ　各章のはじめにその章で扱う節レベルの話題を抜粋した。
そして，その章で扱われる主題への導入をはかった。

例 1　本文の理解を助けるための具体例である。

例題 1　基本的な問題，および重要で代表的な問題である。
「解答」や「証明」は，解答の簡潔な一例である。

練習 1　例・例題の内容を反復学習するための問題である。
よって，例・例題を学んだのち，まず学習者自身で練習することが望ましい。

章末問題　各章の終わりにある。その章で学習した内容の全体問題である。計算問題と証明問題を扱っている。

注意　本文解説を補い，注意喚起を促す。

研究　本文の内容に関連したやや程度の高い内容を扱った。省略してもよい。

Column コラム　本文の内容に関連した興味深い話題を取り上げた。
(執筆は編集部，および外部協力者によるもの。)

＊本文中の練習や章末問題の答えは巻末に記載してある。そこでは証明問題などの解は略されているが，これらも本書の姉妹書『チャート式シリーズ 大学教養 線形代数』の中では詳しく解説されている。

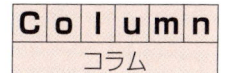

学習の目安

本書は，半期 (クオータ制)，および通年の講義に対応する「線形代数学」の教科書である。

まえがきにもあるように，自己完結的になっているので，本格的な線形代数学に出会う大学 1 年時から，大学卒業後に日常的に読むようなすべての読者の要求にこたえられるようになっている。

大学では主に座学で線形代数学を学ぶことになるため，以下に，その読書や学習の進度の目安を示す。

通年講義の場合 (理学部数学科)

前期　1 から 4 章。

目安：4 回で第 2 章 3 節まで，8 回で 3 章 3 節まで。8 回目の周辺で小テスト。

12 回で 4 章 2 節まで。14 回で残り。このとき，発展は除き進める。

15 回で前期テスト。

後期　5 から 9 章。

目安：20 回で 5 章，24 回で 7 章 2 節くらいまで。24 回周辺で小テスト。

28 回で 8 章まで，29 回で 9 章まで。

30 回で期末テスト。

半期講義の場合 (数学科以外の理学部，および工学部全般)

目安：2 回で 1 章を行う。3 〜 5 回で 2 章を行う。6 回で，3 章 1 節，4 章 2，3 節を中心に行う。

7 回で基底と次元，8，9 回で 6 章。

10 回以降で 7 章，8 章を行う。余力でジョルダンの標準形の求め方。

＊クオータ制の場合，通年を 4 分割すればよい。

＊第 0 章は，ベクトルの記法に慣れるため，また行列を用いた各種の理論や演算の雰囲気を把握するため 1 次変換について扱った。

第 0 章

平面と 1 次変換

この章では，大学の線形代数学を学習する上で，事前に知っておくと便利だと思われる「1 次変換」の概念について学習する。

1 次変換は，本書では第 6 章以降で詳しく学習するが，平面上の 1 次変換については，過去の高校数学でも扱われていた内容である。平面上の 1 次変換については，第 1 章以降で学習する行列の応用例として最も基本的でかつ重要な内容であるため，あえて第 0 章としてここで取り上げることにした。

1 では，写像と変換について簡単に紹介する。写像の知識は，線形代数学での活用だけにとどまらず，微分積分学においても必須である。

2 では，1 次変換が表す式を通して，第 1 章で扱う「行列」の概念を簡単に紹介する。

3 では，相似変換，恒等変換，合成変換，逆変換，回転変換など，いろいろな 1 次変換について紹介する。

1 写像と変換

本節では，集合間の対応を表す写像の概念と，その特別な場合の変換を紹介する。

下で示す変換は，平面から平面への対応を表す1次変換と呼ばれるもので，詳しくは次節で学習する。

また，写像については，微分積分においても，高次関数などを含む多変数関数の一般論を扱う際に学習する。

◈写像

2つの集合 X, Y において，Xのどの要素にも，Yの要素が1つずつ対応しているとき，この対応をXからYへの **写像**（しゃぞう）といい，fなどの記号を用いて

$$f: X \longrightarrow Y$$

と書く。また，この写像fで，Xの要素aにYの要素bが対応しているとき，bは写像fによるaの **像**（ぞう）であるといい，以下のように書く。

$$f(a)=b \qquad \text{または} \qquad f: a \longmapsto b$$

◈変換

集合XからX自身への写像を，X上の **変換** という。ここで，座標平面上の点全体の集合をEで表す。E上の変換によって，点 $\mathrm{P}(x, y)$ が点 $\mathrm{P}'(x', y')$ に移るとき，すなわち変換fによるPの像がP'であるとき，この変換を以下のように書く。

$$f:(x, y) \longmapsto (x', y')$$

x軸，y軸，原点，直線 $y=x$ に関する対称移動をそれぞれf, g, h, kとすると，これらは次のように表されるE上の変換である。

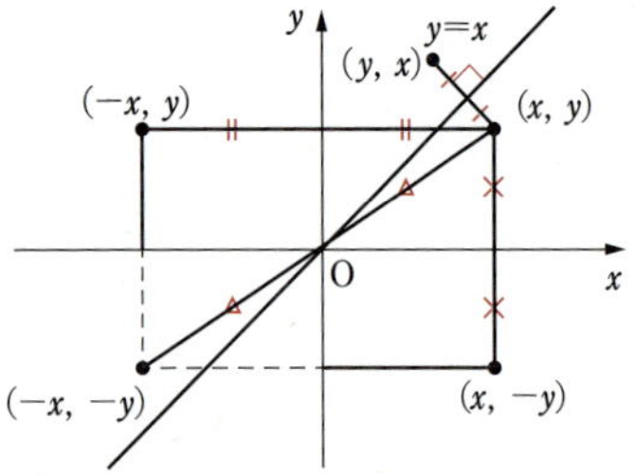

$$f:(x, y) \longmapsto (x, -y)$$

$$g:(x, y) \longmapsto (-x, y)$$

$$h:(x, y) \longmapsto (-x, -y)$$

$$k:(x, y) \longmapsto (y, x)$$

注意 写像については，第6章 1 (p. 190) で更に詳しくまとめる。

2　1次変換と行列

ここで扱う1次変換と，第1章で扱う行列は密接に関係するので，事前に第1章の 1，2 を読んでおくとよい。

◈ 1次変換

x 軸に関する対称移動 f によって，点 $\mathrm{P}(x,\ y)$ が点 $\mathrm{P}'(x',\ y')$ に移されたとすると，$x'=x,\ y'=-y$ であるから $\begin{cases} x'=1\cdot x+0\cdot y \\ y'=0\cdot x+(-1)\cdot y \end{cases}$ が成り立つ。この関係式を $\begin{pmatrix} x' \\ y' \end{pmatrix}=\begin{pmatrix} 1 & 0 \\ 0 & -1 \end{pmatrix}\begin{pmatrix} x \\ y \end{pmatrix}$ のように表す。ここで，$\begin{pmatrix} x' \\ y' \end{pmatrix}$，$\begin{pmatrix} 1 & 0 \\ 0 & -1 \end{pmatrix}$，$\begin{pmatrix} x \\ y \end{pmatrix}$ は**行列** といわれるものである。なお，行列については，第1章で詳しく解説する。

一般に，座標平面上の変換 f において，任意にとった点 $\mathrm{P}(x,\ y)$ が点 $\mathrm{P}'(x',\ y')$ に移されるとき，これらの点の座標の間には以下の関係式が成り立つとする。

$$\begin{cases} x'=ax+by \\ y'=cx+dy \end{cases} \quad \text{ただし，}a,\ b,\ c,\ d\text{ は定数}$$

この場合，変換 f は **1次変換** であるという。この関係式は，行列を用いると，冒頭で示した $\begin{pmatrix} x' \\ y' \end{pmatrix}=\begin{pmatrix} a & b \\ c & d \end{pmatrix}\begin{pmatrix} x \\ y \end{pmatrix}$ で表すことができる。

この式の行列 $A=\begin{pmatrix} a & b \\ c & d \end{pmatrix}$ を **1次変換 f を表す行列** という。

注意　行列のかっこ表記については，1章以降では角カッコ [　] を用いる。

例 1

y 軸，原点，直線 $y=x$ に関する対称移動 $g,\ h,\ k$ はどれも1次変換で

y 軸に関する対称移動 g ：$\begin{cases} x'=(-1)\cdot x+0\cdot y \\ y'=0\cdot x+1\cdot y \end{cases}$　$\begin{pmatrix} x' \\ y' \end{pmatrix}=\begin{pmatrix} -1 & 0 \\ 0 & 1 \end{pmatrix}\begin{pmatrix} x \\ y \end{pmatrix}$

原点に関する対称移動 h ：$\begin{cases} x'=(-1)\cdot x+0\cdot y \\ y'=0\cdot x+(-1)\cdot y \end{cases}$　$\begin{pmatrix} x' \\ y' \end{pmatrix}=\begin{pmatrix} -1 & 0 \\ 0 & -1 \end{pmatrix}\begin{pmatrix} x \\ y \end{pmatrix}$

直線 $y=x$ に関する対称移動 k ：$\begin{cases} x'=0\cdot x+1\cdot y \\ y'=1\cdot x+0\cdot y \end{cases}$　$\begin{pmatrix} x' \\ y' \end{pmatrix}=\begin{pmatrix} 0 & 1 \\ 1 & 0 \end{pmatrix}\begin{pmatrix} x \\ y \end{pmatrix}$

3 いろいろな1次変換

相似変換，恒等変換，合成変換，および逆写像と逆変換，回転移動と1次変換について解説する。

◈相似変換と恒等変換

原点Oを相似の中心として，図形をk倍に拡大する，または縮小する変換を，相似比kの **相似変換** という。

例題 1 kを正の定数とするとき，点 P$(x,\ y)$ に，$\overrightarrow{OP'}=k\overrightarrow{OP}$ を満たす点 P$'(x',\ y')$ を対応させる1次変換を書け。

解答 kを正の定数とする。
点 P$(x,\ y)$ が点 P$'(x',\ y')$ に移されるので

$$x'=kx,\quad y'=ky$$

よって
$$\begin{cases} x'=k\cdot x+0\cdot y \\ y'=0\cdot x+k\cdot y \end{cases}$$

したがって
$$\begin{pmatrix} x' \\ y' \end{pmatrix}=\begin{pmatrix} k & 0 \\ 0 & k \end{pmatrix}\begin{pmatrix} x \\ y \end{pmatrix}$$ ■

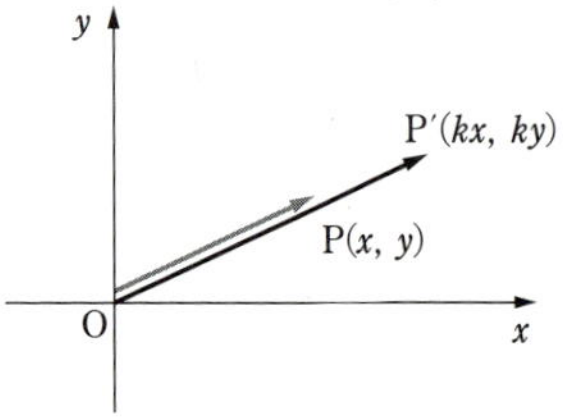

上では相似比が正の定数kの場合を扱った。相似比が1の場合は特別で，任意の点Pをそれ自身に移す。この変換を **恒等変換** という。恒等変換は，以下の式で書き表すことができる。

$$\begin{cases} x'=1\cdot x+0\cdot y \\ y'=0\cdot x+1\cdot y \end{cases}$$

したがって，恒等変換は行列を使って，以下のように書き表すことができる。

$$\begin{pmatrix} x' \\ y' \end{pmatrix}=\begin{pmatrix} 1 & 0 \\ 0 & 1 \end{pmatrix}\begin{pmatrix} x \\ y \end{pmatrix}$$

注意 上の式の行列部分 $\begin{pmatrix} 1 & 0 \\ 0 & 1 \end{pmatrix}$ は **単位行列** といい，Eで表すことが多い。

詳しくは，第1章を参照のこと。

例題 2 次の行列 A で表される1次変換による点Pの像を求めよ。

(1) $A=\begin{pmatrix} 1 & 2 \\ -2 & 1 \end{pmatrix}$, $\mathrm{P}(3,\ 4)$ (2) $A=\begin{pmatrix} 0 & -1 \\ -1 & 0 \end{pmatrix}$, $\mathrm{P}(1,\ 2)$

解答 (1) 1次変換 $\begin{pmatrix} 1 & 2 \\ -2 & 1 \end{pmatrix}$ による点Pの像を $\mathrm{P}'(x,\ y)$ とすると

$\begin{cases} x=1\cdot3+2\cdot4 \\ y=-2\cdot3+1\cdot4 \end{cases}$ で表すことができるから $\begin{cases} x=11 \\ y=-2 \end{cases}$

行列で表すと $\begin{pmatrix} x \\ y \end{pmatrix}=\begin{pmatrix} 1 & 2 \\ -2 & 1 \end{pmatrix}\begin{pmatrix} 3 \\ 4 \end{pmatrix}=\begin{pmatrix} 11 \\ -2 \end{pmatrix}$

が成り立つ。

求める像は $\mathrm{P}'(11,\ -2)$ である。

(2) 1次変換 $\begin{pmatrix} 0 & -1 \\ -1 & 0 \end{pmatrix}$ による点Pの像を $\mathrm{P}'(x,\ y)$ とすると

$\begin{cases} x=0\cdot1+(-1)\cdot2 \\ y=(-1)\cdot1+0\cdot2 \end{cases}$ で表すことができるから $\begin{cases} x=-2 \\ y=-1 \end{cases}$

行列で表すと $\begin{pmatrix} x \\ y \end{pmatrix}=\begin{pmatrix} 0 & -1 \\ -1 & 0 \end{pmatrix}\begin{pmatrix} 1 \\ 2 \end{pmatrix}=\begin{pmatrix} -2 \\ -1 \end{pmatrix}$

が成り立つ。

求める像は $\mathrm{P}'(-2,\ -1)$ である。

注意 例題2(1)の解答では，行列どうしの掛け算を行っている。分解して示すと，次の赤い部分の計算操作である。

$$\begin{pmatrix} 1 & 2 \\ -2 & 1 \end{pmatrix}\begin{pmatrix} 3 \\ 4 \end{pmatrix}=\begin{pmatrix} 1\cdot3+2\cdot4 \\ \end{pmatrix},\quad \begin{pmatrix} 1 & 2 \\ -2 & 1 \end{pmatrix}\begin{pmatrix} 3 \\ 4 \end{pmatrix}=\begin{pmatrix} \\ -2\cdot3+1\cdot4 \end{pmatrix}$$

(2)も同様で，詳しくは第1章で説明する。

1次変換 f が行列 $\begin{pmatrix} a & b \\ c & d \end{pmatrix}$ を使って表されるとき，例題2と同様に考えて

$$\begin{pmatrix} a & b \\ c & d \end{pmatrix}\begin{pmatrix} 0 \\ 0 \end{pmatrix}=\begin{pmatrix} 0 \\ 0 \end{pmatrix},\quad \begin{pmatrix} a & b \\ c & d \end{pmatrix}\begin{pmatrix} 1 \\ 0 \end{pmatrix}=\begin{pmatrix} a \\ c \end{pmatrix},\quad \begin{pmatrix} a & b \\ c & d \end{pmatrix}\begin{pmatrix} 0 \\ 1 \end{pmatrix}=\begin{pmatrix} b \\ d \end{pmatrix}$$

である*) ことから，次が成り立つ。

行列 $\begin{pmatrix} a & b \\ c & d \end{pmatrix}$ で表される1次変換によって，

*) 順に $\begin{cases} a\cdot0+b\cdot0=0 \\ c\cdot0+d\cdot0=0 \end{cases}$, $\begin{cases} a\cdot1+b\cdot0=a \\ c\cdot1+d\cdot0=c \end{cases}$, $\begin{cases} a\cdot0+b\cdot1=b \\ c\cdot0+d\cdot1=d \end{cases}$

1．原点OはO自身に移される。

2．点 $(1,\ 0)$ は点 $(a,\ c)$ に，点 $(0,\ 1)$ は点 $(b,\ d)$ に移される。

また，次のこともいえる。

1次変換 f による2点 $(1,\ 0)$，$(0,\ 1)$ の像が，それぞれ $(a,\ c)$，$(b,\ d)$ であるとき，f を表す行列は $\begin{pmatrix} a & b \\ c & d \end{pmatrix}$ である。

例題 3　2点 $P(2,\ 1)$，$Q(3,\ 2)$ をそれぞれ $P'(1,\ 3)$，$Q'(2,\ 4)$ に移す1次変換 f を表す行列を求めよ。

解答　1次変換 f を表す行列を $\begin{pmatrix} a & b \\ c & d \end{pmatrix}$ とすると，題意の1次変換は

$$\begin{pmatrix} a & b \\ c & d \end{pmatrix}\begin{pmatrix} 2 \\ 1 \end{pmatrix}=\begin{pmatrix} 1 \\ 3 \end{pmatrix},\qquad \begin{pmatrix} a & b \\ c & d \end{pmatrix}\begin{pmatrix} 3 \\ 2 \end{pmatrix}=\begin{pmatrix} 2 \\ 4 \end{pmatrix}$$

とそれぞれ表される。

よって　$\begin{cases} 2a+b=1 \\ 2c+d=3 \end{cases}$,　$\begin{cases} 3a+2b=2 \\ 3c+2d=4 \end{cases}$

これらを解くと　$a=0,\ b=1,\ c=2,\ d=-1$

したがって，求める1次変換を表す行列は　$\begin{pmatrix} 0 & 1 \\ 2 & -1 \end{pmatrix}$

◆ 1次変換の合成

2つの写像 $f: X \longrightarrow Y$，$g: Y \longrightarrow Z$ において，X の要素 x の f による像を y とし，この y の g による像を z とすると　$y=f(x)$，$z=g(y)$

よって　$z=g(f(x))$

このとき，x に z を対応させると，X から Z への写像　$h: X \longrightarrow Z$ が得られる。この写像 h を，2つの写像 f と g の **合成写像** といい，$g \circ f$ で表す。

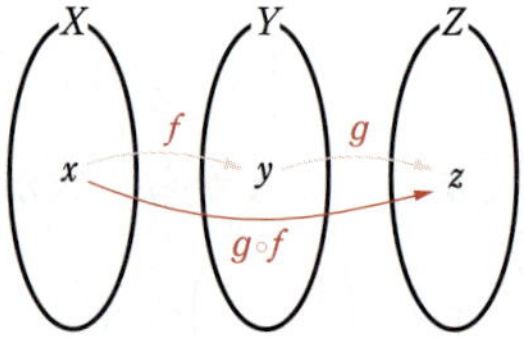

また，合成写像 $g \circ f$ による x の像は，次の式によって求められる。　$(g \circ f)(x)=g(f(x))$

なお，2つの写像 f，g について，

$g \circ f(x)=g(f(x))$ を，f と g の **合成写像** という。

例題 4　2つの関数 $f(x)=3x-1$, $g(x)=x^2+1$ について，合成関数 $(g\circ f)(x)$ と $(f\circ g)(x)$ を，それぞれ x の式で表せ。

解答　$(g\circ f)(x)=g(f(x))=g(3x-1)=(3x-1)^2+1=9x^2-6x+2$
$(f\circ g)(x)=f(g(x))=f(x^2+1)=3(x^2+1)-1=3x^2+2$

f, g が集合 X 上の変換であるときは，合成写像 $g\circ f$ は，同じ集合 X 上の変換である。これを f と g の **合成変換** という。座標平面 E 上の2つの1次変換を

$$f : \mathrm{P}(x,\ y) \longmapsto \mathrm{P}'(x',\ y') \qquad g : \mathrm{P}'(x',\ y') \longmapsto \mathrm{P}''(x'',\ y'')$$

とし，1次変換 f, g を表す行列を，それぞれ A, B とすると

$$\begin{pmatrix} x' \\ y' \end{pmatrix}=A\begin{pmatrix} x \\ y \end{pmatrix}, \qquad \begin{pmatrix} x'' \\ y'' \end{pmatrix}=B\begin{pmatrix} x' \\ y' \end{pmatrix}$$

ゆえに　$$\begin{pmatrix} x'' \\ y'' \end{pmatrix}=B\left\{A\begin{pmatrix} x \\ y \end{pmatrix}\right\}=BA\begin{pmatrix} x \\ y \end{pmatrix} \qquad (*)$$

よって，f と g の合成変換 $g\circ f$ は，$\mathrm{P}(x,\ y)$ を $\mathrm{P}''(x'',\ y'')$ に移す写像で，(＊) より，行列 BA で表される。

注意　行列の積については，第1章で詳しく述べる（$p.$ 22 参照）。

例題 5　1次変換 $f : (x,\ y) \longmapsto (x+y,\ 2x-y)$
$g : (x,\ y) \longmapsto (2x-y,\ -5x+3y)$
について，合成変換 $g\circ f$ および $f\circ g$ を表す行列を求めよ。

解答　f を表す行列は $\begin{pmatrix} 1 & 1 \\ 2 & -1 \end{pmatrix}$, g を表す行列は $\begin{pmatrix} 2 & -1 \\ -5 & 3 \end{pmatrix}$ である。

よって，$g\circ f$ を表す行列は

$$\begin{pmatrix} 2 & -1 \\ -5 & 3 \end{pmatrix}\begin{pmatrix} 1 & 1 \\ 2 & -1 \end{pmatrix} \quad \text{すなわち} \quad \begin{pmatrix} 0 & 3 \\ 1 & -8 \end{pmatrix}$$

同様にして，$f\circ g$ を表す行列は

$$\begin{pmatrix} 1 & 1 \\ 2 & -1 \end{pmatrix}\begin{pmatrix} 2 & -1 \\ -5 & 3 \end{pmatrix} \quad \text{すなわち} \quad \begin{pmatrix} -3 & 2 \\ 9 & -5 \end{pmatrix}$$

注意　例題2と同様に，行列どうしの掛け算を行っている。$g\circ f$ について

$$\begin{pmatrix} 2 & -1 \\ -5 & 3 \end{pmatrix}\begin{pmatrix} 1 & 1 \\ 2 & -1 \end{pmatrix}=\begin{pmatrix} 2\cdot1+(-1)\cdot2 & \\ & \end{pmatrix}, \quad \begin{pmatrix} 2 & -1 \\ -5 & 3 \end{pmatrix}\begin{pmatrix} 1 & 1 \\ 2 & -1 \end{pmatrix}=\begin{pmatrix} & 2\cdot1+(-1)\cdot(-1) \\ & \end{pmatrix}$$

$$\begin{pmatrix} 2 & -1 \\ -5 & 3 \end{pmatrix}\begin{pmatrix} 1 & 1 \\ 2 & -1 \end{pmatrix}=\begin{pmatrix} & \\ -5\cdot1+3\cdot2 & \end{pmatrix},\quad \begin{pmatrix} 2 & -1 \\ -5 & 3 \end{pmatrix}\begin{pmatrix} 1 & 1 \\ 2 & -1 \end{pmatrix}=\begin{pmatrix} & \\ & -5\cdot1+3\cdot(-1) \end{pmatrix}$$

なお，$f\circ g$ についても上記と同様の操作を行っている。また，f によって点 $(x,\ y)$ が点 $(x',\ y')$ に，g によって点 $(x',\ y')$ が点 $(x'',\ y'')$ に移るとすると

$$\begin{cases} x'=x+y \\ y'=2x-y \end{cases},\quad \begin{cases} x''=2x'-y' \\ y''=-5x'+3y' \end{cases}$$

ゆえに
$$\begin{cases} x''=2(x+y)-(2x-y)=0\cdot x+3y \\ y''=-5(x+y)+3(2x-y)=1\cdot x-8y \end{cases}$$

集合 X から集合 Y への 2 つの写像 f，g について，X の任意の要素 x に対して，常に $f(x)=g(x)$ が成り立つとき，写像 f と g は **等しい** といい，$f=g$ と書く。

3 つの写像 $f:X\longrightarrow Y$，$g:Y\longrightarrow Z$，$h:Z\longrightarrow U$ について，これらから作られる 2 つの合成写像 $h\circ(g\circ f)$，$(h\circ g)\circ f$ はともに X から U への写像である。このとき　$x\overset{f}{\longmapsto}y\overset{g}{\longmapsto}z\overset{h}{\longmapsto}u$　とすると

$$h\circ(g\circ f):x\overset{g\circ f}{\longmapsto}z\overset{h}{\longmapsto}u,\quad (h\circ g)\circ f:x\overset{f}{\longmapsto}y\overset{h\circ g}{\longmapsto}u$$

したがって，この 2 つの合成写像において，X の要素 x に対する要素は，ともに $u=h(g(f(x)))$ に等しく，次の結合法則が成り立つ。

$$h\circ(g\circ f)=(h\circ g)\circ f \quad \cdots\cdots \text{①}$$

この結合法則の両辺の合成写像を，$h\circ g\circ f$ と書き表す。

なお，2 つの写像 f，g の合成について，$g\circ f=f\circ g$ は，一般には成り立たない（例題 5 参照）。

◆逆写像

写像 $f:X\longrightarrow Y$ において，集合 X を写像 f の **定義域** という。また，写像 f の像全体の集合 $\{f(x)\mid x\in X\}$ を写像 f の **値域** という。

写像 $f:X\longrightarrow Y$ において，f の値域が Y に一致するとき，f は **X から Y の上への写像である** という。

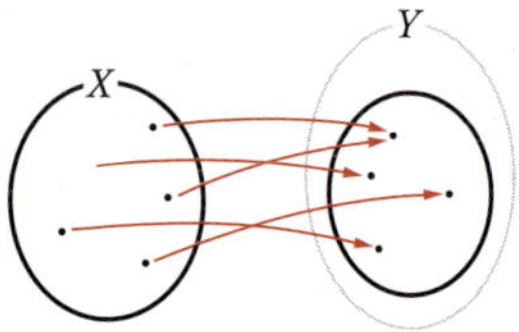

また，写像 $f:X\longrightarrow Y$ において，X の異なる要素には，常に Y の異なる要素が対応しているとき，すなわち，X の要素 a，b について

$$a\neq b\Longrightarrow f(a)\neq f(b)$$

が成り立つとき，f は **1対1の写像である** という。

写像 $f: X \longrightarrow Y$ が，X から Y の上への1対1の写像であるとき，Y の各要素 y に対して，$f(x)=y$ となる X の要素がただ1つ定まる。

したがって，y にこの x を対応させると，Y から X への写像が得られる。これを

$$f^{-1}: Y \longrightarrow X$$

と書いて，写像 f の **逆写像** という。

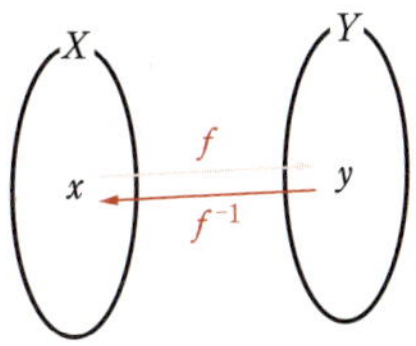

特に $Y=X$ のとき，逆写像

$$f^{-1}: X \longrightarrow X$$

を f の **逆変換** という。

写像 $f: X \longrightarrow Y$ が逆写像

$f^{-1}: Y \longrightarrow X$ をもつとき，$f: x \longmapsto y$ ならば，$f^{-1}: y \longmapsto x$ であるから，

$(f^{-1})^{-1}=f$ が成り立つ。

すなわち，**f^{-1} の逆写像はもとの f に等しい。**

注意 逆行列については，第1章で詳しく説明する (p. 32) が，座標平面 E 上の1次変換 $f: \mathrm{P}(x,\ y) \longmapsto \mathrm{P}'(x',\ y')$ を表す行列 A が逆行列 A^{-1} をもつときは

$$\begin{pmatrix} x' \\ y' \end{pmatrix} = A \begin{pmatrix} x \\ y \end{pmatrix}$$

$$\begin{pmatrix} x \\ y \end{pmatrix} = A^{-1} \begin{pmatrix} x' \\ y' \end{pmatrix}$$

が成り立つ。

座標平面上の各点 $\mathrm{P}'(x',\ y')$ に対して，1次変換 f による像 P' になる点 $\mathrm{P}(x,\ y)$ が，ただ1つ定まるならば，f は逆変換 $f^{-1}: \mathrm{P}'(x',\ y') \longmapsto \mathrm{P}(x,\ y)$ をもつ。

◈ 回転と1次変換

座標平面上の点 $\mathrm{P}(x,\ y)$ を原点Oの周りに一般角 θ だけ回転して，点 $\mathrm{P}'(x',\ y')$ に移す回転移動 f について考えよう。

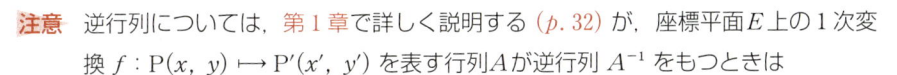

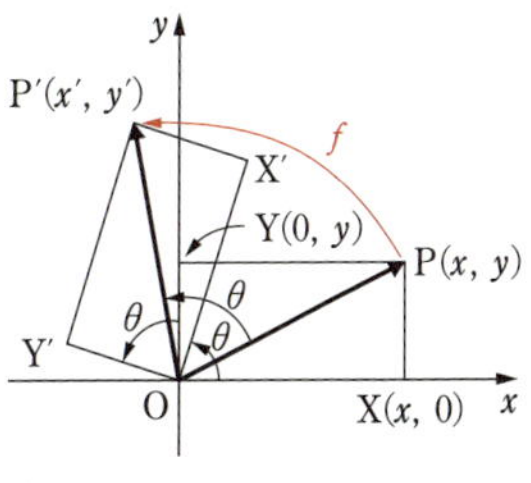

図中の2点 $\mathrm{X}(x,\ 0)$ と $\mathrm{Y}(0,\ y)$ が，角 θ の回転によって，それぞれ X' と Y' に移るものとする。

$\angle \mathrm{XOX}' = \angle \mathrm{YOY}' = \theta$ であるから，X' と Y' の

座標は，それぞれ $X'(x\cos\theta,\ x\sin\theta)$，$Y'(-y\sin\theta,\ y\cos\theta)$ である。

このとき，$\overrightarrow{OP'}=\overrightarrow{OX'}+\overrightarrow{OY'}$ を成分で表すと以下のようになる。

$$(x',\ y')=(x\cos\theta,\ x\sin\theta)+(-y\sin\theta,\ y\cos\theta)$$
$$=(x\cos\theta-y\sin\theta,\ x\sin\theta+y\cos\theta)$$

よって　$\begin{cases} x'=x\cos\theta-y\sin\theta \\ y'=x\sin\theta+y\cos\theta \end{cases}$

したがって，この原点Oの周りに一般角 θ だけ回転した回転移動は，行列を含んだ次の式で表される1次変換である。

$$\begin{pmatrix} x' \\ y' \end{pmatrix}=\begin{pmatrix} \cos\theta & -\sin\theta \\ \sin\theta & \cos\theta \end{pmatrix}\begin{pmatrix} x \\ y \end{pmatrix}$$

例題 6　原点を中心として，回転角が 30°，−45°，120° である回転移動を示す行列を，それぞれ求めよ。

解答　30°　$\begin{pmatrix} \cos 30^\circ & -\sin 30^\circ \\ \sin 30^\circ & \cos 30^\circ \end{pmatrix}=\begin{pmatrix} \frac{\sqrt{3}}{2} & -\frac{1}{2} \\ \frac{1}{2} & \frac{\sqrt{3}}{2} \end{pmatrix}$

$-45°$　$\begin{pmatrix} \cos(-45^\circ) & -\sin(-45^\circ) \\ \sin(-45^\circ) & \cos(-45^\circ) \end{pmatrix}=\begin{pmatrix} \cos 45^\circ & \sin 45^\circ \\ -\sin 45^\circ & \cos 45^\circ \end{pmatrix}$

$$=\begin{pmatrix} \frac{1}{\sqrt{2}} & \frac{1}{\sqrt{2}} \\ -\frac{1}{\sqrt{2}} & \frac{1}{\sqrt{2}} \end{pmatrix}$$

120°　$\begin{pmatrix} \cos 120^\circ & -\sin 120^\circ \\ \sin 120^\circ & \cos 120^\circ \end{pmatrix}=\begin{pmatrix} -\frac{1}{2} & -\frac{\sqrt{3}}{2} \\ \frac{\sqrt{3}}{2} & -\frac{1}{2} \end{pmatrix}$

第 1 章

行列の概念

1 行列とは何か／2 行列の演算／3 行列の種々の概念

行列とは，いくつかの数や文字が長方形に並んでいるものである。

これは，一度に多くの数量を把握することに役立つ。

この章の 1 では，行列とは何かについて，その書き方から始め，各部の名称や呼び方などの詳細をまとめる。

ここでは，列ベクトル，行ベクトルのような，一見新しい概念が出てくるが，本質的には高等学校で学習したベクトルと同じである。

2 では，行列の演算についてまとめる。

行列には数と同じような演算の規則や法則がある。

演算に関して基本になる定義や定理を順番に解説しながら，行列の相等，和，差，スカラー（定数）倍と進み，最後に行列の積について解説する。

3 では転置行列，逆行列など，行列の計算や操作に関する，より踏み込んだ概念についてまとめる。

これらの計算を実地で行っていくことを通して，行列の計算や操作に慣れていくことを目指す。

1 行列とは何か

行列とは何か，行列の定義，行列の書き方・読み方などについて解説する。

◈行列とは

$$\begin{bmatrix} a_{11} & a_{12} & \cdots & a_{1n} \\ a_{21} & a_{22} & \cdots & a_{2n} \\ \vdots & \vdots & & \vdots \\ a_{m1} & a_{m2} & \cdots & a_{mn} \end{bmatrix}$$

いくつかの数を左のように長方形状に並べたものを **行列** といい，その各々の数を，この行列の **成分**（せいぶん） または **要素**（ようそ） という。

行列において，横の並びを **行**，縦の並びを **列** とした。

第 i 行（上から i 番目の行）と第 j 列（左から j 番目の列）の交わる場所におかれている数を $(i,\ j)$ **成分** または $(i,\ j)$ **要素** といい，a_{ij} のように表す。

下に示すように，行と列については，それぞれの文字の成り立ちから，行はつくりに「横の棒が 2 本あるので横の並び」，列はつくりに「縦の棒が 2 本あるので縦の並び」と覚えることもできる。

第 1 行　第 2 行　$\begin{bmatrix} a & b \\ c & d \end{bmatrix}$　第 1 列　第 2 列

行 ⟶ i 行（横の並び）
列 ⟶ j 列（縦の並び）

a_{ij}
添え字の示す前の i が行，後の j が列。
a_{mn} など添え字が異なっても同じ。

一般に，行列は次のように定義できる。

定義 1-1　行列

$$\begin{bmatrix} a_{11} & a_{12} & \cdots & a_{1n} \\ a_{21} & a_{22} & \cdots & a_{2n} \\ \vdots & \vdots & & \vdots \\ a_{m1} & a_{m2} & \cdots & a_{mn} \end{bmatrix}$$

$m \times n$ 個の数を長方形状に並べた左のようなものを，$m \times n$ 行列，$(m,\ n)$ 型行列，m 行 n 列の行列または単に 行列 という。

0 章で示した行列は丸カッコ（　　）で表したが，今後は角カッコ［　　］で表すことにする。

注意 「$m \times n$ 行列」と書いたときの m と n は，それぞれ行と列の個数である。「行・列」の順番であることに注意する。また，成分 a_{ij} における i は行の番号を表し，j は列の番号を表す。これも「行・列」の順番である。

◈行列の書き方

行列は，大文字 A，B，C，…… を用いて，以下のように書かれることが多い。

$$A=\begin{bmatrix} a_{11} & a_{12} & \cdots & a_{1n} \\ a_{21} & a_{22} & \cdots & a_{2n} \\ \vdots & \vdots & & \vdots \\ a_{m1} & a_{m2} & \cdots & a_{mn} \end{bmatrix}$$

また，右辺は単に $(i,\ j)$ 成分だけを取り出して　$A=[a_{ij}]$　と略記することもある。

定義 1-1 のように，行が m，列が n だけある行列で，$m=n$ である場合，数は正方形状に並んでいる。これを **n 次の正方行列** といい，その行（列）の数を正方行列の **次数** という。n 次正方行列 $A=[a_{ij}]$ の成分 a_{11}，a_{22}，……，a_{nn} を **対角成分** という。

例 1

(1)　$A=\begin{bmatrix} -2 & 3 \\ 4 & -1 \end{bmatrix}$ は，2×2 行列，$(2,\ 2)$ 型行列，2 行 2 列の行列，2 次の正方行列。

(2)　$B=\begin{bmatrix} 1 & -3 & 0 \\ 5 & 2 & 4 \end{bmatrix}$ は，2×3 行列，$(2,\ 3)$ 型行列，2 行 3 列の行列。

(3)　$C=\begin{bmatrix} 1 & -3 & 0 \\ 5 & 2 & 4 \\ -1 & -2 & 0 \end{bmatrix}$ は，3×3 行列，$(3,\ 3)$ 型行列，3 行 3 列の行列，3 次の正方行列。

注意　1×1 行列は数とみなす。

行列の中で，列の数か行の数が 1 である行列は **ベクトル** とも呼ばれる。このうち，$(m,\ 1)$ 型の行列，すなわち縦に m 個の数が並んだ行列を **m 次列ベクトル（縦ベクトル）** といい，$\begin{bmatrix} a_1 \\ a_2 \\ \vdots \\ a_m \end{bmatrix}$ で表す。

また，(1, n) 型の行列，すなわち横に n 個の数が並んだ行列を **n 次行ベクトル（横ベクトル）** といい，$\begin{bmatrix} a_1 & a_2 & \cdots\cdots & a_n \end{bmatrix}$ で表す。

このとき，ベクトルは行列と区別するため，$\boldsymbol{a}=\begin{bmatrix} 1 \\ 2 \\ 3 \end{bmatrix}$，$\boldsymbol{a}=\begin{bmatrix} 4 & 5 & 6 \end{bmatrix}$ のように太字を使って書き表されることが多い。

例 2

例 1 の行列 B において，

$\begin{bmatrix} 1 & -3 & 0 \end{bmatrix}$，$\begin{bmatrix} 5 & 2 & 4 \end{bmatrix}$ はそれぞれ B の行ベクトルである。

$\begin{bmatrix} 1 \\ 5 \end{bmatrix}$，$\begin{bmatrix} -3 \\ 2 \end{bmatrix}$，$\begin{bmatrix} 0 \\ 4 \end{bmatrix}$ はそれぞれ B の列ベクトルである。

注意 ベクトルの演算については，本章の 3 や，第 5 章 (p. 181) で，そこで扱う話題とともに詳しく解説する。

練習 1 次の行列の型は何か。

(1) $\begin{bmatrix} 1 & 0 \\ -2 & 4 \\ 3 & -5 \end{bmatrix}$　(2) $\begin{bmatrix} a & b \\ -c & d \end{bmatrix}$　(3) $\begin{bmatrix} -1 & -1 & -4 \\ 2 & 2 & 0 \\ 4 & 0 & 3 \end{bmatrix}$

練習 2 行列 A，B について次の問いに答えよ。

$$A=\begin{bmatrix} 3 & 0 \\ -1 & 3 \\ 1 & 0 \end{bmatrix} \qquad B=\begin{bmatrix} -2 & -1 & 1 \\ 1 & 2 & -3 \\ 4 & 0 & 3 \end{bmatrix}$$

(1) 行列の型は何か。

(2) 行列 A の (3, 1) 成分はどれか。また，-1 は何成分か。

(3) 行列 B の (3, 2) 成分はどれか。また，-3 は何成分か。

練習 3 例 1 の行列 A と行列 C における行ベクトルと列ベクトルをすべて書き出せ。

2　行列の演算

数や行列の演算については，その規則や法則を理解することが重要である。そのため，行列の演算に関して，基本となる定義や定理について順番に解説する。

まずは，行列の相等から始め，和，差，スカラー（実数）倍と進み，最後に行列の積について解説する。

◈相等

2つの行列 A，B が等しいとは，[1] A，B の型が同じであること，[2] 対応する所の成分がどれも等しいことをいう。

すなわち，行列の相等について，以下のように定義する。

定義 2-1　行列の相等

$$A=\begin{bmatrix} a_{11} & a_{12} & \cdots & a_{1n} \\ a_{21} & a_{22} & \cdots & a_{2n} \\ \vdots & \vdots & & \vdots \\ a_{m1} & a_{m2} & \cdots & a_{mn} \end{bmatrix} \qquad B=\begin{bmatrix} b_{11} & b_{12} & \cdots & b_{1n} \\ b_{21} & b_{22} & \cdots & b_{2n} \\ \vdots & \vdots & & \vdots \\ b_{m1} & b_{m2} & \cdots & b_{mn} \end{bmatrix}$$

$$A=B \iff a_{ij}=b_{ij}\ (i=1,\ 2,\ \cdots\cdots,\ m \quad j=1,\ 2,\ \cdots\cdots,\ n)$$

◈和と差

2つの $m\times n$ 行列 A，B の和と差は，以下のように定義する。

定義 2-2　行列の和と差

$$A\pm B=\begin{bmatrix} a_{11}\pm b_{11} & a_{12}\pm b_{12} & \cdots & a_{1n}\pm b_{1n} \\ a_{21}\pm b_{21} & a_{22}\pm b_{22} & \cdots & a_{2n}\pm b_{2n} \\ \vdots & \vdots & & \vdots \\ a_{m1}\pm b_{m1} & a_{m2}\pm b_{m2} & \cdots & a_{mn}\pm b_{mn} \end{bmatrix} \quad \text{(複号同順)}$$

$$A\pm B=[a_{ij}]\pm[b_{ij}]=[a_{ij}\pm b_{ij}]\ (i=1,\ 2,\ \cdots\cdots,\ m \quad j=1,\ 2,\ \cdots\cdots,\ n)$$

◈スカラー（定数）倍

行列 A のスカラー（定数）倍は，各々の所の成分を k 倍するものである。すなわち，$m\times n$ 行列 A のスカラー（定数）倍は，以下のように定義する。

定義 2-3　行列のスカラー（定数）倍

$$kA=\begin{bmatrix} ka_{11} & ka_{12} & \cdots & ka_{1n} \\ ka_{21} & ka_{22} & \cdots & ka_{2n} \\ \vdots & \vdots & & \vdots \\ ka_{m1} & ka_{m2} & \cdots & ka_{mn} \end{bmatrix} \quad (k \text{ は定数})$$

$$kA=k[a_{ij}]=[ka_{ij}]$$

特に，A の -1 倍を $-A$ で表す：$-A=(-1)A$

注意　行列の演算の定義 2-3 の直前の文章において，行列の成分のおかれている位置を**所**と書いた。

◈2×2 行列を用いた計算例

行列の演算の定義（定義 2-1 から定義 2-3）をもとに，2×2 行列を用いて実際の計算を行う。

例 1

$A=\begin{bmatrix} 5 & -3 \\ -1 & 4 \end{bmatrix}$，$B=\begin{bmatrix} 4 & -2 \\ 0 & 2 \end{bmatrix}$ とする。

$$A+B=\begin{bmatrix} 5 & -3 \\ -1 & 4 \end{bmatrix}+\begin{bmatrix} 4 & -2 \\ 0 & 2 \end{bmatrix}=\begin{bmatrix} 5+4 & -3-2 \\ -1+0 & 4+2 \end{bmatrix}=\begin{bmatrix} 9 & -5 \\ -1 & 6 \end{bmatrix}$$

$$A-B=\begin{bmatrix} 5 & -3 \\ -1 & 4 \end{bmatrix}-\begin{bmatrix} 4 & -2 \\ 0 & 2 \end{bmatrix}=\begin{bmatrix} 5-4 & -3-(-2) \\ -1-0 & 4-2 \end{bmatrix}=\begin{bmatrix} 1 & -1 \\ -1 & 2 \end{bmatrix}$$

$$2A=2\begin{bmatrix} 5 & -3 \\ -1 & 4 \end{bmatrix}=\begin{bmatrix} 2\times5 & 2\times(-3) \\ 2\times(-1) & 2\times4 \end{bmatrix}=\begin{bmatrix} 10 & -6 \\ -2 & 8 \end{bmatrix}$$

例題 1

次の等式が成り立つように，a，b，c，d の値を定めよ。

$$\begin{bmatrix} a & -3 \\ 0 & 3-b \end{bmatrix}=\begin{bmatrix} -2 & 3c \\ d-1 & 2b \end{bmatrix}$$

解答　$\begin{bmatrix} a & -3 \\ 0 & 3-b \end{bmatrix}=\begin{bmatrix} -2 & 3c \\ d-1 & 2b \end{bmatrix}$ であり，行列の相等の性質から

$$a=-2,\ -3=3c,\ 0=d-1,\ 3-b=2b$$

ゆえに　$a=-2$，$b=1$，$c=-1$，$d=1$

練習 1 次の行列の計算をせよ。

(1) $\begin{bmatrix} 4 & -1 \\ 3 & 2 \end{bmatrix}+\begin{bmatrix} -2 & 1 \\ -1 & 3 \end{bmatrix}$

(2) $\begin{bmatrix} 1 & 2 \\ 4 & 5 \end{bmatrix}-2\begin{bmatrix} 3 & 2 \\ 6 & 5 \end{bmatrix}$

(3) $\dfrac{2}{3}\begin{bmatrix} 6 & -9 \\ -3 & 0 \end{bmatrix}+\dfrac{1}{2}\begin{bmatrix} 8 & 0 \\ -2 & -4 \end{bmatrix}$

例題 2 $A=\begin{bmatrix} 0 & -1 \\ 1 & -3 \end{bmatrix}$, $B=\begin{bmatrix} 5 & 7 \\ -2 & 1 \end{bmatrix}$ に対して，以下の等式を満たす行列Xを求めよ。

$$2X-A=\frac{1}{3}\{2B-(4A-X)\}$$

解答 $2X-A=\dfrac{1}{3}\{2B-(4A-X)\}$ より $6X-3A=2B-4A+X$

$$5X=2B-A \qquad X=\frac{1}{5}(2B-A)$$

ゆえに $X=\dfrac{1}{5}\left(2\begin{bmatrix} 5 & 7 \\ -2 & 1 \end{bmatrix}-\begin{bmatrix} 0 & -1 \\ 1 & -3 \end{bmatrix}\right)$

$$=\frac{1}{5}\begin{bmatrix} 10-0 & 14-(-1) \\ -4-1 & 2-(-3) \end{bmatrix}=\begin{bmatrix} 2 & 3 \\ -1 & 1 \end{bmatrix}$$

練習 2 $A=\begin{bmatrix} -1 & 0 \\ 2 & 1 \end{bmatrix}$, $B=\begin{bmatrix} 2 & 0 \\ 1 & -2 \end{bmatrix}$ とする。次の等式を満たす行列Xを求めよ。

(1) $3X-B=X+4A$　　(2) $\dfrac{1}{2}(2A-B-X)=2\{X-2(A-3B)\}$

行列の演算においても，数と同じように0の役割を果たすものがある。成分がすべて0である行列を **零(ぜろ(れい))行列** という。

例 2 次の行列は，どれも零行列である。

$\begin{bmatrix} 0 & 0 \\ 0 & 0 \end{bmatrix}$, $\begin{bmatrix} 0 & 0 & 0 \\ 0 & 0 & 0 \end{bmatrix}$, $\begin{bmatrix} 0 & 0 & 0 \\ 0 & 0 & 0 \\ 0 & 0 & 0 \end{bmatrix}$

定義 2-4　零行列

成分がすべて 0 の $m\times n$ 行列 $O_{mn}=\begin{bmatrix} 0 & \cdots & 0 \\ \vdots & \ddots & \vdots \\ 0 & \cdots & 0 \end{bmatrix}$ を $(m,\ n)$ 型零行列，

または単に零行列という。

混乱しない場合は，零行列の型を省略して O で表す。また，成分がすべて 0 である行ベクトル，および列ベクトルは **零（ぜろ（れい））ベクトル** といい

$$\mathbf{0}=\begin{bmatrix} 0 & 0 & \cdots & 0 \end{bmatrix} \qquad \mathbf{0}=\begin{bmatrix} 0 \\ \vdots \\ 0 \end{bmatrix}$$

で表す。

零行列を含む行列の演算について，次の定理が成り立つ。

定理 2-1　零行列を含む行列の演算（和）

$(m,\ n)$ 型行列 A と，$(m,\ n)$ 型零行列 O について

$$A+O=O+A=A$$

$$A+(-A)=(-A)+A=O$$

が成り立つ。

例 3　$A=\begin{bmatrix} x & y \\ z & u \end{bmatrix}$ とすると　$A+O=\begin{bmatrix} x+0 & y+0 \\ z+0 & u+0 \end{bmatrix}=\begin{bmatrix} x & y \\ z & u \end{bmatrix}=A$

練習 3　$A+O=O+A=A$ を証明せよ。

◆行列の積

第 0 章で少しだけ紹介した行列の積について，ここで詳しく解説する。

(2, 2) 型行列 $A=\begin{bmatrix} a & b \\ c & d \end{bmatrix}$，$B=\begin{bmatrix} p & q \\ r & s \end{bmatrix}$ について，その積 AB は次のように計算される。

$$AB=\begin{bmatrix} ap+br & aq+bs \\ cp+dr & cq+ds \end{bmatrix}$$

また，2つの行列 $A=\begin{bmatrix} a & b \end{bmatrix}$，$B=\begin{bmatrix} p \\ r \end{bmatrix}$ と $C=\begin{bmatrix} a \\ c \end{bmatrix}$，$D=\begin{bmatrix} p & q \end{bmatrix}$ に対して，積 AB，CD は次のように計算される。

$$AB=\begin{bmatrix} a & b \end{bmatrix}\begin{bmatrix} p \\ r \end{bmatrix}=ap+br$$

$$CD=\begin{bmatrix} a \\ c \end{bmatrix}\begin{bmatrix} p & q \end{bmatrix}=\begin{bmatrix} ap & aq \\ cp & cq \end{bmatrix}$$

例 4

$$\begin{bmatrix} a & b \\ c & d \end{bmatrix}\begin{bmatrix} p \\ r \end{bmatrix}=\begin{bmatrix} ap+br \\ cp+dr \end{bmatrix}$$

$$\begin{bmatrix} a & b \end{bmatrix}\begin{bmatrix} p & q \\ r & s \end{bmatrix}=\begin{bmatrix} ap+br & aq+bs \end{bmatrix}$$

例 5

$$\begin{bmatrix} 1 & 4 \\ 2 & 3 \end{bmatrix}\begin{bmatrix} 1 & 2 \\ 3 & 4 \end{bmatrix}=\begin{bmatrix} 1\times1+4\times3 & 1\times2+4\times4 \\ 2\times1+3\times3 & 2\times2+3\times4 \end{bmatrix}=\begin{bmatrix} 13 & 18 \\ 11 & 16 \end{bmatrix}$$

$$\begin{bmatrix} 1 & 2 \\ 3 & 4 \end{bmatrix}\begin{bmatrix} 1 & 4 \\ 2 & 3 \end{bmatrix}=\begin{bmatrix} 1\times1+2\times2 & 1\times4+2\times3 \\ 3\times1+4\times2 & 3\times4+4\times3 \end{bmatrix}=\begin{bmatrix} 5 & 10 \\ 11 & 24 \end{bmatrix}$$

更に，(3, 3) 型行列 $A=\begin{bmatrix} a_{11} & a_{12} & a_{13} \\ a_{21} & a_{22} & a_{23} \\ a_{31} & a_{32} & a_{33} \end{bmatrix}$，$B=\begin{bmatrix} b_{11} & b_{12} & b_{13} \\ b_{21} & b_{22} & b_{23} \\ b_{31} & b_{32} & b_{33} \end{bmatrix}$ について，その積 AB は次のように計算される。

$$AB=\begin{bmatrix} a_{11}b_{11}+a_{12}b_{21}+a_{13}b_{31} & a_{11}b_{12}+a_{12}b_{22}+a_{13}b_{32} & a_{11}b_{13}+a_{12}b_{23}+a_{13}b_{33} \\ a_{21}b_{11}+a_{22}b_{21}+a_{23}b_{31} & a_{21}b_{12}+a_{22}b_{22}+a_{23}b_{32} & a_{21}b_{13}+a_{22}b_{23}+a_{23}b_{33} \\ a_{31}b_{11}+a_{32}b_{21}+a_{33}b_{31} & a_{31}b_{12}+a_{32}b_{22}+a_{33}b_{32} & a_{31}b_{13}+a_{32}b_{23}+a_{33}b_{33} \end{bmatrix}$$

次に，一般の場合の行列どうしの掛け算（つまり，積）を定義していこう。

行列の積 AB を定義するときは，**Aの列数** m と，**Bの行数** m が同じでなければならない。

このとき，AB の $(i,\ j)$ 成分は，Aの行列の第 i 行を左から，Bの第 j 列を上から数えて，それぞれ対応する成分の積を m 個足したものであり，Aの列およびBの行の数が両方とも m であるときに限り可能な操作であることがわかる。
このことをまとめると，2つの行列の積は，以下のように定義できる。

定義 2-5　2 つの行列の積

$$A=\begin{bmatrix} a_{11} & a_{12} & \cdots & a_{1m} \\ a_{21} & a_{22} & \cdots & a_{2m} \\ \vdots & \vdots & & \vdots \\ a_{i1} & a_{i2} & \cdots & a_{im} \\ \vdots & \vdots & & \vdots \\ a_{l1} & a_{l2} & \cdots & a_{lm} \end{bmatrix},\quad B=\begin{bmatrix} b_{11} & b_{12} & \cdots & b_{1j} & \cdots & b_{1n} \\ b_{21} & b_{22} & \cdots & b_{2j} & \cdots & b_{2n} \\ \vdots & \vdots & & \vdots & & \vdots \\ b_{k1} & b_{k2} & \cdots & b_{kj} & \cdots & b_{kn} \\ \vdots & \vdots & & \vdots & & \vdots \\ b_{m1} & b_{m2} & \cdots & b_{mj} & \cdots & b_{mn} \end{bmatrix}$$ **とすると**

$$AB=\begin{bmatrix} c_{11} & c_{12} & \cdots & c_{1j} & \cdots & c_{1n} \\ c_{21} & c_{22} & \cdots & c_{2j} & \cdots & c_{2n} \\ \vdots & \vdots & & \vdots & & \vdots \\ c_{i1} & c_{i2} & \cdots & c_{ij} & \cdots & c_{in} \\ \vdots & \vdots & & \vdots & & \vdots \\ c_{l1} & c_{l2} & \cdots & c_{lj} & \cdots & c_{ln} \end{bmatrix}\quad \begin{aligned} c_{ij} &= \sum_{k=1}^{m} a_{ik}b_{kj} \\ &= a_{i1}b_{1j}+a_{i2}b_{2j}+\cdots\cdots+a_{im}b_{mj} \\ &(i=1,\ 2,\ \cdots\cdots,\ l\ ;\ j=1,\ 2,\ \cdots\cdots,\ n) \end{aligned}$$

すなわち，AB の $(i,\ j)$ 成分 c_{ij} は，下図の陰影部に注目して計算する。

$$\begin{bmatrix} a_{11} & a_{12} & \cdots & a_{1m} \\ \vdots & \vdots & & \vdots \\ a_{i1} & a_{i2} & \cdots & a_{im} \\ \vdots & \vdots & & \vdots \\ a_{l1} & a_{l2} & \cdots & a_{lm} \end{bmatrix}\begin{bmatrix} b_{11} & \cdots & b_{1j} & \cdots & b_{1n} \\ b_{21} & \cdots & b_{2j} & \cdots & b_{2n} \\ \vdots & & \vdots & & \vdots \\ b_{m1} & \cdots & b_{mj} & \cdots & b_{mn} \end{bmatrix}=\begin{bmatrix} * & \cdots & * & \cdots & * \\ \vdots & & \vdots & & \vdots \\ * & \cdots & c_{ij} & \cdots & * \\ \vdots & & \vdots & & \vdots \\ * & \cdots & * & \cdots & * \end{bmatrix}$$

注意　2 つの行列の積 AB が定義されても，BA が定義されるとは限らない。また，仮に BA が定義されても，必ずしも AB と等しくない。つまり，2 つの行列の積について，$AB=BA$ は成り立たない $(AB\neq BA)$。このことは，例 5 を参照するとよい。

行列の積（掛け算）を考えるうえで重要な役割をもつ行列がある。$(n,\ n)$ 型行列で $(i,\ i)$ 成分 $(i=1,\ 2,\ \cdots\cdots,\ n)$ のみが 1 で，他はすべて 0 であるものを **n 次の単位行列（n 次単位行列）** といい，E_n で表す（混同がないときは，単に E と書く）。すなわち

$$E_n=\begin{bmatrix} 1 & 0 & \cdots & 0 \\ 0 & 1 & \cdots & 0 \\ \vdots & \vdots & \ddots & \vdots \\ 0 & 0 & \cdots & 1 \end{bmatrix}$$ 右辺は $\begin{bmatrix} 1 & & \boldsymbol{O} \\ & \ddots & \\ \boldsymbol{O} & & 1 \end{bmatrix}$ とも略記されることがある。

注意　言い換えれば，単位行列 E_n は，n 次の正方行列の右下がりの対角線上にのみ 1 が並んで，その他の成分がすべて 0 であるような行列である。

また，単位行列の $(i,\ j)$ 成分を δ_{ij} と書き，δ_{ij} を **クロネッカーのデルタ** という。$\delta_{ij}=\begin{cases}1 & (i=j)\\ 0 & (i\neq j)\end{cases}$ である。$(m,\ n)$ 型行列の掛け算について，$AE_n=E_mA=A$ が成り立つ。つまり，単位行列 E_m や E_n は実数の掛け算における 1 と同じ働きをする。

例 6

$E=\begin{bmatrix}1 & 0\\ 0 & 1\end{bmatrix}$，$A=\begin{bmatrix}a & b\\ c & d\end{bmatrix}$ とすると

$$AE=\begin{bmatrix}a\times1+b\times0 & a\times0+b\times1\\ c\times1+d\times0 & c\times0+d\times1\end{bmatrix}=\begin{bmatrix}a & b\\ c & d\end{bmatrix}=A$$

$$EA=\begin{bmatrix}1\times a+0\times c & 1\times b+0\times d\\ 0\times a+1\times c & 0\times b+1\times d\end{bmatrix}=\begin{bmatrix}a & b\\ c & d\end{bmatrix}=A$$

$\boldsymbol{e}_1=\begin{bmatrix}1\\ 0\\ \vdots\\ 0\end{bmatrix}$，$\boldsymbol{e}_2=\begin{bmatrix}0\\ 1\\ \vdots\\ 0\end{bmatrix}$，$\cdots$，$\boldsymbol{e}_n=\begin{bmatrix}0\\ 0\\ \vdots\\ 1\end{bmatrix}$ を **基本ベクトル** または **単位ベクトル** という。$\boldsymbol{e}_i$ は単位行列の第 i 列目の列ベクトルである。

例 7

$A=\begin{bmatrix}1 & 2 & 3\\ 2 & 0 & 2\\ 1 & 3 & 1\end{bmatrix}$，$E=\begin{bmatrix}1 & 0 & 0\\ 0 & 1 & 0\\ 0 & 0 & 1\end{bmatrix}$ について

$$AE=\begin{bmatrix}1\times1+2\times0+3\times0 & 1\times0+2\times1+3\times0 & 1\times0+2\times0+3\times1\\ 2\times1+0\times0+2\times0 & 2\times0+0\times1+2\times0 & 2\times0+0\times0+2\times1\\ 1\times1+3\times0+1\times0 & 1\times0+3\times1+1\times0 & 1\times0+3\times0+1\times1\end{bmatrix}$$

$$=\begin{bmatrix}1 & 2 & 3\\ 2 & 0 & 2\\ 1 & 3 & 1\end{bmatrix}=A$$

$$EA=\begin{bmatrix}1\times1+0\times2+0\times1 & 1\times2+0\times0+0\times3 & 1\times3+0\times2+0\times1\\ 0\times1+1\times2+0\times1 & 0\times2+1\times0+0\times3 & 0\times3+1\times2+0\times1\\ 0\times1+0\times2+1\times1 & 0\times2+0\times0+1\times3 & 0\times3+0\times2+1\times1\end{bmatrix}$$

$$=\begin{bmatrix}1 & 2 & 3\\ 2 & 0 & 2\\ 1 & 3 & 1\end{bmatrix}=A$$

例 8

$A=\begin{bmatrix} a & b \\ c & d \end{bmatrix}$　$O=\begin{bmatrix} 0 & 0 \\ 0 & 0 \end{bmatrix}$ について

$$AO=\begin{bmatrix} a & b \\ c & d \end{bmatrix}\begin{bmatrix} 0 & 0 \\ 0 & 0 \end{bmatrix}=\begin{bmatrix} a\times0+b\times0 & a\times0+b\times0 \\ c\times0+d\times0 & c\times0+d\times0 \end{bmatrix}=\begin{bmatrix} 0 & 0 \\ 0 & 0 \end{bmatrix}$$

$$OA=\begin{bmatrix} 0 & 0 \\ 0 & 0 \end{bmatrix}\begin{bmatrix} a & b \\ c & d \end{bmatrix}=\begin{bmatrix} 0 & 0 \\ 0 & 0 \end{bmatrix}$$

定義 2-5 で示した行列の積について，数に似た次の定理が成り立つ。

定理 2-2　行列の積の演算法則

$(AB)C=A(BC)$　**結合法則**　$A(B+C)=AB+AC$　**分配法則**

$(A+B)C=AC+BC$　**分配法則**

$AB\neq BA$　**一般に交換法則は成り立たない**

$AE_n=A$，$E_mA=A$　**(ただし，Aは $(m,\ n)$ 型行列)**

$AO_{nl}=O_{ml}$，$O_{km}A=O_{kn}$　**(ただし，Aは $(m,\ n)$ 型行列)**

注意　$AB=O$ であっても，$A=O$ または $B=O$ であるとは限らない。このようなAとBを **零(ぜろ(れい))因子(いんし)** という。

例 9

$A=\begin{bmatrix} -2 & 3 \\ -4 & 6 \end{bmatrix}$，$B=\begin{bmatrix} 3 & -6 \\ 2 & -4 \end{bmatrix}$ とすると

$$AB=\begin{bmatrix} -2 & 3 \\ -4 & 6 \end{bmatrix}\begin{bmatrix} 3 & -6 \\ 2 & -4 \end{bmatrix}=\begin{bmatrix} (-2)\times3+3\times2 & (-2)\times(-6)+3\times(-4) \\ (-4)\times3+6\times2 & (-4)\times(-6)+6\times(-4) \end{bmatrix}$$

$$=\begin{bmatrix} 0 & 0 \\ 0 & 0 \end{bmatrix}=O$$

注意　行列の演算法則について，「数と似た」と表現し，いくつかの演算法則を示した。しかし，行列の演算法則は，数の演算法則をすべて満たすわけではない。

(1)　$p.$ 23，例 5 で計算したとおり，行列の積は，常に $AB=BA$ となるとは限らない。($AB=BA$ が成り立つときは，AとBは可換であるという。)

(2)　直前の注意と例 9 で示したとおり，$A\neq O$，$B\neq O$ であるが，$AB=O$ となる行列 A，B が存在し，このような A，B を零因子と呼んだ。

(3)　$A\neq O$ であっても，$AX=E$，$YA=E$ となる行列 X，Y が存在するとは限らない。

練習 4 $A=\begin{bmatrix} -1 & 4 \\ 2 & -5 \end{bmatrix}$，$B=\begin{bmatrix} 1 & 0 \\ 0 & -1 \end{bmatrix}$ のとき，$A^2+AB-BA-B^2$ を求めよ。

練習 5 $A=\begin{bmatrix} \lambda & 1 & 0 \\ 0 & \lambda & 1 \\ 0 & 0 & \lambda \end{bmatrix}$ に対して，$AX=XA$ を満たす 3 次の正方行列 X を求めよ。

練習 6 n 次正方行列についての次の式を計算し，簡単にせよ。

(1) $(A+B)(A-B)$　　(2) $2(A-C)^2+2(B-C)^2-(A+B-2C)^2$

(3) $(A+3E)^2$　　(4) $(A+E)^2+(A-E)^2$

◈行列の区分け（ブロック分け）

行列の区分け（ブロック分け）は，行列の掛け算を小さなブロックに分けて，つまり型の小さい行列の掛け算に帰着させて計算する 1 つの方法である。この考え方は，行列の一般的な性質を調べることにも有効である。例えば

$$\begin{bmatrix} 1 & 0 & 2 & 1 \\ 2 & -1 & 0 & 1 \\ 0 & 1 & 3 & 1 \\ 1 & 1 & 0 & 1 \end{bmatrix}\begin{bmatrix} -1 & 1 \\ 0 & 1 \\ 1 & -2 \\ 1 & 2 \end{bmatrix}=\begin{bmatrix} 2 & -1 \\ -1 & 3 \\ 4 & -3 \\ 0 & 4 \end{bmatrix}$$

のような行列の掛け算を行う。このとき

$A=\begin{bmatrix} 1 & 0 & 2 & 1 \\ 2 & -1 & 0 & 1 \\ 0 & 1 & 3 & 1 \\ 1 & 1 & 0 & 1 \end{bmatrix}$ と $B=\begin{bmatrix} -1 & 1 \\ 0 & 1 \\ 1 & -2 \\ 1 & 2 \end{bmatrix}$ を横線と縦線を用いて 4 つのブロックに分ける。

$$\left[\begin{array}{cc:cc} 1 & 0 & 2 & 1 \\ 2 & -1 & 0 & 1 \\ \hdashline 0 & 1 & 3 & 1 \\ 1 & 1 & 0 & 1 \end{array}\right]\left[\begin{array}{c:c} -1 & 1 \\ 0 & 1 \\ \hdashline 1 & -2 \\ 1 & 2 \end{array}\right]$$

分けられた各ブロックは，行列 A や B の**小行列**と呼び，それら自身で 1 つの行列とみなすことができる。これらを位置に従って

$A_{11}=\begin{bmatrix} 1 & 0 \\ 2 & -1 \end{bmatrix}$，$A_{12}=\begin{bmatrix} 2 & 1 \\ 0 & 1 \end{bmatrix}$，$A_{21}=\begin{bmatrix} 0 & 1 \\ 1 & 1 \end{bmatrix}$，$A_{22}=\begin{bmatrix} 3 & 1 \\ 0 & 1 \end{bmatrix}$，

$B_{11}=\begin{bmatrix} -1 \\ 0 \end{bmatrix}$，$B_{12}=\begin{bmatrix} 1 \\ 1 \end{bmatrix}$，$B_{21}=\begin{bmatrix} 1 \\ 1 \end{bmatrix}$，$B_{22}=\begin{bmatrix} -2 \\ 2 \end{bmatrix}$ とおく。

すなわち，$A=\begin{bmatrix} A_{11} & A_{12} \\ A_{21} & A_{22} \end{bmatrix}$，$B=\begin{bmatrix} B_{11} & B_{12} \\ B_{21} & B_{22} \end{bmatrix}$ とする。

これらブロック分けした成分について，それぞれの行列の掛け算を行う。

$$A_{11}B_{11}+A_{12}B_{21}=\begin{bmatrix}1 & 0\\ 2 & -1\end{bmatrix}\begin{bmatrix}-1\\ 0\end{bmatrix}+\begin{bmatrix}2 & 1\\ 0 & 1\end{bmatrix}\begin{bmatrix}1\\ 1\end{bmatrix}=\begin{bmatrix}-1\\ -2\end{bmatrix}+\begin{bmatrix}3\\ 1\end{bmatrix}=\begin{bmatrix}2\\ -1\end{bmatrix}$$

$$A_{11}B_{12}+A_{12}B_{22}=\begin{bmatrix}1 & 0\\ 2 & -1\end{bmatrix}\begin{bmatrix}1\\ 1\end{bmatrix}+\begin{bmatrix}2 & 1\\ 0 & 1\end{bmatrix}\begin{bmatrix}-2\\ 2\end{bmatrix}=\begin{bmatrix}1\\ 1\end{bmatrix}+\begin{bmatrix}-2\\ 2\end{bmatrix}=\begin{bmatrix}-1\\ 3\end{bmatrix}$$

$$A_{21}B_{11}+A_{22}B_{21}=\begin{bmatrix}0 & 1\\ 1 & 1\end{bmatrix}\begin{bmatrix}-1\\ 0\end{bmatrix}+\begin{bmatrix}3 & 1\\ 0 & 1\end{bmatrix}\begin{bmatrix}1\\ 1\end{bmatrix}=\begin{bmatrix}0\\ -1\end{bmatrix}+\begin{bmatrix}4\\ 1\end{bmatrix}=\begin{bmatrix}4\\ 0\end{bmatrix}$$

$$A_{21}B_{12}+A_{22}B_{22}=\begin{bmatrix}0 & 1\\ 1 & 1\end{bmatrix}\begin{bmatrix}1\\ 1\end{bmatrix}+\begin{bmatrix}3 & 1\\ 0 & 1\end{bmatrix}\begin{bmatrix}-2\\ 2\end{bmatrix}=\begin{bmatrix}1\\ 2\end{bmatrix}+\begin{bmatrix}-4\\ 2\end{bmatrix}=\begin{bmatrix}-3\\ 4\end{bmatrix}$$

それぞれの成分の掛け算の結果は，AB をブロック分けした成分 $\left[\begin{array}{c:c}2 & -1\\ -1 & 3\\ \hdashline 4 & -3\\ 0 & 4\end{array}\right]$ と一致する。一般に，$(l,\ m)$ 型行列 $A=[a_{ij}]$ を $p-1$ 個の横線と $q-1$ 個の縦線で pq 個のブロックに分ける。上から s 番目，左から t 番目のブロックの行列を A_{st} とするとき $A=\begin{bmatrix}A_{11} & A_{12} & \cdots & A_{1q}\\ A_{21} & A_{22} & \cdots & A_{2q}\\ \vdots & \vdots & & \vdots\\ A_{p1} & A_{p2} & \cdots & A_{pq}\end{bmatrix}$ と書き表す。

これを行列の **区分け（ブロック分け）** という。

注意 ここで扱った 4 つのブロックへの分割，次に扱う列ベクトルへの分割については，最もよく行われる計算方法の 1 つである。

例 10

行列 $A=\begin{bmatrix}A_{11} & A_{12}\\ A_{21} & A_{22}\end{bmatrix}$，$B=\begin{bmatrix}B_{11} & B_{12}\\ B_{21} & B_{22}\end{bmatrix}$ とする。このとき

$$AB=\begin{bmatrix}A_{11} & A_{12}\\ A_{21} & A_{22}\end{bmatrix}\begin{bmatrix}B_{11} & B_{12}\\ B_{21} & B_{22}\end{bmatrix}=\begin{bmatrix}A_{11}B_{11}+A_{12}B_{21} & A_{11}B_{12}+A_{12}B_{22}\\ A_{21}B_{11}+A_{22}B_{21} & A_{21}B_{12}+A_{22}B_{22}\end{bmatrix}$$

A_{21}，B_{21} が零行列であるとき

$$\begin{bmatrix}A_{11} & A_{12}\\ O & A_{22}\end{bmatrix}\begin{bmatrix}B_{11} & B_{12}\\ O & B_{22}\end{bmatrix}=\begin{bmatrix}A_{11}B_{11} & A_{11}B_{12}+A_{12}B_{22}\\ O & A_{22}B_{22}\end{bmatrix}$$

さらに A_{12}，B_{12} が零行列であれば

$$\begin{bmatrix}A_{11} & O\\ O & A_{22}\end{bmatrix}\begin{bmatrix}B_{11} & O\\ O & B_{22}\end{bmatrix}=\begin{bmatrix}A_{11}B_{11} & O\\ O & A_{22}B_{22}\end{bmatrix}$$

練習 7 $A=\begin{bmatrix}1 & -1 & 0 & 0\\ 0 & -2 & 0 & 0\\ 0 & 0 & -2 & 3\\ 0 & 0 & 1 & 1\end{bmatrix}$, $B=\begin{bmatrix}2 & 1 & 0 & 0\\ 0 & 1 & 0 & 0\\ 0 & 0 & 1 & 1\\ 0 & 0 & 2 & -3\end{bmatrix}$ のとき，行列の積 AB を求めよ。

◈行列の区分け（列ベクトルへの分割）

ブロック分けと同様，行列の列ベクトルへの分割もよく行われる。

例えば $A=\begin{bmatrix}a_{11} & a_{12} & a_{13}\\ a_{21} & a_{22} & a_{23}\\ a_{31} & a_{32} & a_{33}\end{bmatrix}$ について，3つの列ベクトル $\boldsymbol{x}_1$, $\boldsymbol{x}_2$, $\boldsymbol{x}_3$ に分割すると，行列Aは，$A=[\boldsymbol{x}_1 \quad \boldsymbol{x}_2 \quad \boldsymbol{x}_3]$ と書き直すことができる。また，例えば3つの実数 λ_1, λ_2, λ_3 を使って

$$\lambda_1\boldsymbol{x}_1+\lambda_2\boldsymbol{x}_2+\lambda_3\boldsymbol{x}_3=[\boldsymbol{x}_1 \quad \boldsymbol{x}_2 \quad \boldsymbol{x}_3]\begin{bmatrix}\lambda_1\\ \lambda_2\\ \lambda_3\end{bmatrix}$$

$$=A\begin{bmatrix}\lambda_1\\ \lambda_2\\ \lambda_3\end{bmatrix}=\begin{bmatrix}a_{11} & a_{12} & a_{13}\\ a_{21} & a_{22} & a_{23}\\ a_{31} & a_{32} & a_{33}\end{bmatrix}\begin{bmatrix}\lambda_1\\ \lambda_2\\ \lambda_3\end{bmatrix}$$

と書くことができ

$$[\lambda_1\boldsymbol{x}_1 \quad \lambda_2\boldsymbol{x}_2 \quad \lambda_3\boldsymbol{x}_3]=[\boldsymbol{x}_1 \quad \boldsymbol{x}_2 \quad \boldsymbol{x}_3]\begin{bmatrix}\lambda_1 & 0 & 0\\ 0 & \lambda_2 & 0\\ 0 & 0 & \lambda_3\end{bmatrix}$$

$$=A\begin{bmatrix}\lambda_1 & 0 & 0\\ 0 & \lambda_2 & 0\\ 0 & 0 & \lambda_3\end{bmatrix}=\begin{bmatrix}\lambda_1 a_{11} & \lambda_2 a_{12} & \lambda_3 a_{13}\\ \lambda_1 a_{21} & \lambda_2 a_{22} & \lambda_3 a_{23}\\ \lambda_1 a_{31} & \lambda_2 a_{32} & \lambda_3 a_{33}\end{bmatrix}$$

となる。

練習 8 $A=\begin{bmatrix}2 & 0 & 0\\ 0 & -1 & 0\\ 0 & 0 & 3\end{bmatrix}$, $B=\begin{bmatrix}-1 & 0 & 0\\ 0 & 2 & 0\\ 0 & 0 & 1\end{bmatrix}$ のとき，行列の積 AB を求めよ。

3 行列の種々の概念

2 までで，行列の定義，基本的な演算（和，差，スカラー（実数）倍，積）を学んだ。ここでは転置行列と逆行列や対角行列について解説する。これらを習得することは，行列の操作自体への慣れとともに，行列に関する，より進んだ理論の理解への足掛かりとなる。

◆転置行列

$(m,\ n)$ 型行列 A の **行と列を入れ替えて** 得られる行列を **転置行列**（てんち）といい，${}^tA$ で表す。すなわち，転置行列を以下のように定義する。

定義 3-1 転置行列

$$A=\begin{bmatrix} a_{11} & a_{12} & a_{13} & \cdots & a_{1n} \\ a_{21} & a_{22} & a_{23} & \cdots & a_{2n} \\ \vdots & \vdots & \vdots & & \vdots \\ a_{m1} & a_{m2} & a_{m3} & \cdots & a_{mn} \end{bmatrix},\quad {}^tA=\begin{bmatrix} a_{11} & a_{21} & \cdots & a_{m1} \\ a_{12} & a_{22} & \cdots & a_{m2} \\ a_{13} & a_{23} & \cdots & a_{m3} \\ \vdots & \vdots & & \vdots \\ a_{1n} & a_{2n} & \cdots & a_{mn} \end{bmatrix}$$

${}^tA$ の $(i,\ j)$ 成分は，A の $(j,\ i)$ 成分である。

注意 定義 3-1 の行列 A は $(m,\ n)$ 型行列，行列 ${}^tA$ は $(n,\ m)$ 型行列である。

例 1

$$A=\begin{bmatrix} 2 & 4 & 6 \\ 1 & 2 & 3 \end{bmatrix},\qquad {}^tA=\begin{bmatrix} 2 & 1 \\ 4 & 2 \\ 6 & 3 \end{bmatrix}$$

$$B=\begin{bmatrix} 1 & 3 \\ -2 & 0 \\ 0 & 2 \end{bmatrix},\qquad {}^tB=\begin{bmatrix} 1 & -2 & 0 \\ 3 & 0 & 2 \end{bmatrix}$$

$$C=\begin{bmatrix} 1 & 2 & 3 \end{bmatrix},\qquad {}^tC=\begin{bmatrix} 1 \\ 2 \\ 3 \end{bmatrix}$$

$$D=\begin{bmatrix} 0 \\ 0 \\ 1 \end{bmatrix},\qquad {}^tD=\begin{bmatrix} 0 & 0 & 1 \end{bmatrix}$$

一般に，$(m,\ n)$ 型行列 A とその転置行列 ${}^tA$ について，以下の定理が成り立つ。

定理 3-1　転置行列の性質

$${}^t({}^tA)=A \qquad {}^t(A+B)={}^tA+{}^tB$$
$${}^t(kA)=k\,{}^tA \qquad {}^t(AB)={}^tB\,{}^tA$$

注意　特に，最後の式は重要である。

例題 1　$A=\begin{bmatrix} 2 & 4 & 6 \\ 1 & 2 & 3 \end{bmatrix}$，$B=\begin{bmatrix} 1 & 3 \\ -2 & 0 \\ 0 & 2 \end{bmatrix}$ であるとき，${}^t(AB)={}^tB\,{}^tA$ であることを確かめよ。

解答　$AB=\begin{bmatrix} 2 & 4 & 6 \\ 1 & 2 & 3 \end{bmatrix}\begin{bmatrix} 1 & 3 \\ -2 & 0 \\ 0 & 2 \end{bmatrix}$

$$=\begin{bmatrix} 2\times1+4\times(-2)+6\times0 & 2\times3+4\times0+6\times2 \\ 1\times1+2\times(-2)+3\times0 & 1\times3+2\times0+3\times2 \end{bmatrix}=\begin{bmatrix} -6 & 18 \\ -3 & 9 \end{bmatrix}$$

よって　${}^t(AB)=\begin{bmatrix} -6 & -3 \\ 18 & 9 \end{bmatrix}$

ここで　${}^tB\,{}^tA=\begin{bmatrix} 1 & -2 & 0 \\ 3 & 0 & 2 \end{bmatrix}\begin{bmatrix} 2 & 1 \\ 4 & 2 \\ 6 & 3 \end{bmatrix}$

$$=\begin{bmatrix} 1\times2+(-2)\times4+0\times6 & 1\times1+(-2)\times2+0\times3 \\ 3\times2+0\times4+2\times6 & 3\times1+0\times2+2\times3 \end{bmatrix}$$

$$=\begin{bmatrix} -6 & -3 \\ 18 & 9 \end{bmatrix}$$

ゆえに　${}^t(AB)={}^tB\,{}^tA$　■

練習 1
(1)　定理 3-1 の ${}^t(AB)={}^tB\,{}^tA$ を示せ。
(2)　${}^t(ABC)={}^tC\,{}^tB\,{}^tA$ を示せ。

練習 2　$A=\begin{bmatrix} a & b \\ c & d \end{bmatrix}$ のとき，$A\,{}^tA={}^tA\,A$ かつ $A\neq{}^tA$ となる条件を求めよ。

◆正方行列

行と列の数が等しい行列は重要である。*p*. 16，定義 1-1 のところでもふれたとおり，$(n,\ n)$ 型行列のことを n **次の正方行列**，あるいは単に n **次行列** という。

n 次正方行列全体を考えると，その中では，足し算，引き算，掛け算が常に可能で，また掛け算の交換法則（$AB \neq BA$）以外の演算法則が成り立つ。

注意 行列の演算の際，零行列 O_n は 0 の役割を果たし，また単位行列 E_n は 1 の役割を果たしている。

$AE=EA=A$，$E^m=E$，$A+O=O+A=A$，$AO=OA=O$

◈正則行列と逆行列

ここまで，行列の足し算，引き算，掛け算についての計算方法は学んできた。では，割り算はどうであろうか。数の場合は，a が 0 でない限り，$ax=xa=1$ となる数 x，すなわち $a^{-1}=\dfrac{1}{a}$ が 1 つ存在した。行列の場合は，同じように考えることができるだろうか。この問題を考えるために，まず，次の定義をする。

定義 3-2　正則行列と逆行列

n 次正方行列 A に対して，$XA=AX=E$ となる n 次正方行列 X が存在するとき，A を 正則(せいそく)行列 という。X は A の 逆(ぎゃく)行列 という。

例題 2 次の行列の逆行列はあるか。あれば，それを求めよ。

$$A=\begin{bmatrix} 2 & 4 \\ 3 & 5 \end{bmatrix} \qquad B=\begin{bmatrix} 6 & 4 \\ 9 & 6 \end{bmatrix}$$

解答 $X=\begin{bmatrix} x & y \\ z & w \end{bmatrix}$ として，条件 $XA=AX=E$ を書き出すと

$$2x+3y=2x+4z=1$$
$$4x+5y=2y+4w=0$$
$$2z+3w=3x+5z=0$$
$$4z+5w=3y+5w=1$$

これを解くと $x=-\dfrac{5}{2}$，$y=2$，$z=\dfrac{3}{2}$，$w=-1$ となる。

よって，A は逆行列 $\begin{bmatrix} -\dfrac{5}{2} & 2 \\ \dfrac{3}{2} & -1 \end{bmatrix}$ をもつ。

同様に $X=\begin{bmatrix} x & y \\ z & w \end{bmatrix}$ として，条件 $XB=BX=E$ を書き出すと

$$6x+9y=6x+4z=1 \quad \cdots\cdots ①$$
$$4x+6y=6y+4w=0 \quad \cdots\cdots ②$$
$$6z+9w=9x+6z=0 \quad \cdots\cdots ③$$
$$4z+6w=9y+6w=1 \quad \cdots\cdots ④$$

① より $6x=1-9y$，② より $y=-\dfrac{2}{3}x$

よって，$y=-\dfrac{2}{3}\cdot\dfrac{1-9y}{6}=y-\dfrac{1}{9}$

これより，$0=-\dfrac{1}{9}$ となり矛盾である。

よって，①〜④ を満たす x，y，z，w は存在しない。

したがって，B の逆行列は存在しない。

ここで，A が正則ならば，逆行列は1つしか存在しない。実際，X，Y がともに A の逆行列ならば，$X=XE=X(AY)=(XA)Y=EY=Y$ となるからである。

A の逆行列は A^{-1} (エーインバース)，また，$\begin{bmatrix} a & b \\ c & d \end{bmatrix}^{-1}$ のようにも書き表す。

定義 3-2 から次の定理が成り立つことがわかる。

定理 3-2 正則行列の性質

(1) **A，B が n 次正則行列ならば，AB も正則であり，その逆行列は $B^{-1}A^{-1}$ に等しい。すなわち，$(AB)^{-1}=B^{-1}A^{-1}$**

(2) **A が n 次正則行列ならば，A^{-1} も正則であり，その逆行列は A に等しい。すなわち $(A^{-1})^{-1}=A$**

証明 (1) $X=AB$，$Y=B^{-1}A^{-1}$ とすると

$$XY=(AB)(B^{-1}A^{-1})=A(BB^{-1})A^{-1}=AEA^{-1}=AA^{-1}=E$$
$$YX=(B^{-1}A^{-1})(AB)=B^{-1}(A^{-1}A)B=B^{-1}EB=B^{-1}B=E$$

よって，$XY=YX=E$ となるから，$X=AB$ は正則である。

また，その逆行列は $Y=B^{-1}A^{-1}$ である。■

(2) $X=A^{-1}$，$Y=A$ とすると

$$XY=A^{-1}A=E \qquad YX=AA^{-1}=E$$

よって，$XY=YX=E$ となるから，$X=A^{-1}$ は正則である。

また，その逆行列は $Y=A$ である。■

また，2次の正方行列について，以下のこともいえる。

$A=\begin{bmatrix} a & b \\ c & d \end{bmatrix}$ に対し，$ad-bc \neq 0$ のとき

$$A^{-1}=\frac{1}{ad-bc}\begin{bmatrix} d & -b \\ -c & a \end{bmatrix}$$

$ad-bc=0$ のとき

逆行列は存在しない。

証明　A に対し，$X=\begin{bmatrix} p & q \\ r & s \end{bmatrix}$ として，$AX=E$ とすると，以下が成り立つ。

$$ap+br=1 \cdots\cdots ①,\quad aq+bs=0 \cdots\cdots ②,$$
$$cp+dr=0 \cdots\cdots ③,\quad cq+ds=1 \cdots\cdots ④$$

①$\times d-$③$\times b$ から　$(ad-bc)p=d$

②$\times d-$④$\times b$ から　$(ad-bc)q=-b$

$\Delta=ad-bc$ とすると，$\Delta \neq 0$ のとき

$$p=\frac{d}{\Delta},\quad q=-\frac{b}{\Delta},\quad r=-\frac{c}{\Delta},\quad s=\frac{a}{\Delta}$$

よって　$X=\dfrac{1}{\Delta}\begin{bmatrix} d & -b \\ -c & a \end{bmatrix}$

このとき XA を計算すると，$XA=E$ も成り立ち，この X が A の逆行列である。また，$\Delta=0$ とすると $a=b=c=d=0$ となり，これは①と④に矛盾する。

したがって，①～④を満たす p，q，r，s は存在しない。

すなわち，$AX=E$ である X は存在せず，A の逆行列は存在しない。■

正則行列や逆行列については第3章（$p.$ 84 以降）で更に詳しく扱う。

注意　第4章 2（$p.$ 107）で述べるように，$A=\begin{bmatrix} a & b \\ c & d \end{bmatrix}$ に対して，$ad-bc$ を A の **行列式** といい，次のように書く。

$|A|$　または　$\det(A)$

$|A|$ は行列ではなく，数であることに注意。

零因子と正則行列の関係については，例題 3 のように整理できる。

例題 3 Oでない 2 次の正方行列 $A=\begin{bmatrix} a & b \\ c & d \end{bmatrix}$ に関して，次のことを証明せよ。

(1) Oでない 2 次の正方行列Bに対し，$AB=O$ ならば，AもBも正則ではない。

(2) Aが正則でなければ，$AB=O$ を満たすOでない行列Bが存在する。

証明 (1) Oでない 2 次の正方行列Bに対し，$AB=O$ であるとする。

このとき，Aが正則ならば A^{-1} が存在するから，$AB=O$ の両辺に左から A^{-1} を掛けて

$$A^{-1}(AB)=A^{-1}O$$

すなわち $B=O$ である。

これは，Oでない 2 次行列Bの条件に反する。

また，Bが正則ならば B^{-1} が存在するから，$AB=O$ の両辺に右から B^{-1} を掛けて

$$(AB)B^{-1}=OB^{-1}$$

すなわち $A=O$ である。

これは，Oでない 2 次行列Aの条件に反する。

以上から，Oでない 2 次行列 A，B に対し，$AB=O$ ならば，AもBも正則ではない。 ■

(2) $A=\begin{bmatrix} a & b \\ c & d \end{bmatrix}$ が正則でなければ $ad-bc=0$ である。

このとき，$B=\begin{bmatrix} d & -b \\ -c & a \end{bmatrix}$ である行列Bを考えると，AはOでないから $B\neq O$ であり，積 AB を考えると

$$\begin{aligned} AB&=\begin{bmatrix} a & b \\ c & d \end{bmatrix}\begin{bmatrix} d & -b \\ -c & a \end{bmatrix} \\ &=\begin{bmatrix} ad-bc & -ab+ba \\ cd-dc & -cb+da \end{bmatrix}=\begin{bmatrix} 0 & 0 \\ 0 & 0 \end{bmatrix} \\ &=O \end{aligned}$$

よって，$A=\begin{bmatrix} a & b \\ c & d \end{bmatrix}$ が正則でなければ，$AB=O$ を満たすOでない行列Bが存在する。 ■

例題 4 次の行列の逆行列はあるか。あれば，それを求めよ。

$$A=\begin{bmatrix} 2 & 4 \\ 3 & 5 \end{bmatrix} \qquad B=\begin{bmatrix} 6 & -4 \\ 9 & -6 \end{bmatrix}$$

解答 $|A|=2\times5-4\times3=-2\neq0$ であるから，Aの逆行列は存在して

$$A^{-1}=\frac{1}{-2}\begin{bmatrix} 5 & -4 \\ -3 & 2 \end{bmatrix}=\begin{bmatrix} -\frac{5}{2} & 2 \\ \frac{3}{2} & -1 \end{bmatrix}$$

$|B|=6\times(-6)-(-4)\times9=0$ であるから，Bの逆行列は存在しない。

練習 3 次の行列の逆行列はあるか。あれば，それを求めよ。

$$A=\begin{bmatrix} 1 & 2 & -1 \\ 0 & 1 & 3 \\ 0 & 0 & 1 \end{bmatrix} \qquad B=\begin{bmatrix} 0 & 0 & 0 & 1 \\ 0 & 0 & 1 & 0 \\ 0 & 1 & 0 & 0 \\ 1 & 0 & 0 & 0 \end{bmatrix} \qquad C=\begin{bmatrix} a & a-1 \\ a+2 & a+1 \end{bmatrix}$$

練習 4 Aを 2 次の正方行列とする。$E+A$，$E-A$ のいずれもが逆行列をもたなければ，$A^2=E$ であることを示せ。

一般に，正則な n 次の正方行列について，次の定理が成り立つ。

定理 3-3 逆行列の性質

(1) $AA^{-1}=A^{-1}A=E$

(2) $AB=E$ **ならば** $B=A^{-1}$，$A=B^{-1}$

(3) $(A^{-1})^{-1}=A$

(4) $(AB)^{-1}=B^{-1}A^{-1}$

(5) $k\neq0$ **のとき** $(kA)^{-1}=\dfrac{1}{k}A^{-1}$

練習 5 正則な n 次の正方行列について，以下をそれぞれ証明せよ。

(1) 定理 3-3 の (2)　　(2) 定理 3-3 の (5)

練習 6 a，t は実数とする。行列 $A=\begin{bmatrix} t & at+1 \\ a & t+a \end{bmatrix}$ について，どのような実数 t に対しても，Aが必ず逆行列をもつような a の値の範囲を求めよ。

練習 7 $A=\begin{bmatrix} 5 & 2 \\ 3 & 1 \end{bmatrix}$，$B=\begin{bmatrix} 1 & -3 \\ -5 & 2 \end{bmatrix}$ のとき，次の計算をせよ。

(1) BA　　(2) $(BA)^{-1}$　　(3) $A(BA)^{-1}B$

◈上三角行列，下三角行列，対角行列

n 次正方行列 $A=[a_{ij}]$ は，$i>j$ であるすべての $(i,\ j)$ 成分 a_{ij} が 0 であるとき，**上三角行列** といい，$i<j$ であるすべての $(i,\ j)$ 成分 a_{ij} が 0 であるとき，**下三角行列** という。また，$i \neq j$ であるすべての $(i,\ j)$ 成分 a_{ij} が 0 であるとき，**対角行列** という。

図に示すとおり，対角成分よりも左下の成分がすべて 0 であるものが上三角行列で，対角成分よりも右上の成分がすべて 0 であるものが下三角行列である。

$$\begin{bmatrix} a_{11} & & & & \\ & a_{22} & & & \\ & & \ddots & & \\ & 0 & & \ddots & \\ & & & & a_{nn} \end{bmatrix} \qquad \begin{bmatrix} a_{11} & & & & \\ & a_{22} & & 0 & \\ & & \ddots & & \\ & & & \ddots & \\ & & & & a_{nn} \end{bmatrix}$$

上三角行列（左）と下三角行列（右）

$$\begin{bmatrix} a_{11} & & & & \\ & a_{22} & & 0 & \\ & & \ddots & & \\ & 0 & & \ddots & \\ & & & & a_{nn} \end{bmatrix}$$

対角行列

練習 8

(1) A，B を 2 次の上三角行列とするとき，AB も上三角行列であることを示せ。

(2) A，B を 3 次の下三角行列とするとき，AB も下三角行列であることを示せ。

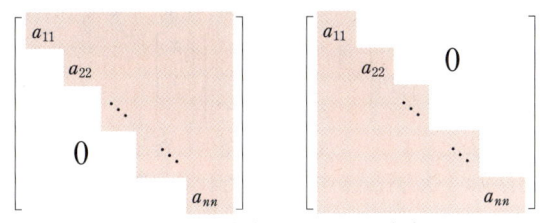

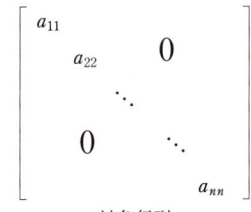

Column コラム 行列の代数関数論

イギリスの数学者アーサー・ケイリー（1821-1895年）にその名も「行列の理論（Memoir on the theory of matrices）」（1858年）という論文があり，線形代数の形成史を語るうえで欠くことのできない重要な位置を占めている。ケイリーは3次の正方行列をモデルにして行列を語った。行列の表記は今日の流儀とはいくぶん異なるが，行列そのものを1個の数学的対象として取り上げたところに創意が見られる。

以下，行列とベクトルの表記は今日の表記法による。行列の概念は，1次方程式系 $X=ax+by+cz$, $Y=a'x+b'y+c'z$, $Z=a''x+b''y+c''z$ を

$$\begin{bmatrix} X \\ Y \\ Z \end{bmatrix}=\begin{bmatrix} a & b & c \\ a' & b' & c' \\ a'' & b'' & c'' \end{bmatrix}\begin{bmatrix} x \\ y \\ z \end{bmatrix}$$

というふうに簡略に表記しようとして自然に発生したとケイリーは言う。1次方程式系に由来する行列は1次方程式から解き放たれて，それ自身が1個の単独の量であるかのように振る舞い，行列の加法と乗法，逆行列，正負の整数または分数をべき指数（累乗の指数）にもつべき（累乗）を作る手順が定められていく。

行列の演算は源泉の1次方程式系に立ち返って規定される。例えば，2つの行列

$A=\begin{bmatrix} a & b & c \\ a' & b' & c' \\ a'' & b'' & c'' \end{bmatrix}$, $B=\begin{bmatrix} \alpha & \beta & \gamma \\ \alpha' & \beta' & \gamma' \\ \alpha'' & \beta'' & \gamma'' \end{bmatrix}$ の和を考えるには，対応する1次方程式系

$$X=ax+by+cz,\quad Y=a'x+b'y+c'z,\quad Z=a''x+b''y+c''z$$

$$X'=\alpha x+\beta y+\gamma z,\quad Y'=\alpha' x+\beta' y+\gamma' z,\quad Z'=\alpha'' x+\beta'' y+\gamma'' z$$

を書く。これらを加えると，1次方程式系

$$X+X'=(a+\alpha)x+(b+\beta)y+(c+\gamma)z$$

$$Y+Y'=(a'+\alpha')x+(b'+\beta')y+(c'+\gamma')z$$

$$Z+Z'=(a''+\alpha'')x+(b''+\beta'')y+(c''+\gamma'')z$$

が生じ，これに対応する行列 $\begin{bmatrix} a+\alpha & b+\beta & c+\gamma \\ a'+\alpha' & b'+\beta' & c'+\gamma' \\ a''+\alpha'' & b''+\beta'' & c''+\gamma'' \end{bmatrix}$ が $A+B$ である。行列の積と逆行列も同様の手順で定められる。分数のべき指数をもつべきの計算は複雑になるが，ケイリーはそのための手法としてケイリー・ハミルトンの定理（第3章のコラム参照）を提案した。

ケイリーは通常の数が受け入れる代数的演算の対象が新たに見つかったところに関心を寄せ，「行列の代数関数論」ともいうべき理論を構想した。この構想に基づいて行列の概念が自立し，線形代数への第一歩が踏み出されたのである。

（ケイリーによる行列の表記）

$$\left(\begin{array}{lll} a\ , & b\ , & c \\ a', & b', & c' \\ a'', & b'', & c'' \end{array}\right|$$

章末問題

1. n 次の正方行列 A の $(i,\ j)$ 成分 a_{ij} $(i,\ j=1,\ \cdots\cdots,\ n)$ が $a_{ij}=i+2j$ であるとする。このとき，${}^tAA$ の $(i,\ j)$ 成分を計算せよ。

2. 零行列でない n 次正方行列 A について，${}^tA=cA$ を満たす実数 c が存在したとする。このとき $c=\pm1$ であることを示せ。

3. n 次の正方行列 A に対し，A の多項式を
$f(A)=a_mA^m+a_{m-1}A^{m-1}+\cdots\cdots+a_1A+a_0E$
(E は n 次の単位行列) で与えられる n 次正方行列 $f(A)$ を考える。$a_0\neq0$ で $f(A)=O$ (O は n 次の零行列) が成り立つとき，A は正則であることを示せ。

4. A が 2 次の正則行列で，上三角行列であるとき，逆行列 A^{-1} も上三角行列であることを示せ。また，A が下三角行列ならば，A^{-1} も下三角行列であることを示せ。

5. A と B が n 次の上三角行列ならば，AB も上三角行列であることを示せ。また，A と B が n 次の下三角行列ならば，AB も下三角行列であることを示せ。

6. n 次正方行列 $A=[a_{ij}]$ に対し，その対角成分の和
$$a_{11}+a_{22}+\cdots\cdots+a_{nn}$$
を $\mathrm{tr}(A)$ と書いて，A の **トレース** という。A，B を n 次正方行列とするとき，次が成り立つことを示せ。
(1) $\mathrm{tr}(A+B)=\mathrm{tr}(A)+\mathrm{tr}(B)$
(2) 実数 c について $\mathrm{tr}(cA)=c\cdot\mathrm{tr}(A)$
(3) $\mathrm{tr}({}^tA)=\mathrm{tr}(A)$
(4) $\mathrm{tr}(AB)=\mathrm{tr}(BA)$

第 2 章

連立 1 次方程式

1 連立 1 次方程式と行列／2 行列の行基本変形
3 連立 1 次方程式とその解

線形代数学の学習は，行列の演算を基盤にした計算のアルゴリズムを習得する前半と，このアルゴリズムを支える抽象的な理論体系を把握する後半とに，大雑把に分けることができる。本章から第 4 章までが前半部分である。

この章では，その出発点に当たる連立 1 次方程式と行列との関係について考える。連立 1 次方程式の解は常にただ 1 組に定まるとは限らず，解が存在しないことや，解が無数にあって 1 つに定まらないこともある。

1 では，連立 1 次方程式の行列を用いた書き方，解き方について解説し，拡大係数行列を用いた連立 1 次方程式の解法の，行列によるシミュレーションを行う。

2 では，連立 1 次方程式を行列の変形によって解くための一般的な方法をまとめる。ここでは行列の行（列）基本操作，行（列）基本変形，簡約階段化の習得を目指す。

3 では，1 でシミュレーションした形の解法を，連立 1 次方程式の解法の一般論に展開する。

1 連立１次方程式と行列

この節では，線形代数学の出発点として，連立１次方程式について考える。連立１次方程式の行列形について議論し，その解法の行列の変形によるシミュレーションを行う。これらの議論は，後に展開される，行列についての一般論の基礎となる。

◈連立１次方程式の書き方

$3x-y+2z=1$ は，３つの未知数 x，y，z についての１次方程式である。このような１次方程式を複数個連立させることで得られる方程式を，**連立１次方程式**という。例えば

$$\begin{cases} 3x-y+2z=1 \\ -x+y-6z=-5 \\ 2x-y+6z=7 \end{cases}$$

は，３つの未知数 x，y，z についての連立１次方程式である。

上の例では，未知数の個数は３つで，方程式の個数も３つの場合を考えたが，一般には n 個の未知数

$$x_1,\ x_2,\ \cdots\cdots,\ x_n$$

についての，m 個の１次方程式によって与えられる連立１次方程式

$$\begin{cases} a_{11}x_1+a_{12}x_2+\cdots\cdots+a_{1n}x_n=b_1 \\ a_{21}x_1+a_{22}x_2+\cdots\cdots+a_{2n}x_n=b_2 \\ \qquad\qquad\vdots \\ a_{m1}x_1+a_{m2}x_2+\cdots\cdots+a_{mn}x_n=b_m \end{cases} \qquad (*)$$

を考えることができる。ここで

$$a_{ij}\quad (i=1,\ 2,\ \cdots\cdots,\ m,\ j=1,\ 2,\ \cdots\cdots,\ n)$$

は mn 個の定数であり

$$b_i\quad (i=1,\ 2,\ \cdots\cdots,\ m)$$

は m 個の定数である。

連立１次方程式 $(*)$ を行列を用いて書き表そう。そのため，$m\times n$ 行列 A を

$$A=[a_{ij}]=\begin{bmatrix} a_{11} & a_{12} & \cdots & a_{1n} \\ a_{21} & a_{22} & \cdots & a_{2n} \\ \vdots & \vdots & & \vdots \\ a_{m1} & a_{m2} & \cdots & a_{mn} \end{bmatrix}$$

とし，変数 x_1，x_2，……，x_n を縦に並べて得られる $n\times 1$ 行列

$$\boldsymbol{x}=\begin{bmatrix} x_1 \\ x_2 \\ \vdots \\ x_n \end{bmatrix}={}^t[\, x_1 \quad x_2 \quad \cdots \quad x_n \,]$$

を考える。このとき，連立1次方程式（＊）の左辺はそれぞれ行列の積 $A\boldsymbol{x}$ の各行で書き表される。実際

$$A\boldsymbol{x}=\begin{bmatrix} a_{11}x_1+a_{12}x_2+\cdots\cdots+a_{1n}x_n \\ a_{21}x_1+a_{22}x_2+\cdots\cdots+a_{2n}x_n \\ \vdots \\ a_{m1}x_1+a_{m2}x_2+\cdots\cdots+a_{mn}x_n \end{bmatrix}$$

となる。つまり，$m\times 1$ 行列 $A\boldsymbol{x}$ の i 行目 $(i=1,\ 2,\ \cdots\cdots,\ m)$ が，連立1次方程式（＊）の i 行目の左辺に一致している。

したがって，連立1次方程式（＊）の右辺に現れる定数 b_1，b_2，……，b_m を縦に並べて $m\times 1$ 行列

$$\boldsymbol{b}=\begin{bmatrix} b_1 \\ b_2 \\ \vdots \\ b_m \end{bmatrix}={}^t[\, b_1 \quad b_2 \quad \cdots \quad b_m \,]$$

を作ると，連立1次方程式（＊）は，次のように行列を用いて書き表される。

$$A\boldsymbol{x}=\boldsymbol{b} \qquad (**)$$

行列 A を，連立1次方程式（＊）の **係数行列** という。また，$\boldsymbol{x}$ を **未知数ベクトル** と呼び，$\boldsymbol{b}$ を連立1次方程式（＊）の **定数項ベクトル** という。

例 1

最初に示した連立1次方程式を，行列を用いて書き表すと，次のようになる。

$$\begin{cases} 3x-y+2z=1 \\ -x+y-6z=-5 \\ 2x-y+6z=7 \end{cases} \iff \begin{bmatrix} 3 & -1 & 2 \\ -1 & 1 & -6 \\ 2 & -1 & 6 \end{bmatrix}\begin{bmatrix} x \\ y \\ z \end{bmatrix}=\begin{bmatrix} 1 \\ -5 \\ 7 \end{bmatrix}$$

練習 1

次の連立1次方程式を，行列を用いて書き表せ。

(1) $\begin{cases} 4x-y+3z=0 \\ x+2y-4z=2 \end{cases}$ (2) $\begin{cases} -x+2z=3 \\ 2y+z=1 \end{cases}$ (3) $\begin{cases} 3x+y=3 \\ x-2z=1 \\ x+y+z=-1 \\ -x+3y-5z=0 \end{cases}$

◈連立1次方程式を解く

連立1次方程式を解くには，高等学校までで学んだように，基本的には，未知数を1つ1つ消去していけばよい。しかし，未知数や式の数が多い場合，上手に式変形していかないと，なかなか解にまで到達できないであろう。そこで，どんなに未知数や式の個数が多くても，必ず解に到達できるような，系統的な解法について考えよう。

例えば，例1の連立1次方程式の解法について考えてみよう。

$$\begin{cases} 3x-y+2z=\ \ 1 \cdots\cdots ① \\ -x+y-6z=-5 \cdots\cdots ② \\ 2x-y+6z=\ \ 7 \cdots\cdots ③ \end{cases} \qquad (0)$$

以下，解法の途中式も含めて，この式のように，上から式の番号を ①，②，…… などと振ることにする。

解き方 (1) まず，② の両辺に -1 を掛けて，これを改めて ② とする。

$$\begin{cases} 3x-y+2z=1 \cdots\cdots ① \\ x-y+6z=5 \cdots\cdots ② \\ 2x-y+6z=7 \cdots\cdots ③ \end{cases}$$

注意 本来ならば，最初の式 ② と区別するために，新しい式 ② の番号は ②′ などとするべきであろうが，記号の煩雑さを避けてこうしている。慣れてくれば，混乱は起こらないであろう。

上で行った操作「② の両辺に -1 を掛けて，これを改めて ② とする」を，今後は，②×(−1) という記号で簡潔に表すことにする[1)]。

解き方 (2) 次に，① と ② を入れ替え，また改めて番号 ①，②，③ を上から振りなおす。

$$\begin{cases} x-y+6z=5 \cdots\cdots ① \\ 3x-y+2z=1 \cdots\cdots ② \\ 2x-y+6z=7 \cdots\cdots ③ \end{cases}$$

この操作を記号で表せば，① ⟷ ② と書ける。

1) 本来ならば，-1 倍したものを ② に「差し替える」という操作も（矢印などで）記号化して「②×(−1) ⟶ ②」と書くべきかもしれないが，記号が煩雑になるのを避けて，ノートや答案にも書きやすいように，単に「②×(−1)」で表すことにした。

ここまでの操作で行いたかったことは，左辺の一番左上の係数，つまり式①の x の係数を1にするということである。

注意 もちろん，一番左上の係数を1にすることだけが目的であれば，他にもやり方はある。例えば，最初の状態である(0)の式①全体を $\frac{1}{3}$ 倍しても，(結果は(2)と異なるが) 一番左上の係数を1にできるので，そうしてもよい。しかし，ここで上のような2段階の操作をした理由は，方程式の係数に分数が現れるのをできるだけ避けるためであった。

解き方 (3) 次に，①の -3 倍を②に足し，同様に①の -2 倍を③に足す。結果は次のようになる。

$$\begin{cases} x-y+6z=5 & \cdots\cdots ① \\ 2y-16z=-14 & \cdots\cdots ② \\ y-6z=-3 & \cdots\cdots ③ \end{cases}$$

ここで行った操作は，①×(−3)+②，①×(−2)+③ と書けて，これらは2行目以降の式の x の項を消去するということである。そしてこの目的のために，(2)では①の x の係数を1にしていたのである。以下は，記号での操作を示す。

解き方 (4) 次に，②×$\frac{1}{2}$ $\left(②を\frac{1}{2}倍する\right)$ を行う。

$$\begin{cases} x-y+6z=5 & \cdots\cdots ① \\ y-8z=-7 & \cdots\cdots ② \\ y-6z=-3 & \cdots\cdots ③ \end{cases}$$

ここでの目的は，②の最初の係数 (y の係数) を1にすることである。(よって，他にも，例えば，(3)の②と③を入れ替えて，その結果を(4)としてもよい。)

解き方 (5) 次に，②×1+① (②を1倍して①に足す) と，②×(−1)+③ (②を −1 倍して③に足す) を行う。

$$\begin{cases} x-2z=-2 & \cdots\cdots ① \\ y-8z=-7 & \cdots\cdots ② \\ 2z=4 & \cdots\cdots ③ \end{cases}$$

この操作の目的は，① と ③ の y の項を消去することにある。

解き方 (6) 次に，③$\times\dfrac{1}{2}$ $\left(③ を \dfrac{1}{2} 倍する\right)$ を行う。

$$\begin{cases} x \quad -2z=-2 \cdots\cdots ① \\ y-8z=-7 \cdots\cdots ② \\ z=\ \ 2 \cdots\cdots ③ \end{cases}$$

これは z の値を求めるため，というよりは，③ の z の係数を 1 にするための操作である。

解き方 (7) 最後に，③ の 2 倍を ① に足し，③ の 8 倍を ② に足す。

$$\begin{cases} x \quad =2 \cdots\cdots ① \\ y \ =9 \cdots\cdots ② \\ z=2 \cdots\cdots ③ \end{cases}$$

こうして，最終的に $\begin{cases} x=2 \\ y=9 \\ z=2 \end{cases}$ という解が得られた。

練習 2 次の連立 1 次方程式を，上の (1)～(7) の解法にならって解け。

$$\begin{cases} -3x+2y+7z=\ \ 8 \cdots\cdots ① \\ -x-2y-3z=\ \ 0 \cdots\cdots ② \\ 3x+\ y-3z=-7 \cdots\cdots ③ \end{cases}$$

◈行列による連立方程式の解法のシミュレーション

行列を用いて表した連立 1 次方程式 $A\boldsymbol{x}=\boldsymbol{b}$ において，係数行列 A と定数項ベクトル $\boldsymbol{b}$ を並べてできる行列 $[A \mid \boldsymbol{b}]=\left[\begin{array}{cccc|c} a_{11} & a_{12} & \cdots & a_{1n} & b_1 \\ a_{21} & a_{22} & \cdots & a_{2n} & b_2 \\ \vdots & \vdots & & \vdots & \vdots \\ a_{m1} & a_{m2} & \cdots & a_{mn} & b_m \end{array}\right]$

を，この連立 1 次方程式の **拡大係数行列**（かくだいけいすう）という。

一般に，前項で行ったような連立 1 次方程式の解法は，拡大係数行列の変形によってシミュレーション（代替計算）できる。

例 1 (p. 42) より，前項の連立 1 次方程式は

$$\begin{bmatrix} 3 & -1 & 2 \\ -1 & 1 & -6 \\ 2 & -1 & 6 \end{bmatrix}\begin{bmatrix} x \\ y \\ z \end{bmatrix}=\begin{bmatrix} 1 \\ -5 \\ 7 \end{bmatrix} \tag{0}$$

と表されるので，その拡大係数行列は

$$[\,A \mid \boldsymbol{b}\,]=\left[\begin{array}{ccc|c} 3 & -1 & 2 & 1 \\ -1 & 1 & -6 & -5 \\ 2 & -1 & 6 & 7 \end{array}\right]$$

という 3×4 行列である。この行列の 1 行目，2 行目，3 行目を，それぞれ ①，②，③ で表せば，上で行った操作は，次に示すように，この行列の行についての操作の形ですべて書き表すことができる。

$$\begin{cases} 3x-y+2z=\ \ 1 \\ -x+y-6z=-5 \\ 2x-y+6z=\ \ 7 \end{cases} \qquad \left[\begin{array}{ccc|c} 3 & -1 & 2 & 1 \\ -1 & 1 & -6 & -5 \\ 2 & -1 & 6 & 7 \end{array}\right] \tag{0}$$

↓　②×(−1)　↓

$$\begin{cases} 3x-y+2z=1 \\ x-y+6z=5 \\ 2x-y+6z=7 \end{cases} \qquad \left[\begin{array}{ccc|c} 3 & -1 & 2 & 1 \\ 1 & -1 & 6 & 5 \\ 2 & -1 & 6 & 7 \end{array}\right] \tag{1}$$

↓　① ⟷ ②　↓

$$\begin{cases} x-y+6z=5 \\ 3x-y+2z=1 \\ 2x-y+6z=7 \end{cases} \qquad \left[\begin{array}{ccc|c} 1 & -1 & 6 & 5 \\ 3 & -1 & 2 & 1 \\ 2 & -1 & 6 & 7 \end{array}\right] \tag{2}$$

↓　①×(−3)+②　↓
　　①×(−2)+③

$$\begin{cases} x-\ \ y+\ \ 6z=\ \ 5 \\ \quad 2y-16z=-14 \\ \quad\ \ y-\ \ 6z=-3 \end{cases} \qquad \left[\begin{array}{ccc|c} 1 & -1 & 6 & 5 \\ 0 & 2 & -16 & -14 \\ 0 & 1 & -6 & -3 \end{array}\right] \tag{3}$$

↓　②$\times\dfrac{1}{2}$　↓

$$\begin{cases} x-y+6z=\ \ 5 \\ \quad\ \ y-8z=-7 \\ \quad\ \ y-6z=-3 \end{cases} \qquad \left[\begin{array}{ccc|c} 1 & -1 & 6 & 5 \\ 0 & 1 & -8 & -7 \\ 0 & 1 & -6 & -3 \end{array}\right] \tag{4}$$

$$\downarrow \quad \begin{matrix} ②\times 1+① \\ ②\times(-1)+③ \end{matrix} \quad \downarrow$$

$$\begin{cases} x \quad -2z=-2 \\ \quad y-8z=-7 \\ \qquad 2z=\ \ 4 \end{cases} \qquad \left[\begin{array}{ccc|c} 1 & 0 & -2 & -2 \\ 0 & 1 & -8 & -7 \\ 0 & 0 & 2 & 4 \end{array}\right] \qquad (5)$$

$$\downarrow \quad ③\times\frac{1}{2} \quad \downarrow$$

$$\begin{cases} x \quad -2z=-2 \\ \quad y-8z=-7 \\ \qquad\ \ z=\ \ 2 \end{cases} \qquad \left[\begin{array}{ccc|c} 1 & 0 & -2 & -2 \\ 0 & 1 & -8 & -7 \\ 0 & 0 & 1 & 2 \end{array}\right] \qquad (6)$$

$$\downarrow \quad \begin{matrix} ③\times 2+① \\ ③\times 8+② \end{matrix} \quad \downarrow$$

$$\begin{cases} x \qquad =2 \\ \quad y \quad =9 \\ \qquad z=2 \end{cases} \qquad \left[\begin{array}{ccc|c} 1 & 0 & 0 & 2 \\ 0 & 1 & 0 & 9 \\ 0 & 0 & 1 & 2 \end{array}\right] \qquad (7)$$

例えば，一番最初の ②×(−1) という操作は，連立 1 次方程式の上では，「式 ② の両辺の −1 倍を ② におき換える」というものであるが，これは行列の上では，「2 行目を −1 倍する」という操作と読める。また，① ⟷ ② が行列の「1 行目と 2 行目を入れ替える」と，①×(−3)+② は行列の「1 行目の −3 倍を 2 行目に足す」という操作だと，それぞれ解釈する。

このようにして，連立 1 次方程式の解法におけるそれぞれの操作を，行列の行の操作におき換えることで，連立 1 次方程式の解法を，すべて行列の操作によってシミュレーションできる。

練習 3 練習 2 の連立 1 次方程式の解法を，行列

$$\left[\begin{array}{ccc|c} -3 & 2 & 7 & 8 \\ -1 & -2 & -3 & 0 \\ 3 & 1 & -3 & -7 \end{array}\right]$$

の行の操作によって記述せよ。

2　行列の行基本変形

この節では，連立1次方程式を行列の変形によって解くための，一般的な方法について考察する。そのために，特に行列の行基本変形という概念について学ぶ。この節で重要なのは，いかなる行列も，行基本変形によって簡約階段形にすることができるという定理（$p.53$，定理2-1）である。ここでは定理の意味を理解するだけでなく，その証明で与えられている具体的な手順をしっかり身に付けることが重要である。

◆行基本操作と行基本変形

前節で行った，行列の変形による連立1次方程式の解法のシミュレーションでは，行列について，次の3つの操作が重要であった。

(R1)　i 行目と j 行目を入れ替える（$i \neq j$）

(R2)　i 行目を c 倍する（c は0でない定数）

(R3)　j 行目の a 倍を i 行目に足す（a は定数，$i \neq j$）

これらの操作は，(R1) ⓘ $\longleftrightarrow$ ⓙ，(R2) ⓘ$\times c$，(R3) ⓙ$\times a+$ⓘ で略記できる。

前節で行った行列の操作は，すべてこの形の操作の繰り返しによってなされている。(R1)，(R2)，(R3) を行列の **行基本操作** という。行基本操作を有限回繰り返して行列を変形していくことを，行列の **行基本変形** といい，これを $m\times n$ 行列 $A=[a_{ij}]$ に行った結果を具体的に書くと，次のようになる。

$$\begin{bmatrix} & \cdots & \cdots & \\ a_{i1} & a_{i2} & \cdots & a_{in} \\ & \cdots & \cdots & \\ a_{j1} & a_{j2} & \cdots & a_{jn} \\ & \cdots & \cdots & \end{bmatrix} \overset{ⓘ \longleftrightarrow ⓙ}{\longrightarrow} \begin{bmatrix} & \cdots & \cdots & \\ a_{j1} & a_{j2} & \cdots & a_{jn} \\ & \cdots & \cdots & \\ a_{i1} & a_{i2} & \cdots & a_{in} \\ & \cdots & \cdots & \end{bmatrix} \begin{matrix} \\ \leftarrow i\text{ 行目} \\ \\ \leftarrow j\text{ 行目} \\ \\ \end{matrix} \qquad \text{(R1)}$$

$$\begin{bmatrix} & \cdots & \cdots & \\ a_{i1} & a_{i2} & \cdots & a_{in} \\ & \cdots & \cdots & \end{bmatrix} \overset{ⓘ\times c}{\longrightarrow} \begin{bmatrix} & \cdots & \cdots & \\ ca_{i1} & ca_{i2} & \cdots & ca_{in} \\ & \cdots & \cdots & \end{bmatrix} \qquad \text{(R2)}$$

$$\begin{bmatrix} & \cdots & \cdots & \\ a_{i1} & a_{i2} & \cdots & a_{in} \\ & \cdots & \cdots & \\ a_{j1} & a_{j2} & \cdots & a_{jn} \\ & \cdots & \cdots & \end{bmatrix} \overset{ⓙ\times a+ⓘ}{\longrightarrow} \begin{bmatrix} & \cdots & \cdots & \\ a_{i1}+aa_{j1} & a_{i2}+aa_{j2} & \cdots & a_{in}+aa_{jn} \\ & \cdots & \cdots & \\ a_{j1} & a_{j2} & \cdots & a_{jn} \\ & \cdots & \cdots & \end{bmatrix} \qquad \text{(R3)}$$

練習 1 次の行列に，それぞれ括弧内で示された行基本変形を行った結果を示せ。

(1) $\begin{bmatrix} 4 & -1 & 3 & 0 \\ 1 & 2 & -4 & 2 \end{bmatrix}$ (①$\longleftrightarrow$②)　(2) $\begin{bmatrix} -1 & 2 & 3 \\ 2 & 1 & 1 \end{bmatrix}$ (①×2+②)

(3) $\begin{bmatrix} 1 & 0 & -2 & 1 \\ 1 & 1 & 1 & -1 \\ -1 & 3 & -5 & 0 \end{bmatrix}$ (①×(−1)+②，①×1+③)

行基本操作は，すべて**可逆**（かぎゃく）である。つまり，逆操作によって，もとに戻すことができる。実際

- ⓘ$\longleftrightarrow$ⓙ は，自分自身 ⓘ$\longleftrightarrow$ⓙ が逆操作
- ⓘ$\times c$ ($c \neq 0$) は，ⓘ$\times c^{-1}$ が逆操作
- ⓙ$\times a+$ⓘ は，ⓙ$\times(-a)+$ⓘ が逆操作

になっており，それぞれ逆操作をすれば，もとに戻る。

注意 次のものは行基本変形ではない。

- i 行目を 0 倍すること。
- j 行目を i 行目でおき換えること。
- j 行目の a 倍を i 行目に足したものを k 行目 ($i \neq k$) とすること。

実際，これらの操作は可逆でない，つまり，もとに戻すことができない。

◆簡約階段形

前節では，連立 1 次方程式 $\begin{cases} 3x-y+2z=1 \\ -x+y-6z=-5 \\ 2x-y+6z=7 \end{cases}$ を解くために，行列

$\begin{bmatrix} 3 & -1 & 2 & 1 \\ -1 & 1 & -6 & -5 \\ 2 & -1 & 6 & 7 \end{bmatrix}$ を行基本変形して $\begin{bmatrix} 1 & 0 & 0 & 2 \\ 0 & 1 & 0 & 9 \\ 0 & 0 & 1 & 2 \end{bmatrix}$ という最終形の行列[1)]

にした。

この最終形の行列は，その形が特徴的である。そして，その形が簡単であるので，連立 1 次方程式の解がすぐにわかるのである。このような形の行列について議論するために，一般に，行列の形に関する次のような概念を考えよう。

まず，**階段形**[2)] の行列というものを考える。これは次のページの図 1 に示したような行列である。図 1 のように，この行列は次の性質をもっている。

1) 行列を変形していってこれ以上変形しない形の行列を，本書では最終形の行列と呼ぶことにする。
2) 行階段形，またはエシュロン (echelon) 形とも呼ばれる。

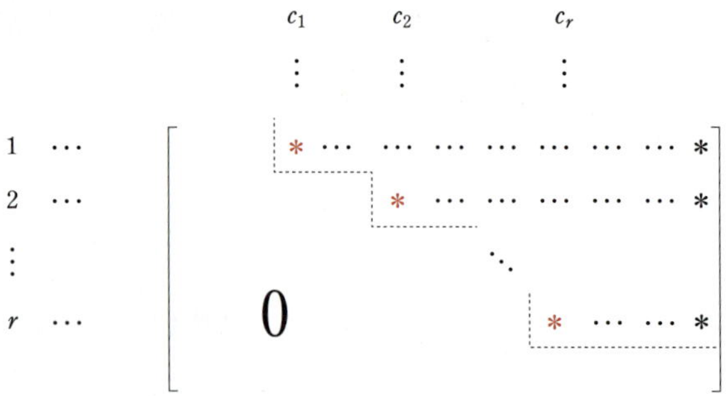

図 1　階段形

- 左下部分にはすべて 0 が並んでいる（その様子を，図では大きな 0 を書いて示している）。
- 0 が並んでいる部分と，そうではない部分との境目は，図に示したような階段状になっており，その 1 つ 1 つの段が落ちる部分の成分（図では赤色の $*$ で示した成分）は 0 ではない。
- その他の成分（図では黒色の $*$ や… で示された部分の成分）は，何でもよい（0 でもよい）。

例 1

$$\begin{bmatrix} 0 & 2 & -1 & 3 \\ 0 & 0 & 1 & 4 \\ 0 & 0 & 0 & 7 \end{bmatrix}, \qquad \begin{bmatrix} 0 & 3 & 1 & 0 & 2 \\ 0 & 0 & 0 & 4 & 5 \\ 0 & 0 & 0 & 0 & 1 \\ 0 & 0 & 0 & 0 & 0 \end{bmatrix}$$

階段形の行列を，より厳密に定義すると，次のようになる。

定義 2-1　階段形

$m \times n$ 行列 $A=[a_{ij}]$ が 階段形 であるとは，$0 \leqq r \leqq m$ なる整数 r と，r 個の整数 $1 \leqq c_1 < c_2 < \cdots\cdots < c_r \leqq n$ が存在して，次を満たすことである。

(S1) $1 \leqq i \leqq r$ **および** $1 \leqq j \leqq c_i - 1$ **のとき** $a_{ij}=0$

(S2) $r+1 \leqq i \leqq m$ **のとき，すべての** j $(1 \leqq j \leqq n)$ **について** $a_{ij}=0$

(S3) $1 \leqq i \leqq r$ **のとき** $a_{ic_i} \neq 0$

注意　定義 2-1 の条件 (S1)，(S2)，(S3) は，それぞれ次のページに陰影部で示した部分に関する条件である。

(S1)

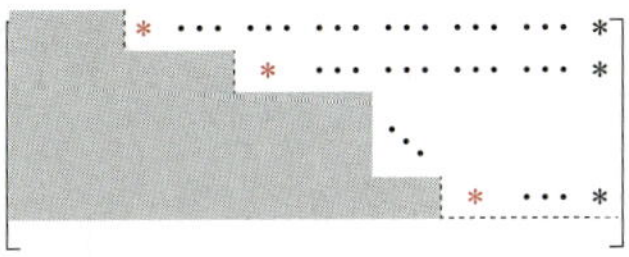

(S2)

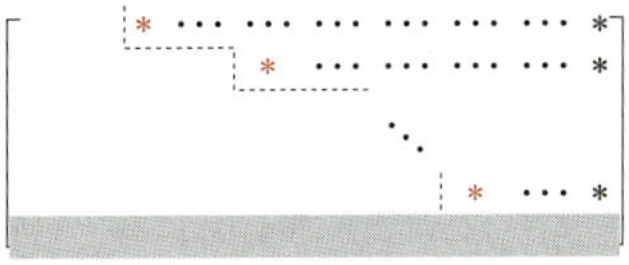

(S3)

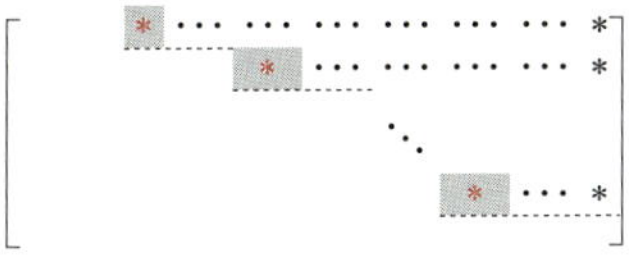

定義 2-1 の状況で，各 $i=1,\ 2,\ \cdots\cdots,\ r$ について，$(i,\ c_i)$ 成分（図 1 で赤色の ＊で示した成分）を，i 番目の **主成分**[3] と呼び，r 個の整数 $c_1,\ c_2,\ \cdots\cdots,\ c_r$ は **主番号** と呼ぶことにする。また，各 c_i 番目の列を i 番目の **主列**（しゅれつ），あるいは **主列ベクトル** と呼ぶことにする。したがって，次のような 3 つの用語が導入されることになる：

- 主列とは「段が落ちる列」のことであり，その列番号が主番号である。
- i 番目の主列ベクトルの，上から i 番目の成分，すなわち $(i,\ c_i)$ 成分が，i 番目の主成分である。

また，整数 r を，この階段形行列の **階数**（かいすう） (rank) という[4]。階段形行列の階数とは，階段の段の個数のことである。

注意
- 階数 0 の階段形行列とは，零行列 O のことである。
- 階段形行列の各段の段差は，1 でなければならない。例えば，次の行列は階段形ではない。

$$\begin{bmatrix} 1 & 3 & -5 & 2 & 4 \\ 0 & 0 & 2 & -8 & 9 \\ 0 & 0 & 3 & 6 & -7 \\ 0 & 0 & 0 & 4 & 0 \end{bmatrix} \qquad \begin{bmatrix} 1 & 3 & -5 & 2 & 4 \\ 0 & 0 & 0 & 0 & 0 \\ 0 & 0 & 3 & 6 & -7 \\ 0 & 0 & 0 & 4 & 0 \end{bmatrix}$$

3) ピボット (pivot) 成分とも呼ばれる。

4) 後述するように，階数 (rank) の概念は，階段形の行列だけでない，一般の行列の概念として非常に重要なものなので，ここでしっかり覚えておいて欲しい。

練習 2 次の行列が，階段形であるかそうでないかを答えよ。また，階段形であれば，その主番号，主列，および主成分を答えよ。

$$\begin{bmatrix} 0 & 1 & 2 & 3 \\ 0 & 4 & 5 & 0 \\ 6 & 0 & 0 & 0 \\ 0 & 0 & 0 & 0 \end{bmatrix},\quad \begin{bmatrix} 1 & 2 & 3 \\ 4 & 5 & 0 \\ 0 & 0 & 6 \end{bmatrix},\quad \begin{bmatrix} 0 & 1 & 2 & 4 \\ 0 & 0 & 8 & 4 \\ 0 & 0 & 0 & 0 \end{bmatrix}$$

練習 3 $m\times l$ 行列 A と $m\times n$ 行列 B を並べてできた $m\times(l+n)$ 行列 $[A\quad B]$ が階段形ならば，A も階段形であることを示せ。

階段形の行列の中でも特別なものとして，次のものは重要である。

定義 2-2　簡約階段形

$m\times n$ 行列 $A=[a_{ij}]$ が次の条件を満たすとき，簡約階段形 であるという。

(E1) A は階段形である。

(E2) 主成分はすべて 1 である。

(E3) 各主列における主成分の上下の成分はすべて 0 である。

簡約階段形の行列は，図 2 のようなものである。すなわち，簡約階段形の

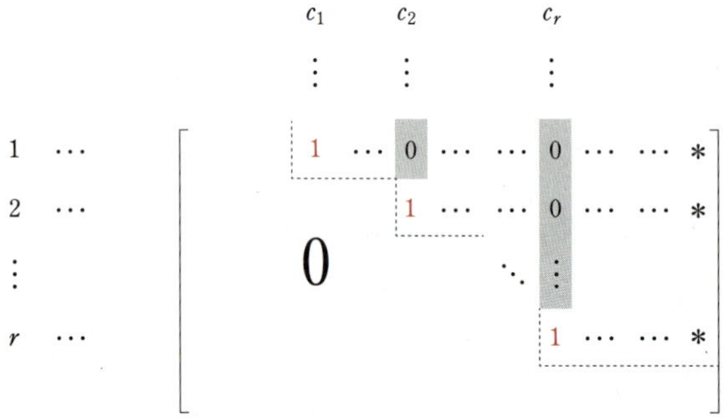

図 2　簡約階段形

行列は，まず階段形であって，その主成分（図 2 で赤色で書いた成分）はすべて 1 であり，かつ，主成分が属する列（主列）において，その主成分以外の成分はすべて 0 になっている。特に，主成分の上の成分（図 2 で陰影部で示した部分）も 0 になっていることに注意しよう。

A はそもそも階段形であるので，主列において，主成分より下にある成分は，既に 0 になっている。条件 (E3) は，主成分よりも上にある成分も 0 でなければならない，という条件である。

注意 *p*. 50, 定義 2-1 の記号を使うと，階段形行列が簡約階段形である条件（定義 2-2 における条件 (E2) と (E3)）は，次のように書かれる。

(E2) $1 \leqq i \leqq r$ のとき $a_{ic_i}=1$

(E3) $1 \leqq i \leqq r$ および $k \neq i$ のとき $a_{kc_i}=0$

例 2 前節では，連立 1 次方程式を表す行列を行基本変形して，最終形として 47 ページの (7) の右の形にした。この行列は簡約階段形である。

$$\begin{bmatrix} 1 & 0 & 0 & 2 \\ 0 & 1 & 0 & 9 \\ 0 & 0 & 1 & 2 \end{bmatrix}$$

練習 4 次の行列が，簡約階段形であるかそうでないかを答えよ。

$$\begin{bmatrix} 1 & 2 & -2 \\ 0 & 1 & 0 \\ 0 & 0 & 1 \\ 0 & 0 & 0 \end{bmatrix}, \quad \begin{bmatrix} 1 & 3 & 2 & -1 \\ 0 & 0 & 1 & 3 \\ 0 & 0 & 0 & 0 \end{bmatrix}, \quad \begin{bmatrix} 1 & 0 & 1 & 7 & 0 & 2 \\ 0 & 1 & 4 & 2 & 0 & -1 \\ 0 & 0 & 0 & 0 & 1 & 2 \end{bmatrix}$$

練習 5 $m \times l$ 行列 A と $m \times n$ 行列 B を並べてできた $m \times (l+n)$ 行列 $[\,A \quad B\,]$ が簡約階段形ならば，A も簡約階段形であることを示せ。

練習 6 n 次正方行列 A が簡約階段形であり，かつ，その階段の段の個数が n であるとき，$A=E$（単位行列）であることを示せ。

◈行基本変形定理

前項では，連立 1 次方程式の解法を，行列の変形でシミュレーションすることで，拡大係数行列を簡約階段形に変形した（例 2 参照）。次の定理が示すように，実はどのような行列であっても，行基本変形によって，常に簡約階段形に変形することができる。

> **定理 2-1　行基本変形定理**
> **任意の行列 A は，適当な行基本変形によって，簡約階段形に変形できる。**

行基本変形のような手順によって行列を変形していくプロセスを，**掃き出し法**（はきだしほう）という。この定理は，行基本変形による掃き出し法によって，任意の行列を簡約階段形に変形する実際の **アルゴリズム** を示すことによって証明できる。

ここでいうアルゴリズムとは「機械的な手順」という意味であり，任意の行列が入力されると，行基本変形を行って，自動的に簡約階段形の行列が出力されるような，一連の手順の流れを意味している。

以下に，そのアルゴリズムを具体的に示すことで，定理 2-1 を証明しよう。任意の $m\times n$ 行列Aが入力されたとする。我々のアルゴリズムは，入力Aから出発して，Aを機械的な手順で行基本変形して，最終的に簡約階段形を出力する，というものである。

(1)　Aが零行列Oなら，最初から簡約階段形なので，何もする必要はない（A自身を出力する）。
$A\neq O$ ならば，0 でない成分がある。0 でない成分を含む一番左にある列を考え，それを c_1 列目（$1\leqq c_1\leqq n$）とする。

$$\begin{array}{c} \phantom{\mathbf{0}}\ c_1 \end{array}$$
$$\left[\begin{array}{cccccc} & * & * & \cdots & \cdots & * \\ & * & * & \cdots & \cdots & * \\ \mathbf{0} & \vdots & \vdots & \vdots & \vdots & \vdots \\ & * & * & \cdots & \cdots & * \end{array}\right]$$

(2)　c_1 列目の成分で 0 でないものを $a=a_{ic_1}\neq 0$ とする。基本操作　ⓘ ⟷ ①
によって，c_1 列目の一番上（つまり $(1,\ c_1)$ 成分）をaにする。

$$\left[\begin{array}{cccccc} & a & * & \cdots & \cdots & * \\ & * & * & \cdots & \cdots & * \\ \mathbf{0} & \vdots & \vdots & \vdots & \vdots & \vdots \\ & * & * & \cdots & \cdots & * \end{array}\right]$$

(3)　基本操作　① $\times\dfrac{1}{a}$
により，$(1,\ c_1)$ 成分を 1 にする。

$$\left[\begin{array}{cccccc} & 1 & * & \cdots & \cdots & * \\ & * & * & \cdots & \cdots & * \\ \mathbf{0} & \vdots & \vdots & \vdots & \vdots & \vdots \\ & * & * & \cdots & \cdots & * \end{array}\right]$$

★ここまでの変形の目的は，43 ページ(2) および 46 ページ(2) までの（連立 1 次方程式の）変形と同様に，（0 でない）左上の成分を 1 にすることにある。この時点でこの形になっていれば，どのような手順を用いてもよい（43 ページ(2) の後の **注意** を参照）。

(4)　$i=2,\ 3,\ \cdots\cdots,\ m$ について，基本操作
　　① $\times(-a_{ic_1})+$ ⓘ
によって，$(i,\ c_1)$ 成分を 0 にする。これによって，c_1 列目の 1 の下がすべて 0 になる。

$$\left[\begin{array}{cccccc} & 1 & * & \cdots & \cdots & * \\ & 0 & * & \cdots & \cdots & * \\ \mathbf{0} & \vdots & \vdots & \vdots & \vdots & \vdots \\ & 0 & * & \cdots & \cdots & * \end{array}\right]$$

★この変形は，44 ページ(3) および 46 ページ(3) の変形に対応している。

(5)　次に，$(2,\ c_1+1)$ 成分よりも右下のブロックからなる $(m-1)\times(n-c_1)$ 行列 A_1 を考える。

$$\begin{bmatrix} & \overset{c_1}{1} & * & \cdots & \cdots & * \\ & 0 & * & \cdots & \cdots & * \\ \mathbf{0} & \vdots & \vdots & \vdots & \vdots & \vdots \\ & 0 & * & \cdots & \cdots & * \end{bmatrix}$$

(6)　このブロック A_1 が零行列ならば，ここまでで簡約階段形となっているので，操作を終わる（現在の結果を出力する）。
そうでないなら，0 でない成分をもつ A_1 の一番左の列を考える。その列の A 全体における列番号を c_2 とする。

$$\begin{bmatrix} & \overset{c_1}{1} & * & \cdots & * & \overset{c_2}{*} & \cdots & * \\ & & & & & * & \cdots & * \\ \mathbf{0} & & & \mathbf{0} & & \vdots & \vdots & \vdots \\ & & & & & * & \cdots & * \end{bmatrix}$$

(7)　c_2 列目の成分で，ブロック A_1 に入るものの中で 0 でないもの $b=a_{ic_2}\neq 0$ をとる。基本操作

ⓘ $\longleftrightarrow$ ②

によって，$(2,\ c_2)$ 成分を b にする。

$$\begin{bmatrix} & \overset{c_1}{1} & * & \cdots & * & \overset{c_2}{*} & \cdots & * \\ & & & & & b & \cdots & * \\ & & & & & * & \cdots & * \\ \mathbf{0} & & & \mathbf{0} & & \vdots & \vdots & \vdots \\ & & & & & * & \cdots & * \end{bmatrix}$$

(8)　基本操作

② $\times\dfrac{1}{b}$

により，$(2,\ c_2)$ 成分を 1 にする。

$$\begin{bmatrix} & \overset{c_1}{1} & * & \cdots & * & \overset{c_2}{*} & \cdots & * \\ & & & & & 1 & \cdots & * \\ & & & & & * & \cdots & * \\ \mathbf{0} & & & \mathbf{0} & & \vdots & \vdots & \vdots \\ & & & & & * & \cdots & * \end{bmatrix}$$

★ここまでで，44 ページ (4) および 46 ページ (4) のように，ブロック部分の（0 でない）左上の成分を 1 にしている。上と同様に，この形にするためならば，どのような手順を用いてもよい。

(9)　$i=3,\ \cdots\cdots,\ m$ について，基本操作

② $\times(-a_{ic_2})+$ ⓘ

によって，$(i,\ c_2)$ 成分を 0 にする。これによって，c_2 列目の 1 の下がすべて 0 になる。

$$\begin{bmatrix} & \overset{c_1}{1} & * & \cdots & * & \overset{c_2}{*} & \cdots & * \\ & & & & & 1 & \cdots & * \\ & & & & & 0 & \cdots & * \\ \mathbf{0} & & & \mathbf{0} & & \vdots & \vdots & \vdots \\ & & & & & 0 & \cdots & * \end{bmatrix}$$

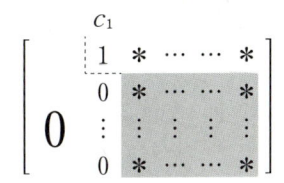

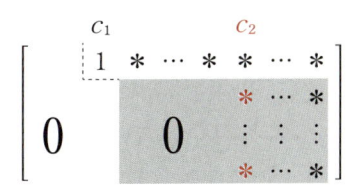

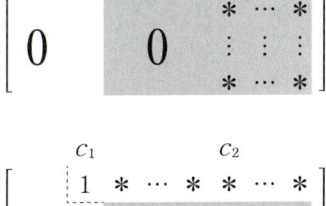

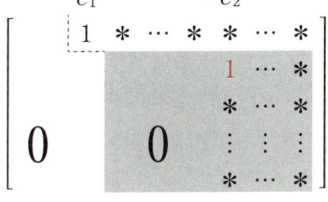

(10) 基本操作

$$②\times(-a_{1c_2})+①$$

によって，$(1,\ c_2)$ 成分を 0 にする。これによって，c_2 列目の 1 の上が 0 になる。

$$\begin{array}{c} \qquad\quad c_1 \qquad\qquad\quad c_2 \\ \begin{bmatrix} & 1 & * & \cdots & * & 0 & \cdots & * \\ & & & & & 1 & \cdots & * \\ & & & & & 0 & \cdots & * \\ \mathbf{0} & & & \mathbf{0} & & \vdots & \vdots & \vdots \\ & & & & & 0 & \cdots & * \end{bmatrix} \end{array}$$

★ここまでで，44 ページ(5)および 47 ページ(5)に対応した変形がなされている。

(11) 次に，$(3,\ c_2+1)$ 成分よりも右下のブロックからなる $(m-2)\times(n-c_2)$ 行列 A_2 を考える。このブロックが零行列なら，ここまでで簡約階段形が完成しているので，それを出力して操作を終える。

$$\begin{array}{c} \qquad\quad c_1 \qquad\qquad\quad c_2 \\ \begin{bmatrix} & 1 & * & \cdots & * & 0 & * & \cdots & * \\ & & & & & 1 & * & \cdots & * \\ & & & & & & * & \cdots & * \\ \mathbf{0} & & & & & & \vdots & \cdots & \vdots \\ & & & & & & * & \cdots & * \end{bmatrix} \end{array}$$

(12) そうでないなら，このブロック A_2 に関して，今までと同様の操作を繰り返す。これを残りのブロックがなくなるか，または零行列になるまで繰り返せば，最終的に簡約階段形が完成する。

$$\begin{array}{c} \qquad c_1 \qquad\qquad\quad c_2 \qquad\qquad\quad c_3 \\ \begin{bmatrix} & 1 & * & \cdots & * & 0 & * & \cdots & * & 0 & * & \cdots & * \\ & & & & & 1 & * & \cdots & * & 0 & * & \cdots & * \\ & & & & & & & & & 1 & * & \cdots & * \\ \mathbf{0} & & & & & & & & & & * & \cdots & * \\ & & & & & & & & & & * & \cdots & * \end{bmatrix} \end{array}$$

以上の手順は，入力された行列 A に応じて，繰り返しの回数は変化するが，必ず有限回で終了し，そのときの結果は簡約階段形になっている。

よって，どんな行列 A も，有限回の行基本操作で簡約階段形にできることがわかり，定理 2-1 (p. 53) は証明された。

実際に，与えられた行列を簡約階段形に変形するには，この証明で示された手順に従って行基本変形を行えばよい。

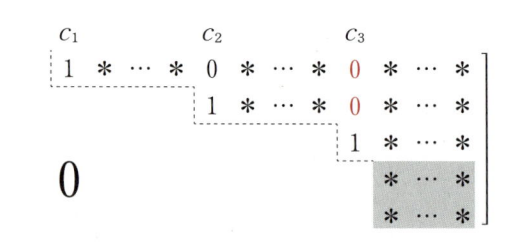

例題 1　行列 $A=\begin{bmatrix} 1 & -1 & 2 & 1 & -1 \\ 2 & -1 & 1 & 2 & 0 \\ -1 & 1 & 2 & 3 & 1 \\ 0 & 1 & -1 & 2 & 2 \end{bmatrix}$ を簡約階段形に行基本変形せよ。

解答　題意の行列は，既に左上の成分が 1 になっている。そこで，まず ①×(−2)+② と ①×1+③ を行って，1 列目の 1 の下を 0 にする。

$$\begin{bmatrix} 1 & -1 & 2 & 1 & -1 \\ 2 & -1 & 1 & 2 & 0 \\ -1 & 1 & 2 & 3 & 1 \\ 0 & 1 & -1 & 2 & 2 \end{bmatrix} \xrightarrow[\text{①×1+③}]{\text{①×(−2)+②}} \begin{bmatrix} 1 & -1 & 2 & 1 & -1 \\ 0 & 1 & -3 & 0 & 2 \\ 0 & 0 & 4 & 4 & 0 \\ 0 & 1 & -1 & 2 & 2 \end{bmatrix}$$

次に，陰影部のブロックに注目する。これもまた，左上の成分は既に 1 である。よって，②×(−1)+④ と ②×1+① を行って，この 1 の上下の成分を 0 にする。

$$\begin{bmatrix} 1 & -1 & 2 & 1 & -1 \\ 0 & 1 & -3 & 0 & 2 \\ 0 & 0 & 4 & 4 & 0 \\ 0 & 1 & -1 & 2 & 2 \end{bmatrix} \xrightarrow[\text{②×1+①}]{\text{②×(−1)+④}} \begin{bmatrix} 1 & 0 & -1 & 1 & 1 \\ 0 & 1 & -3 & 0 & 2 \\ 0 & 0 & 4 & 4 & 0 \\ 0 & 0 & 2 & 2 & 0 \end{bmatrix}$$

次に，陰影部を見ると，左上の成分が 4 なので，③×$\frac{1}{4}$ を行って，これを 1 にする。

$$\begin{bmatrix} 1 & 0 & -1 & 1 & 1 \\ 0 & 1 & -3 & 0 & 2 \\ 0 & 0 & 4 & 4 & 0 \\ 0 & 0 & 2 & 2 & 0 \end{bmatrix} \xrightarrow{\text{③}\times\frac{1}{4}} \begin{bmatrix} 1 & 0 & -1 & 1 & 1 \\ 0 & 1 & -3 & 0 & 2 \\ 0 & 0 & 1 & 1 & 0 \\ 0 & 0 & 2 & 2 & 0 \end{bmatrix}$$

最後に，③×1+① と ③×3+② および ③×(−1)+④ を行って，陰影部に作った 1 の上下の成分を 0 にする。

$$\begin{bmatrix} 1 & 0 & -1 & 1 & 1 \\ 0 & 1 & -3 & 0 & 2 \\ 0 & 0 & 1 & 1 & 0 \\ 0 & 0 & 2 & 2 & 0 \end{bmatrix} \xrightarrow[\substack{\text{③×3+②} \\ \text{③×(−2)+④}}]{\text{③×1+①}} \begin{bmatrix} 1 & 0 & 0 & 2 & 1 \\ 0 & 1 & 0 & 3 & 2 \\ 0 & 0 & 1 & 1 & 0 \\ 0 & 0 & 0 & 0 & 0 \end{bmatrix}$$

よって，求める簡約階段形は　$\begin{bmatrix} 1 & 0 & 0 & 2 & 1 \\ 0 & 1 & 0 & 3 & 2 \\ 0 & 0 & 1 & 1 & 0 \\ 0 & 0 & 0 & 0 & 0 \end{bmatrix}$　■

注意 定理 2-1 (p. 53) の証明では，任意の与えられた行列を行基本変形によって簡約階段形にするためのアルゴリズムを示した。ただし，実際には，上で示した方法よりも手早くできる方法があり得る。しかし，上に示した方法の利点は，（場合によっては遠回りになるかもしれないが）どんな入力に対しても，必ず有限回の機械的な操作によって，出力（簡約階段形の行列）が得られるという点にある。したがって，この手順に慣れるように，上記のような機械的な手順を1つ1つ行って，正しく計算していこう。

練習 7 次の行列を，行基本変形によって，簡約階段形にせよ。

(1) $\begin{bmatrix} 0 & 1 & 2 & 3 \\ 1 & 1 & 1 & 1 \\ 1 & 1 & 1 & 1 \\ 0 & 1 & 2 & 3 \end{bmatrix}$　(2) $\begin{bmatrix} 1 & 2 & 1 \\ 2 & 2 & 2 \\ 1 & 0 & 1 \end{bmatrix}$　(3) $\begin{bmatrix} 1 & -1 & 2 & 1 & -1 \\ 2 & -1 & 1 & 2 & 0 \\ -1 & 1 & 2 & 3 & 1 \\ 0 & 1 & -1 & 2 & 4 \end{bmatrix}$

注意 「行列の簡約階段形は，与えられた行列Aに対して，ただ一通りに決まる」この事実は証明することもできるが，その証明は技巧的で，あまり本質的ではない。そこで証明は，本書のインターネットサイトにおいてベクトル空間論を用いて与える。なお，以降では，この事実を認め，本文や演習問題などでも，自由に使うこととする。

◈行列の階数

行基本変形定理（定理 2-1）により，任意の行列Aは，行基本変形による掃き出し法によって，常に，簡約階段形行列Bに変形することができる。与えられた行列Aを行基本変形して得られた簡約階段形行列を，Aの **簡約階段化**（かんやくかいだんか）と呼ぶことにする。

簡約階段化は，与えられた行列に対して一通りに決まるので，その階数も一通りに決まる。そこで，次の定義をする。

定義 2-3　行列の階数

行列Aの簡約階段化の階数（階段の段の個数）を，Aの 階数 (rank) **といい**

$$\operatorname{rank} A$$

と書く。

例 3 例題 1 の行列Aについて，$\operatorname{rank} A=3$ である。

簡約階段化した行列に対して，階数とは階段の段数であるから行列の行数および列数以下の数であり，明らかに，次が成り立つ。

定理 2-2　階数の性質

$m \times n$ 行列 A について，次の不等式が成り立つ。

$$\operatorname{rank} A \leqq \min\{m,\ n\}$$

練習 8　練習 7 のそれぞれの行列について，その階数を求めよ。

例題 2　行列 $A=\begin{bmatrix} a & 1 & 1 \\ 1 & a & 1 \\ 1 & 1 & a \end{bmatrix}$（$a$ は定数）の階数を求めよ。

解答　A の簡約階段化を行うと，次のようになる。

$$\begin{bmatrix} a & 1 & 1 \\ 1 & a & 1 \\ 1 & 1 & a \end{bmatrix} \overset{①\leftrightarrow③}{\longrightarrow} \begin{bmatrix} 1 & 1 & a \\ 1 & a & 1 \\ a & 1 & 1 \end{bmatrix} \overset{\substack{①\times(-1)+② \\ ①\times(-a)+③}}{\longrightarrow} \begin{bmatrix} 1 & 1 & a \\ 0 & a-1 & 1-a \\ 0 & 1-a & 1-a^2 \end{bmatrix}$$

ここで，$a=1$ とすると，最後の行列は $\begin{bmatrix} 1 & 1 & 1 \\ 0 & 0 & 0 \\ 0 & 0 & 0 \end{bmatrix}$ という簡約階段形であり，その階数は 1 である。$a \neq 1$ ならば，

$$\begin{bmatrix} 1 & 1 & a \\ 0 & a-1 & 1-a \\ 0 & 1-a & 1-a^2 \end{bmatrix} \overset{\substack{②\times(a-1)^{-1} \\ ③\times(1-a)^{-1}}}{\longrightarrow} \begin{bmatrix} 1 & 1 & a \\ 0 & 1 & -1 \\ 0 & 1 & 1+a \end{bmatrix} \overset{\substack{②\times(-1)+① \\ ②\times(-1)+③}}{\longrightarrow} \begin{bmatrix} 1 & 0 & a+1 \\ 0 & 1 & -1 \\ 0 & 0 & 2+a \end{bmatrix}$$

これは，$2+a=0$ のときに階数は 2 であり，そうでなければ階数は 3 である。よって，求める答えは，次のようになる。

$$\operatorname{rank} A=\begin{cases} 1 & (a=1) \\ 2 & (a=-2) \\ 3 & (a \neq 1,\ -2) \end{cases}$$ ■

練習 9　行列 $A=\begin{bmatrix} 2 & a & 1 \\ a & a & 1 \\ 1 & 1 & 1 \end{bmatrix}$（$a$ は定数）の階数を求めよ。

3　連立１次方程式とその解

この節では，前節で学んだ，行基本変形や簡約階段形行列という概念を利用して，連立１次方程式についての一般論を展開する。より具体的には，与えられた連立１次方程式について，その係数行列や拡大係数行列の簡約階段化を行うことで，1 でシミュレーションしたような形の解法を，一般的に行うことが目的である。

◈行基本変形と連立１次方程式

前節で導入した行基本変形や簡約階段形などの概念を，連立１次方程式の解法に応用しよう。

まず，行基本変形と連立１次方程式の関係については，次の定理が基本的である。

定理 3-1　行基本変形と連立１次方程式

A を $m\times n$ 行列とし，未知数ベクトル $\boldsymbol{x}={}^t[\,x_1\quad x_2\quad\cdots\quad x_n\,]$ をもつ連立１次方程式

$$A\boldsymbol{x}=\boldsymbol{b} \qquad (*)$$

を考える。

ただし，$\boldsymbol{b}={}^t[\,b_1\quad b_2\quad\cdots\quad b_m\,]$ は任意の定数項ベクトルとする。

拡大係数行列 $[\,A\mid\boldsymbol{b}\,]$ に行基本変形を行って，$[\,B\mid\boldsymbol{b}'\,]$（$B$ は $m\times n$ 行列で，$\boldsymbol{b}'$ は $m\times 1$ 行列）が得られたとする。このとき，連立１次方程式

$$B\boldsymbol{x}=\boldsymbol{b}' \qquad (**)$$

は $(*)$ と同値である（すなわち，両者の解は一致する）。

証明　行基本変形は，行基本操作の繰り返しなので，$[\,B\mid\boldsymbol{b}'\,]$ が $[\,A\mid\boldsymbol{b}\,]$ に行基本操作を行ったものである場合に，定理を証明すれば十分である。

$A=[a_{ij}]$ とすると，$(*)$ は

$$\begin{cases} a_{11}x_1+a_{12}x_2+\cdots\cdots+a_{1n}x_n=b_1 & \cdots\cdots ① \\ a_{21}x_1+a_{22}x_2+\cdots\cdots+a_{2n}x_n=b_2 & \cdots\cdots ② \\ \qquad\qquad\vdots & \qquad\vdots \\ a_{i1}x_1+a_{i2}x_2+\cdots\cdots+a_{in}x_n=b_i & \cdots\cdots ⓘ \\ \qquad\qquad\vdots & \qquad\vdots \\ a_{m1}x_1+a_{m2}x_2+\cdots\cdots+a_{mn}x_n=b_m & \cdots\cdots ⓜ \end{cases}$$

という連立１次方程式である。

(1) $[B \mid \boldsymbol{b}']$ が $[A \mid \boldsymbol{b}]$ に基本操作 (R1) ⓘ ⟷ ⓙ を行ったものであるとき：このときは，(＊＊)は(＊)の i 行目と j 行目を入れ替えるだけなので，(＊＊)は上の連立 1 次方程式の ⓘ 行目と ⓙ 行目を入れ替えたものになる。
よって，これは明らかに(＊)と同値である。

(2) $[B \mid \boldsymbol{b}']$ が $[A \mid \boldsymbol{b}]$ に基本操作 (R2) ⓘ$\times c$ $(c \neq 0)$ を行ったものであるとき：このとき，(＊＊)は上の連立 1 次方程式の ⓘ 行目の両辺を c 倍したものになる。$c \neq 0$ なので，これは(＊)と同値である。

(3) $[B \mid \boldsymbol{b}']$ が $[A \mid \boldsymbol{b}]$ に基本操作 (R3) ⓘ$\times a+$ⓙ を行ったものであるとき：このとき，(＊＊)は，上の連立 1 次方程式の ⓘ 行目の両辺に a を掛けたものを ⓙ 行目に足したものになる。ここで，(＊)が成り立っているならば，明らかに(＊＊)も成り立つので，(＊)の解は(＊＊)の解になっている。また，逆の基本操作 ⓘ$\times(-a)+$ⓙ を行って，もとに戻すことを考えると，(＊＊)の解が(＊)の解になっていることもわかる。

よって，(1)〜(3) について，(＊)と(＊＊)の両者の解は一致するので，これらの連立 1 次方程式は同値である。■

定理 3-1 の証明中 (1)〜(3) に対して具体例を示す。

例 1

(1) (＊) $\left[\begin{array}{ccc|c} 3 & -1 & 2 & 1 \\ -1 & 1 & -6 & -5 \\ 2 & -1 & 6 & 7 \end{array}\right] \xrightarrow{①\leftrightarrow②}$ (＊＊) $\left[\begin{array}{ccc|c} -1 & 1 & -6 & -5 \\ 3 & -1 & 2 & 1 \\ 2 & -1 & 6 & 7 \end{array}\right]$

(2) (＊) $\left[\begin{array}{ccc|c} 3 & -1 & 2 & 1 \\ -1 & 1 & -6 & -5 \\ 2 & -1 & 6 & 7 \end{array}\right] \xrightarrow{②\times(-1)}$ (＊＊) $\left[\begin{array}{ccc|c} 3 & -1 & 2 & 1 \\ 1 & -1 & 6 & 5 \\ 2 & -1 & 6 & 7 \end{array}\right]$

(3) (＊) $\left[\begin{array}{ccc|c} 3 & -1 & 2 & 1 \\ -1 & 1 & -6 & -5 \\ 2 & -1 & 6 & 7 \end{array}\right] \xrightarrow{②\times 2+③}$ (＊＊) $\left[\begin{array}{ccc|c} 3 & -1 & 2 & 1 \\ -1 & 1 & -6 & -5 \\ 0 & 1 & -6 & -3 \end{array}\right]$

定理 3-1 より，連立 1 次方程式(＊)を解く上では，$[A \mid \boldsymbol{b}]$ を基本変形して，$[B \mid \boldsymbol{b}']$ をできるだけ簡単にすればよいことがわかる。具体的には，$[B \mid \boldsymbol{b}']$ として，$[A \mid \boldsymbol{b}]$ の簡約階段化をとれば，その解を求めやすい。具体的な例で，これを確かめてみよう。

例題 1 連立1次方程式 $\begin{cases} 2x+5y-\ z+5u \qquad = \ \ 8 \\ -x-3y+\ z-2u+2v=-4 \\ \qquad -3y+3z+7u+4v= \ \ 4 \\ \ \ x+2y \qquad +3u+2v= \ \ 4 \end{cases}$ を解け。

解答 題意の連立1次方程式は

$$A=\begin{bmatrix} 2 & 5 & -1 & 5 & 0 \\ -1 & -3 & 1 & -2 & 2 \\ 0 & -3 & 3 & 7 & 4 \\ 1 & 2 & 0 & 3 & 2 \end{bmatrix}, \ \boldsymbol{x}=\begin{bmatrix} x \\ y \\ z \\ u \\ v \end{bmatrix}, \ \boldsymbol{b}=\begin{bmatrix} 8 \\ -4 \\ 4 \\ 4 \end{bmatrix}$$

として，$A\boldsymbol{x}=\boldsymbol{b}$ と表される。よって，その拡大係数行列は

$$[\,A \mid \boldsymbol{b}\,]=\left[\begin{array}{ccccc|c} 2 & 5 & -1 & 5 & 0 & 8 \\ -1 & -3 & 1 & -2 & 2 & -4 \\ 0 & -3 & 3 & 7 & 4 & 4 \\ 1 & 2 & 0 & 3 & 2 & 4 \end{array}\right]$$

である。$[\,A \mid \boldsymbol{b}\,]$ の簡約階段化を計算すると

$$\left[\begin{array}{ccccc|c} 1 & 0 & 2 & 0 & 20 & -1 \\ 0 & 1 & -1 & 0 & -6 & 1 \\ 0 & 0 & 0 & 1 & -2 & 1 \\ 0 & 0 & 0 & 0 & 0 & 0 \end{array}\right]$$

となる。よって，題意の連立1次方程式は

$$\begin{cases} x \ +2z \ +20v=-1 \\ \quad y-\ z \ -\ 6v= \ \ 1 \\ \qquad\qquad u-\ 2v= \ \ 1 \end{cases} \qquad (1)$$

に同値である。ここで $z=c$，$v=d$（c，d は任意定数）とおくと

$$\begin{cases} x=-1-2c-20d \\ y= \ \ 1+\ c+\ 6d \\ z= \qquad\ c \\ u= \ \ 1 \qquad +\ 2d \\ v= \qquad\qquad\ d \end{cases} \qquad (2)$$

逆に，任意の c，d の値に対して，(2) は (1) を満たすので，題意の連立1次方程式も満たす。

よって，(2) が求める解である。■

注意 解(2)は，$\begin{bmatrix} x \\ y \\ z \\ u \\ v \end{bmatrix}=\begin{bmatrix} -1 \\ 1 \\ 0 \\ 1 \\ 0 \end{bmatrix}+c\begin{bmatrix} -2 \\ 1 \\ 1 \\ 0 \\ 0 \end{bmatrix}+d\begin{bmatrix} -20 \\ 6 \\ 0 \\ 2 \\ 1 \end{bmatrix}$ のように書いてもよい。

練習 1 例題 1 の拡大係数行列 $[\,A \mid \boldsymbol{b}\,]$ の簡約階段化が，解答のようになることを確かめよ。

注意 例題 1 の解答では，求めた簡約階段形行列の，段が落ちない列（図 3 で陰影を付けた列）に対応する変数である z，v を，任意定数 c，d におき換えた。一般的に，連立 1 次方程式の解を表示する上で，このように段が落ちない列に対応する変数を任意定数とすると，解が容易に求められる。

$$\begin{array}{ccccc|c} x & y & z & u & v & \\ \vdots & \vdots & \vdots & \vdots & \vdots & \\ 1 & 0 & 2 & 0 & 20 & -1 \\ 0 & 1 & -1 & 0 & -6 & 1 \\ 0 & 0 & 0 & 1 & -2 & 1 \\ 0 & 0 & 0 & 0 & 0 & 0 \end{array}$$

図 3　段が落ちない列に対応する変数

注意 任意定数のおき方や，解の表示の仕方には多くの可能性があり，上で与えたような表示によるものだけではない[5)]。

例えば，例題 1 の解の表示の仕方として

$$\begin{cases} x = 9-2\lambda-10\mu \\ y = -2+\lambda+3\mu \\ z = \lambda \\ u = \mu \\ v = -\dfrac{1}{2}+\dfrac{1}{2}\mu \end{cases}$$

という表示の仕方もある。これと例題 1 の解(2)とは，見かけ上は異なった式に見えるが，$c=\lambda$，$2d=\mu-1$ で互いに移りあい，また c，d が任意の定数を動くとき，λ，μ も任意の定数を動くので，実は両者は同じ式である。

例題 1 の解は，c，d という 2 つの任意定数をもっていた。一般に，連立 1 次方程式のすべての解を表すために必要な任意定数の個数を，**解の自由度** という。例題 1 の連立 1 次方程式の解の自由度は 2 である。また，連立 1 次方程式の解の自由度が 0 であるとは，解に任意定数が含まれないこと，すなわち，その連立 1 次方程式が，ただ一組の解しかもたないことを意味している。

---

5) ただし，どのような表示をしても，任意定数の個数は変わらない。

練習 2 次の連立1次方程式を解け。また，それぞれ，解の自由度を答えよ。

(1) $\begin{cases} x+2y-z=3 \\ 2x+4y-3z=5 \end{cases}$

(2) $\begin{cases} x+y-z=6 \\ 2x+4y+6z=-2 \\ -3x-2y+z=5 \end{cases}$

(3) $\begin{cases} 2x-y-z=12 \\ x-3y+2z=1 \\ 4x-5y+z=18 \end{cases}$

(4) $\begin{cases} x+2y-z+3u+4v=5 \\ z-2u+4v=-2 \\ 2x+4y-z+3u+2v=5 \end{cases}$

◈解の存在

簡約階段化による連立1次方程式の解法を検討すると，連立1次方程式がどのような場合に解をもち，あるいは解をもたないか明らかにすることができる。

例題 2 連立1次方程式 $\begin{cases} x-y+2z+w=-1 \\ 2x-y+z+2w=0 \\ -x+y+2z+3w=1 \\ y-z+2w=1 \end{cases}$ を解け。

解答 題意の連立1次方程式は

$$A=\begin{bmatrix} 1 & -1 & 2 & 1 \\ 2 & -1 & 1 & 2 \\ -1 & 1 & 2 & 3 \\ 0 & 1 & -1 & 2 \end{bmatrix},\quad \boldsymbol{x}=\begin{bmatrix} x \\ y \\ z \\ w \end{bmatrix},\quad \boldsymbol{b}=\begin{bmatrix} -1 \\ 0 \\ 1 \\ 1 \end{bmatrix}$$

として，$A\boldsymbol{x}=\boldsymbol{b}$ と表される。

よって，その拡大係数行列は

$$[\,A \mid \boldsymbol{b}\,]=\left[\begin{array}{cccc|c} 1 & -1 & 2 & 1 & -1 \\ 2 & -1 & 1 & 2 & 0 \\ -1 & 1 & 2 & 3 & 1 \\ 0 & 1 & -1 & 2 & 1 \end{array}\right]$$

である。$[\,A \mid \boldsymbol{b}\,]$ の簡約階段化を計算すると

$$\left[\begin{array}{cccc|c} 1 & 0 & 0 & 2 & 0 \\ 0 & 1 & 0 & 3 & 0 \\ 0 & 0 & 1 & 1 & 0 \\ 0 & 0 & 0 & 0 & 1 \end{array}\right]$$

となる。

よって，題意の連立1次方程式は

$$\begin{cases} x \quad\; +2w=0 \\ \quad y \;+3w=0 \\ \qquad z+\;w=0 \\ \qquad\qquad 0=1 \end{cases}$$

に同値である。しかし，この最後の式 $0=1$ は（x，y，z，w のいかなる値に対しても）成り立たない。

よって，題意の連立1次方程式は解をもたない。■

例題2で与えられた連立1次方程式が解をもたなかった理由は，その拡大係数行列 $[\,A \mid \boldsymbol{b}\,]$ の簡約階段化 $[\,B \mid \boldsymbol{b}'\,]$ の定数項ベクトル部分のところで，段が落ちてしまったことに起因している。つまり，これは係数行列 A の階数より，拡大係数行列 $[\,A \mid \boldsymbol{b}\,]$ の階数の方が大きくなっていることが原因である。ここで，係数行列 A の簡約階段化は B なので（$p.$ 53，練習5参照），A の階数は B の階数に一致することに注意しよう。

練習 3 次の連立1次方程式が，解をもたないことを確かめよ。

(1) $\begin{cases} 2x-5y+3z=7 \\ x-3y+2z=1 \\ 4x-5y+z=18 \end{cases}$ (2) $\begin{cases} x-2y+4z-w=-6 \\ 3x+12y-6z+w=8 \\ 5x-y+11z-3w=3 \end{cases}$

一般に，連立1次方程式の解の存在については，次の定理が成り立つ。

定理 3-2 連立1次方程式の解の存在と自由度

連立1次方程式

$$A\boldsymbol{x}=\boldsymbol{b} \qquad (*)$$

を考える。ここで，A は $m\times n$ 行列であり，$\boldsymbol{x}$ は n 個の変数からなる変数ベクトル，$\boldsymbol{b}$ は m 個の定数からなる定数項ベクトルである。

(1) **連立1次方程式 $(*)$ が解をもつための必要十分条件は，次の等式が成り立つことである。**

$$\operatorname{rank} A=\operatorname{rank}[\,A \mid \boldsymbol{b}\,] \qquad (\dagger)$$

(2) **等式 $(\dagger)$ が成り立つとき，連立1次方程式 $(*)$ の解の自由度は**

$n-\operatorname{rank} A$ **である。**

注意 一般に，係数行列と拡大係数行列の階数について，不等式

$\operatorname{rank} A \leqq \operatorname{rank}[\,A \mid \boldsymbol{b}\,]$ が成り立つ。

定理3−2(1)の条件 $(\dagger)$ は，この不等式の等号が成り立つということである。

定理 3-2 の**証明**　拡大係数行列 $[\,A \mid \boldsymbol{b}\,]$ の簡約階段化を $[\,B \mid \boldsymbol{b}'\,]$ とする。

定理 3-1 (*p*. 60) より，題意の連立 1 次方程式 $(*)$ は $B\boldsymbol{x}=\boldsymbol{b}'$ と同値である。よって，A と B，$\boldsymbol{b}$ と $\boldsymbol{b}'$ を取り替えて，最初から拡大係数行列 $[\,A \mid \boldsymbol{b}\,]$ は簡約階段形であるとしてよい。このとき，行列 $[\,A \mid \boldsymbol{b}\,]$ は，図 4 に示すような形をしている。この行列は簡約階段形なので，最後の列（定数項ベクトルの部分）について，次の 2 つの場合 [1]，[2] に場合分けされる。

$$
\begin{array}{cccccccccccccc}
c_1 & & & & c_2 & & & & c_3 & & c_r & & & \\
\vdots & & & & \vdots & & & & \vdots & \cdots & \vdots & & &
\end{array}
$$

$$
\left[\begin{array}{cccccccccccccc|c}
1 & a_{1\,c_1+1} & \cdots & a_{1\,c_2-1} & 0 & a_{1\,c_2+1} & \cdots & a_{1\,c_3-1} & 0 & \cdots\cdots & 0 & a_{1\,c_r+1} & \cdots & a_{1\,n} & b_1 \\
 & & & & 1 & a_{2\,c_2+1} & \cdots & a_{2\,c_3-1} & 0 & \cdots\cdots & 0 & a_{2\,c_r+1} & \cdots & a_{2\,n} & b_2 \\
 & & & & & & & & 1 & \cdots\cdots & 0 & a_{3\,c_r+1} & \cdots & a_{3\,n} & b_3 \\
 & & & & & & & & & \ddots & & & & & \vdots \\
 & & & & & & & & & & 1 & a_{r\,c_r+1} & \cdots & a_{r\,n} & b_r \\
 & & & & & \mathbf{0} & & & & & & & & & b_{r+1} \\
 & & & & & & & & & & & & & & 0 \\
 & & & & & & & & & & & & & & \vdots \\
 & & & & & & & & & & & & & & 0
\end{array}\right]
$$

図 4　拡大係数行列（定理 3-2 の証明）

[1]　$b_{r+1}=0$

[2]　$b_{r+1}=1$ かつ $b_1=b_2=\cdots\cdots=b_r=0$

[1]　$b_{r+1}=0$ のとき：

これは $\operatorname{rank} A=\operatorname{rank}[\,A \mid \boldsymbol{b}\,]$ となる場合である。このとき，連立 1 次方程式 $(*)$ は，次のように具体的に書ける。

$$
\left\{\begin{array}{l}
x_{c_1}+(a_{1\,c_1+1}x_{c_1+1}+\cdots\cdots+a_{1\,c_2-1}x_{c_2-1}) \\
\qquad +(a_{1\,c_2+1}x_{c_2+1}+\cdots\cdots+a_{1\,c_3-1}x_{c_3-1}) \\
\qquad +\cdots\cdots+(a_{1\,c_r+1}x_{c_r+1}+\cdots\cdots+a_{1\,n}x_n)=b_1 \\
x_{c_2}+(a_{2\,c_2+1}x_{c_2+1}+\cdots\cdots+a_{2\,c_3-1}x_{c_3-1}) \\
\qquad +\cdots\cdots+(a_{2\,c_r+1}x_{c_r+1}+\cdots\cdots+a_{2\,n}x_n)=b_2 \\
\qquad\qquad \vdots \\
x_{c_r}+(a_{r\,c_r+1}x_{c_r+1}+\cdots\cdots+a_{r\,n}x_n)=b_r
\end{array}\right. \qquad (*')
$$

上と同様に，係数行列 A の段が落ちない列に対応する変数を任意定数とする。

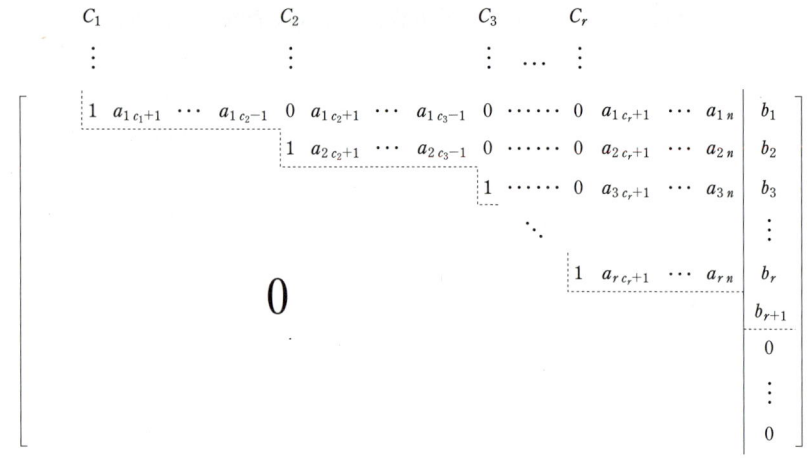

$$
\begin{cases}
x_1=\lambda_1,\ x_2=\lambda_2,\ \cdots\cdots,\ x_{c_1-1}=\lambda_{c_1-1} \\
x_{c_1+1}=\lambda_{c_1+1},\ \cdots\cdots,\ x_{c_2-1}=\lambda_{c_2-1} \\
\qquad\vdots \\
x_{c_r+1}=\lambda_{c_r+1},\ \cdots\cdots,\ x_n=\lambda_n
\end{cases}
\qquad (**)
$$

すると，その他の変数（係数行列Aの段が落ちる列に対応する変数）は，これらの任意定数を用いて，次のように書ける。

$$
\begin{cases}
x_{c_1}=b_1-(a_{1c_1+1}\lambda_{c_1+1}+\cdots\cdots+a_{1c_2-1}\lambda_{c_2-1}) \\
\qquad\quad -(a_{1c_2+1}\lambda_{c_2+1}+\cdots\cdots+a_{1c_3-1}\lambda_{c_3-1}) \\
\qquad\quad -\cdots\cdots-(a_{1c_r+1}\lambda_{c_r+1}+\cdots\cdots+a_{1n}\lambda_n) \\
x_{c_2}=b_2-(a_{2c_2+1}\lambda_{c_2+1}+\cdots\cdots+a_{2c_3-1}\lambda_{c_3-1}) \\
\qquad\quad -\cdots\cdots-(a_{2c_r+1}\lambda_{c_r+1}+\cdots\cdots+a_{2n}\lambda_n) \\
\qquad\qquad\vdots \\
x_{c_r}=b_r-(a_{rc_r+1}\lambda_{c_r+1}+\cdots\cdots+a_{rn}\lambda_n)
\end{cases}
\qquad (\ddagger)
$$

$(**)$と$(\ddagger)$を合わせると，連立1次方程式$(*')$の（すなわち$(*)$の）解が得られる。解の自由度は，$(**)$で導入した任意定数の個数であるから，これは変数の総数から係数行列の段の数である$r=\mathrm{rank}\,A$を引いたものであり，よって，$n-\mathrm{rank}\,A$に等しい。

[2]　$b_{r+1}=1$ かつ $b_1=b_2=\cdots\cdots=b_r=0$ のとき：

これは$\mathrm{rank}\,A+1=\mathrm{rank}\,[\,A\,|\,\boldsymbol{b}\,]$なので，等式$(\dagger)$が成り立たない場合である。

このとき，題意の連立1次方程式を具体的に書くと，上の$(*')$（ただし，$b_1=b_2=\cdots\cdots=b_r=0$）に加えて，最後に$0=1$という式が現れる。この最後の式は（変数$x_1$，$x_2$，$\cdots\cdots$，$x_n$がどのような値をとっても）成り立たない。

よって，この場合，題意の連立1次方程式$(*)$は，解をもたない。

以上で，定理 3-2 は証明された。■

解の存在については，下記の特別な場合を述べておく。

系 3-1

連立1次方程式 $A\boldsymbol{x}=\boldsymbol{b}$ において，係数行列Aが $m\times n$ 行列である（すなわち，方程式の個数がm個，未知数の個数がn個）とする。もし $\mathrm{rank}\,A=m$ ならば，この連立1次方程式は解をもち，その解の自由度は $n-m$ である。

証明 A が $m\times n$ 行列ならば，$[\,A \mid \boldsymbol{b}\,]$ は $m\times(n+1)$ 行列なので，p. 59, 定理 2-2 より，どちらの階数も m を超えることはない。よって，$\operatorname{rank}A=m$ ならば，$\operatorname{rank}A=\operatorname{rank}[\,A \mid \boldsymbol{b}\,]=m$ である。したがって，定理 3-2 より，題意の連立 1 次方程式は解をもち，その解の自由度は $n-m$ である。 ■

例題 3 次の連立 1 次方程式が解をもつときの，定数 a の値を求めよ。また，そのとき，解を求めよ。

$$\begin{cases} x \quad +2z-\ u+5v=-1 \\ \quad y-\ z+\ u-\ v=\ 9 \\ x \quad +2z+\ u+3v=\ 1 \\ \quad y-\ z+4u-4v=\ a \end{cases}$$

解答 題意の連立 1 次方程式の拡大係数行列は

$$\left[\begin{array}{ccccc|c} 1 & 0 & 2 & -1 & 5 & -1 \\ 0 & 1 & -1 & 1 & -1 & 9 \\ 1 & 0 & 2 & 1 & 3 & 1 \\ 0 & 1 & -1 & 4 & -4 & a \end{array}\right]$$

である。これを行基本変形すると，次の形になる。

$$\left[\begin{array}{ccccc|c} 1 & 0 & 2 & 0 & 4 & 0 \\ 0 & 1 & -1 & 0 & 0 & 8 \\ 0 & 0 & 0 & 1 & -1 & 1 \\ 0 & 0 & 0 & 0 & 0 & a-12 \end{array}\right]$$

よって，題意の連立 1 次方程式が解をもつ条件は $a=12$ である。

また，このとき，$z=c$，$v=d$ (c，d は任意定数) とおくと，解は次で与えられる。

$$\begin{cases} x=\ \ -2c-4d \\ y=8+\ c \\ z=\qquad c \\ u=1\qquad +\ d \\ v=\qquad\qquad d \end{cases}$$ ■

注意 連立 1 次方程式の解は，次のようにベクトルの形で書いてもよい。

$$\begin{bmatrix} x \\ y \\ z \\ u \\ v \end{bmatrix}=\begin{bmatrix} 0 \\ 8 \\ 0 \\ 1 \\ 0 \end{bmatrix}+c\begin{bmatrix} -2 \\ 1 \\ 1 \\ 0 \\ 0 \end{bmatrix}+d\begin{bmatrix} -4 \\ 0 \\ 0 \\ 1 \\ 1 \end{bmatrix}$$

練習 4 次の連立1次方程式が解をもつための，定数 a の条件を求めよ。また，そのとき，解を求めよ。

(1) $\begin{cases} 2x+3y-4z-\ \ w=1 \\ x+\ \ y-\ \ z+2w=2 \\ \quad\ \ y-2z-5w=a \end{cases}$ (2) $\begin{cases} x+ay=2 \\ x+\ \ y=3 \end{cases}$

◈同次連立1次方程式

連立1次方程式

$$\begin{cases} a_{11}x_1+a_{12}x_2+\cdots\cdots+a_{1n}x_n=b_1 \\ a_{21}x_1+a_{22}x_2+\cdots\cdots+a_{2n}x_n=b_2 \\ \qquad\qquad\vdots \\ a_{m1}x_1+a_{m2}x_2+\cdots\cdots+a_{mn}x_n=b_m \end{cases} \qquad (*)$$

は，その定数項がすべて0であるとき，すなわち $b_1=b_2=\cdots\cdots=b_m=0$
であるとき，**同次連立1次方程式** といい，そうでないとき，**非同次連立1次方程式** という。

行列の形で書くと，同次連立1次方程式とは以下のように

$$A\boldsymbol{x}=\boldsymbol{0}_m \quad (A=[a_{ij}],\ \boldsymbol{x}={}^t[\,x_1\ \ x_2\ \ \cdots\ \ x_n\,],\ \boldsymbol{0}_m={}^t[\overbrace{0\ \ 0\ \ \cdots\ \ 0}^{m\text{個}}]) \quad (**)$$

定数項ベクトルが零ベクトルになっているような連立1次方程式である。

同次連立1次方程式は必ず解をもつ。実際，(∗)は0だけからなる解

$$x_1=x_2=\cdots\cdots=x_n=0$$

すなわち，ベクトル形では

$$\boldsymbol{x}=\boldsymbol{0}_n$$

という解をもっている。

これを同次連立1次方程式(∗)の **自明な解** といい，そうでない解を **非自明な解** という。

定理 3-2 から，次の定理が成り立つことがわかる。

定理 3-3

同次連立1次方程式(∗∗)について，次が成り立つ。

(1) $\operatorname{rank} A=n$ **ならば，(∗∗)は自明な解しかもたない。**

(2) $\operatorname{rank} A<n$ **ならば，(∗∗)は非自明な解をもつ。**

証明　p. 65, 定理 3-2(2) から，連立1次方程式 (＊＊) の解の自由度は $n-\operatorname{rank}A$ に等しいことがわかる。
$\operatorname{rank}A=n$ ならば，解の自由度は 0 なので，(＊＊) はただ一組の解しかもたない。よって，(＊＊) は自明な解しかもたない。
$\operatorname{rank}A<n$ ならば，(＊＊) の解の自由度は 1 以上なので，非自明な解をもつ。■

例題 4　次の同次連立1次方程式が，非自明な解をもつための，定数 c の条件を求めよ。

$$\begin{cases} x+y-z=0 \\ 2x+3y+cz=0 \\ x+cy+3z=0 \end{cases}$$

解答　係数行列 $A=\begin{bmatrix} 1 & 1 & -1 \\ 2 & 3 & c \\ 1 & c & 3 \end{bmatrix}$ の階数が，3 よりも小である条件を求めればよい。A を簡約階段化すると，次のようになる。

$$\begin{bmatrix} 1 & 1 & -1 \\ 2 & 3 & c \\ 1 & c & 3 \end{bmatrix} \xrightarrow[\text{①}\times(-1)+\text{③}]{\text{①}\times(-2)+\text{②}} \begin{bmatrix} 1 & 1 & -1 \\ 0 & 1 & c+2 \\ 0 & c-1 & 4 \end{bmatrix} \xrightarrow[\text{②}\times(1-c)+\text{③}]{\text{②}\times(-1)+\text{①}} \begin{bmatrix} 1 & 0 & -c-3 \\ 0 & 1 & c+2 \\ 0 & 0 & 6-c-c^2 \end{bmatrix}$$

よって，求める条件は

$$6-c-c^2=-(c+3)(c-2)=0$$

なので，求める条件は $c=2$ または $c=-3$ である。■

練習 5　次の同次連立1次方程式が，非自明な解をもつための，定数 a の条件を求めよ。

$$\begin{cases} 2x+ay+z=0 \\ ax+ay+z=0 \\ x+y+z=0 \end{cases}$$

Column コラム　もう1つのガウスの消去法

ドイツの数学者カール・フリードリヒ・ガウス（1777-1855年）は，連立1次合同式の解法にあたって面白い消去法を考案した。本来のねらいは合同式にあるが，方程式に対しても有効で，広く知られているガウスの消去法とは異なるもう1つの消去法である。

連立1次方程式

$$\begin{cases} 3x+5y+z=4 \\ 2x+3y+2z=7 \\ 5x+y+3z=6 \end{cases} \qquad \text{(A)}$$

をガウスの方法で解いてみよう。

この連立方程式を構成する3つの1次方程式に上から順にそれぞれ a，b，c を乗じ，そののちに辺々を加えると

$$(3a+2b+5c)x+(5a+3b+c)y+(a+2b+3c)z=4a+7b+6c$$

となる。そこで連立方程式

$$\begin{cases} 5a+3b+c=0 \\ a+2b+3c=0 \end{cases}$$

を立てると，未知数 a，b，c の個数は方程式の個数より1つ多いから，どれか1つは自由に定めることができる。

例えば $c=-1$ とすると，a，b は $5a+3b=1$，$a+2b=3$ により定められる。これは即座に解けて $a=-1$，$b=2$ が得られる。これらの数値に対して y と z の係数は消失し，x の係数は -4，右辺の定数項は4になるから，x のみの方程式 $-4x=4$ が現れる。これで $x=-1$ が得られる。

今度は上の連立方程式 $3a+2b+5c=0$，$a+2b+3c=0$ において $c=-1$ とすると，$3a+2b=5$，$a+2b=3$ となり，$a=1$，$b=1$ が得られる。このとき

$$5a+3b+c=7,\ 4a+7b+6c=5$$

である。上記の方程式において x と z の係数が消失して $7y=5$ となり，$y=\frac{5}{7}$ が得られる。

同様に，連立方程式 $3a+2b+5c=0$，$5a+3b+c=0$ から出発して a，b，c の数値 $a=-13$，$b=22$，$c=-1$ を求めると，対応して

$$a+2b+3c=28,\ 4a+7b+6c=96$$

となり，方程式 $28z=96$ が現れる。これより $z=\frac{24}{7}$ となる。

こうして3個の未知数を連繋する連立1次方程式(A)の解法が，2個の未知数の連立1次方程式の解法に帰着された。方程式の個数は増えるが，解法は容易である。ガウスは数学のここかしこでこのような創意に富む計算法を考案した人であった。

章末問題

1. 次の行列を簡約階段化せよ。

(1) $\begin{bmatrix} 1 & 2 & -1 & 3 \\ 2 & 4 & -3 & 5 \end{bmatrix}$

(2) $\begin{bmatrix} 1 & -3 & 3 & -7 \\ 3 & -9 & 1 & -5 \\ 2 & -6 & 1 & -4 \end{bmatrix}$

(3) $\begin{bmatrix} 0 & 1 & 1 & 4 \\ 1 & -2 & 1 & 1 \\ -3 & 3 & -2 & -3 \\ -2 & 1 & 1 & 4 \end{bmatrix}$

(4) $\begin{bmatrix} 1 & 1 & 1 & -2 & -1 \\ 1 & 2 & 3 & -4 & -4 \\ 3 & 0 & -3 & 1 & 7 \\ 0 & -1 & -2 & -1 & 0 \end{bmatrix}$

2. 次の連立1次方程式を解け。

(1) $\begin{cases} x-2y+2z=-6 \\ -2x-2y-3z=-5 \\ -3x+z=7 \\ 2x+2y+z=3 \end{cases}$

(2) $\begin{cases} -2x-y-6z-2w=3 \\ -x+2y-3z+2w=10 \\ 2x+y+6z=-7 \\ 3x+2y+9z+2w=-6 \end{cases}$

(3) $\begin{cases} x-z-2w=-1 \\ -2x+3y+3z+13w=-3 \\ -3x-y+z-2w=-3 \\ x+y+3w=-3 \end{cases}$

3. 次の連立1次方程式を解け。

(1) $\begin{cases} 2x-y+4z=0 \\ x+3y-z=0 \\ x+y+z=0 \end{cases}$

(2) $\begin{cases} x-y+2z=0 \\ -2x+y-z=0 \\ -x-y+4z=0 \end{cases}$

4. x, y, z を未知数とする連立1次方程式 $\begin{cases} x+y-z=1 \\ 2x+3y+az=3 \\ x+ay+3z=2 \end{cases}$

について，次の問いに答えよ。

(1) この連立1次方程式が唯一の解をもつような a の条件を求めよ。

(2) この連立1次方程式が解をもたないような a の条件を求めよ。

5. 次の行列の階数を求めよ。

(1) $\begin{bmatrix} 5 & 2 \\ 1 & 2 \end{bmatrix}$

(2) $\begin{bmatrix} 0 & 2 & 4 & 2 \\ 1 & 2 & 3 & 1 \\ -2 & -1 & 0 & 1 \end{bmatrix}$

(3) $\begin{bmatrix} 4 & -7 & 6 & 1 \\ 1 & 0 & 5 & 2 \\ -1 & 5 & 5 & 3 \\ 0 & 1 & 2 & 1 \end{bmatrix}$

(4) $\begin{bmatrix} 4 & 1 & -1 & 1 & 2 \\ 5 & -1 & -1 & 2 & 4 \\ 0 & 2 & 1 & 1 & 0 \\ 2 & 0 & 3 & 4 & 1 \end{bmatrix}$

6. 次の行列の階数を求めよ。ただし，a，b は定数とする。

(1) $\begin{bmatrix} a & b & 1 \\ b & b & 1 \\ 1 & 1 & 1 \end{bmatrix}$

(2) $\begin{bmatrix} 1 & 0 & -1 \\ 2 & a & -1 \\ a+1 & 1 & a \end{bmatrix}$

7. 連立 1 次方程式　$A\boldsymbol{x}=\boldsymbol{b}$　(∗) の解の 1 つを $\boldsymbol{x}=\boldsymbol{x}_0$ とする。

(1) $\boldsymbol{x}=\boldsymbol{y}$ が同次連立 1 次方程式 $A\boldsymbol{x}=\boldsymbol{0}$　(∗∗) の解であるとき，$\boldsymbol{x}=\boldsymbol{x}_0+\boldsymbol{y}$ は (∗) の解であることを示せ。

(2) (∗) の任意の解は，(∗∗) の解 $\boldsymbol{x}=\boldsymbol{y}$ によって，$\boldsymbol{x}=\boldsymbol{x}_0+\boldsymbol{y}$ と書けることを示せ。

第 3 章

行列の構造

それぞれの行列は，それぞれに特徴的な構造や性質をもっている。

この章では，行および列基本変形を通して浮き彫りになる，行列のさまざまな性質について学習する。

1 では，基本行列と基本変形を用いて，いかなる行列も，「標準形」にすることができることを学習する。

2 では，1 で学習した基本行列を掛けることと行列への基本操作との対応から，正則行列の構造や特徴をまとめている。基本行列の正則性，正則行列の分解，正則行列の特徴付けを行う。

3 では，逆行列を求めるためのアルゴリズムを学習する。

1　基本行列と基本変形

この節では，はじめに行基本変形の手順を，基本行列の左からの積で表現することを学び，そこから自然に，基本行列の右からの積としての列基本変形の考え方を導入する。後半では，行基本変形と列基本変形を組み合わせることで，いかなる行列も，いわゆる「標準形」にすることができることを学ぶ。

◈基本行列

第 2 章 2 では，任意に与えられた行列に行基本変形を行うことで，必ず簡約階段形にすることができることを学んだ。実は，ここで行った行基本変形という操作は，行列の演算の用語だけで（内在的に）記述することができる。これを確かめるために，**基本行列** というものを導入しよう。

基本行列は 3 種類ある。以下，m，i，j を自然数とする。

[1]　基本行列 P_{ij} $(i \neq j)$

これは図 1 に示したような m 次正方行列である。ただし，i，j は m 以下の自然数であり，$i \neq j$ である。この行列の $(i,\ i)$ 成分と $(j,\ j)$ 成分は 0 であり，その他の対角成分は 1 である。

また，$(i,\ j)$ 成分と $(j,\ i)$ 成分は 1 である。そして，残りの成分はすべて 0 である。

$$P_{ij}=\begin{array}{c}\\ \\ \end{array}\left[\begin{array}{ccccccccccc}
1 &&&&&&&&&& \\
& \ddots &&&&&&&& \mathbf{0} & \\
&& 1 &&&&&&&& \\
&&& 0 & \cdots & \cdots & \cdots & 1 &&& \\
&&& \vdots & 1 &&& \vdots &&& \\
&&& \vdots && \ddots && \vdots &&& \\
&&& \vdots &&& 1 & \vdots &&& \\
&&& 1 & \cdots & \cdots & \cdots & 0 &&& \\
&&&&&&&& 1 && \\
& \mathbf{0} &&&&&&&& \ddots & \\
&&&&&&&&&& 1
\end{array}\right]\begin{array}{l} \\ \\ \\ \cdots\ i \\ \\ \\ \\ \cdots\ j \\ \\ \\ \\ \end{array}$$

（第 i 列，第 j 列）

図 1　基本行列 P_{ij}

[2]　基本行列 $P_i(c)$ $(c \neq 0)$

これは図 2 に示したような m 次正方行列である。これは対角行列であり，その対角成分は $(i,\ i)$ 成分が $c \neq 0$ であり，残りの対角成分はすべて 1 である。

$$P_i(c)=\left[\begin{array}{ccccccc}
1 &&&&&& \\
& \ddots &&&& \mathbf{0} & \\
&& 1 &&&& \\
&&& c &&& \\
&&&& 1 && \\
& \mathbf{0} &&&& \ddots & \\
&&&&&& 1
\end{array}\right]\begin{array}{l} \\ \\ \\ \cdots\ i \\ \\ \\ \\ \end{array}$$

（第 i 列）

図 2　基本行列 $P_i(c)$

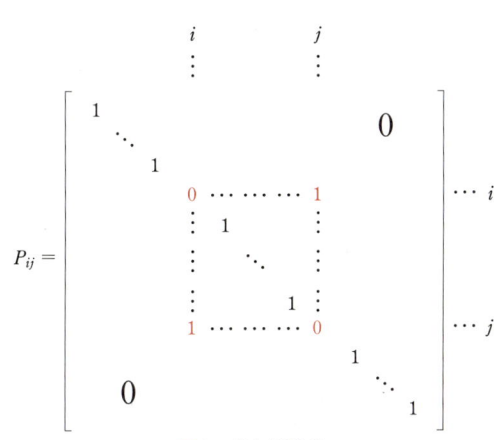

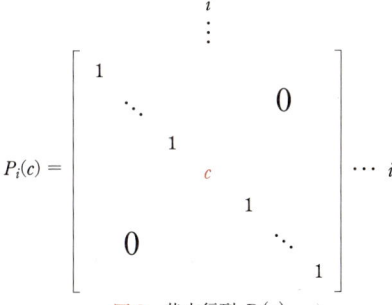

[3]　基本行列 $P_{ij}(a)$ $(i \neq j)$

これは図 3 に示したような m 次正方行列である。その対角成分はすべて 1 であり，残りの成分は，$(i,\ j)$ 成分が a であることを除いて，すべて 0 である。

$$P_{ij}(a) = \begin{array}{c} \begin{matrix} & & & & j & & \\ & & & & \vdots & & \end{matrix} \\ \begin{bmatrix} 1 & & & & & & \\ & \ddots & & & & 0 & \\ & & 1 & \cdots & a & & \\ & & & \ddots & \vdots & & \\ & & & & 1 & & \\ & 0 & & & & \ddots & \\ & & & & & & 1 \end{bmatrix} \end{array} \begin{matrix} \\ \\ \\ \cdots\ i \\ \\ \\ \\ \\ \end{matrix}$$

図 3　基本行列 $P_{ij}(a)$

練習 1　次の行列が基本行列であるか，そうでないかを答えよ。また，基本行列であれば，その上にあげたどの形のものであるか答えよ。

(1) $\begin{bmatrix} 0 & 1 \\ 1 & 0 \end{bmatrix}$　(2) $\begin{bmatrix} 1 & 0 & 0 \\ 1 & 1 & 0 \\ 0 & 0 & 1 \end{bmatrix}$　(3) $\begin{bmatrix} 2 & 0 & 0 & 0 \\ 0 & 1 & 0 & 0 \\ 0 & 0 & 1 & 0 \\ 0 & 0 & 0 & 1 \end{bmatrix}$　(4) $\begin{bmatrix} 0 & 0 & 0 & 0 \\ 0 & 1 & 0 & 2 \\ 0 & 0 & 1 & 0 \\ 0 & 0 & 0 & 1 \end{bmatrix}$

◆基本行列と行基本変形

以下のように，$m \times n$ 行列 A に対して，基本行列を左から掛けることは，第 2 章 2 $(p.\ 48)$ で説明した，それぞれの行基本操作を A に行うことに対応する。

[1]　$m \times n$ 行列 A に行基本操作 ⓘ $\longleftrightarrow$ ⓙ $(i \neq j)$ を行った結果は，$P_{ij}A$ に等しい。すなわち，i 行目と j 行目を入れ替えることは，基本行列 P_{ij} を左から掛けることである。

$$P_{ij}A = \begin{bmatrix} \ddots & & & & \\ & 0 & \cdots & 1 & \\ & \vdots & \ddots & \vdots & \\ & 1 & \cdots & 0 & \\ & & & & \ddots \end{bmatrix} \begin{bmatrix} & \cdots & \cdots & \\ a_{i1} & a_{i2} & \cdots & a_{in} \\ & \cdots & \cdots & \\ a_{j1} & a_{j2} & \cdots & a_{jn} \\ & \cdots & \cdots & \end{bmatrix} = \begin{bmatrix} & \cdots & \cdots & \\ a_{j1} & a_{j2} & \cdots & a_{jn} \\ & \cdots & \cdots & \\ a_{i1} & a_{i2} & \cdots & a_{in} \\ & \cdots & \cdots & \end{bmatrix}$$

[2]　$m \times n$ 行列 A に行基本操作 ⓘ $\times c$ $(c \neq 0)$ を行った結果は，$P_i(c)A$ に等しい。すなわち，i 行目を c 倍することは，基本行列 $P_i(c)$ を左から掛けることである。$P_i(c)A = \begin{bmatrix} \ddots & & \\ & c & \\ & & \ddots \end{bmatrix} \begin{bmatrix} & \cdots & \cdots & \\ a_{i1} & a_{i2} & \cdots & a_{in} \\ & \cdots & \cdots & \end{bmatrix} = \begin{bmatrix} & \cdots & \cdots & \\ ca_{i1} & ca_{i2} & \cdots & ca_{in} \\ & \cdots & \cdots & \end{bmatrix}$

[3]　$m \times n$ 行列 A に行基本操作 ⓙ $\times a +$ ⓘ $(i \neq j)$ を行った結果は，$P_{ij}(a)A$ に等しい。すなわち，j 行目の a 倍を i 行目に足すことは，基本行列 $P_{ij}(a)$ を左から掛けることである。

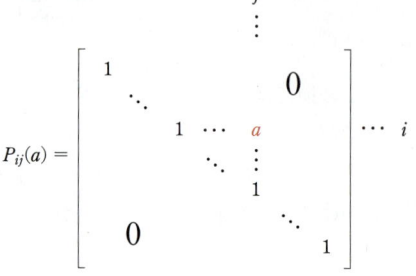

$$
P_{ij}(a)A=\begin{bmatrix} \ddots & & & & \\ & 1 & \cdots & a & \\ & & \ddots & \vdots & \\ & & & 1 & \\ & & & & \ddots \end{bmatrix}\begin{bmatrix} & \cdots & \cdots & \\ a_{i1} & a_{i2} & \cdots & a_{in} \\ & \cdots & \cdots & \\ a_{j1} & a_{j2} & \cdots & a_{jn} \\ & \cdots & \cdots & \end{bmatrix}
$$

$$
=\begin{bmatrix} & \cdots & \cdots & \\ a_{i1}+aa_{j1} & a_{i2}+aa_{j2} & \cdots & a_{in}+aa_{jn} \\ & \cdots & \cdots & \\ a_{j1} & a_{j2} & \cdots & a_{jn} \\ & \cdots & \cdots & \end{bmatrix}
$$

練習 2 次の行列に，それぞれ括弧内で示された基本行列を左から掛けて，その結果が対応する行基本操作を行ったものになっていることを確かめよ。

(1) $\begin{bmatrix} 4 & -1 & 3 & 0 \\ 1 & 2 & -4 & 2 \end{bmatrix}$ (P_{12})　　(2) $\begin{bmatrix} -1 & 2 & 3 \\ 2 & 1 & 1 \end{bmatrix}$ $(P_{21}(2))$

(3) $\begin{bmatrix} -1 & 2 & 3 \\ 2 & 1 & 1 \end{bmatrix}$ $(P_2(3))$　　(4) $\begin{bmatrix} 1 & 0 & -2 & 1 \\ 1 & 1 & 1 & -1 \\ -1 & 3 & -5 & 0 \end{bmatrix}$ $(P_{23}(-1))$

いくつかの行基本操作を繰り返すことは，対応する基本行列を，左から次々に掛けていくことに対応している。

例 1 行列 A に，行基本操作 ①$\longleftrightarrow$② を行って，その結果に行基本操作 ②$\times(-3)+$③ を行った結果は $P_{32}(-3)P_{12}A$ に等しい。

練習 3 行列 A に次の行基本操作を，左から順に行った結果を，基本行列を用いて表せ。

(1) ②$\times 3$，③$\longleftrightarrow$②　　(2) ③$\times(-1)+$②，①$\times 2+$④

(3) ①$\times 2+$③，④$\longleftrightarrow$②，③$\times(-3)+$④

第 2 章 [2] で証明した行基本変形定理（定理 2-1，p. 53）より，次の定理が成り立つ。

定理 [1-1] 行基本変形定理（その 2）

任意の $m\times n$ 行列 A に対して，$B=Q_1Q_2\cdots\cdots Q_sA$ が簡約階段形の行列となるような，有限個の m 次の基本行列 Q_1，Q_2，……，Q_s が存在する。

◆列基本変形

今までは，行についての基本変形だけを扱ってきた。行基本操作と同様に，列基本操作というものを考えることができる。

行列についての，次の3つの操作を **列基本操作** という。

(C1) i 列目と j 列目を入れ替える $(i \neq j)$

(C2) i 列目を c 倍する（c は0でない定数）

(C3) j 列目の a 倍を i 列目に足す（a は定数, $i \neq j$）

行基本操作の場合と同様に，これらの操作は，(C1) $\boxed{i} \longleftrightarrow \boxed{j}$，(C2) $\boxed{i} \times c$，(C3) $\boxed{j} \times a + \boxed{i}$ と略記できる。

列基本操作を有限回繰り返して行列を変形していくことを，行列の **列基本変形** という。また，行基本変形と列基本変形を総称して，**基本変形** という。

列基本操作を，$m \times n$ 行列 $A=[a_{ij}]$ に行った結果を具体的に書くと，次のようになる。

$$\begin{bmatrix} \cdots & a_{1i} & \cdots & a_{1j} & \cdots \\ \cdots & a_{2i} & \cdots & a_{2j} & \cdots \\ & \vdots & & \vdots & \\ \cdots & a_{mi} & \cdots & a_{mj} & \cdots \end{bmatrix} \xrightarrow{\boxed{i} \longleftrightarrow \boxed{j}} \begin{bmatrix} \cdots & a_{1j} & \cdots & a_{1i} & \cdots \\ \cdots & a_{2j} & \cdots & a_{2i} & \cdots \\ & \vdots & & \vdots & \\ \cdots & a_{mj} & \cdots & a_{mi} & \cdots \end{bmatrix} \qquad \text{(C1)}$$

$$\begin{bmatrix} \cdots & a_{1i} & \cdots \\ \cdots & a_{2i} & \cdots \\ & \vdots & \\ \cdots & a_{mi} & \cdots \end{bmatrix} \xrightarrow{\boxed{i} \times c} \begin{bmatrix} \cdots & ca_{1i} & \cdots \\ \cdots & ca_{2i} & \cdots \\ & \vdots & \\ \cdots & ca_{mi} & \cdots \end{bmatrix} \qquad \text{(C2)}$$

$$\begin{bmatrix} \cdots & a_{1i} & \cdots & a_{1j} & \cdots \\ \cdots & a_{2i} & \cdots & a_{2j} & \cdots \\ & \vdots & & \vdots & \\ \cdots & a_{mi} & \cdots & a_{mj} & \cdots \end{bmatrix} \xrightarrow{\boxed{j} \times a + \boxed{i}} \begin{bmatrix} \cdots & a_{1i}+aa_{1j} & \cdots & a_{1j} & \cdots \\ \cdots & a_{2i}+aa_{2j} & \cdots & a_{2j} & \cdots \\ & \vdots & & \vdots & \\ \cdots & a_{mi}+aa_{mj} & \cdots & a_{mj} & \cdots \end{bmatrix} \qquad \text{(C3)}$$

練習 4 次の行列に，それぞれ括弧内で示された列基本変形を施せ。

(1) $\begin{bmatrix} 4 & -1 & 3 & 0 \\ 1 & 2 & -4 & 2 \end{bmatrix}$ $(\boxed{1} \longleftrightarrow \boxed{2})$　(2) $\begin{bmatrix} -1 & 2 & 3 \\ 2 & 1 & 1 \end{bmatrix}$ $(\boxed{1} \times 2 + \boxed{2})$

(3) $\begin{bmatrix} 1 & 0 & -2 & 1 \\ 1 & 1 & 1 & -1 \\ -1 & 3 & -5 & 0 \end{bmatrix}$ $(\boxed{1} \times (-1) + \boxed{2},\ \boxed{1} \times 1 + \boxed{3})$

行基本操作と同様に，列基本操作も **可逆** である。実際，

- $\boxed{i} \longleftrightarrow \boxed{j}$ の逆操作は，それ自身 $\boxed{i} \longleftrightarrow \boxed{j}$
- $\boxed{i} \times c$ $(c \neq 0)$ の逆操作は，$\boxed{i} \times c^{-1}$
- $\boxed{j} \times a + \boxed{i}$ の逆操作は，$\boxed{j} \times (-a) + \boxed{i}$

◈基本行列と列基本変形

第 2 章 2 で学んだように，3 つの行基本操作 (R1)，(R2)，(R3) は，それぞれ基本行列 P_{ij}，$P_i(c)$，$P_{ij}(a)$ を左から掛けることに対応していた。同様に，3 つの列基本操作 (C1)，(C2)，(C3) は，それぞれ基本行列を右から掛けることに対応する。

[1]　$m \times n$ 行列 A に列基本操作 $\boxed{i} \longleftrightarrow \boxed{j}$ $(i \neq j)$ を行った結果は，AP_{ij} に等しい。すなわち，i 列目と j 列目を入れ替えることは，n 次の基本行列 P_{ij} を右から掛けることである。

$$AP_{ij} = \begin{bmatrix} \cdots & a_{1i} & \cdots & a_{1j} & \cdots \\ \cdots & a_{2i} & \cdots & a_{2j} & \cdots \\ & \vdots & & \vdots & \\ \cdots & a_{mi} & \cdots & a_{mj} & \cdots \end{bmatrix} \begin{bmatrix} \ddots & & & & \\ & 0 & \cdots & 1 & \\ & \vdots & \ddots & \vdots & \\ & 1 & \cdots & 0 & \\ & & & & \ddots \end{bmatrix}$$

$$= \begin{bmatrix} \cdots & a_{1j} & \cdots & a_{1i} & \cdots \\ \cdots & a_{2j} & \cdots & a_{2i} & \cdots \\ & \vdots & & \vdots & \\ \cdots & a_{mj} & \cdots & a_{mi} & \cdots \end{bmatrix}$$

[2]　$m \times n$ 行列 A に列基本操作 $\boxed{i} \times c$ $(c \neq 0)$ を行った結果は，$AP_i(c)$ に等しい。すなわち，i 列目を c 倍することは，n 次の基本行列 $P_i(c)$ を右から掛けることである。

$$AP_i(c) = \begin{bmatrix} \cdots & a_{1i} & \cdots \\ \cdots & a_{2i} & \cdots \\ & \vdots & \\ \cdots & a_{mi} & \cdots \end{bmatrix} \begin{bmatrix} \ddots & & \\ & c & \\ & & \ddots \end{bmatrix}$$

$$= \begin{bmatrix} \cdots & ca_{1i} & \cdots \\ \cdots & ca_{2i} & \cdots \\ & \vdots & \\ \cdots & ca_{mi} & \cdots \end{bmatrix}$$

[3]　$m\times n$ 行列 A に列基本操作 $\boxed{j}\times a+\boxed{i}$ $(i\neq j)$ を行った結果は，$AP_{ji}(a)$ に等しい（$P_{ij}(a)$ ではなくて，$P_{ji}(a)$ であることに注意）。

すなわち，i 列目に j 列目の a 倍を足すことは，n 次の基本行列 $P_{ji}(a)$ を右から掛けることである。

$$AP_{ji}(a)=\begin{bmatrix}\cdots & a_{1i} & \cdots & a_{1j} & \cdots\\ \cdots & a_{2i} & \cdots & a_{2j} & \cdots\\ & \vdots & & \vdots & \\ \cdots & a_{mi} & \cdots & a_{mj} & \cdots\end{bmatrix}\begin{bmatrix}\ddots & & & & \\ & 1 & & & \\ & \vdots & \ddots & & \\ & a & \cdots & 1 & \\ & & & & \ddots\end{bmatrix}$$

$$=\begin{bmatrix}\cdots & a_{1i}+aa_{1j} & \cdots & a_{1j} & \cdots\\ \cdots & a_{2i}+aa_{2j} & \cdots & a_{2j} & \cdots\\ & \vdots & & \vdots & \\ \cdots & a_{mi}+aa_{mj} & \cdots & a_{mj} & \cdots\end{bmatrix}$$

練習 5　次の行列に，それぞれ括弧内で示された基本行列を右から掛けて，その結果が対応する列基本操作を行ったものになっていることを確かめよ。

(1) $\begin{bmatrix}4 & -1 & 3 & 0\\ 1 & 2 & -4 & 2\end{bmatrix}$ (P_{12})　　(2) $\begin{bmatrix}-1 & 2 & 3\\ 2 & 1 & 1\end{bmatrix}$ $(P_{21}(2))$

(3) $\begin{bmatrix}-1 & 2 & 3\\ 2 & 1 & 1\end{bmatrix}$ $(P_2(3))$　　(4) $\begin{bmatrix}1 & 0 & -2 & 1\\ 1 & 1 & 1 & -1\\ -1 & 3 & -5 & 0\end{bmatrix}$ $(P_{23}(-1))$

いくつかの列基本操作を繰り返すことは，対応する基本行列を，右から次々に掛けていくことに対応している。

例 2　行列 A に，列基本操作 $\boxed{1}\longleftrightarrow\boxed{2}$ を行って，その結果に列基本操作 $\boxed{2}\times(-3)+\boxed{3}$ を行った結果は

$$AP_{12}P_{23}(-3)$$

に等しい。

練習 6　行列 A に，次の列基本操作を，左から順に行った結果を，基本行列を用いて表せ。

(1) $\boxed{2}\times 3$，$\boxed{3}\longleftrightarrow\boxed{2}$　　(2) $\boxed{3}\times(-1)+\boxed{2}$，$\boxed{1}\times 2+\boxed{4}$

(3) $\boxed{1}\times 2+\boxed{3}$，$\boxed{4}\longleftrightarrow\boxed{2}$，$\boxed{3}\times(-3)+\boxed{4}$

◈行列の標準形

第 2 章 [2] では，任意の行列を行基本変形して，常に簡約階段形にできることを証明したが，それに更に列基本変形を加えると，より簡単な形にまで変形することができる。

定理 1-2　行列の標準形

A を $m\times n$ 行列とし，$r=\operatorname{rank}A$ とする。このとき，A に適当な行基本変形と列基本変形を行って，次の形にすることができる。

$$\begin{bmatrix} 1 & & \text{\Large 0} \\ & \ddots & \\ \text{\Large 0} & & 1 \end{bmatrix} \qquad (*)$$

ここで，この行列は r 個の $(i,\ i)$ 成分 $(i=1,\ 2,\ \cdots\cdots,\ r)$ だけが 1 であり，残りの成分はすべて 0 である。いい換えれば，m 次基本行列の有限個の積である行列 Q と，n 次基本行列の有限個の積である行列 P が存在して，QAP が $(*)$ の形になる。

証明　行基本変形定理（第 2 章定理 2-1，$p.$ 53）より，A に適当な行基本変形を行って，結果を簡約階段形にすることができる。
よって，定理を証明するには，任意の簡約階段形行列に，適当な列基本変形を行って，題意の $(*)$ の形にできればよい。そこで，最初から A が図 4 の形の簡約階段形行列であるとして，一般性を失わない。

$$
\begin{array}{cccccccccccccc}
c_1 & & & & c_2 & & & & c_3 & & c_r & & & \\
\vdots & & & & \vdots & & & & \vdots & \cdots & \vdots & & &
\end{array}
$$

$$
\begin{bmatrix}
1 & a_{1\,c_1+1} & \cdots & a_{1\,c_2-1} & 0 & a_{1\,c_2+1} & \cdots & a_{1\,c_3-1} & 0 & \cdots\cdots & 0 & a_{1\,c_r+1} & \cdots & a_{1\,n} \\
 & & & & 1 & a_{2\,c_2+1} & \cdots & a_{2\,c_3-1} & 0 & \cdots\cdots & 0 & a_{2\,c_r+1} & \cdots & a_{2\,n} \\
 & & & & & & & & 1 & \cdots\cdots & 0 & a_{3\,c_r+1} & \cdots & a_{3\,n} \\
 & & & & & & & & & \ddots & & & & \\
 & & & & & & & & & & 1 & a_{r\,c_r+1} & \cdots & a_{r\,n} \\
 & & & & 0 & & & & & & & & &
\end{bmatrix}
$$

図 4　簡約階段形行列（定理 1-2 の証明）

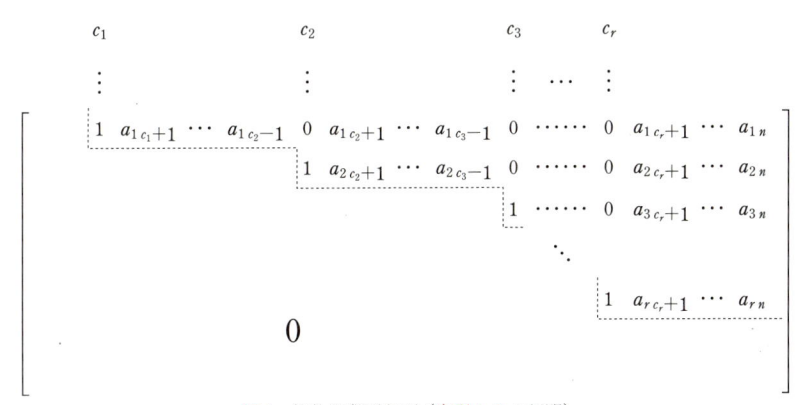

まず，列基本変形

$$\boxed{c_1}\times(-a_{1j})+\boxed{j}$$

を $j=c_1+1$，……，n に対して行うことで，1行目において，その主成分（$(1,\ c_1)$ 成分の1）より右の成分をすべて0にできる。

同様に，列基本変形

$$\boxed{c_2}\times(-a_{2j})+\boxed{j}$$

を $j=c_2+1$，……，n に対して行うことで，2行目において，その主成分（$(2,\ c_2)$ 成分の1）より右の成分をすべて0にできる。

これを，r 回繰り返して，列基本変形

$$\boxed{c_r}\times(-a_{rj})+\boxed{j}$$

（$j=c_r+1$，……，n）まで行うことで，主成分（$i=1,\ 2$，……，r について $(i,\ c_i)$ 成分）の1の他のすべての成分を0にすることができる（図5）。

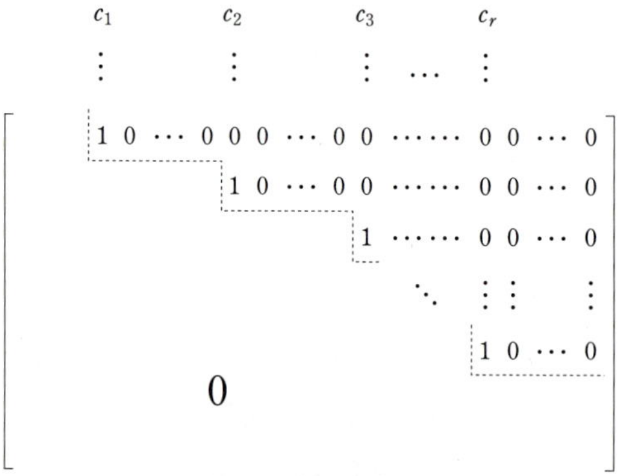

図5　列基本変形の途中過程（定理1-2の証明）

あとは，列基本変形

$$\boxed{c_i}\longleftrightarrow\boxed{i}$$

を $i=1,\ 2$，……，r の順に行えば，主成分のある列が1列目から r 列目に移されるので，題意の（$*$）の形になる。■

定理1-2の（$*$）の形の行列を，行列 A の **標準形** という。

注意　行列 A の標準形も，簡約階段形と同様に，与えられた行列 A に対して，ただ1通りに決まる。この事実も，簡約階段化の一意性と同様に，初等的に証明することも可能であるが，あまり技巧に走らない，本質的な証明は，本書のインターネットサイトでベクトル空間論を用いて与えられる。
以下では，この事実を認め，本文中や演習問題などでも自由に用いることにする。

例題 1　行列 $A=\begin{bmatrix} 1 & -1 & 2 & 1 & -1 \\ 2 & -1 & 1 & 2 & 0 \\ -1 & 1 & 2 & 3 & 1 \\ 0 & 1 & -1 & 2 & 2 \end{bmatrix}$ を基本変形して，標準形にせよ。

解答　第 2 章 [2] 例題 1 で計算したように，A の簡約階段化は

$$\begin{bmatrix} 1 & 0 & 0 & 2 & 1 \\ 0 & 1 & 0 & 3 & 2 \\ 0 & 0 & 1 & 1 & 0 \\ 0 & 0 & 0 & 0 & 0 \end{bmatrix}$$

で与えられる。

これに対して，以下のように列基本変形を行う。

$$\begin{bmatrix} 1 & 0 & 0 & 2 & 1 \\ 0 & 1 & 0 & 3 & 2 \\ 0 & 0 & 1 & 1 & 0 \\ 0 & 0 & 0 & 0 & 0 \end{bmatrix} \xrightarrow[\boxed{1}\times(-1)+\boxed{5}]{\boxed{1}\times(-2)+\boxed{4}} \begin{bmatrix} 1 & 0 & 0 & 0 & 0 \\ 0 & 1 & 0 & 3 & 2 \\ 0 & 0 & 1 & 1 & 0 \\ 0 & 0 & 0 & 0 & 0 \end{bmatrix}$$

$$\xrightarrow[\boxed{2}\times(-2)+\boxed{5}]{\boxed{2}\times(-3)+\boxed{4}} \begin{bmatrix} 1 & 0 & 0 & 0 & 0 \\ 0 & 1 & 0 & 0 & 0 \\ 0 & 0 & 1 & 1 & 0 \\ 0 & 0 & 0 & 0 & 0 \end{bmatrix} \xrightarrow{\boxed{3}\times(-1)+\boxed{4}} \begin{bmatrix} 1 & 0 & 0 & 0 & 0 \\ 0 & 1 & 0 & 0 & 0 \\ 0 & 0 & 1 & 0 & 0 \\ 0 & 0 & 0 & 0 & 0 \end{bmatrix}$$

最後に得られた

$$\begin{bmatrix} 1 & 0 & 0 & 0 & 0 \\ 0 & 1 & 0 & 0 & 0 \\ 0 & 0 & 1 & 0 & 0 \\ 0 & 0 & 0 & 0 & 0 \end{bmatrix}$$

が，求める標準形である。 ■

練習 7　次の行列を基本変形して，標準形にせよ。

(1) $\begin{bmatrix} 4 & -1 & 3 & 0 \\ 1 & 2 & -4 & 2 \end{bmatrix}$　(2) $\begin{bmatrix} -1 & 2 & 3 \\ 2 & 1 & 1 \end{bmatrix}$　(3) $\begin{bmatrix} 1 & 0 & -2 & 1 \\ 1 & 1 & 1 & -1 \\ -1 & 3 & -5 & 0 \end{bmatrix}$

2 正則行列

この節では，基本行列の正則性から出発して，基本行列による正則行列の分解，および正則行列の特徴付けを行う。

◈基本行列の正則性

第1章 3 で述べたように，n 次正方行列 A が正則であるとは，$AB=BA=E$（E は単位行列）となる n 次正方行列 B が存在することをいう。このような B は，存在するなら，A に対して唯一に決まるので，これを A^{-1} と書き，A の逆行列というのであった。

また，$p.33$，第1章 3 の定理 3-2 で示したように，正則行列の逆行列や，正則行列の積もまた正則であり，次の等式が成り立つ。

$$(AB)^{-1}=B^{-1}A^{-1}, \quad (A^{-1})^{-1}=A \quad （ただし，A，B は n 次正則行列）$$

次の定理が示すように，1 で導入した基本行列は，どれも正則行列である。

定理 2-1　基本行列の正則性

n 次の基本行列 P_{ij}，$P_i(c)$，$P_{ij}(a)$ $(i,\ j=1,\ 2,\ \cdots\cdots,\ n,\ i\neq j,\ c\neq 0)$ は正則である。また，次が成り立つ。

$$P_{ij}{}^{-1}=P_{ij}, \quad P_i(c)^{-1}=P_i(c^{-1}), \quad P_{ij}(a)^{-1}=P_{ij}(-a)$$

特に，基本行列の逆行列は，また基本行列である。

証明　$P_{ij}(a)$ の正則性を証明する。1 で学んだように，$P_{ij}(a)$ を左から掛けることは，i 行目に j 行目の a 倍を足すことであった。

よって，$P_{ij}(-a)$ に $P_{ij}(a)$ を左から掛けると，単位行列 E になる。

$$P_{ij}(a)P_{ij}(-a)=\begin{bmatrix}\ddots & & & & \\ & 1 & \cdots & a & \\ & & \ddots & \vdots & \\ & & & 1 & \\ & & & & \ddots\end{bmatrix}\begin{bmatrix}\ddots & & & & \\ & 1 & \cdots & -a & \\ & & \ddots & \vdots & \\ & & & 1 & \\ & & & & \ddots\end{bmatrix}$$

$$=\begin{bmatrix}\ddots & & & & \\ & 1 & \cdots & 0 & \\ & & \ddots & \vdots & \\ & & & 1 & \\ & & & & \ddots\end{bmatrix}=E$$

この議論で，a と $-a$ をとり替えれば，同様に，$P_{ij}(a)$ に $P_{ij}(-a)$ を左から掛けると，単位行列 E になることがわかる。

以上より

$$P_{ij}(a)P_{ij}(-a)=P_{ij}(-a)P_{ij}(a)=E$$

となるので，$P_{ij}(a)$ は正則であり，$P_{ij}(-a)$ がその逆行列である。

すなわち，$P_{ij}(a)^{-1}=P_{ij}(-a)$ が成り立つ。

P_{ij}，$P_i(c)$ についても，同様に証明できる。■

練習 1 $P_{ij}(a)$ が正則であることの証明にならって，P_{ij} および $P_i(c)$ が正則であることを証明せよ。

注意 第 2 章 2 で，行基本操作が可逆であると述べたことを思い出そう（49 ページ）。そこでも述べたように，ⓘ ⟷ ⓙ の逆操作は ⓘ ⟷ ⓙ 自身であるが，これに対応して，P_{ij} の逆行列は P_{ij} 自身である。同様に，ⓘ$\times c$ の逆操作が ⓘ$\times c^{-1}$ であることに対応して，$P_i(c)^{-1}=P_i(c^{-1})$ であり，ⓙ$\times a+$ⓘ の逆操作が ⓙ$\times(-a)+$ⓘ であることに対応して，$P_{ij}(a)^{-1}=P_{ij}(-a)$ が成り立っている。

正則行列の積はまた，正則行列であるから，基本行列のいくつかの積は正則行列である。これと，*p.* 77，第 3 章 1 定理 1-1（行基本変形定理）と前節の *p.* 81，定理 1-2（行列の標準形）より，次の系が導かれる。

系 2-1

任意の $m\times n$ 行列 A について，QA が簡約階段形行列となるような，m 次正則行列 Q が存在する。また，更に QAP が標準形となるような，n 次正則行列 P が存在する。

◈ 正則行列の構造

この項では，次の基本的な定理を証明する。

定理 2-2　正則行列の構造

n 次正方行列 A について，次の条件は同値である。

(a)　**A は正則行列である。**

(b)　$\operatorname{rank} A=n$

(c)　**A は有限個の基本行列の積に等しい。**

前のページの定理 2-2 の証明に先立って，次の例題を考察しよう。

例題 1 n 次正方行列 A の，n 行目の成分がすべて 0 であるとする。このとき，A は正則ではないことを示せ。

解答 任意の n 次正方行列 $B=[b_{ij}]$ について，積 AB を考える。
A の n 行目の成分がすべて 0 なので，AB の $(n,\ n)$ 成分は，必ず 0 になる。

$$AB=\begin{bmatrix} a_{11} & a_{12} & \cdots & a_{1n} \\ a_{21} & a_{22} & \cdots & a_{2n} \\ \vdots & \vdots & \ddots & \vdots \\ 0 & 0 & \cdots & 0 \end{bmatrix}\begin{bmatrix} b_{11} & b_{12} & \cdots & b_{1n} \\ b_{21} & b_{22} & \cdots & b_{2n} \\ \vdots & \vdots & \ddots & \vdots \\ b_{n1} & b_{n2} & \cdots & b_{nn} \end{bmatrix}$$

$$=\begin{bmatrix} * & * & \cdots & * \\ * & * & \cdots & * \\ \vdots & \vdots & \ddots & \vdots \\ * & * & \cdots & 0 \end{bmatrix}$$

よって，$AB=E$ となる n 次正方行列 B は存在しない。
これは，A が正則ではないことを示している。 ■

練習 2 (1) n を自然数とし，i を $1\leqq i\leqq n$ である自然数とする。n 次正方行列 A の i 行目の成分が，すべて 0 ならば，A は正則ではないことを示せ。
(2) n を自然数とし，j を $1\leqq j\leqq n$ である自然数とする。n 次正方行列 A の j 列目の成分が，すべて 0 ならば，A は正則ではないことを示せ。

練習 3 (1) n を自然数とし，$i,\ j$ を $1\leqq i\leqq n,\ 1\leqq j\leqq n$ である自然数とする。n 次正方行列 A の i 行目と j 行目が一致するならば，A は正則ではないことを示せ。
(2) n を自然数とし，$i,\ j$ を $1\leqq i\leqq n,\ 1\leqq j\leqq n$ である自然数とする。n 次正方行列 A の i 列目と j 列目が一致するならば，A は正則ではないことを示せ。

例題 1 を踏まえて，定理 2-2 の証明をしよう。

定理 2-2 の証明 (a) $\Longrightarrow$ (b) を証明する。

対偶を証明するために，$\operatorname{rank} A\neq n$ として，A が正則でないことを示す。
$p.$ 59，第 2 章 2 定理 2-2 より，常に $\operatorname{rank} A\leqq n$ であるから，今の場合 $\operatorname{rank} A<n$ ということになる。これは，A を簡約階段化して簡約階段形行列 B を得たとき，B の階段の段数が $n-1$ 以下であることを意味している。
特に B の n 行目の成分は，すべて 0 である。

ところで，定理 2-1 (p. 84) より基本行列は正則であり，正則行列の積はまた正則なので，$PA=B$ となる n 次正則行列 P が存在する。もし，A が正則なら，$PA=B$ も正則ということになるが，B の n 行目の成分はすべて 0 なので，これは矛盾である (例題 1 参照)。
よって，A は正則ではない。
(b) ⟹ (c) を証明する。
第 2 章 2 定理 2-1 (行基本変形定理，p. 53) より，基本行列 Q_1，Q_2，……，Q_s が存在して ($P=Q_1Q_2\cdots\cdots Q_s$ として) $B=PA$ は簡約階段形となる。
$\mathrm{rank}\,A=n$ なので，B の階段の段数は n である。しかし，B は n 次正方行列なので，これは B が単位行列 E に等しいことを意味している (p. 53，第 2 章 2 練習 6 参照)。
よって，$PA=E$ となるので

$$A=P^{-1}=Q_s{}^{-1}\cdots\cdots Q_2{}^{-1}Q_1{}^{-1}$$

である。

ここで，各 $Q_i{}^{-1}$ ($i=1,\ 2,\ \cdots\cdots,\ s$) は，基本行列 Q_i の逆行列なので，また基本行列である (定理 2-1)。よって，A は有限個の基本行列の積である。
最後に (c) ⟹ (a) を証明する。
A が有限個の基本行列の積であるとする。定理 2-1 より基本行列は正則であり，正則行列の積は正則なので，A は正則である。
以上で，定理は証明された。 ■

3 逆行列

基本操作と基本行列との関係から，正則行列の構造が導かれたが，この議論を更に深めることで，正則行列の逆行列を計算するための，一般的なアルゴリズムが導かれる。この節では，逆行列を求めるためのアルゴリズムについて学ぶ。

◈逆行列と基本変形

定理 2-2 (p. 85) より，任意の正則行列 A は，基本行列の積

$$A = Q_1 Q_2 \cdots\cdots Q_s \qquad (*)$$

の形になっていることが明らかになった。ここで，各 Q_k $(k=1,\ 2,\ \cdots\cdots,\ s)$ は基本行列，すなわち，1 で導入した P_{ij}，$P_i(c)$，$P_{ij}(a)$ のいずれかの形をしている行列である。

式 (＊) の右辺に単位行列 E を補って，$A = Q_1 Q_2 \cdots\cdots Q_s E$ とすると，これは次のことを表している。

- **行列 A は，単位行列 E に，Q_s に対応する基本操作を行い，その結果に Q_{s-1} に対応する基本操作を行い，以下これを繰り返して，Q_1 に対応する基本操作までを行うことで得られる行列である。**

ところで，式 (＊) より

$$A^{-1} = Q_s^{-1} \cdots\cdots Q_2^{-1} Q_1^{-1} \qquad (**)$$

がわかる。

定理 2-1 (p. 84) より，基本行列の逆行列もまた基本行列である。また，その逆行列は，元の基本行列に対応する基本操作の逆操作に対応しているのであった。よって，式 (＊＊) は，(上と同様に，右辺に単位行列 E を補って考えることで) 次のように解釈できる。

- **A^{-1} は，単位行列 E に，Q_1 に対応する基本操作の逆操作を行い，その結果に Q_2 に対応する基本操作の逆操作を行い，以下これを繰り返して，Q_s に対応する基本操作の逆操作までを行うことで得られる行列である。**

以上より，次のことがわかった。

- **任意の正則行列 A について，A を単位行列 E から行基本変形によって構成する手順の逆の手順を，単位行列 E から行うと，A の逆行列 A^{-1} が得られる。**

例 1

A 自身が基本行列ならば，その逆行列 A^{-1} は，A に対応する基本操作の逆操作に対応する基本行列である。

例 2

3×3 行列　$A=P_{23}P_{12}(-2)=\begin{bmatrix}1&0&0\\0&0&1\\0&1&0\end{bmatrix}\begin{bmatrix}1&-2&0\\0&1&0\\0&0&1\end{bmatrix}=\begin{bmatrix}1&-2&0\\0&0&1\\0&1&0\end{bmatrix}$

を考える。このとき，3×3 行列 B を

$$B=P_{12}(2)P_{23}=\begin{bmatrix}1&2&0\\0&1&0\\0&0&1\end{bmatrix}\begin{bmatrix}1&0&0\\0&0&1\\0&1&0\end{bmatrix}=\begin{bmatrix}1&0&2\\0&0&1\\0&1&0\end{bmatrix}$$

で定めると　$AB=\begin{bmatrix}1&-2&0\\0&0&1\\0&1&0\end{bmatrix}\begin{bmatrix}1&0&2\\0&0&1\\0&1&0\end{bmatrix}=\begin{bmatrix}1&0&0\\0&1&0\\0&0&1\end{bmatrix}=E$

$$BA=\begin{bmatrix}1&0&2\\0&0&1\\0&1&0\end{bmatrix}\begin{bmatrix}1&-2&0\\0&0&1\\0&1&0\end{bmatrix}=\begin{bmatrix}1&0&0\\0&1&0\\0&0&1\end{bmatrix}=E$$

と計算される。よって，$B=A^{-1}$ である。

練習 1　次の行列について，その逆行列を基本行列の積の形で表せ。

(1)　$P_1(2)P_{12}$　　(2)　$P_{12}(-3)P_{23}(2)$　　(3)　$P_{12}P_2(3)P_{23}(-1)$

◈逆行列の求め方

前項で見たように，単位行列 E から A を作る行基本変形を逆にすれば，単位行列から A の逆行列 A^{-1} を作ることができる。ところで，E から A を作る行基本変形の逆とは，A から E を作る行基本変形である。

$$\begin{array}{ccc}A&\xrightarrow{\text{行基本変形}}&E\\&\|&\\E&\longrightarrow&A^{-1}\end{array}$$

図 6　逆行列の作り方

よって，次のことが成り立つ（図 6 参照）。

- **任意の正則行列 A について，A から単位行列 E を作る行基本変形を，単位行列 E に施すと，A の逆行列 A^{-1} が得られる。**

この原理に従って逆行列を求めるには，次のようなやり方が便利である。

例えば，行列 $A=\begin{bmatrix}1&0&1\\-2&1&0\\2&-1&1\end{bmatrix}$ の逆行列を求めてみよう。

そのために，下図の最初の行のように，Aと単位行列Eを横に並べて 3×6 行列

$$[\,A \mid E\,]=\left[\begin{array}{ccc|ccc} 1 & 0 & 1 & 1 & 0 & 0 \\ -2 & 1 & 0 & 0 & 1 & 0 \\ 2 & -1 & 1 & 0 & 0 & 1 \end{array}\right]$$

を作る。

この行列に対して行基本変形を行い，左ブロックを簡約階段化する。Aが正則ならば，その簡約階段化は単位行列になるので，左ブロックは単位行列になる。このとき，右の 3×3 ブロックに残っているのが，求めるAの逆行列 A^{-1} になっている。

実際，以下の左右に示されているように，各段階での基本操作に対応して，基本行列が左から掛けられる。最初の基本操作 ①×2+② によって，$[\,A \mid E\,]$ は

$$[\,P_{21}(2)A \mid P_{21}(2)\,]$$

になり，次の基本操作 ①×(−2)+③ によって

$$[\,P_{31}(-2)P_{21}(2)A \mid P_{31}(-2)P_{21}(2)\,]$$

になる。

左ブロック **右ブロック**

$$A \quad \left[\begin{array}{ccc|ccc} 1 & 0 & 1 & 1 & 0 & 0 \\ -2 & 1 & 0 & 0 & 1 & 0 \\ 2 & -1 & 1 & 0 & 0 & 1 \end{array}\right] \quad E$$

↓①×2+②

$$P_{21}(2)A \quad \left[\begin{array}{ccc|ccc} 1 & 0 & 1 & 1 & 0 & 0 \\ 0 & 1 & 2 & 2 & 1 & 0 \\ 2 & -1 & 1 & 0 & 0 & 1 \end{array}\right] \quad P_{21}(2)$$

↓①×(−2)+③

$$P_{31}(-2)P_{21}(2)A \quad \left[\begin{array}{ccc|ccc} 1 & 0 & 1 & 1 & 0 & 0 \\ 0 & 1 & 2 & 2 & 1 & 0 \\ 0 & -1 & -1 & -2 & 0 & 1 \end{array}\right] \quad P_{31}(-2)P_{21}(2)$$

↓②×1+③

$P_{32}(1)P_{31}(-2)P_{21}(2)A$	$\left[\begin{array}{ccc\|ccc} 1 & 0 & 1 & 1 & 0 & 0 \\ 0 & 1 & 2 & 2 & 1 & 0 \\ 0 & 0 & 1 & 0 & 1 & 1 \end{array}\right]$	$P_{32}(1)P_{31}(-2)P_{21}(2)$
	$\downarrow$ ③×(−1)+①	
$P_{13}(-1)P_{32}(1)P_{31}(-2)P_{21}(2)A$	$\left[\begin{array}{ccc\|ccc} 1 & 0 & 0 & 1 & -1 & -1 \\ 0 & 1 & 2 & 2 & 1 & 0 \\ 0 & 0 & 1 & 0 & 1 & 1 \end{array}\right]$	$P_{13}(-1)P_{32}(1)P_{31}(-2)P_{21}(2)$
	$\downarrow$ ③×(−2)+②	
$P_{23}(-2)P_{13}(-1)P_{32}(1)$ $P_{31}(-2)P_{21}(2)A=E$	$\left[\begin{array}{ccc\|ccc} 1 & 0 & 0 & 1 & -1 & -1 \\ 0 & 1 & 0 & 2 & -1 & -2 \\ 0 & 0 & 1 & 0 & 1 & 1 \end{array}\right]$	$P_{23}(-2)P_{13}(-1)P_{32}(1)$ $P_{31}(-2)P_{21}(2)=A^{-1}$

このようにして，最後には

$$[\,P_{23}(-2)P_{13}(-1)P_{32}(1)P_{31}(-2)P_{21}(2)A \mid P_{23}(-2)P_{13}(-1)P_{32}(1)P_{31}(-2)P_{21}(2)\,] \qquad (*)$$

となるが，この左の 3×3 ブロックは単位行列 E なので

$$P_{23}(-2)P_{13}(-1)P_{32}(1)P_{31}(-2)P_{21}(2)A=E$$

であり，これに右から A^{-1} を掛けると，以下のようになる。

$$P_{23}(-2)P_{13}(-1)P_{32}(1)P_{31}(-2)P_{21}(2)=A^{-1}$$

この左辺が，(＊) の右の 3×3 ブロックに他ならない。

よって，上の最後の行列の右の 3×3 ブロックである $\begin{bmatrix} 1 & -1 & -1 \\ 2 & -1 & -2 \\ 0 & 1 & 1 \end{bmatrix}$ が求める逆行列 A^{-1} である。

練習 2 行列 $\begin{bmatrix} 1 & -1 & -1 \\ 2 & -1 & -2 \\ 0 & 1 & 1 \end{bmatrix}$ を $A=\begin{bmatrix} 1 & 0 & 1 \\ -2 & 1 & 0 \\ 2 & -1 & 1 \end{bmatrix}$ の左右に掛けて，それぞれ単位行列になることを確かめよ。

例題 1

行列 $A=\begin{bmatrix} 1 & 1 & -2 \\ -1 & 0 & 1 \\ 0 & 2 & 1 \end{bmatrix}$ が正則であるかどうか調べ，正則であればその逆行列を求めよ。

解答 3×6 行列 $[A \mid E]$ を簡約階段化する。$\left[\begin{array}{ccc|ccc} 1 & 1 & -2 & 1 & 0 & 0 \\ -1 & 0 & 1 & 0 & 1 & 0 \\ 0 & 2 & 1 & 0 & 0 & 1 \end{array}\right]$

$$\xrightarrow{①\times1+②} \left[\begin{array}{ccc|ccc} 1 & 1 & -2 & 1 & 0 & 0 \\ 0 & 1 & -1 & 1 & 1 & 0 \\ 0 & 2 & 1 & 0 & 0 & 1 \end{array}\right]$$

$$\xrightarrow[②\times(-2)+③]{②\times(-1)+①} \left[\begin{array}{ccc|ccc} 1 & 0 & -1 & 0 & -1 & 0 \\ 0 & 1 & -1 & 1 & 1 & 0 \\ 0 & 0 & 3 & -2 & -2 & 1 \end{array}\right]$$

$$\xrightarrow{③\times\frac{1}{3}} \left[\begin{array}{ccc|ccc} 1 & 0 & -1 & 0 & -1 & 0 \\ 0 & 1 & -1 & 1 & 1 & 0 \\ 0 & 0 & 1 & -\frac{2}{3} & -\frac{2}{3} & \frac{1}{3} \end{array}\right]$$

$$\xrightarrow[③\times1+②]{③\times1+①} \left[\begin{array}{ccc|ccc} 1 & 0 & 0 & -\frac{2}{3} & -\frac{5}{3} & \frac{1}{3} \\ 0 & 1 & 0 & \frac{1}{3} & \frac{1}{3} & \frac{1}{3} \\ 0 & 0 & 1 & -\frac{2}{3} & -\frac{2}{3} & \frac{1}{3} \end{array}\right] \qquad (\dagger)$$

最後に得られた行列 (†) の左ブロックは A の簡約階段化である。よって，$\operatorname{rank} A=3$ であるから，定理 2-2 (*p.* 85) より，A は正則である。また，このとき，(†) の右ブロックが A^{-1} に等しい。

よって，$A^{-1}=\dfrac{1}{3}\begin{bmatrix} -2 & -5 & 1 \\ 1 & 1 & 1 \\ -2 & -2 & 1 \end{bmatrix}$ ■

練習 3

次の行列が正則であるかどうか調べ，正則ならば逆行列を求めよ。

(1) $\begin{bmatrix} 1 & 1 & 1 \\ 2 & 1 & 1 \\ 4 & 3 & 2 \end{bmatrix}$　(2) $\begin{bmatrix} 1 & 1 & 1 \\ 2 & 1 & 1 \\ 3 & 2 & 2 \end{bmatrix}$　(3) $\begin{bmatrix} 1 & 2 & 1 \\ 4 & 0 & 3 \\ 2 & -2 & 1 \end{bmatrix}$

Column コラム　ケイリー・ハミルトンの定理と行列の平方根

ケイリーの論文「行列の理論 (Memoir on the theory of matrices)」の表題に見られる matrices の一語は matrix の複数形で,「何ものかがそこから生み出される基盤, 母体」という意味の言葉だが, 日本ではその形状により「行列」という即物的な訳語が採用された。「ケイリー・ハミルトンの定理」もこの論文において語られた。この定理を用いると正方行列Aの自然数べき A^2, A^3, …… を作る作業が大幅に軽減されるが, ケイリー自身の意図はべき指数 (累乗の指数) が分数の場合にあり, 実際に2次行列の平方根の算出が試みられている。ケイリー・ハミルトンの定理の力が真に発揮されるのもその場面においてである。

2次正方行列　$M=\begin{bmatrix} a & b \\ c & d \end{bmatrix}$

が与えられたとき, その平方根, いい換えると $L^2=M$ となる行列Lを探索してみよう。Mのトレースを $P=a+d$, 行列式を $Q=ad-bc$ と表記する。Lの行列式をYで表すと, $L^2=M$ より $Y^2=Q$ である。それゆえ $Y=\sqrt{Q}$ となる。ここで, $\sqrt{Q}$ は一般に2つの数値を表している。MとLに対してケイリー・ハミルトンの定理を書くと, Eは単位行列として, Mに対して等式

$$M^2-PM+QE=O$$

が得られ, Lに対しては等式

$$L^2-\alpha L+YE=O$$

が成立する。ここで, αはLのトレースである。

$L^2=M$ より $\alpha L=L^2+YE=M+YE$ である。両辺を2乗すると,

$\alpha^2L^2=M^2+2YM+Y^2E$ である。$M^2=PM-QE$, $Y^2=Q$ により

$\alpha^2M=PM-QE+2YM+Y^2E=(P+2Y)M$ と計算が進み, $\alpha=\sqrt{P+2Y}$ (ここでも右辺の平方根は一般に2つの値を表している) に到達する。これでMの平方根 $L=\sqrt{M}$ の形が

$$L=\frac{1}{\sqrt{P+2Y}}(M+YE)$$

と定められた ($\alpha=0$ の場合については別に考えなければならない)。

一例を挙げると, 行列式5, トレース6の行列

$$M=\begin{bmatrix} -19 & -12 \\ 40 & 25 \end{bmatrix}$$

の平方根は下記の4個である。

$$\frac{1}{\sqrt{6+2\sqrt{5}}}\begin{bmatrix} -19+\sqrt{5} & -12 \\ 40 & 25+\sqrt{5} \end{bmatrix},\ \frac{1}{\sqrt{6-2\sqrt{5}}}\begin{bmatrix} -19-\sqrt{5} & -12 \\ 40 & 25-\sqrt{5} \end{bmatrix}$$

$$-\frac{1}{\sqrt{6+2\sqrt{5}}}\begin{bmatrix} -19+\sqrt{5} & -12 \\ 40 & 25+\sqrt{5} \end{bmatrix},\ -\frac{1}{\sqrt{6-2\sqrt{5}}}\begin{bmatrix} -19-\sqrt{5} & -12 \\ 40 & 25-\sqrt{5} \end{bmatrix}$$

章末問題

1. 次の行列の簡約階段形および標準形を求めよ。

(1) $\begin{bmatrix} 1 & 0 & 2 & -1 & 5 & -1 \\ 0 & 1 & -1 & 1 & -1 & 9 \\ 1 & 0 & 2 & 1 & 3 & 1 \\ 0 & 1 & -1 & 4 & -4 & 12 \end{bmatrix}$　　(2) $\begin{bmatrix} 1 & 1 & 4 & 1 & 2 & 4 \\ 2 & -3 & -7 & 2 & -1 & 13 \\ -1 & 2 & 5 & -1 & 1 & -7 \\ 0 & -1 & -3 & 2 & 5 & 5 \\ 3 & 0 & 3 & 2 & 0 & 13 \end{bmatrix}$

2. 83 ページ，1 の例題 1 の A について $QAP=\begin{bmatrix} 1 & 0 & 0 & 0 & 0 \\ 0 & 1 & 0 & 0 & 0 \\ 0 & 0 & 1 & 0 & 0 \\ 0 & 0 & 0 & 0 & 0 \end{bmatrix}$ となるような，

4 次正則行列 Q と，5 次正則行列 P を求めよ。

3. 次の行列を，基本行列の積の形で書け。

(1) $\begin{bmatrix} 2 & 3 \\ 3 & 4 \end{bmatrix}$　　(2) $\begin{bmatrix} 1 & 1 & -1 \\ -2 & 0 & 1 \\ 0 & 2 & 1 \end{bmatrix}$　　(3) $\begin{bmatrix} 0 & 1 & 2 \\ 1 & -1 & 1 \\ 1 & 2 & 5 \end{bmatrix}$

(4) $\begin{bmatrix} 1 & 1 & 1 & -1 \\ 1 & 1 & -1 & 1 \\ 1 & -1 & 1 & 1 \\ -1 & 1 & 1 & 1 \end{bmatrix}$

4. 次の行列が正則かどうか調べ，正則である場合は，逆行列を求めよ。

(1) $\begin{bmatrix} -2 & -3 & 2 \\ 1 & 3 & -3 \\ 0 & 3 & -3 \end{bmatrix}$　　(2) $\begin{bmatrix} 1 & -2 & 0 \\ -2 & 1 & -2 \\ 0 & -2 & 1 \end{bmatrix}$　　(3) $\begin{bmatrix} 2 & -1 & 4 \\ 1 & 3 & -1 \\ 1 & 1 & 1 \end{bmatrix}$

(4) $\begin{bmatrix} 1 & -1 & 2 \\ -2 & 1 & -1 \\ -1 & -1 & 4 \end{bmatrix}$

5. 次の行列の逆行列を求めよ。

(1) $\begin{bmatrix} 1 & 2 & 3 & 2 \\ 2 & 4 & 6 & 3 \\ 3 & 6 & 8 & 4 \\ 2 & 3 & 4 & 2 \end{bmatrix}$　　(2) $\begin{bmatrix} 1 & 0 & 0 & 0 \\ a & 1 & 0 & 0 \\ b & a & 1 & 0 \\ c & b & a & 1 \end{bmatrix}$ （a，b，c は定数）

6. (ブロック基本行列) $l_1+l_2+\cdots\cdots+l_k=m$ として，m 次正方行列の行と列を，それぞれ k 個に分割し，$(i,\ j)$ ブロックが $l_i\times l_j$ 行列になるようにする。

$$Q=\left[\begin{array}{c:c:c:c:c:c} Q_{11} & Q_{12} & \cdots & Q_{1j} & \cdots & Q_{1k} \\ \hdashline Q_{21} & Q_{22} & \cdots & Q_{2j} & \cdots & Q_{2k} \\ \hdashline \vdots & \vdots & & \vdots & & \vdots \\ \hdashline Q_{i1} & Q_{i2} & \cdots & Q_{ij} & \cdots & Q_{ik} \\ \hdashline \vdots & \vdots & & \vdots & & \vdots \\ \hdashline Q_{k1} & Q_{k2} & \cdots & Q_{kj} & \cdots & Q_{kk} \end{array}\right] \quad (Q_{ij}\text{ は }l_i\times l_j\text{ 行列})$$

また，$m\times n$ 行列の最初の l_1 行を第 1 行ブロック，次の l_2 行を第 2 行ブロックなどとして，その行全体を第 1 行ブロックから第 k 行ブロックまでの行ブロックに分解する。

$$A=\left[\begin{array}{c} A_1 \\ \hdashline A_2 \\ \hdashline \vdots \\ \hdashline A_i \\ \hdashline \vdots \\ \hdashline A_k \end{array}\right] \quad (A_i\text{ は }l_i\times n\text{ 行列})$$

(1) $l_i=l_j$ のとき，$\widetilde{P}_{ij}$ を次で定義する（以下，特に何も書かれていないブロックは，すべて零行列であるとする）。

$$\widetilde{P}_{ij}=\begin{bmatrix} E_{l_1} & & & & & & \\ & \ddots & & & & & \\ & & O_{l_i} & \cdots & E_{l_i} & & \\ & & \vdots & & \vdots & & \\ & & E_{l_j} & \cdots & O_{l_j} & & \\ & & & & & \ddots & \\ & & & & & & E_{l_k} \end{bmatrix} \begin{array}{l} \\ \\ \leftarrow i \\ \\ \leftarrow j \\ \\ \\ \end{array}$$

$\widetilde{P}_{ij}$ を左から A に掛けることは，A の第 i 行ブロックと第 j 行ブロックが入れ替わることであることを示せ。

(2) l_i 次正則行列 C に対して，$\widetilde{P}_i(C)$ を次で定義する。

$$\widetilde{P}_i(C)=\begin{bmatrix} E_{l_1} & & & & \\ & \ddots & & & \\ & & C & & \\ & & & \ddots & \\ & & & & E_{l_k} \end{bmatrix} \begin{array}{l} \\ \\ \leftarrow i \\ \\ \\ \end{array}$$

$\widetilde{P}_i(C)$ を左から A に掛けることは，A の第 i 行ブロック A_i に C を左から掛けて，CA_i におき換えることであることを示せ。

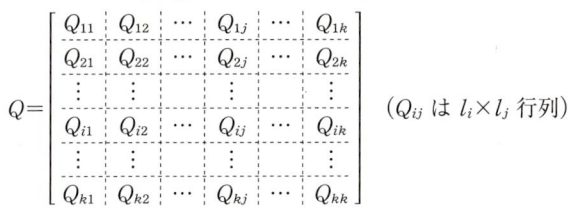

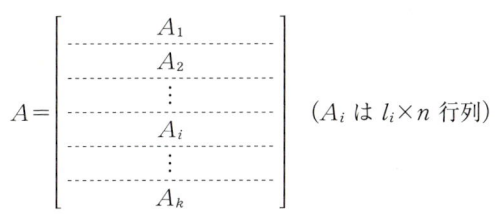

(3) $l_i=l_j$ のとき，l_j 次正方行列 D に対して，$\widetilde{P}_{ij}(D)$ を次で定義する。

$$\widetilde{P}_{ij}(D)=\begin{bmatrix} E_{l_1} & & & & & & \\ & \ddots & & & & & \\ & & E_{l_i} & \cdots & D & & \\ & & & \ddots & \vdots & & \\ & & & & E_{l_j} & & \\ & & & & & \ddots & \\ & & & & & & E_{l_k} \end{bmatrix} \begin{matrix} \\ \\ \leftarrow i \\ \\ \leftarrow j \\ \\ \\ \end{matrix}$$

$\widetilde{P}_{ij}(D)$ を左から A に掛けることは，A の第 j 行ブロック A_j に，左から D を掛けて，第 i 行ブロックに足すことであることを示せ。

(4) $\widetilde{P}_{ij}$，$\widetilde{P}_i(C)$，$\widetilde{P}_{ij}(D)$ の逆行列は，それぞれ，$\widetilde{P}_{ij}$，$\widetilde{P}_i(C^{-1})$，$\widetilde{P}_{ij}(-D)$ で与えられることを示せ。

(5) $\widetilde{P}_{ij}$，$\widetilde{P}_i(C)$，$\widetilde{P}_{ij}(D)$ を，それぞれ $n\times m$ 行列 B に右から掛けることで，B はどのように変化するか答えよ。

7. A，B を n 次正方行列とするとき，$\mathrm{rank}\begin{bmatrix} A & AB \\ O & B \end{bmatrix}=\mathrm{rank}\,A+\mathrm{rank}\,B$ を示せ。

8. 行列 A について，次を証明せよ。

(1) 正則行列 P，Q について，$\mathrm{rank}\,A=\mathrm{rank}\,PA=\mathrm{rank}\,AQ$

(2) $\mathrm{rank}\,A=\mathrm{rank}\,{}^tA$

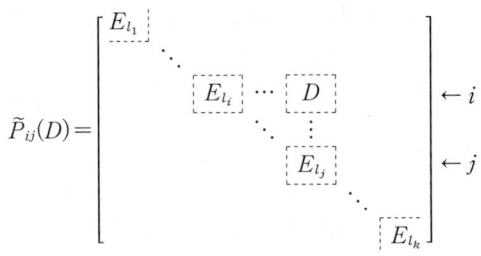

第4章

行列式

正方行列に関する重要な量として行列式がある。

この章では，行列式の定義から，行列式を求める具体的な計算方法までを一貫してまとめる。

1 では，行列式の定義に必要である，置換の概念を学習する。また，行列式を定義する上で必要となる，置換の「符号」の概念についても学ぶ。

2 では，1 で学習した置換の概念を用いて行列式を定義する。

行列式の定義式は複雑にみえるが，いくつかの定理によって，その基本的で便利な性質をまとめることができる。

3 では，行列式のさまざまな基本性質を踏まえて，行列式を計算するための系統的な方法を学習する。

4 では，行列式の理論的な側面をまとめる。ここでは行列式の余因子展開を学習し，これを用いて逆行列の明示公式を与える。

1 置換

この節では，行列式の定義に必要な，置換の概念を学ぶ。

◈置換

nを自然数とする。n個の文字の **置換** とは，n個の文字（例えば，n個の数字1，2，……，n）を入れ替えて，これらの文字からなる順列[1]を，他の順列におき換えることである。

例えば

1を3に，2を5に，3を2に，4を4に，5を1に

写す[2]ことは，5個の文字1，2，3，4，5を（重複なく）入れ替える操作なので置換であり，例えば，12345という順列を35241という順列に置換する。

この置換を，例えば

$$\sigma : \begin{cases} 1 \longmapsto 3 \\ 2 \longmapsto 5 \\ 3 \longmapsto 2 \\ 4 \longmapsto 4 \\ 5 \longmapsto 1 \end{cases}$$

と書いたり，記号で

$$\sigma = \begin{pmatrix} 1 & 2 & 3 & 4 & 5 \\ 3 & 5 & 2 & 4 & 1 \end{pmatrix} \qquad (*)$$

と書く。

注意 置換は行列と異なるため，ここでは［　］ではなく（　）を用いて表す。

例 1 上の置換σによって，順列24513は54132に置換される。

1) 1からnまでの自然数1，2，……，nを適当な順番で横一列に並べたもの。
2) 通例に従って，「写す」という言葉を用いているが，取り替えるという意味である。

例 1 のように，置換 σ の他の順列への作用を考えて，置換 σ を次のように，さまざまに書くことができる。

$$\sigma=\begin{pmatrix}1&2&3&4&5\\3&5&2&4&1\end{pmatrix}=\begin{pmatrix}2&4&5&1&3\\5&4&1&3&2\end{pmatrix}=\begin{pmatrix}3&5&1&2&4\\2&1&3&5&4\end{pmatrix}=\cdots\cdots$$

どのような書き方においても，1 行目のそれぞれの文字の下には，σ によってその文字が写された文字が書かれている。

一般に，n 個 ($n\geqq 1$) の文字 1，2，……，n を $\sigma(1)$，$\sigma(2)$，……，$\sigma(n)$ に入れ替える置換は，記号で以下のように書くことができる。

$$\sigma=\begin{pmatrix}1&2&\cdots\cdots&n\\\sigma(1)&\sigma(2)&\cdots\cdots&\sigma(n)\end{pmatrix}$$

n 個の文字の置換の個数は，n 個の文字の順列の個数に等しく，$n!$ 個である。

置換 σ とは，各々の文字 i ($i=1$，2，……，n) を，ある文字 $\sigma(i)$ に写す写像[3] であると考えると便利である。すなわち，n 個の文字 1，2，……，n の置換とは，集合 $\{1,\ 2,\ \cdots\cdots,\ n\}$ からそれ自身への写像

$$\sigma:\{1,\ 2,\ \cdots\cdots,\ n\}\longrightarrow\{1,\ 2,\ \cdots\cdots,\ n\}$$

で，1 対 1 であるもの，つまり

$$i\neq j \quad \text{ならば} \quad \sigma(i)\neq\sigma(j)$$

を満たすもののことである。

例えば，前ページや上の置換 (＊) は

$$\sigma(1)=3,\ \sigma(2)=5,\ \sigma(3)=2,\ \sigma(4)=4,\ \sigma(5)=1$$

で定まる，集合 $\{1,\ 2,\ 3,\ 4,\ 5\}$ からそれ自身への写像である。

練習 1 次の置換によって，括弧内の順列が置換された順列を答えよ。

(1) $\begin{pmatrix}1&2&3&4\\3&2&4&1\end{pmatrix}$ (1324)　　(2) $\begin{pmatrix}1&2&3&4&5\\2&3&5&1&4\end{pmatrix}$ (35124)

(3) $\begin{pmatrix}1&2&3&4&5&6\\5&3&4&6&2&1\end{pmatrix}$ (632514)　　(4) $\begin{pmatrix}1&2&3&4&5&6&7\\2&5&1&7&4&3&6\end{pmatrix}$ (3426571)

◈置換の合成

σ，τ を n 個の文字 1，2，……，n の置換とする。置換 σ を施した後に，続けて置換 τ を施すことで，新たに置換を得ることができる。これを σ と τ の **合成** といい $\tau\sigma$ で表す。

---

3) 写像については，0 章 ($p.$ 6) を参照するとよい。

これは，σ，τ をそれぞれ集合 $\{1,\ 2,\ \cdots\cdots,\ n\}$ から自分自身への写像とみなすならば，i $(i=1,\ 2,\ \cdots\cdots,\ n)$ に対して，$\tau\sigma(i)=\tau(\sigma(i))$ ということである。

注意 置換の合成については，次の結合法則が成り立つ。n 個の文字 1，2，……，n の置換 σ，τ，ρ について　　$(\sigma\tau)\rho=\sigma(\tau\rho)$

例題 1　$\sigma=\begin{pmatrix}1&2&3&4&5\\3&5&2&4&1\end{pmatrix}$ と $\tau=\begin{pmatrix}1&2&3&4&5\\2&3&5&1&4\end{pmatrix}$ について，合成 $\tau\sigma$ を求めよ。

解答

$$1\overset{\sigma}{\longmapsto}3\qquad 1\overset{\tau}{\longmapsto}2$$
$$2\overset{\sigma}{\longmapsto}5\qquad 2\overset{\tau}{\longmapsto}3$$
$$3\overset{\sigma}{\longmapsto}2\qquad 3\overset{\tau}{\longmapsto}5$$
$$4\overset{\sigma}{\longmapsto}4\qquad 4\overset{\tau}{\longmapsto}1$$
$$5\overset{\sigma}{\longmapsto}1\qquad 5\overset{\tau}{\longmapsto}4$$

であるから，σ の後に τ を続けて施すと以下のようになる。

$$1\overset{\sigma}{\longmapsto}3\overset{\tau}{\longmapsto}5$$
$$2\overset{\sigma}{\longmapsto}5\overset{\tau}{\longmapsto}4$$
$$3\overset{\sigma}{\longmapsto}2\overset{\tau}{\longmapsto}3$$
$$4\overset{\sigma}{\longmapsto}4\overset{\tau}{\longmapsto}1$$
$$5\overset{\sigma}{\longmapsto}1\overset{\tau}{\longmapsto}2$$

よって　　$\tau\sigma=\begin{pmatrix}1&2&3&4&5\\5&4&3&1&2\end{pmatrix}$　■

例題 1 は，次のように考えてもよい。σ は順列 12345 を順列 35241 に置換し，τ は順列 35241 を順列 54312 に置換する。よって，$\tau\sigma$ は順列 12345 を順列 54312 に置換するので，$\tau\sigma=\begin{pmatrix}1&2&3&4&5\\5&4&3&1&2\end{pmatrix}$ となる。

練習 2　次の σ と τ に対して，合成 $\tau\sigma$ を求めよ。

(1)　$\sigma=\begin{pmatrix}1&2&3&4\\3&2&4&1\end{pmatrix}$，$\tau=\begin{pmatrix}1&2&3&4\\2&4&3&1\end{pmatrix}$　　(2)　$\sigma=\tau=\begin{pmatrix}1&2&3&4&5\\2&3&5&1&4\end{pmatrix}$

(3)　$\sigma=\begin{pmatrix}1&2&3&4&5&6\\5&3&4&6&2&1\end{pmatrix}$，$\tau=\begin{pmatrix}1&2&3&4&5&6\\2&1&4&3&6&5\end{pmatrix}$

注意　$\tau\sigma$ は「σ を施してから τ を施す」という置換であり，$\sigma\tau$ は「τ を施してから σ を施す」置換であり，次の例 2 が示すように，これらは一般に異なった置換である。

例 2　$\sigma=\begin{pmatrix}1&2&3\\2&3&1\end{pmatrix}$，$\tau=\begin{pmatrix}1&2&3\\2&1&3\end{pmatrix}$ とすると

$\tau\sigma=\begin{pmatrix}1&2&3\\1&3&2\end{pmatrix}$，$\sigma\tau=\begin{pmatrix}1&2&3\\3&2&1\end{pmatrix}$ であり，$\tau\sigma\neq\sigma\tau$ である。

◆単位置換と逆置換

文字 i $(i=1,\ 2,\ \cdots\cdots,\ n)$ を i 自身に写す置換　$e=\begin{pmatrix}1&2&\cdots\cdots&n\\1&2&\cdots\cdots&n\end{pmatrix}$

を **単位置換** という。

置換 σ に対して，$\sigma^2=\sigma\sigma$，$\sigma^3=\sigma\sigma\sigma$ などと書く。

一般に，自然数 k に対して $\sigma^k=\overbrace{\sigma\cdots\cdots\sigma}^{k\text{個}}$ と書く。また，便宜的に $\sigma^0=e$ とする。

任意の置換 σ に対して $\sigma\tau=\tau\sigma=e$ となる置換 τ がただ 1 つ定まる。

実際，σ は順列 $12\cdots\cdots n$ を順列 $\sigma(1)\sigma(2)\cdots\cdots\sigma(n)$ に置換するから，τ としては，逆に順列 $\sigma(1)\sigma(2)\cdots\cdots\sigma(n)$ を順列 $12\cdots\cdots n$ に置換するものをとればよい。この τ を σ の **逆置換** といい，σ^{-1} で表す。

これを踏まえて，自然数 k に対して $\sigma^{-k}=\overbrace{\sigma^{-1}\cdots\cdots\sigma^{-1}}^{k\text{個}}$ と書く。

このとき，任意の整数 k，l について，次が成り立つ。

$$\sigma^{k+l}=\sigma^k\sigma^l \qquad (*)$$

練習 3　$(*)$ を証明せよ。

例題 2　$\sigma=\begin{pmatrix}1&2&3&4&5\\3&5&2&4&1\end{pmatrix}$ の逆置換 σ^{-1} を求めよ。

解答　σ は順列 12345 を順列 35241 に置換するので，σ^{-1} は順列 35241 を順列 12345 に置換する。

よって　$\sigma^{-1}=\begin{pmatrix}3&5&2&4&1\\1&2&3&4&5\end{pmatrix}=\begin{pmatrix}1&2&3&4&5\\5&3&1&4&2\end{pmatrix}$ ■

練習 4 1, 2, ……, n の置換 σ, τ について，合成 $\tau\sigma$ の逆置換は $\sigma^{-1}\tau^{-1}$ で与えられることを示せ。

◈置換の符号

n 個の変数 x_1, x_2, ……, x_n による多項式 $D(x_1,\ x_2,\ \cdots\cdots,\ x_n)$ を，次で定義する。

$$D(x_1,\ x_2,\ \cdots\cdots,\ x_n)=(x_1-x_2)\times(x_1-x_3)\times\cdots\cdots\times(x_1-x_n)$$
$$\times(x_2-x_3)\times\cdots\cdots\times(x_2-x_n)\times\cdots\cdots\times(x_{n-1}-x_n)$$

すなわち，$D(x_1,\ x_2,\ \cdots\cdots,\ x_n)$ は，n 個の変数 x_1, x_2, ……, x_n から 2 個 x_i, x_j $(i\neq j)$ をとり，番号の小さいものから番号の大きいものを引いた式，すなわち，$i<j$ なら x_i-x_j, $i>j$ なら x_j-x_i を考え，それらすべてを掛けて得られた式である。

よって，$D(x_1,\ x_2,\ \cdots\cdots,\ x_n)$ は，x_i-x_j $(i<j)$ の形の式 $\binom{n}{2}=\dfrac{n(n-1)}{2}$ 個の積になっている。

n 変数多項式 $D(x_1,\ x_2,\ \cdots\cdots,\ x_n)$ を，n 変数の **差積** という。

例 3

$n=2$ のとき　$D(x_1,\ x_2)=x_1-x_2$
$n=3$ のとき　$D(x_1,\ x_2,\ x_3)=(x_1-x_2)(x_1-x_3)(x_2-x_3)$
$n=4$ のとき
$$D(x_1,\ x_2,\ x_3,\ x_4)=(x_1-x_2)(x_1-x_3)(x_1-x_4)(x_2-x_3)(x_2-x_4)(x_3-x_4)$$

σ を n 個の文字 1, 2, ……, n の置換とする。このとき，変数 x_1, x_2, ……, x_n の番号を σ で置換して，n 個の変数 x_1, x_2, ……, x_n による多項式

$$D(x_{\sigma(1)},\ x_{\sigma(2)},\ \cdots\cdots,\ x_{\sigma(n)})$$

を考える。これもまた，n 個の変数 x_1, x_2, ……, x_n の中の 2 個 x_i, x_j について，x_i-x_j または x_j-x_i の形の式の積になっている。

よって，特に，$D(x_{\sigma(1)},\ x_{\sigma(2)},\ \cdots\cdots,\ x_{\sigma(n)})$ はもとの $D(x_1,\ x_2,\ \cdots\cdots,\ x_n)$ に等しいか，またはそれと符号だけが異なっている。

$$D(x_{\sigma(1)},\ x_{\sigma(2)},\ \cdots\cdots,\ x_{\sigma(n)})=\pm D(x_1,\ x_2,\ \cdots\cdots,\ x_n)$$

例 4

$n=2$ で $\sigma=\begin{pmatrix}1 & 2\\ 2 & 1\end{pmatrix}$ のとき

$$D(x_{\sigma(1)},\ x_{\sigma(2)})=x_2-x_1=-D(x_1,\ x_2)$$

$n=3$ で $\sigma=\begin{pmatrix}1 & 2 & 3\\ 2 & 3 & 1\end{pmatrix}$ のとき

$$D(x_{\sigma(1)},\ x_{\sigma(2)},\ x_{\sigma(3)})=(x_2-x_3)(x_2-x_1)(x_3-x_1)=D(x_1,\ x_2,\ x_3)$$

$n=4$ で $\sigma=\begin{pmatrix}1 & 2 & 3 & 4\\ 3 & 2 & 4 & 1\end{pmatrix}$ のとき

$$\begin{aligned}&D(x_{\sigma(1)},\ x_{\sigma(2)},\ x_{\sigma(3)},\ x_{\sigma(4)})\\&=(x_3-x_2)(x_3-x_4)(x_3-x_1)(x_2-x_4)(x_2-x_1)(x_4-x_1)\\&=D(x_1,\ x_2,\ x_3,\ x_4)\end{aligned}$$

例 4 からわかるように，$i<j$ かつ $\sigma(i)>\sigma(j)$ である $(i,\ j)$ の個数が偶数であるとき，$D(x_{\sigma(1)},\ x_{\sigma(2)},\ \cdots\cdots,\ x_{\sigma(n)})$ と $D(x_1,\ x_2,\ \cdots\cdots,\ x_n)$ は一致し，奇数であるとき，符号が逆になる。

このような組 $(i,\ j)$ の個数を，σ の **転倒数** という。

すなわち，置換 σ の転倒数とは，集合

$$\{(i,\ j)\mid i,\ j=1,\ 2,\ \cdots\cdots,\ n,\ i<j,\ \sigma(i)>\sigma(j)\}$$

の要素の個数である。

定義 1-1　置換の符号

n 個の文字 1，2，……，n の置換 σ について

$$\mathrm{sgn}(\sigma)=\frac{D(x_{\sigma(1)},\ x_{\sigma(2)},\ \cdots\cdots,\ x_{\sigma(n)})}{D(x_1,\ x_2,\ \cdots\cdots,\ x_n)}$$

として，これを σ の 符号 という。

すなわち，置換 σ の符号 $\mathrm{sgn}(\sigma)$ とは，1 または -1 のどちらかであり，次が成り立つ。

- $\mathrm{sgn}(\sigma)=1 \Longleftrightarrow \sigma$ の転倒数が偶数
- $\mathrm{sgn}(\sigma)=-1 \Longleftrightarrow \sigma$ の転倒数が奇数

例題 3 $\begin{pmatrix} 1 & 2 & 3 & 4 & 5 & 6 \\ 5 & 3 & 4 & 6 & 2 & 1 \end{pmatrix}$ の符号を求めよ。

解答 転倒数を計算するために，順列 534621 に注目する。

- 一番左の 5 に注目して，それより右にある数の中で 5 より小さいものの個数は 4 個
- 左から 2 番目の 3 に注目して，それより右にある数の中で 3 より小さいものの個数は 2 個
- 左から 3 番目の 4 に注目して，それより右にある数の中で 4 より小さいものの個数は 2 個
- 左から 4 番目の 6 に注目して，それより右にある数の中で 6 より小さいものの個数は 2 個
- 左から 5 番目の 2 に注目して，それより右にある数の中で 2 より小さいものの個数は 1 個

よって，転倒数は $4+2+2+2+1=11$ で，これは奇数なので

$$\mathrm{sgn}\begin{pmatrix} 1 & 2 & 3 & 4 & 5 & 6 \\ 5 & 3 & 4 & 6 & 2 & 1 \end{pmatrix}=-1 \quad ■$$

練習 5 次の置換の符号を求めよ。

(1) $\begin{pmatrix} 1 & 2 & 3 & 4 \\ 2 & 4 & 3 & 1 \end{pmatrix}$ (2) $\begin{pmatrix} 1 & 2 & 3 & 4 & 5 \\ 2 & 3 & 5 & 1 & 4 \end{pmatrix}$ (3) $\begin{pmatrix} 1 & 2 & 3 & 4 & 5 & 6 \\ 2 & 1 & 4 & 3 & 6 & 5 \end{pmatrix}$

置換の合成と符号の関係について，次の定理が成り立つ。

定理 1-1 合成公式

n 個の文字 1，2，……，n の置換 σ，τ について

$$\mathrm{sgn}(\sigma\tau)=\mathrm{sgn}(\sigma)\mathrm{sgn}(\tau)$$

証明 等式 $D(x_{\tau(1)},\ x_{\tau(2)},\ \cdots\cdots,\ x_{\tau(n)})=\mathrm{sgn}(\tau)D(x_1,\ x_2,\ \cdots\cdots,\ x_n)$
の両辺の変数 x_1，x_2，……，x_n を，いっせいに σ で置換すると，次の等式が得られる。

$$\begin{aligned} D(x_{\sigma(\tau(1))},\ x_{\sigma(\tau(2))},\ \cdots\cdots,\ x_{\sigma(\tau(n))}) &= \mathrm{sgn}(\tau)D(x_{\sigma(1)},\ x_{\sigma(2)},\ \cdots\cdots,\ x_{\sigma(n)}) \\ &= \mathrm{sgn}(\tau)\mathrm{sgn}(\sigma)D(x_1,\ x_2,\ \cdots\cdots,\ x_n) \end{aligned}$$

$\sigma\tau(i)=\sigma(\tau(i))$ $(i=1,\ 2,\ \cdots\cdots,\ n)$ であるから，これは
$\mathrm{sgn}(\sigma\tau)=\mathrm{sgn}(\sigma)\mathrm{sgn}(\tau)$ であることを示している。■

系 1-1

n 個の文字 1，2，……，n の置換 σ について， $\mathrm{sgn}(\sigma)=\mathrm{sgn}(\sigma^{-1})$

証明 単位置換 e の符号は明らかに 1 である。$\sigma\sigma^{-1}=e$ より，
$\mathrm{sgn}(\sigma)\mathrm{sgn}(\sigma^{-1})=\mathrm{sgn}(e)=1$ である。よって，$\mathrm{sgn}(\sigma)=\mathrm{sgn}(\sigma^{-1})$ ■

◈偶置換と奇置換

符号が 1 である置換を **偶置換** といい，符号が -1 である置換を **奇置換** という。定理 1-1 より，偶置換と偶置換の合成は偶置換であり，偶置換と奇置換の合成は奇置換であり，奇置換と奇置換の合成は偶置換である。

例 5

（互換） $i<j$ $(i,\ j=1,\ 2,\ \cdots\cdots,\ n)$ について，i と j だけを入れ替えて，他は何もしないという置換，すなわち順列を

$1\cdots\cdots(i-1)i(i+1)\cdots\cdots(j-1)j(j+1)\cdots\cdots n \mapsto 1\cdots\cdots(i-1)j(i+1)\cdots\cdots(j-1)i(j+1)\cdots\cdots n$

とする置換を **互換**（ごかん）という。互換の転倒数を計算するために，順列

$1\cdots\cdots(i-1)j(i+1)\cdots\cdots(j-1)i(j+1)\cdots\cdots n$（左から i 番目が j で，j 番目が i）に注目すると，

- 左から i 番目の j の右にあって j より小さいものの個数は $j-i$ 個（下の陰影部）。

$$1\cdots\cdots(i-1)j(i+1)\cdots\cdots(j-1)i(j+1)\cdots\cdots n$$

- 左から i 番目の j と j 番目の i の間にある，左から $i+k$ 番目（$k=1,\ 2,\ \cdots\cdots,\ j-i-1$）の $i+k$ の右にあって，$i+k$ より小さいのは，左から j 番目の i のみの 1 個。

$$1\cdots\cdots(i-1)j(i+1)\cdots\cdots(i+k)\cdots\cdots(j-1)i(j+1)\cdots\cdots n$$

k を動かして，全部で $j-i-1$ 個。

- これらより他に転倒している箇所はない。

よって，転倒数は $j-i+\overbrace{1+\cdots\cdots+1}^{j-i-1\text{ 個}}=2(j-i)-1$ で奇数である。
したがって，任意の互換は奇置換である。

i と j を入れ替えるだけの互換は，しばしば $(i\quad j)$ と書かれる。
i と j の入れ替えを 2 回続けると，順列はもとに戻るので，次が成り立つ。

$$(i\quad j)^2=e\quad(\text{単位置換})$$

定理 1-2　偶置換と奇置換　n を 2 以上の自然数とする。

(1)　n 個の文字の置換の個数は $n!$ 個である。

(2)　偶置換全体の個数は奇置換全体の個数に等しく，$\dfrac{n!}{2}$ 個である。

証明　(1) は既に述べた。(2) を示すために，互換 $\tau=(1\ \ 2)$ を考える。任意の置換 σ に対し，$\tau\sigma$ は σ が偶置換ならば奇置換であり，σ が奇置換ならば偶置換である。また，$\tau^2=e$ なので，τ を左から合成することで，$\tau\sigma$ は σ に戻る。よって　$\sigma \longleftrightarrow \tau\sigma$　　(＊)

によって，任意の偶置換 σ は奇置換 $\tau\sigma$ と 1 対 1 に対応する。特に，奇置換の個数は偶置換の個数以上である。また，対応 (＊) で σ を奇置換にして考えれば，任意の奇置換 σ は偶置換 $\tau\sigma$ と 1 対 1 に対応するので，偶置換の個数は奇置換の個数以上である。

以上より，偶置換の個数と奇置換の個数は一致し，それぞれ置換全体の半分の個数である。■

例 6

n 個の文字 1，2，……，n の中から，相異なる k 個 $(k\leqq n)$ i_1，i_2，……，i_k をとり，次のような置換 σ を考える。

$$\sigma(i_1)=i_2,\ \ \sigma(i_2)=i_3,\ \ \cdots\cdots,\ \ \sigma(i_{k-1})=i_k,\ \ \sigma(i_k)=i_1$$

更に σ は i_1，i_2，……，i_k の他の文字を動かさない（それ自身に写す）とする。このような置換は i_1 を i_2 に，i_2 を i_3 に，……，i_k を i_1 にというように，i_1，i_2，……，i_k を巡回的に置換するので，長さ k の**巡回置換**といい，次のように書く。　$\sigma=(i_1\ \ i_2\ \ \cdots\cdots\ \ i_k)$

$k=2$ のとき，長さ 2 の巡回置換とは，互換のことに他ならない。

一般に，次の等式が成り立つ。

$$(i_1\ \ i_2\ \ \cdots\cdots\ \ i_k)=(i_1\ \ i_k)(i_1\ \ i_{k-1})\cdots\cdots(i_1\ \ i_2)$$

互換の符号は -1 であったから，定理 1-1 (p. 104) より

$$\mathrm{sgn}(i_1\ \ i_2\ \ \cdots\cdots\ \ i_k)=\begin{cases}1 & (k\text{ が奇数})\\ -1 & (k\text{ が偶数})\end{cases}$$

よって，長さ k の巡回置換は，k が奇数ならば偶置換であり，k が偶数ならば奇置換である。

練習 6　例 6 の等式 $(i_1\ \ i_2\ \ \cdots\cdots\ \ i_k)=(i_1\ \ i_k)(i_1\ \ i_{k-1})\cdots\cdots(i_1\ \ i_2)$ を証明せよ。

2 行列式

この節では，行列式の定義を与え，その基本性質や，2 次と 3 次の場合の計算方法などについて学ぶ。

◈行列式の定義

定義 2-1　行列式

n 次正方行列 $A=[a_{ij}]$ に対して

$$\sum_{\sigma}\mathrm{sgn}(\sigma)a_{1\sigma(1)}a_{2\sigma(2)}\cdots\cdots a_{n\sigma(n)} \qquad (*)$$

で定まる数を，A の 行列式 といい

$$\det(A),\ |A|,\ |a_{ij}|,\ \begin{vmatrix} a_{11} & a_{12} & \cdots & a_{1n} \\ a_{21} & a_{22} & \cdots & a_{2n} \\ \vdots & \vdots & \ddots & \vdots \\ a_{n1} & a_{n2} & \cdots & a_{nn} \end{vmatrix}$$

などの記号で表す。

ここで，(*) の $\sum$ における σ は，n 個の文字 1，2，……，n の置換全体を動く。

行列式の定義式 (*) は，n 個の文字 1，2，……，n の置換全体にわたる和なので，全部で $n!$ 個の項の和である。

注意　行列式の記号は $|a_{ij}|$ などのように，絶対値の記号と混同されやすいので注意が必要である。行列式は絶対値とは関係がなく，また，負の値もとりうる。特に $n=1$ $(A=[a_{11}])$ のときの行列式は a_{11} の絶対値ではなく，a_{11} そのものである。したがって，$|a_{11}|$ で 1×1 行列 $[a_{11}]$ の行列式を表すことは避けるべきである。また，det はディターミナントと読む。

例 1

$n=2$ の場合，$A=\begin{bmatrix} a_{11} & a_{12} \\ a_{21} & a_{22} \end{bmatrix}$ の行列式は，$2!=2$ 個の置換

$$\begin{pmatrix} 1 & 2 \\ 1 & 2 \end{pmatrix},\ \begin{pmatrix} 1 & 2 \\ 2 & 1 \end{pmatrix}$$

にわたる和であり，前者の符号が 1，後者の符号が -1 なので

$$\det\begin{bmatrix} a_{11} & a_{12} \\ a_{21} & a_{22} \end{bmatrix}=\begin{vmatrix} a_{11} & a_{12} \\ a_{21} & a_{22} \end{vmatrix}=a_{11}a_{22}-a_{12}a_{21}$$

となる。

$n=2$ の場合の計算は，図 1 のような「たすきがけ」による計算と考えると覚えやすい。

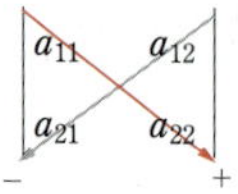

図 1　たすきがけによる計算

また，$A=\begin{bmatrix} a & b \\ c & d \end{bmatrix}$ の場合は，$\det(A)=ad-bc$ である。

練習 1　次の行列の行列式を求めよ。

(1) $\begin{bmatrix} 1 & 2 \\ 3 & 4 \end{bmatrix}$　(2) $\begin{bmatrix} 0 & 1 \\ 1 & 0 \end{bmatrix}$　(3) $\begin{bmatrix} \cos\theta & -\sin\theta \\ \sin\theta & \cos\theta \end{bmatrix}$

例 2

$n=3$ の場合，$A=\begin{bmatrix} a_{11} & a_{12} & a_{13} \\ a_{21} & a_{22} & a_{23} \\ a_{31} & a_{32} & a_{33} \end{bmatrix}$ 行列式は，$3!=6$ 個の置換

$$\begin{pmatrix} 1 & 2 & 3 \\ 1 & 2 & 3 \end{pmatrix}, \begin{pmatrix} 1 & 2 & 3 \\ 2 & 3 & 1 \end{pmatrix}, \begin{pmatrix} 1 & 2 & 3 \\ 3 & 1 & 2 \end{pmatrix},$$
$$\begin{pmatrix} 1 & 2 & 3 \\ 1 & 3 & 2 \end{pmatrix}, \begin{pmatrix} 1 & 2 & 3 \\ 3 & 2 & 1 \end{pmatrix}, \begin{pmatrix} 1 & 2 & 3 \\ 2 & 1 & 3 \end{pmatrix}$$

にわたる和であり，最初の 3 つの符号が 1，後の 3 つの符号が -1 なので，次で与えられる。

$$\det\begin{bmatrix} a_{11} & a_{12} & a_{13} \\ a_{21} & a_{22} & a_{23} \\ a_{31} & a_{32} & a_{33} \end{bmatrix} = \begin{vmatrix} a_{11} & a_{12} & a_{13} \\ a_{21} & a_{22} & a_{23} \\ a_{31} & a_{32} & a_{33} \end{vmatrix}$$
$$=a_{11}a_{22}a_{33}+a_{12}a_{23}a_{31}+a_{13}a_{21}a_{32}-a_{11}a_{23}a_{32}-a_{13}a_{22}a_{31}-a_{12}a_{21}a_{33}$$

$n=3$ の場合の計算は，以下のサラス[4] の方法が便利である（図 2）。図 2 の赤で示したような，「左上から右下」の方向の並び

$$a_{11}a_{22}a_{33},\quad a_{31}a_{12}a_{23},\quad a_{32}a_{21}a_{13}$$

に対しては符号＋を，灰色の点線で示したような，「右上から左下」の方向の並び

$$a_{13}a_{22}a_{31},\quad a_{32}a_{23}a_{11},\quad a_{33}a_{12}a_{21}$$

に対しては符号−を，それぞれ付けて足す。

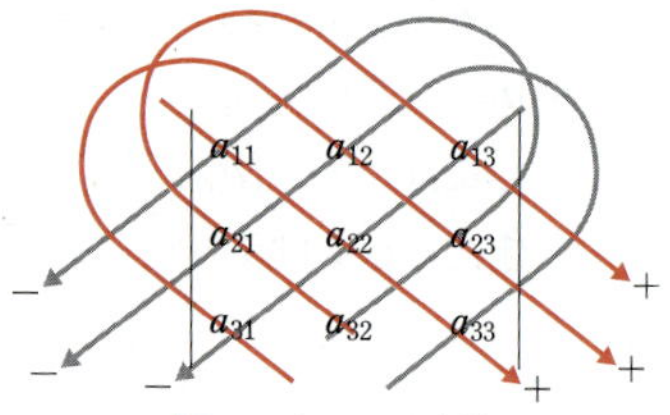

図 2　サラスの方法

4) サラス (Pierre Frédéric Sarrus) は 19 世紀フランスの数学者である。

練習 2 次の行列の行列式を求めよ。

(1) $\begin{bmatrix} 1 & 2 & 3 \\ 4 & 5 & 6 \\ 7 & 8 & 9 \end{bmatrix}$　(2) $\begin{bmatrix} 1 & u & v \\ 0 & a & b \\ 0 & c & d \end{bmatrix}$

(3) $\begin{bmatrix} \sin\theta\cos\varphi & r\cos\theta\cos\varphi & -r\sin\theta\sin\varphi \\ \sin\theta\sin\varphi & r\cos\theta\sin\varphi & r\sin\theta\cos\varphi \\ \cos\theta & -r\sin\theta & 0 \end{bmatrix}$

例 3

$n=4$ の場合，$A=\begin{bmatrix} a_{11} & a_{12} & a_{13} & a_{14} \\ a_{21} & a_{22} & a_{23} & a_{24} \\ a_{31} & a_{32} & a_{33} & a_{34} \\ a_{41} & a_{42} & a_{43} & a_{44} \end{bmatrix}$ 行列式は，$4!=24$ 個の項の和である。

$$\begin{aligned}\det(A)=&a_{11}a_{22}a_{33}a_{44}\\ &-a_{12}a_{21}a_{33}a_{44}-a_{13}a_{22}a_{31}a_{44}-a_{14}a_{22}a_{33}a_{41}\\ &-a_{11}a_{23}a_{32}a_{44}-a_{11}a_{24}a_{33}a_{42}-a_{11}a_{22}a_{34}a_{43}\\ &+a_{12}a_{23}a_{31}a_{44}+a_{12}a_{24}a_{33}a_{41}+a_{13}a_{22}a_{34}a_{41}+a_{11}a_{23}a_{34}a_{42}\\ &+a_{13}a_{21}a_{32}a_{44}+a_{14}a_{21}a_{33}a_{42}+a_{14}a_{22}a_{31}a_{43}+a_{11}a_{24}a_{32}a_{43}\\ &+a_{12}a_{21}a_{34}a_{43}+a_{13}a_{24}a_{31}a_{42}+a_{14}a_{23}a_{32}a_{41}\\ &-a_{12}a_{23}a_{34}a_{41}-a_{13}a_{21}a_{34}a_{42}-a_{14}a_{23}a_{31}a_{42}\\ &-a_{14}a_{21}a_{32}a_{43}-a_{13}a_{24}a_{32}a_{41}-a_{12}a_{24}a_{31}a_{43}\end{aligned}$$

例 3 のように，4 次の正方行列の行列式は，$4!=24$ 個の項をもつ式であり，3 次までの場合よりも格段に複雑になる。よって，これをこのまま暗記して計算に利用することは推奨できない。

しかし，一般の次数の場合も，次の対角行列（第 1 章 3 を参照すること）の場合のように，簡単に計算できる場合がある。

例 4

特別な場合として，n 次の対角行列 $A=[a_{ij}]$，すなわち，n 次正方行列で $i \neq j$ ならば $a_{ij}=0$ であるものを考えよう（図 3）。このとき，置換 σ について，$a_{1\sigma(1)}a_{2\sigma(2)}\cdots\cdots a_{n\sigma(n)}$ は，$\sigma(1)=1$，$\sigma(2)=2$，……，$\sigma(n)=n$ のとき，すなわち，σ が恒等置換のとき以外では，すべて 0 である。よって　$\det(A)=a_{11}a_{22}\cdots\cdots a_{nn}$

すなわち，対角行列の行列式は，その対角成分の積に等しい。

$$\begin{bmatrix} a_{11} & & & & \\ & a_{22} & & \text{\Large 0} & \\ & & \ddots & & \\ & \text{\Large 0} & & \ddots & \\ & & & & a_{nn} \end{bmatrix}$$

図 3　対角行列

例 4 より，特に，単位行列 E について，$\det(E)=1$ であることがわかる。

◈多重線形性と交代性

行列式の定義式は，$n!$ 個の項をもつ式であり，項の数は n が大きくなると急速に多くなる。例 3 ($p.$ 109) を見ればわかるように，既に $n=4$ のときでも，その定義式は複雑である。そこで系統的で実際的な計算方法のために，行列式の基本性質についてまとめておくことが必要である。

以下，n 次正方行列 $A=[a_{ij}]$ の i 行目 ($i=1,\ 2,\ \cdots\cdots,\ n$) の行ベクトルを $\boldsymbol{a}_i=[\,a_{i1}\quad a_{i2}\quad \cdots\quad a_{in}\,]$ で表す。すなわち

$$A=\begin{bmatrix} a_{11} & a_{12} & \cdots & a_{1n} \\ a_{21} & a_{22} & \cdots & a_{2n} \\ & \cdots & \cdots & \\ a_{n1} & a_{n2} & \cdots & a_{nn} \end{bmatrix}=\begin{bmatrix} \boldsymbol{a}_1 \\ \boldsymbol{a}_2 \\ \vdots \\ \boldsymbol{a}_n \end{bmatrix}$$

行列式の基本性質として，最初に取り上げるのは，次の（行に関する）多重線形性と（行に関する）交代性である。両方の定理を述べた後に，一括して証明を行う。

定理 2-1　行多重線形性

A の 1 つの行 $\boldsymbol{a}_i$ が，$\boldsymbol{a}_i=k\boldsymbol{b}+l\boldsymbol{c}$ (k，l は定数で，$\boldsymbol{b}=[\,b_1\quad b_2\quad\cdots\quad b_n\,]$，$\boldsymbol{c}=[\,c_1\quad c_2\quad\cdots\quad c_n\,]$) の形のとき

$$\det\begin{bmatrix} \boldsymbol{a}_1 \\ \vdots \\ k\boldsymbol{b}+l\boldsymbol{c} \\ \vdots \\ \boldsymbol{a}_n \end{bmatrix}=k\cdot\det\begin{bmatrix} \boldsymbol{a}_1 \\ \vdots \\ \boldsymbol{b} \\ \vdots \\ \boldsymbol{a}_n \end{bmatrix}+l\cdot\det\begin{bmatrix} \boldsymbol{a}_1 \\ \vdots \\ \boldsymbol{c} \\ \vdots \\ \boldsymbol{a}_n \end{bmatrix} \leftarrow i \text{ 行目}$$

すなわち

$$\det\begin{bmatrix} a_{11} & a_{12} & \cdots & a_{1n} \\ & \cdots & \cdots & \\ kb_1+lc_1 & kb_2+lc_2 & \cdots & kb_n+lc_n \\ & \cdots & \cdots & \\ a_{n1} & a_{n2} & \cdots & a_{nn} \end{bmatrix} \leftarrow i \text{ 行目}$$

$$=k\cdot\det\begin{bmatrix} a_{11} & a_{12} & \cdots & a_{1n} \\ & \cdots & \cdots & \\ b_1 & b_2 & \cdots & b_n \\ & \cdots & \cdots & \\ a_{n1} & a_{n2} & \cdots & a_{nn} \end{bmatrix}+l\cdot\det\begin{bmatrix} a_{11} & a_{12} & \cdots & a_{1n} \\ & \cdots & \cdots & \\ c_1 & c_2 & \cdots & c_n \\ & \cdots & \cdots & \\ a_{n1} & a_{n2} & \cdots & a_{nn} \end{bmatrix} \leftarrow i \text{ 行目}$$

定理 2-2 行交代性

A の i 行目と j 行目 ($i \neq j$) を入れ替えた行列の行列式について，次が成り立つ。

$$\det\begin{bmatrix} \boldsymbol{a}_1 \\ \vdots \\ \boldsymbol{a}_j \\ \vdots \\ \boldsymbol{a}_i \\ \vdots \\ \boldsymbol{a}_n \end{bmatrix} = -\det\begin{bmatrix} \boldsymbol{a}_1 \\ \vdots \\ \boldsymbol{a}_i \\ \vdots \\ \boldsymbol{a}_j \\ \vdots \\ \boldsymbol{a}_n \end{bmatrix} \begin{matrix} \\ \\ \leftarrow i\text{ 行目} \\ \\ \leftarrow j\text{ 行目} \\ \\ \\ \end{matrix}$$

すなわち

$$\det\begin{bmatrix} a_{11} & a_{12} & \cdots & a_{1n} \\ & \cdots & \cdots & \\ a_{j1} & a_{j2} & \cdots & a_{jn} \\ & \cdots & \cdots & \\ a_{i1} & a_{i2} & \cdots & a_{in} \\ & \cdots & \cdots & \\ a_{n1} & a_{n2} & \cdots & a_{nn} \end{bmatrix} = -\det\begin{bmatrix} a_{11} & a_{12} & \cdots & a_{1n} \\ & \cdots & \cdots & \\ a_{i1} & a_{i2} & \cdots & a_{in} \\ & \cdots & \cdots & \\ a_{j1} & a_{j2} & \cdots & a_{jn} \\ & \cdots & \cdots & \\ a_{n1} & a_{n2} & \cdots & a_{nn} \end{bmatrix} \begin{matrix} \\ \\ \leftarrow i\text{ 行目} \\ \\ \leftarrow j\text{ 行目} \\ \\ \\ \end{matrix}$$

定理 2-1 の **証明**　A の i 行目を $\boldsymbol{b}$ に取り替えた行列を B，A の i 行目を $\boldsymbol{c}$ に取り替えた行列を C とする。求める行列式は，次で与えられる。

$$\sum_{\sigma}\mathrm{sgn}(\sigma)\cdot a_{1\sigma(1)}\cdots\cdots\{kb_{\sigma(i)}+lc_{\sigma(i)}\}\cdots\cdots a_{n\sigma(n)}$$

ここで，σ は n 個の文字 1，2，……，n の置換全体を動き，$a_{1\sigma(1)}$ から数えて i 番目が $kb_{\sigma(i)}+lc_{\sigma(i)}$ である。これを計算すると

$$\begin{aligned}(\text{与式}) &= \sum_{\sigma}\mathrm{sgn}(\sigma)\{ka_{1\sigma(1)}\cdots\cdots b_{\sigma(i)}\cdots\cdots a_{n\sigma(n)}+la_{1\sigma(1)}\cdots\cdots c_{\sigma(i)}\cdots\cdots a_{n\sigma(n)}\} \\ &= k\sum_{\sigma}\mathrm{sgn}(\sigma)a_{1\sigma(1)}\cdots\cdots b_{\sigma(i)}\cdots\cdots a_{n\sigma(n)} \\ &\quad + l\sum_{\sigma}\mathrm{sgn}(\sigma)a_{1\sigma(1)}\cdots\cdots c_{\sigma(i)}\cdots\cdots a_{n\sigma(n)} = k\cdot\det(B)+l\cdot\det(C)\end{aligned}$$

これが証明すべき式である。 ■

定理 2-2 を証明するために，i と j を入れ替える互換を $\tau=(i\ \ j)$ として，A の i 行目と j 行目を入れ替えて得られる行列を B としよう。

すなわち $B=\begin{bmatrix} \boldsymbol{a}_{\tau(1)} \\ \boldsymbol{a}_{\tau(2)} \\ \vdots \\ \boldsymbol{a}_{\tau(n)} \end{bmatrix}$ である。

互換の符号は -1 なので，定理 2-2 は，次のより一般的な定理からわかる。

定理 2-3　行交代性

$$\det\begin{bmatrix}\boldsymbol{a}_{\tau(1)}\\ \boldsymbol{a}_{\tau(2)}\\ \vdots\\ \boldsymbol{a}_{\tau(n)}\end{bmatrix}=\mathrm{sgn}(\tau)\cdot\det\begin{bmatrix}\boldsymbol{a}_1\\ \boldsymbol{a}_2\\ \vdots\\ \boldsymbol{a}_n\end{bmatrix}$$

証明　右辺の行列を A とし，左辺の行列を B とする。

$$\det(B)=\sum_{\sigma}\mathrm{sgn}(\sigma)a_{\tau(1)\sigma(1)}a_{\tau(2)\sigma(2)}\cdots\cdots a_{\tau(n)\sigma(n)}$$

である。任意の $i=1,\ 2,\ \cdots\cdots,\ n$ について $\sigma(i)=\sigma\tau^{-1}(\tau(i))$ なので

$$a_{\tau(1)\sigma(1)}a_{\tau(2)\sigma(2)}\cdots\cdots a_{\tau(n)\sigma(n)}$$
$$=a_{\tau(1)\sigma\tau^{-1}(\tau(1))}a_{\tau(2)\sigma\tau^{-1}(\tau(2))}\cdots\cdots a_{\tau(n)\sigma\tau^{-1}(\tau(n))}$$

であるが，最後の積の順序を入れ替えれば，与式は

$$a_{1\sigma\tau^{-1}(1)}a_{2\sigma\tau^{-1}(2)}\cdots\cdots a_{n\sigma\tau^{-1}(n)}$$

に等しい。σ が n 個の文字 1，2，……，n の置換全体を動くとき，$\sigma\tau^{-1}$ も n 個の文字 1，2，……，n の置換全体を動くので，$\rho=\sigma\tau^{-1}$ とおいて，ρ を n 個の文字 1，2，……，n の置換全体を動かすと，$\sigma=\rho\tau$ なので

$$\det(B)=\sum_{\rho}\mathrm{sgn}(\rho\tau)a_{1\rho(1)}a_{2\rho(2)}\cdots\cdots a_{n\rho(n)}$$

定理 1-1 (p. 104) より

$$\det(B)=\sum_{\rho}\mathrm{sgn}(\rho)\mathrm{sgn}(\tau)a_{1\rho(1)}a_{2\rho(2)}\cdots\cdots a_{n\rho(n)}$$
$$=\mathrm{sgn}(\tau)\sum_{\rho}\mathrm{sgn}(\rho)a_{1\rho(1)}a_{2\rho(2)}\cdots\cdots a_{n\rho(n)}$$
$$=\mathrm{sgn}(\tau)\cdot\det(A)$$

となり，定理が証明された。■

練習 3　n 次正方行列 A と定数 c について，$\det(cA)=c^n\det(A)$ であることを示せ。

行多重線形性と行交代性から，特に行列式に関する次の性質が導かれる。

系 2-1

n 次正方行列 A の i 行目 ($i=1,\ 2,\ \cdots\cdots,\ n$) の行ベクトルを $\boldsymbol{a}_i$ とする。

(1)　**1 つの行の成分がすべて 0 であるとき，すなわち，$\boldsymbol{a}_i=\boldsymbol{0}$（零ベクトル）となる i が存在しているとき，$\det(A)=0$ である。**

(2)　**2 つの行 $\boldsymbol{a}_i$，$\boldsymbol{a}_j$ ($i\neq j$) について，$\boldsymbol{a}_i=c\cdot\boldsymbol{a}_j$（$c$ は定数）ならば，$\det(A)=0$ である。**

証明 (1) $\boldsymbol{a}_i=\boldsymbol{0}$ なので，すべての $j=1,\ 2,\ \cdots\cdots,\ n$ について $a_{ij}=0$ である。
よって，任意の置換 σ について $a_{1\sigma(1)}a_{2\sigma(2)}\cdots\cdots a_{n\sigma(n)}=0$ なので，
$\det(A)=0$ である。

(2) $c=0$ ならば $\boldsymbol{a}_i=\boldsymbol{0}$ なので，(1) より $\det(A)=0$ である。
$c\neq 0$ ならば，定理 2-1 (p. 110) より

$$\det(A)=\det\begin{bmatrix}\vdots\\ \boldsymbol{a}_i\\ \vdots\\ \boldsymbol{a}_j\\ \vdots\end{bmatrix}=\det\begin{bmatrix}\vdots\\ c\boldsymbol{a}_j\\ \vdots\\ \boldsymbol{a}_j\\ \vdots\end{bmatrix}=c\cdot\det\begin{bmatrix}\vdots\\ \boldsymbol{a}_j\\ \vdots\\ \boldsymbol{a}_j\\ \vdots\end{bmatrix}\begin{matrix}\\ \leftarrow i\text{ 行目}\\ \\ \leftarrow j\text{ 行目}\\ \\ \end{matrix}$$

定理 2-2 (p. 111) より，i 行目と j 行目を入れ替えると，-1 倍になるので

$$\det(A)=c\cdot\det\begin{bmatrix}\vdots\\ \boldsymbol{a}_j\\ \vdots\\ \boldsymbol{a}_j\\ \vdots\end{bmatrix}=-c\cdot\det\begin{bmatrix}\vdots\\ \boldsymbol{a}_j\\ \vdots\\ \boldsymbol{a}_j\\ \vdots\end{bmatrix}\begin{matrix}\\ \leftarrow i\text{ 行目}\\ \\ \leftarrow j\text{ 行目}\\ \\ \end{matrix}$$

これは $\det(A)=-\det(A)$ を意味するので，$\det(A)=0$ となる。■

例 5

(1) $\det\begin{bmatrix}1 & 2 & 3\\ 4 & 5 & 6\\ 0 & 0 & 0\end{bmatrix}=0$

(2) $\det\begin{bmatrix}1 & 2 & 3\\ 2 & 4 & 6\\ 0 & 4 & 5\end{bmatrix}=0$

◆転置行列の行列式

転置行列の行列式については，次の定理が成り立つ。

定理 2-4 転置行列の行列式

n 次正方行列 A について，次が成り立つ。

$$\det({}^tA)=\det(A)$$

証明 $A=[a_{ij}]$ とする。転置行列 ${}^tA$ の $(i,\ j)$ 成分を b_{ij} とすると，$b_{ij}=a_{ji}$ が成り立つ。

$$\det({}^tA)=\sum_{\sigma}\mathrm{sgn}(\sigma)b_{1\sigma(1)}b_{2\sigma(2)}\cdots\cdots b_{n\sigma(n)}$$
$$=\sum_{\sigma}\mathrm{sgn}(\sigma)a_{\sigma(1)1}a_{\sigma(2)2}\cdots\cdots a_{\sigma(n)n}$$

ここで，$a_{\sigma(1)1}a_{\sigma(2)2}\cdots\cdots a_{\sigma(n)n}$ の項の順番を入れ替えて，

$a_{1k_1}a_{2k_2}\cdots\cdots a_{nk_n}$ の形にすると，$i,\ j=1,\ 2,\ \cdots\cdots,\ n$ について

$$(\sigma(i),\ i)=(j,\ k_j)$$

となっているから，$k_j=i=\sigma^{-1}(j)$ である。

すなわち

$$a_{\sigma(1)1}a_{\sigma(2)2}\cdots\cdots a_{\sigma(n)n}=a_{1\sigma^{-1}(1)}a_{2\sigma^{-1}(2)}\cdots\cdots a_{n\sigma^{-1}(n)}$$

である。

よって

$$\det({}^tA)=\sum_{\sigma}\mathrm{sgn}(\sigma)a_{1\sigma^{-1}(1)}a_{2\sigma^{-1}(2)}\cdots\cdots a_{n\sigma^{-1}(n)} \qquad (*)$$

となる。

ところで，σ が n 個の文字 1，2，……，n の置換全体を動くとき，σ^{-1} も置換全体を動く。また，系 1-1 (*p.* 105) より，σ の符号と σ^{-1} の符号は等しい。

よって，σ と σ^{-1} を形式的に取り替えても，(*) の右辺の値は変わらないので

$$\det({}^tA)=\sum_{\sigma}\mathrm{sgn}(\sigma)a_{1\sigma^{-1}(1)}a_{2\sigma^{-1}(2)}\cdots\cdots a_{n\sigma^{-1}(n)}$$
$$=\sum_{\sigma}\mathrm{sgn}(\sigma)a_{1\sigma(1)}a_{2\sigma(2)}\cdots\cdots a_{n\sigma(n)}=\det(A)$$

となり，題意の等式が得られる。■

行列 $A=[a_{ij}]$ の i 列目の列ベクトルを $\boldsymbol{a}_i$ で表すと，転置行列 ${}^tA$ の i 行目の行ベクトルが ${}^t\boldsymbol{a}_i$ であり

$$ {}^tA={}^t[\,\boldsymbol{a}_1\quad \boldsymbol{a}_2\quad \cdots\quad \boldsymbol{a}_n\,]=\begin{bmatrix} {}^t\boldsymbol{a}_1 \\ {}^t\boldsymbol{a}_2 \\ \vdots \\ {}^t\boldsymbol{a}_n \end{bmatrix}$$

である。

このことから，定理 2-4 (*p.* 113) を用いると，定理 2-1 (*p.* 110) と定理 2-2 (*p.* 111) から，それぞれ次の定理が証明できる。

定理 2-5　列多重線形性

A の 1 つの列 $\boldsymbol{a}_i$ が，$\boldsymbol{a}_i=k\boldsymbol{b}+l\boldsymbol{c}$ （k，l は定数で，$\boldsymbol{b}=\begin{bmatrix} b_1\\ b_2\\ \vdots\\ b_n\end{bmatrix}$，$\boldsymbol{c}=\begin{bmatrix} c_1\\ c_2\\ \vdots\\ c_n\end{bmatrix}$）

の形のとき

$$\det[\,\boldsymbol{a}_1\ \cdots\ \overset{i\,\text{列目}}{k\boldsymbol{b}+l\boldsymbol{c}}\ \cdots\ \boldsymbol{a}_n\,]$$

$$=k\cdot\det[\,\boldsymbol{a}_1\ \cdots\ \overset{i\,\text{列目}}{\boldsymbol{b}}\ \cdots\ \boldsymbol{a}_n\,]+l\cdot\det[\,\boldsymbol{a}_1\ \cdots\ \overset{i\,\text{列目}}{\boldsymbol{c}}\ \cdots\ \boldsymbol{a}_n\,]$$

すなわち

$$\det\begin{bmatrix} a_{11} & \cdots & \overset{i\,\text{列目}}{kb_1+lc_1} & \cdots & a_{1n}\\ a_{21} & \cdots & kb_2+lc_2 & \cdots & a_{2n}\\ & \cdots & \vdots & \cdots & \\ a_{n1} & \cdots & kb_n+lc_n & \cdots & a_{nn}\end{bmatrix}$$

$$=k\cdot\det\begin{bmatrix} a_{11} & \cdots & \overset{i\,\text{列目}}{b_1} & \cdots & a_{1n}\\ a_{21} & \cdots & b_2 & \cdots & a_{2n}\\ & \cdots & \vdots & \cdots & \\ a_{n1} & \cdots & b_n & \cdots & a_{nn}\end{bmatrix}+l\cdot\det\begin{bmatrix} a_{11} & \cdots & \overset{i\,\text{列目}}{c_1} & \cdots & a_{1n}\\ a_{21} & \cdots & c_2 & \cdots & a_{2n}\\ & \cdots & \vdots & \cdots & \\ a_{n1} & \cdots & c_n & \cdots & a_{nn}\end{bmatrix}$$

定理 2-6　列交代性

n 次正方行列 $A=[\,\boldsymbol{a}_1\ \ \boldsymbol{a}_2\ \ \cdots\ \ \boldsymbol{a}_n\,]$ と，n 個の文字 1，2，……，n の置換 τ について，次が成り立つ。

$$\det[\,\boldsymbol{a}_{\tau(1)}\ \ \boldsymbol{a}_{\tau(2)}\ \ \cdots\ \ \boldsymbol{a}_{\tau(n)}\,]=\mathrm{sgn}(\tau)\cdot\det[\,\boldsymbol{a}_1\ \ \boldsymbol{a}_2\ \ \cdots\ \ \boldsymbol{a}_n\,]$$

特に，A の i 列目と j 列目 $(i\neq j)$ を入れ替えた行列の行列式について，

次が成り立つ。

$$\det[\,\boldsymbol{a}_1\ \cdots\ \overset{i\,\text{列目}}{\boldsymbol{a}_j}\ \cdots\ \overset{j\,\text{列目}}{\boldsymbol{a}_i}\ \cdots\ \boldsymbol{a}_n\,]$$

$$=-\det[\,\boldsymbol{a}_1\ \cdots\ \overset{i\,\text{列目}}{\boldsymbol{a}_i}\ \cdots\ \overset{j\,\text{列目}}{\boldsymbol{a}_j}\ \cdots\ \boldsymbol{a}_n\,]$$

すなわち

$$\det\begin{bmatrix} \cdots & \overset{i\,\text{列目}}{a_{1j}} & \cdots & \overset{j\,\text{列目}}{a_{1i}} & \cdots\\ \cdots & a_{2j} & \cdots & a_{2i} & \cdots\\ \cdots & \vdots & \cdots & \vdots & \cdots\\ \cdots & a_{nj} & \cdots & a_{ni} & \cdots\end{bmatrix}=-\det\begin{bmatrix} \cdots & \overset{i\,\text{列目}}{a_{1i}} & \cdots & \overset{j\,\text{列目}}{a_{1j}} & \cdots\\ \cdots & a_{2i} & \cdots & a_{2j} & \cdots\\ \cdots & \vdots & \cdots & \vdots & \cdots\\ \cdots & a_{ni} & \cdots & a_{nj} & \cdots\end{bmatrix}$$

練習 4 定理 2-5 と定理 2-6 を証明せよ。

練習 5 n 次正方行列 A の i 列目 $(i=1, 2, \cdots\cdots, n)$ の列ベクトルを $\boldsymbol{a}_i$ とする。このとき，次を示せ。

(1) 1つの列の成分がすべて0であるとき，すなわち，$\boldsymbol{a}_i=\boldsymbol{0}$（零ベクトル）となる i が存在しているとき，$\det(A)=0$ である。

(2) 2つの列 $\boldsymbol{a}_i$，$\boldsymbol{a}_j$ $(i \neq j)$ について，$\boldsymbol{a}_i=c\cdot\boldsymbol{a}_j$（$c$ は定数）ならば，$\det(A)=0$ である。

◈行列式の積公式

行列式の顕著な性質として，「積の行列の行列式は行列式の積に等しい」ことを主張する積公式がある。この公式は，理論上も応用面でも，極めて重要である。

> **定理 2-7　行列式の積公式**
> **n 次正方行列 A，B について，$\det(AB)=\det(A)\det(B)$ が成り立つ。**

例 6

$n=2$ の場合の積公式を書いてみよう。$A=\begin{bmatrix} a & b \\ c & d \end{bmatrix}$，$B=\begin{bmatrix} a' & b' \\ c' & d' \end{bmatrix}$ とする。

$$AB=\begin{bmatrix} aa'+bc' & ab'+bd' \\ ca'+dc' & cb'+dd' \end{bmatrix}$$

なので，定理 2-7 の等式は，例 1 より

$(aa'+bc')(cb'+dd')-(ab'+bd')(ca'+dc')=(ad-bc)(a'd'-b'c')$ (＊)

であることを意味している。

実際，この等式は，計算で確かめることができる。

定理 2-7 は，以下のように，多重線形性や交代性を上手に用いて証明される。

定理 2-7 の **証明**　$A=[a_{ij}]$ とし，B の i 番目の行ベクトルを

$\boldsymbol{b}_i=[\, b_{i1} \quad b_{i2} \quad \cdots \quad b_{in} \,]$ として，$B=\begin{bmatrix} \boldsymbol{b}_1 \\ \boldsymbol{b}_2 \\ \vdots \\ \boldsymbol{b}_n \end{bmatrix}$ と書く。

このとき，AB の i 行目は $a_{i1}\boldsymbol{b}_1+a_{i2}\boldsymbol{b}_2+\cdots\cdots+a_{in}\boldsymbol{b}_n$ である。行に関する多重線形性（定理 2-1，p. 110）を，AB の1行目から n 行目まで繰り返し適用すると

$$\det(AB)=\det\begin{bmatrix} a_{11}\boldsymbol{b}_1+a_{12}\boldsymbol{b}_2+\cdots\cdots+a_{1n}\boldsymbol{b}_n \\ a_{21}\boldsymbol{b}_1+a_{22}\boldsymbol{b}_2+\cdots\cdots+a_{2n}\boldsymbol{b}_n \\ \vdots \\ a_{n1}\boldsymbol{b}_1+a_{n2}\boldsymbol{b}_2+\cdots\cdots+a_{nn}\boldsymbol{b}_n \end{bmatrix}$$

$$=\sum_{j_1=1}^{n} a_{1j_1}\det\begin{bmatrix} \boldsymbol{b}_{j_1} \\ a_{21}\boldsymbol{b}_1+a_{22}\boldsymbol{b}_2+\cdots\cdots+a_{2n}\boldsymbol{b}_n \\ \vdots \\ a_{n1}\boldsymbol{b}_1+a_{n2}\boldsymbol{b}_2+\cdots\cdots+a_{nn}\boldsymbol{b}_n \end{bmatrix}$$

$$=\sum_{j_1=1}^{n}\sum_{j_2=1}^{n} a_{1j_1}a_{2j_2}\det\begin{bmatrix} \boldsymbol{b}_{j_1} \\ \boldsymbol{b}_{j_2} \\ \vdots \\ a_{n1}\boldsymbol{b}_1+a_{n2}\boldsymbol{b}_2+\cdots\cdots+a_{nn}\boldsymbol{b}_n \end{bmatrix}$$

$$=\cdots\cdots=\sum_{j_1=1}^{n}\sum_{j_2=1}^{n}\cdots\cdots\sum_{j_n=1}^{n} a_{1j_1}a_{2j_2}\cdots\cdots a_{nj_n}\det\begin{bmatrix} \boldsymbol{b}_{j_1} \\ \boldsymbol{b}_{j_2} \\ \vdots \\ \boldsymbol{b}_{j_n} \end{bmatrix}$$

最後の式は，j_1，j_2，……，j_n が各々 1 から n までを自由に動くので，n^n 個の項の和である。ここで，*p.* 112，系 2-1(2) より，j_1，j_2，……，j_n の中に同じものが少なくとも 2 つ存在すると $\det\begin{bmatrix} \boldsymbol{b}_{j_1} \\ \boldsymbol{b}_{j_2} \\ \vdots \\ \boldsymbol{b}_{j_n} \end{bmatrix}=0$ となり，$j_1j_2\cdots\cdots j_n$ が $12\cdots\cdots n$ の順列になっているとき，すなわち，$j_1j_2\cdots\cdots j_n=\sigma(1)\sigma(2)\cdots\cdots\sigma(n)$（$\sigma$ は，1，2，……，n の置換）となっているときだけを考えればよい。

よって，与式は $\displaystyle\sum_{\sigma} a_{1\sigma(1)}a_{2\sigma(2)}\cdots\cdots a_{n\sigma(n)}\det\begin{bmatrix} \boldsymbol{b}_{\sigma(1)} \\ \boldsymbol{b}_{\sigma(2)} \\ \vdots \\ \boldsymbol{b}_{\sigma(n)} \end{bmatrix}$ のように変形される。

ここで，σ は 1，2，……，n の置換全体を動く。ここで定理 2-3（*p.* 112）より

$$(\text{与式})=\sum_{\sigma} a_{1\sigma(1)}a_{2\sigma(2)}\cdots\cdots a_{n\sigma(n)}\operatorname{sgn}(\sigma)\det\begin{bmatrix} \boldsymbol{b}_1 \\ \boldsymbol{b}_2 \\ \vdots \\ \boldsymbol{b}_n \end{bmatrix}$$

$$=\left(\sum_{\sigma}\operatorname{sgn}(\sigma)a_{1\sigma(1)}a_{2\sigma(2)}\cdots\cdots a_{n\sigma(n)}\right)\det(B)=\det(A)\det(B)$$

以上で，題意の等式 $\det(AB)=\det(A)\det(B)$ が証明された。■

行列式の積公式（定理 2-7, p. 116）の応用として，次の系は重要である。

系 2-2　逆行列の行列式

A が n 次の正則行列ならば，$\det(A)\neq 0$ である。また，このとき，A の逆行列 A^{-1} の行列式について，次が成り立つ。

$$\det(A^{-1})=\det(A)^{-1}$$

証明　A が正則なら，$AA^{-1}=E$ であり，$\det(E)=1$ であるから，定理 2-7 より

$$\det(A)\det(A^{-1})=\det(AA^{-1})=\det(E)=1$$

である。

これより，$\det(A)\neq 0$ であり，また $\det(A^{-1})=\det(A)^{-1}$ もわかる。■

3 行列式の計算

先にも述べたように，n 次正方行列の行列式は，一般に $n!$ 個の項を含むため，(例えば $n \geqq 4$ では) 定義式から直接に計算することは，計算が複雑になるため推奨できない。そこでさまざまな工夫をして，計算することになる。この節では，今まで議論してきた行列式のさまざまの基本性質を踏まえて，行列式を計算するための系統的な方法を学ぶ。

◈還元定理

次の定理は，n 次正方行列の行列式の計算を，$n-1$ 次正方行列の行列式の計算に還元する (つまり，行列の次数を下げる) ための方法を与えるもので，掃き出し法を用いた実際的な行列式の計算のための第一歩となる。

定理 3-1　還元定理

(1) **図 4 左のように，n 次正方行列 A において，1 列目の $(1,\ 1)$ 成分の下がすべて 0 であるとする。このとき，A の 2 行目および 2 列目以降でできる $n-1$ 次正方ブロック (図 4 左の陰影部) を A' とすると，次が成り立つ。**　$\det(A)=a_{11}\cdot\det(A')$

(2) **図 4 右のように，n 次正方行列 A において，1 行目の $(1,\ 1)$ 成分の右がすべて 0 であるとする。このとき，A の 2 行目および 2 列目以降でできる $n-1$ 次正方ブロック (図 4 右の陰影部) を A' とすると，次が成り立つ。**　$\det(A)=a_{11}\cdot\det(A')$

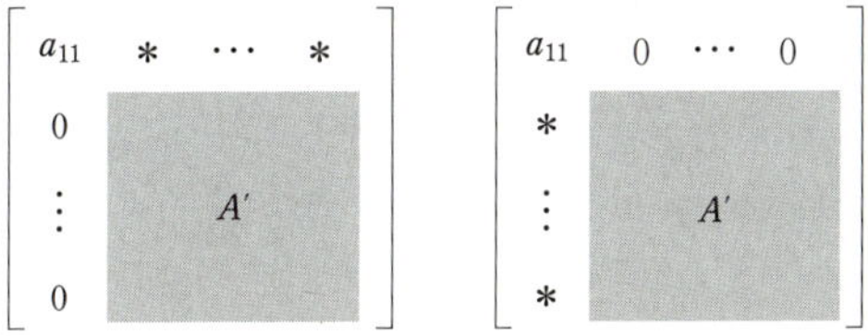

図 4　還元定理

証明　(2) が証明されれば，(1) は (2) から定理 2-4 (p. 113) を用いて証明できる。
(2) を証明しよう。行列式の定義式

$$\det(A)=\sum_{\sigma}\mathrm{sgn}(\sigma)a_{1\sigma(1)}a_{2\sigma(2)}\cdots\cdots a_{n\sigma(n)}$$

において，仮定から，$\sigma(1)\neq 1$ ならば $a_{1\sigma(1)}=0$ なので，σ は n 個の文字 1, 2, ……, n の置換の中で 1 を固定する ($\sigma(1)=1$) もののみを動くとしてよい。

このようなσは，$n-1$ 個の文字 2，3，……，n を置換する。また，容易にわかるように，σを 1，2，……，n の置換と見た場合の転倒数と，2，3，……，n の置換と見た場合の転倒数は同じである。よって，σを 1，2，……，n の置換と見た場合の符号と，2，3，……，n の置換と見た場合の符号は同じである。1，2，……，n の置換で 1 を固定するもの全体は，2，3，……，n の置換全体と一致するので，次が成り立つ。

$$\det(A)=\sum_{\sigma'}\mathrm{sgn}(\sigma')a_{11}a_{2\sigma'(2)}\cdots\cdots a_{n\sigma'(n)}$$
$$=a_{11}\sum_{\sigma'}\mathrm{sgn}(\sigma')a_{2\sigma'(2)}\cdots\cdots a_{n\sigma'(n)}$$

ここで，σ' は 2，3，……，n の置換全体を動く。最後の σ' についての和は，Aの 2 行目および 2 列目以降でできる $n-1$ 次正方ブロックの行列式に他ならない。

よって，$\det(A)=a_{11}\cdot\det(A')$ が成り立つ。 ■

練習 1 定理 2-4 を用いて，定理 3-1 (2) を証明せよ。

定理 3-1 (p. 119) の最初の応用例として，上三角行列および下三角行列[5] (図 5) の行列式について，次の系を証明しよう。

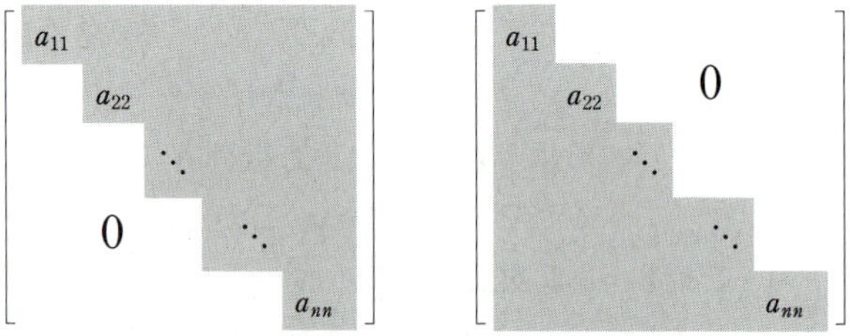

図 5　上三角行列 (左) と下三角行列 (右)

系 3-1　上三角行列・下三角行列の行列式

(1)　$A=[a_{ij}]$ を n 次の上三角行列，すなわち $i>j$ ならば $a_{ij}=0$ であるような n 次正方行列とする。このとき，Aの行列式は，Aの対角成分の積である。

$$\det(A)=a_{11}a_{22}\cdots\cdots a_{nn}$$

(2)　$A=[a_{ij}]$ を n 次の下三角行列，すなわち $i<j$ ならば $a_{ij}=0$ であるような n 次正方行列とする。このとき，Aの行列式は，Aの対角成分の積である。

$$\det(A)=a_{11}a_{22}\cdots\cdots a_{nn}$$

5) 上三角行列および下三角行列の基礎的な事項については第 1 章を参照するとよい。

証明 (1) が示されれば，(2) は (1) から定理 2-4 ($p.$ 113) を用いて証明できる。
(1) を自然数 n に関する数学的帰納法で証明しよう。
$n=1$ のときは，A は 1 次の正方行列 $A=[a_{11}]$ なので，$\det(A)=a_{11}$ である。
k を自然数，$n=k$ のときに (1) が成り立つとして，$n=k+1$ の場合を証明する。$k+1$ 次上三角行列 A において，1 列目の $(1, 1)$ 成分より下はすべて 0 なので，定理 3-1 (1) が適用できる。A の 2 行目および 2 列目以降でできる $n-1$ 次正方ブロック A' は，k 次の上三角行列なので，数学的帰納法の仮定より，その行列式は対角成分の積 $a_{22}a_{33}\cdots\cdots a_{nn}$ に等しい。よって，定理 3-1 (1) から

$$\det(A)=a_{11}\det(A')=a_{11}a_{22}\cdots\cdots a_{nn}$$

となり，題意が証明された。■

注意 [2] の例 4 ($p.$ 109) では，対角行列の行列式が対角成分の積に等しいことを確かめたが，対角行列は上三角行列（あるいは下三角行列）の特別な場合であるので，これは系 3-1 の特別な場合と考えることもできる。

練習 2 n 次の上三角行列 $A=[a_{ij}]$ について，$\det({}^tAA)$ を求めよ。

◈基本変形と行列式

還元定理 ($p.$ 119，定理 3-1) を実際に適用して，行列式を計算するには，行列の簡約階段化や標準形を求めるときに行った，基本変形（掃き出し法）を上手に行って，還元定理が適用できる形に変形していくことになる。そのため，基本変形と行列式の関係について考えることが必要である。その出発点となるのは，第 3 章 [1] で導入した基本行列の行列式の計算である。

定理 3-2　基本行列の行列式

基本行列の行列式について，次が成り立つ。

(1) $\det(P_{ij})=-1 \quad (i\neq j)$

(2) $\det(P_i(c))=c \quad (c\neq 0)$

(3) $\det(P_{ij}(a))=1 \quad (i\neq j)$

証明 (1) 基本行列 P_{ij}（第3章 1 図1，p. 75）は，i 行目と j 行目を入れ替えると，単位行列 E となる。$\det(E)=1$ であるから，行交代性（p. 111，定理 2-2）より，$\det(P_{ij})=-1$ となる。

(2) 基本行列 $P_i(c)$（第3章 1 図2）は対角行列であるから，2 の例4（p. 109）で確かめたことより，$\det(P_i(c))=c$ である。

(3) 基本行列 $P_{ij}(a)$（第3章 1 図3）は，$i<j$ のとき上三角行列であり，$i>j$ のとき下三角行列である。

よって，定理 3-1 より $\det(P_{ij}(a))=1$ である。■

定理 3-2 から，次の定理が導かれる。

定理 3-3 基本操作と行列式

(1) n 次正方行列 A に対する行基本操作について，次が成り立つ。

(R1) i 行目と j 行目を入れ替える（ⓘ ⟷ ⓙ，$i \neq j$）と，行列式は -1 倍される。

(R2) i 行目を c 倍する（ⓘ $\times c$，$c \neq 0$）と，行列式は c 倍される。

(R3) j 行目の a 倍を i 行目に足す（ⓙ $\times a+$ ⓘ，$i \neq j$）と，行列式は変わらない。

(2) n 次正方行列 A に対する列基本操作について，次が成り立つ。

(C1) i 列目と j 列目を入れ替える（[i] ⟷ [j]，$i \neq j$）と，行列式は -1 倍される。

(C2) i 列目を c 倍する（[i] $\times c$，$c \neq 0$）と，行列式は c 倍される。

(C3) j 列目の a 倍を i 列目に足す（[j] $\times a+$ [i]，$i \neq j$）と，行列式は変わらない。

証明 (1) を証明しよう。(R1) 第3章 1 で確かめたように，A の i 行目と j 行目を入れ替えた結果は，$P_{ij}A$ に等しい。
$\det(P_{ij})=-1$ なので，$\det(P_{ij}A)=\det(P_{ij})\det(A)=-\det(A)$ である。
(R2) A の i 行目を c 倍した結果は，$P_i(c)A$ に等しい。$\det(P_i(c))=c$ であるから，$\det(P_i(c)A)=\det(P_i(c))\det(A)=c\cdot\det(A)$ である。
(R3) A の i 行目に j 行目の a 倍を足した結果は，$P_{ij}(a)A$ に等しい。
$\det(P_{ij}(a))=1$ なので，$\det(P_{ij}(a)A)=\det(P_{ij}(a))\det(A)=\det(A)$ である。以上で，(1) が証明された。
(2) は (1) 同様に，基本行列 P_{ij}，$P_i(c)$，$P_{ji}(a)$ を A に右から掛けた行列式を考えることで証明できる。■

練習 3 定理 3-3 (2) を証明せよ。

注意 前ページでは，基本行列の行列式を最初に計算しておいて（定理 3-2，$p.$ 121），これを左または右から掛けた行列の行列式を積公式（$p.$ 116，定理 2-7）で求める，という方法で，定理 3-3 を証明した。しかし，定理 3-3 の証明は，行および列に関する多重線形性（定理 2-1，$p.$ 110，定理 2-5，$p.$ 115）と交代性（定理 2-3，$p.$ 112，定理 2-6，$p.$ 115）を用いるだけで，直接的に証明することもできる。例えば，定理 3-3 (1) の (R1) は，行交代性（定理 2-3）のいい換えに過ぎない。

練習 4 行および列に関する多重線形性（定理 2-1，定理 2-5）と交代性（定理 2-3，定理 2-6）を用いて，定理 3-3 を証明せよ。

定理 3-3 と還元定理（定理 3-1，$p.$ 119）を組み合わせると，基本変形によって，行列式の計算を 2×2 の場合などの簡単な場合に帰着させて，上手に計算することができる。

例題 1 次の行列式を計算せよ。

$$\begin{vmatrix} 1 & 2 & 3 & 2 \\ 2 & 4 & 6 & 3 \\ 3 & 5 & 8 & 4 \\ 2 & 3 & 4 & 2 \end{vmatrix}$$

解答

$$\begin{vmatrix} 1 & 2 & 3 & 2 \\ 2 & 4 & 6 & 3 \\ 3 & 5 & 8 & 4 \\ 2 & 3 & 4 & 2 \end{vmatrix} \underset{\substack{①\times(-2)+② \\ ①\times(-3)+③ \\ ①\times(-2)+④}}{=} \begin{vmatrix} 1 & 2 & 3 & 2 \\ 0 & 0 & 0 & -1 \\ 0 & -1 & -1 & -2 \\ 0 & -1 & -2 & -2 \end{vmatrix} \underset{\text{還元定理}}{=}$$

$$\begin{vmatrix} 0 & 0 & -1 \\ -1 & -1 & -2 \\ -1 & -2 & -2 \end{vmatrix} \underset{\substack{①\times(-1) \\ ②\times(-1) \\ ③\times(-1)}}{=} -\begin{vmatrix} 0 & 0 & 1 \\ 1 & 1 & 2 \\ 1 & 2 & 2 \end{vmatrix} \underset{\boxed{1}\leftrightarrow\boxed{3}}{=} \begin{vmatrix} 1 & 0 & 0 \\ 2 & 1 & 1 \\ 2 & 2 & 1 \end{vmatrix}$$

$$\underset{\text{還元定理}}{=} \begin{vmatrix} 1 & 1 \\ 2 & 1 \end{vmatrix} = -1 \quad ■$$

練習 5 次の行列式を計算せよ。

(1) $\begin{vmatrix} 1 & 2 & 4 \\ 3 & 9 & 27 \\ -1 & 1 & -1 \end{vmatrix}$　(2) $\begin{vmatrix} 1 & 0 & 1 & 0 \\ 2 & 1 & 2 & 1 \\ 3 & 2 & 4 & 2 \\ 4 & 3 & 6 & 4 \end{vmatrix}$　(3) $\begin{vmatrix} 2 & 3 & 0 & 1 \\ 0 & 1 & 5 & 0 \\ 1 & 0 & 0 & 4 \\ 0 & 7 & 2 & 0 \end{vmatrix}$

4 行列式の展開

この節では，行列式の理論的側面の１つとして，行列式の余因子展開について学び，これを用いて逆行列の明示公式を論じる。

◆余因子

n 次正方行列 A の，i 行目と j 列目を取り去ってできた $n-1$ 次正方行列の行列式 m_{ij} を，A の $(i,\ j)$ **小行列式** という（図 6）。

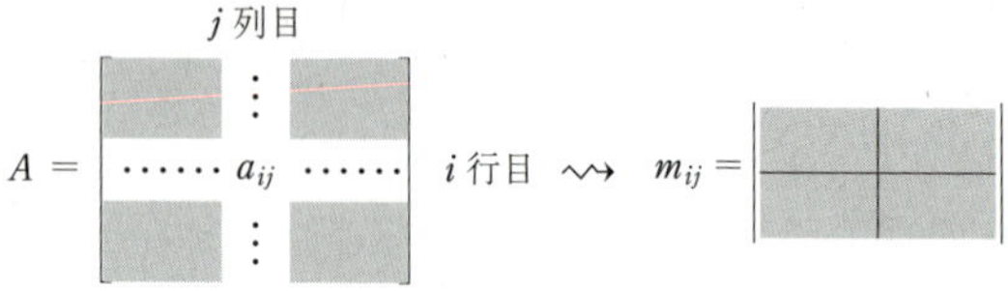

図 6　$(i,\ j)$ 小行列式

例 1

$$A=\begin{bmatrix} 2 & 1 & 2 & 2 \\ 1 & 2 & 1 & 3 \\ 0 & 3 & 0 & 0 \\ 1 & 4 & 0 & 1 \end{bmatrix}$$ の $(2,\ 3)$ 小行列式は

$$\begin{bmatrix} 2 & 1 & 2 & 2 \\ 1 & 2 & 1 & 3 \\ 0 & 3 & 0 & 0 \\ 1 & 4 & 0 & 1 \end{bmatrix} \rightsquigarrow m_{23}=\begin{vmatrix} 2 & 1 & 2 \\ 0 & 3 & 0 \\ 1 & 4 & 1 \end{vmatrix}=0$$

また，$(3,\ 1)$ 小行列式は

$$\begin{bmatrix} 2 & 1 & 2 & 2 \\ 1 & 2 & 1 & 3 \\ 0 & 3 & 0 & 0 \\ 1 & 4 & 0 & 1 \end{bmatrix} \rightsquigarrow m_{31}=\begin{vmatrix} 1 & 2 & 2 \\ 2 & 1 & 3 \\ 4 & 0 & 1 \end{vmatrix}=13$$

練習 1　次の行列と $(i,\ j)$ について，$(i,\ j)$ 小行列式を計算せよ。

(1) $\begin{bmatrix} 1 & 2 & 4 \\ 3 & 9 & 27 \\ -1 & 1 & -1 \end{bmatrix}$，$(2,\ 1)$

(2) $\begin{bmatrix} 1 & 0 & 1 & 0 \\ 2 & 1 & 2 & 1 \\ 3 & 2 & 4 & 2 \\ 4 & 3 & 6 & 4 \end{bmatrix}$，$(2,\ 2)$

(3) $\begin{bmatrix} 2 & 3 & 0 & 1 \\ 0 & 1 & 5 & 0 \\ 1 & 0 & 0 & 4 \\ 0 & 7 & 2 & 0 \end{bmatrix}$，$(4,\ 3)$

$(i,\ j)$ 小行列式を用いて，$(i,\ j)$ 余因子というものを，次で定義する。

定義 4-1　余因子

n 次正方行列 A の $(i,\ j)$ 小行列式を m_{ij} とするとき

$$\tilde{a}_{ij}=(-1)^{i+j}m_{ij}$$

を，A の $(i,\ j)$ 余因子（よいんし）という。

例 2

$A=\begin{bmatrix} 1 & 2 & 3 \\ 0 & 3 & 1 \\ -1 & 2 & 0 \end{bmatrix}$ の $(2,\ 3)$ 余因子 $\tilde{a}_{23}$ は

$$\tilde{a}_{23}=(-1)^{2+3}\begin{vmatrix} 1 & 2 \\ -1 & 2 \end{vmatrix}=-4$$

練習 2　練習 1 のそれぞれの行列と $(i,\ j)$ について，$(i,\ j)$ 余因子を計算せよ。

◈行列式の余因子展開

次の定理は，還元定理（定理 3-1，$p.$ 119）の一般化である。還元定理と同様に，この定理も，n 次正方行列の行列式の計算を $n-1$ 次正方行列の行列式の計算に還元するというものである。

定理 4-1　余因子展開

n 次正方行列 $A=[a_{ij}]$ の $(i,\ j)$ 余因子を $\tilde{a}_{ij}$ で表すとする。このとき，次が成り立つ。

(1)　$\det(A)=a_{i1}\tilde{a}_{i1}+a_{i2}\tilde{a}_{i2}+\cdots\cdots+a_{in}\tilde{a}_{in}$ **（i 行目における余因子展開）**

(2)　$\det(A)=a_{1j}\tilde{a}_{1j}+a_{2j}\tilde{a}_{2j}+\cdots\cdots+a_{nj}\tilde{a}_{nj}$ **（j 列目における余因子展開）**

証明　(1) を証明しよう。

i 行目の行ベクトルは，次のように分解できる。

$[a_{i1}\quad a_{i2}\quad \cdots\cdots \quad a_{in}]$

$=[a_{i1}\quad 0\quad \cdots\cdots\quad 0]+[0\quad a_{i2}\quad 0\quad \cdots\cdots\quad 0]+\cdots\cdots+[0\quad 0\quad \cdots\cdots\quad 0\quad a_{in}]$

よって，行多重線形性（定理 2-1）から，$\det(A)$ は次のように書ける。

$$\det(A)=\sum_{j=1}^{n}D_j \qquad (*)$$

$$D_j=\begin{vmatrix} a_{11} & \cdots & a_{1\,j-1} & * & a_{1\,j+1} & \cdots & a_{1\,n} \\ \vdots & & \vdots & \vdots & \vdots & & \vdots \\ a_{i-1\,1} & \cdots & a_{i-1\,j-1} & * & a_{i-1\,j+1} & \cdots & a_{i-1\,n} \\ 0 & \cdots & 0 & a_{i\,j} & 0 & \cdots & 0 \\ a_{i+1\,1} & \cdots & a_{i+1\,j-1} & * & a_{i+1\,j+1} & \cdots & a_{i+1\,n} \\ \vdots & & \vdots & \vdots & \vdots & & \vdots \\ a_{n\,1} & \cdots & a_{n\,j-1} & * & a_{n\,j+1} & \cdots & a_{n\,n} \end{vmatrix}$$

ここで，D_j の i 行目を 1 行目にもってくるために，行に対して次の置換を行う。

- まず，i 行目と $i-1$ 行目を入れ替える。
- 次に，$i-1$ 行目と $i-2$ 行目を入れ替える。
- これを繰り返して，2 行目と 1 行目を入れ替えるところまで行う。

このとき，実行された入れ替えは $i-1$ 回なので，D_j は次の形になる。

$$D_j=(-1)^{i-1}\begin{vmatrix} 0 & \cdots & 0 & a_{i\,j} & 0 & \cdots & 0 \\ a_{11} & \cdots & a_{1\,j-1} & * & a_{1\,j+1} & \cdots & a_{1\,n} \\ \vdots & & \vdots & \vdots & \vdots & & \vdots \\ a_{i-1\,1} & \cdots & a_{i-1\,j-1} & * & a_{i-1\,j+1} & \cdots & a_{i-1\,n} \\ a_{i+1\,1} & \cdots & a_{i+1\,j-1} & * & a_{i+1\,j+1} & \cdots & a_{i+1\,n} \\ \vdots & & \vdots & \vdots & \vdots & & \vdots \\ a_{n\,1} & \cdots & a_{n\,j-1} & * & a_{n\,j+1} & \cdots & a_{n\,n} \end{vmatrix}$$

次に，D_j の j 列目を 1 列目にもってくるために，列に対して次の置換を行う。

- まず，j 列目と $j-1$ 列目を入れ替える。
- 次に，$j-1$ 列目と $j-2$ 列目を入れ替える。
- これを繰り返して，2 列目と 1 列目を入れ替えるところまで行う。

このとき，実行された入れ替えは $j-1$ 回なので，D_j は次の形になる。

$$D_j=(-1)^{i-1}(-1)^{j-1}\begin{vmatrix} a_{i\,j} & 0 & \cdots & 0 & 0 & \cdots & 0 \\ * & a_{11} & \cdots & a_{1\,j-1} & a_{1\,j+1} & \cdots & a_{1\,n} \\ \vdots & \vdots & & \vdots & \vdots & & \vdots \\ * & a_{i-1\,1} & \cdots & a_{i-1\,j-1} & a_{i-1\,j+1} & \cdots & a_{i-1\,n} \\ * & a_{i+1\,1} & \cdots & a_{i+1\,j-1} & a_{i+1\,j+1} & \cdots & a_{i+1\,n} \\ \vdots & \vdots & & \vdots & \vdots & & \vdots \\ * & a_{n\,1} & \cdots & a_{n\,j-1} & a_{n\,j+1} & \cdots & a_{n\,n} \end{vmatrix} \qquad (**)$$

これは還元定理（p. 119，定理 3-1 (2)）が適用できる形である。ここで，(＊＊) の右辺の陰影部の行列式は，A の $(i,\ j)$ 小行列式 m_{ij} に他ならないから　　$D_j=(-1)^{i+j}a_{ij}m_{ij}=a_{ij}\tilde{a}_{ij}$

となる。

これを最初の (＊) に代入して，題意の展開式 $\det(A)=\sum_{j=1}^{n} a_{ij}\tilde{a}_{ij}$ が得られる。

以上の議論を j 列目に対して行い，列多重線形性（定理 2-5，p. 115）と列の還元定理（定理 3-1 (1)）を用いて同様に議論すれば，(2) も示される。■

練習 3　定理 4-1 (2) を証明せよ。

例 3

3 次正方行列 $\begin{bmatrix} a_{11} & a_{12} & a_{13} \\ a_{21} & a_{22} & a_{23} \\ a_{31} & a_{32} & a_{33} \end{bmatrix}$ の行列式を，1 行目で余因子展開すると，次のようになる。

$$\begin{vmatrix} a_{11} & a_{12} & a_{13} \\ a_{21} & a_{22} & a_{23} \\ a_{31} & a_{32} & a_{33} \end{vmatrix}=a_{11}\begin{vmatrix} a_{22} & a_{23} \\ a_{32} & a_{33} \end{vmatrix}-a_{12}\begin{vmatrix} a_{21} & a_{23} \\ a_{31} & a_{33} \end{vmatrix}+a_{13}\begin{vmatrix} a_{21} & a_{22} \\ a_{31} & a_{32} \end{vmatrix}$$

$$=a_{11}(a_{22}a_{33}-a_{23}a_{32})-a_{12}(a_{21}a_{33}-a_{23}a_{31})+a_{13}(a_{21}a_{32}-a_{22}a_{31})$$

例題 1　4 次正方行列の行列式 $\begin{vmatrix} 2 & 1 & 0 & 0 \\ 1 & 2 & 1 & 0 \\ 0 & 1 & 2 & 1 \\ 0 & 0 & 1 & 2 \end{vmatrix}$ を，1 行目で余因子展開することで求めよ。

解答

$$\begin{vmatrix} 2 & 1 & 0 & 0 \\ 1 & 2 & 1 & 0 \\ 0 & 1 & 2 & 1 \\ 0 & 0 & 1 & 2 \end{vmatrix}=2\begin{vmatrix} 2 & 1 & 0 \\ 1 & 2 & 1 \\ 0 & 1 & 2 \end{vmatrix}-\begin{vmatrix} 1 & 1 & 0 \\ 0 & 2 & 1 \\ 0 & 1 & 2 \end{vmatrix}=2\cdot 4-3=5$$ ■

練習 4 4 次正方行列の行列式 $\begin{vmatrix} 2 & 1 & 3 & 1 \\ 5 & 0 & 2 & 4 \\ 1 & 3 & 2 & -1 \\ 6 & 2 & 0 & 3 \end{vmatrix}$ を，2 列目で余因子展開することで求めよ。

余因子展開定理（定理 4-1）は，更に次のように一般化できる。

定理 4-2 余因子展開（一般形）

n 次正方行列 $A=[a_{ij}]$ の $(i,\ j)$ 余因子を $\tilde{a}_{ij}$ で表すとする。このとき，次が成り立つ。

(1) $a_{i1}\tilde{a}_{k1}+a_{i2}\tilde{a}_{k2}+\cdots\cdots+a_{in}\tilde{a}_{kn}=\begin{cases} \det(A) & (k=i \text{ のとき}) \\ 0 & (k\neq i \text{ のとき}) \end{cases}$

(2) $a_{1j}\tilde{a}_{1k}+a_{2j}\tilde{a}_{2k}+\cdots\cdots+a_{nj}\tilde{a}_{nk}=\begin{cases} \det(A) & (k=j \text{ のとき}) \\ 0 & (k\neq j \text{ のとき}) \end{cases}$

証明 (1) を証明しよう。$k=i$ のときは，既に定理 4-1 (p. 125) で示した。
$k\neq i$ とする。A の k 行目を，A の i 行目でおき換えた行列を B とする。

$$B=\begin{bmatrix} a_{11} & a_{12} & \cdots & a_{1n} \\ \vdots & \vdots & & \vdots \\ a_{i1} & a_{i2} & \cdots & a_{in} \\ \vdots & \vdots & & \vdots \\ a_{i1} & a_{i2} & \cdots & a_{in} \\ \vdots & \vdots & & \vdots \\ a_{n1} & a_{n2} & \cdots & a_{nn} \end{bmatrix} \begin{matrix} \\ \\ i \text{ 行目} \\ \\ k \text{ 行目} \\ \\ \\ \end{matrix}$$

B の $(k,\ j)$ 小行列式は（それを作るときに k 行目を取り去ってしまうので）A の $(k,\ j)$ 小行列式に一致する。よって，B の $(k,\ j)$ 余因子は $\tilde{a}_{kj}$ に等しい。
そこで，B の行列式を k 行目で余因子展開すると

$$a_{i1}\tilde{a}_{k1}+a_{i2}\tilde{a}_{k2}+\cdots\cdots+a_{in}\tilde{a}_{kn}=\det(B)$$

となるが，B は i 行目と k 行目が一致するので，p. 112，系 2-1 (2) より $\det(B)=0$ である。よって，(1) の等式が証明された。

(2) についても，$k\neq j$ のときに，A の k 列目を，A の j 列目でおき換えた行列 C を考え，その k 列目での余因子展開をして，同様に議論すればよい（p. 116，2 の練習 5 参照）。■

練習 5 定理 4-2 (2) を証明せよ。

◆余因子行列

n 次正方行列 A に対して，その $(i,\ j)$ 余因子 $\tilde{a}_{ij}$ を，その $(j,\ i)$ 成分とする n 次正方行列を，A の **余因子行列** という。すなわち，A の余因子行列とは，n 次正方行列 $\tilde{A}$ で，その $(i,\ j)$ 成分が $\tilde{a}_{ji}$ で与えられるものである。したがって

$$A=\begin{bmatrix} a_{11} & a_{12} & \cdots & a_{1n} \\ a_{21} & a_{22} & \cdots & a_{2n} \\ \vdots & \vdots & & \vdots \\ a_{n1} & a_{n2} & \cdots & a_{nn} \end{bmatrix} \text{ の余因子行列は } \tilde{A}=\begin{bmatrix} \tilde{a}_{11} & \tilde{a}_{21} & \cdots & \tilde{a}_{n1} \\ \tilde{a}_{12} & \tilde{a}_{22} & \cdots & \tilde{a}_{n2} \\ \vdots & \vdots & & \vdots \\ \tilde{a}_{1n} & \tilde{a}_{2n} & \cdots & \tilde{a}_{nn} \end{bmatrix}$$

定理 4-2（一般形の余因子展開）の (1) の式は，A と $\tilde{A}$ の積 $A\tilde{A}$ の $(i,\ k)$ 成分を計算している式である（図 7）。

同様に，定理 4-2 の (2) の式は，$\tilde{A}$ と A の積 $\tilde{A}A$ の $(k,\ j)$ 成分を計算している式である。

$$i\text{ 行目}\ \begin{bmatrix} a_{11} & a_{12} & \cdots & a_{1n} \\ \vdots & \vdots & & \vdots \\ a_{i1} & a_{i2} & \cdots & a_{in} \\ \vdots & \vdots & & \vdots \\ a_{n1} & a_{n2} & \cdots & a_{nn} \end{bmatrix} \overset{k\text{ 列目}}{\begin{bmatrix} \tilde{a}_{11} & \cdots & \tilde{a}_{k1} & \cdots & \tilde{a}_{n1} \\ \tilde{a}_{12} & \cdots & \tilde{a}_{k2} & \cdots & \tilde{a}_{n2} \\ \vdots & & \vdots & & \vdots \\ \tilde{a}_{1n} & \cdots & \tilde{a}_{kn} & \cdots & \tilde{a}_{nn} \end{bmatrix}}$$

図 7　$A\tilde{A}$ の $(i,\ k)$ 成分の計算

以上より，次の定理が成り立つ。

定理 4-3　余因子展開（行列形）

n 次正方行列 $A=[a_{ij}]$ の余因子行列を $\tilde{A}$ とすると

$$A\tilde{A}=\tilde{A}A=\begin{bmatrix} \det(A) & & & 0 \\ & \det(A) & & \\ & & \ddots & \\ 0 & & & \det(A) \end{bmatrix} \quad (=\det(A)E)$$

$p.118$，系 2-2 で確かめたように，A が正則ならば，$\det(A)\neq 0$ である。そこで，このとき $B=\det(A)^{-1}\tilde{A}$ とおくと，定理 4-3 から $AB=BA=E$ となる。

これは $B=\det(A)^{-1}\tilde{A}$ が A の逆行列であることを示している。

よって，次の系が導かれた。

系 4-1　逆行列の明示公式

A を n 次正則行列とするとき，A の逆行列 A^{-1} は，次で与えられる。

$$A^{-1}=\det(A)^{-1}\tilde{A} \qquad (\tilde{A}\text{ は }A\text{ の余因子行列})$$

例 4

逆行列の明示公式を，$n=2$ の場合について書いてみよう。$A=\begin{bmatrix} a & b \\ c & d \end{bmatrix}$ とする。A が正則ならば，$\det(A)=ad-bc \neq 0$ である。A の (1, 1) 余因子は d，(1, 2) 余因子は $-c$，(2, 1) 余因子は $-b$，(2, 2) 余因子は a である。よって，$\widetilde{A}=\begin{bmatrix} d & -b \\ -c & a \end{bmatrix}$ であるから，次が成り立つ。

$$A^{-1}=(ad-bc)^{-1}\begin{bmatrix} d & -b \\ -c & a \end{bmatrix}$$

3 次以上の正則行列に対しては，逆行列の明示公式 (系 4-1，p. 129) は，逆行列の実際の計算に便利であるというわけではない。この公式の意義は，計算を便利にするということではなく，より理論的な側面にある。

例えば，この公式 (または定理 4-3，p. 129) を用いれば，次の定理を示すことができる。

定理 4-4　正則行列の特徴付け

n 次正方行列 A について，次の条件は同値である。

(a)　**A は正則行列である。**

(b)　$\operatorname{rank} A=n$

(c)　$\det(A) \neq 0$

証明　(a) と (b) の同値性は，既に第 3 章 2 の定理 2-2 (p. 85) で示した。また，(a) $\Longrightarrow$ (c) は系 2-2 で示した。よって，$\det(A) \neq 0$ ならば A は正則であることを示せばよい。しかし，$\det(A) \neq 0$ ならば，上で確かめたように，$B=\det(A)^{-1}\widetilde{A}$ とすると，定理 4-3 より $AB=BA=E$ が成り立つ。これは，A が正則行列であることを示している。■

研究　クラメールの公式

n 個の未知数についての，n 個の方程式からなる，連立 1 次方程式

$$A\boldsymbol{x}=\boldsymbol{b},\quad A=[a_{ij}],\quad \boldsymbol{x}=\begin{bmatrix} x_1 \\ x_2 \\ \vdots \\ x_n \end{bmatrix},\quad \boldsymbol{b}=\begin{bmatrix} b_1 \\ b_2 \\ \vdots \\ b_n \end{bmatrix} \qquad (*)$$

を考える。ただし，$A=[a_{ij}]$ は n 次正方行列である。

係数行列 A が正則であれば，$\operatorname{rank} A=n$ なので，$\operatorname{rank}[\,A \mid \boldsymbol{b}\,]=\operatorname{rank} A=n$

である。よって，$p.67$，第 2 章 3 系 3-1 より，連立 1 次方程式 (＊) は唯一の解をもつ。次の定理は，この解を具体的に書く公式を与えている。

定理 4-5 クラメールの公式

n 個の未知数についての，n 個の方程式からなる，連立 1 次方程式 (＊) において，係数行列 A が n 次の正則行列であるとする。このとき，(＊) の唯一の解は，次で与えられる。

$$x=\begin{bmatrix} x_1 \\ x_2 \\ \vdots \\ x_n \end{bmatrix},\quad x_i=\frac{\det[\boldsymbol{a}_1 \ \cdots \ \boldsymbol{a}_{i-1} \ \boldsymbol{b} \ \boldsymbol{a}_{i+1} \ \cdots \ \boldsymbol{a}_n]}{\det(A)}$$

$(i=1,\ 2,\ \cdots\cdots,\ n)$ ただし，ここで $\boldsymbol{a}_i$ は A の i 番目の列ベクトルを表し，$[\boldsymbol{a}_1 \cdots \boldsymbol{a}_{i-1} \ \boldsymbol{b} \ \boldsymbol{a}_{i+1} \cdots \boldsymbol{a}_n]$ は，A の i 列目を $\boldsymbol{b}$ に取り替えて得られる n 次正方行列を表す。

証明 $A\boldsymbol{x}=\boldsymbol{b}$ を，A の列ベクトルを用いて書き直すと

$$x_1\boldsymbol{a}_1+x_2\boldsymbol{a}_2+\cdots\cdots+x_n\boldsymbol{a}_n=\boldsymbol{b}$$

となる。$i=1,\ 2,\ \cdots\cdots,\ n$ について，n 次正方行列 $[\boldsymbol{a}_1 \cdots \boldsymbol{a}_{i-1} \ \boldsymbol{b} \ \boldsymbol{a}_{i+1} \cdots \boldsymbol{a}_n]$ の行列式を計算しよう。行列式の列多重線形性 (定理 2-5，$p.115$) と，同じ 2 つの列ベクトルをもつ行列の行列式は 0 であること ($p.116$，練習 5 参照) を用いると，次のように計算される。

$$\begin{aligned} |\boldsymbol{a}_1 \cdots \boldsymbol{a}_{i-1} \ \boldsymbol{b} \ \boldsymbol{a}_{i+1} \cdots \boldsymbol{a}_n| &= \left|\boldsymbol{a}_1 \cdots \boldsymbol{a}_{i-1} \ \sum_{j=1}^{n} x_j\boldsymbol{a}_j \ \boldsymbol{a}_{i+1} \cdots \boldsymbol{a}_n\right| \\ &= \sum_{j=1}^{n} x_j|\boldsymbol{a}_1 \cdots \boldsymbol{a}_{i-1} \ \boldsymbol{a}_j \ \boldsymbol{a}_{i+1} \cdots \boldsymbol{a}_n| \\ &= x_i|\boldsymbol{a}_1 \cdots \boldsymbol{a}_{i-1} \ \boldsymbol{a}_i \ \boldsymbol{a}_{i+1} \cdots \boldsymbol{a}_n|=x_i\det(A) \end{aligned}$$

A は正則なので $\det(A)\neq 0$ であるから，得られた式の両辺を $\det(A)$ で割って

$$x_i=\frac{\det[\boldsymbol{a}_1 \ \cdots \ \boldsymbol{a}_{i-1} \ \boldsymbol{b} \ \boldsymbol{a}_{i+1} \ \cdots \ \boldsymbol{a}_n]}{\det(A)}$$

が得られる。■

練習 6 次の連立 1 次方程式を，クラメールの公式を用いて解け。

(1) $\begin{cases} 2x-3y=1 \\ 3x+4y=2 \end{cases}$

(2) $\begin{cases} 2x-2y+3z=7 \\ 3x+2y-4z=-5 \\ 4x-3y+2z=4 \end{cases}$

Column コラム　クラメールの公式の由来

18 世紀のジュネーブの数学者ガブリエル・クラメール（1704-1752 年）の著作に『代数曲線の解析序説』（1750 年）があり，クラメールの公式はこの本の付録で取り上げられている。

きっかけとなったのは

$$A+By+Cx+Dy^2+Exy+x^2=0$$

という形の 2 次曲線で，クラメールはこの曲線が 5 個の点 $(\alpha,\ a)$，$(\beta,\ b)$，$(\gamma,\ c)$，$(\delta,\ d)$，$(\varepsilon,\ e)$ を通過するようにしたかったのである。そのために係数 A，B，C，D，E が満たすべき条件を書き下すと，連立 1 次方程式

$$A+Ba+C\alpha+Da^2+Ea\alpha+\alpha^2=0$$
$$A+Bb+C\beta+Db^2+Eb\beta+\beta^2=0$$
$$A+Bc+C\gamma+Dc^2+Ec\gamma+\gamma^2=0$$
$$A+Bd+C\delta+Dd^2+Ed\delta+\delta^2=0$$
$$A+Be+C\varepsilon+De^2+Ee\varepsilon+\varepsilon^2=0$$

が現れる。クラメールはこのタイプの方程式を解くための規則（une Régle）を発見したと宣言し，それを巻末の付録で展開した。

1 個の未知数 z に対する 1 個の 1 次方程式 $A^1=Z^1z$ の解は $z=\dfrac{A^1}{Z^1}$ となる。2 個の未知数 z，y に対する 2 個の 1 次方程式 $A^1=Z^1z+Y^1y$，$A^2=Z^2z+Y^2y$ の解は

$$z=\frac{A^1Y^2-A^2Y^1}{Z^1Y^2-Z^2Y^1},\quad y=\frac{Z^1A^2-Z^2A^1}{Z^1Y^2-Z^2Y^1}$$

となる。

3 個の未知数 z，y，x に対する 3 個の 1 次方程式 $A^1=Z^1z+Y^1y+X^1x$，$A^2=Z^2z+Y^2y+X^2x$，$A^3=Z^3z+Y^3y+X^3x$ の解は

$$z=\frac{A^1Y^2X^3-A^1Y^3X^2-A^2Y^1X^3+A^2Y^3X^1+A^3Y^1X^2-A^3Y^2X^1}{Z^1Y^2X^3-Z^1Y^3X^2-Z^2Y^1X^3+Z^2Y^3X^1+Z^3Y^1X^2-Z^3Y^2X^1}$$

$$y=\frac{Z^1A^2X^3-Z^1A^3X^2-Z^2A^1X^3+Z^2A^3X^1+Z^3A^1X^2-Z^3A^2X^1}{Z^1Y^2X^3-Z^1Y^3X^2-Z^2Y^1X^3+Z^2Y^3X^1+Z^3Y^1X^2-Z^3Y^2X^1}$$

$$x=\frac{Z^1Y^2A^3-Z^1Y^3A^2-Z^2Y^1A^3+Z^2Y^3A^1+Z^3Y^1A^2-Z^3Y^2A^1}{Z^1Y^2X^3-Z^1Y^3X^2-Z^2Y^1X^3+Z^2Y^3X^1+Z^3Y^1X^2-Z^3Y^2X^1}$$

となる。以下も同様に続いていく。

クラメールが報告したのはこの計算規則であり，行列式

$$\begin{vmatrix} Z^1 & Y^1 & X^1 \\ Z^2 & Y^2 & X^2 \\ Z^3 & Y^3 & X^3 \end{vmatrix}$$

の計算法に該当する。

クラメールの公式は 2 次曲線の探索の試みの中から発見されたのである。

章末問題

1. 2つの巡回置換 $\sigma=(i_1 \quad i_2 \quad \cdots\cdots \quad i_k)$ と $\tau=(j_1 \quad j_2 \quad \cdots\cdots \quad j_l)$ について，σ に現れる文字 i_1，i_2，……，i_k と τ に現れる文字 j_1，j_2，……，j_l の中に共通の文字がないとき，これらの巡回置換は **互いに素** であるという。任意の置換は，どの2つも互いに素であるような，有限個の巡回置換の積

$$(i_{11} \quad i_{12} \quad \cdots\cdots \quad i_{1k_1})(i_{21} \quad i_{22} \quad \cdots\cdots \quad i_{2k_2})\cdots\cdots(i_{r1} \quad i_{r2} \quad \cdots\cdots \quad i_{rk_r})$$

の形に書けることを示せ。

2. 任意の置換は，互換の積の形に書けることを示せ。

3. 次の行列式を計算せよ。

(1) $\begin{vmatrix} 4-\lambda & 2 \\ 1 & 3-\lambda \end{vmatrix}$　(2) $\begin{vmatrix} 1 & 5 & 2 \\ 4 & -3 & 6 \\ -1 & 2 & 1 \end{vmatrix}$

(3) $\begin{vmatrix} b^2+c^2 & ab & ca \\ ab & c^2+a^2 & bc \\ ca & bc & a^2+b^2 \end{vmatrix}$　(4) $\begin{vmatrix} a & a & a-b & a+b \\ a & a & a+b & a-b \\ a-b & a+b & a & a \\ a+b & a-b & a & a \end{vmatrix}$

4. 次の $(n+1)$ 次正方行列の行列式を求めよ。

$$\begin{vmatrix} 1 & -1 & 0 & \cdots & 0 \\ 0 & 1 & -1 & \ddots & \vdots \\ \vdots & \ddots & \ddots & \ddots & 0 \\ 0 & \cdots & 0 & 1 & -1 \\ a_1 & \cdots & a_{n-1} & a_n & 1 \end{vmatrix}$$

5. n 次正方行列の行列式 $D_n=\begin{vmatrix} 2 & 1 & 0 & 0 & \cdots & 0 \\ 1 & 2 & 1 & 0 & \cdots & 0 \\ 0 & 1 & 2 & 1 & \ddots & \vdots \\ \vdots & \ddots & \ddots & \ddots & \ddots & 0 \\ 0 & \cdots & 0 & 1 & 2 & 1 \\ 0 & \cdots & 0 & 0 & 1 & 2 \end{vmatrix}$ について，次の問いに答えよ。

(1) 漸化式 $D_n=2D_{n-1}-D_{n-2}$ を示せ。

(2) D_n の値を求めよ。

6. ブロック基本行列（$p.$ 95，第3章章末問題6）の行列式について，次の等式を示せ。

(1) $\det(\widetilde{P}_{ij})=(-1)^{l_i}$

(2) $\det(\widetilde{P}_i(C))=\det(C)$

(3) $\det(\widetilde{P}_{ij}(D))=1$

7. 次の等式を証明せよ。ただし，A は m 次正方行列，D は n 次正方行列とする。

(1) $\det\begin{bmatrix} E & B \\ O & D \end{bmatrix}=\det(D)$　　(2) $\det\begin{bmatrix} A & B \\ O & E \end{bmatrix}=\det(A)$

(3) $\det\begin{bmatrix} A & B \\ O & D \end{bmatrix}=\det(A)\det(D)$

8. 次の一般化された還元定理を証明せよ：n 次正方行列 A が，次のどれかの形になっているとする。このとき，$a_{ij}\widetilde{a}_{ij}$ が成り立つ。ここで，$\widetilde{a}_{ij}$ は A の $(i,\ j)$ 余因子を表す。

$$\begin{bmatrix} a_{1\,1} & \cdots & a_{1\,j-1} & * & a_{1\,j+1} & \cdots & a_{1\,n} \\ \vdots & & \vdots & \vdots & \vdots & & \vdots \\ a_{i-1\,1} & \cdots & a_{i-1\,j-1} & * & a_{i-1\,j+1} & \cdots & a_{i-1\,n} \\ 0 & \cdots & 0 & a_{i\,j} & 0 & \cdots & 0 \\ a_{i+1\,1} & \cdots & a_{i+1\,j-1} & * & a_{i+1\,j+1} & \cdots & a_{i+1\,n} \\ \vdots & & \vdots & \vdots & \vdots & & \vdots \\ a_{n\,1} & \cdots & a_{n\,j-1} & * & a_{n\,j+1} & \cdots & a_{n\,n} \end{bmatrix}$$

$$\begin{bmatrix} a_{1\,1} & \cdots & a_{1\,j-1} & 0 & a_{1\,j+1} & \cdots & a_{1\,n} \\ \vdots & & \vdots & \vdots & \vdots & & \vdots \\ a_{i-1\,1} & \cdots & a_{i-1\,j-1} & 0 & a_{i-1\,j+1} & \cdots & a_{i-1\,n} \\ * & \cdots & * & a_{i\,j} & * & \cdots & * \\ a_{i+1\,1} & \cdots & a_{i+1\,j-1} & 0 & a_{i+1\,j+1} & \cdots & a_{i+1\,n} \\ \vdots & & \vdots & \vdots & \vdots & & \vdots \\ a_{n\,1} & \cdots & a_{n\,j-1} & 0 & a_{n\,j+1} & \cdots & a_{n\,n} \end{bmatrix}$$

9. 次の等式を証明せよ。ただし，$D(x_1,\ x_2,\ \cdots\cdots,\ x_n)$ は n 変数の差積 (p. 102) である。

$$\begin{vmatrix} 1 & 1 & 1 & \cdots & 1 \\ x_1 & x_2 & x_3 & \cdots & x_n \\ x_1^2 & x_2^2 & x_3^2 & \cdots & x_n^2 \\ \vdots & \vdots & \vdots & & \vdots \\ x_1^{n-1} & x_2^{n-1} & x_3^{n-1} & \cdots & x_n^{n-1} \end{vmatrix}=(-1)^{\frac{n(n-1)}{2}}D(x_1,\ x_2,\ \cdots\cdots,\ x_n)$$

10. σ を n 個の文字 1，2，……，n の置換として，$E(\sigma)=[\,\boldsymbol{e}_{\sigma(1)}\ \ \boldsymbol{e}_{\sigma(2)}\ \ \cdots\ \ \boldsymbol{e}_{\sigma(n)}\,]$ という形の行列を，n 次の **置換行列** という。
ただし，$\{\boldsymbol{e}_1,\ \boldsymbol{e}_2,\ \cdots\cdots,\ \boldsymbol{e}_n\}$ は K^n の標準基底とする。次を示せ。

(1) $\det E(\sigma)=\mathrm{sgn}(\sigma)$

(2) n 個の文字 1，2，……，n の置換 σ，τ について，$E(\sigma\tau)=E(\sigma)E(\tau)$

(3) $E(\sigma)^{-1}=E(\sigma^{-1})$

(4) $m\times n$ 行列 $A=[\,\boldsymbol{v}_1\ \ \boldsymbol{v}_2\ \ \cdots\ \ \boldsymbol{v}_n\,]$ ($\boldsymbol{v}_1,\ \boldsymbol{v}_2,\ \cdots\cdots,\ \boldsymbol{v}_n$ は m 次列ベクトル) について

$$AE(\sigma)=[\,\boldsymbol{v}_{\sigma(1)}\ \ \boldsymbol{v}_{\sigma(2)}\ \ \cdots\ \ \boldsymbol{v}_{\sigma(n)}\,]$$

(すなわち，$E(\sigma)$ を右から掛けると，列が置換される。)

第 5 章

ベクトル空間

ベクトル空間の考え方は，今までの議論に比べて，格段に抽象的であるが，ベクトル空間を学ぶことによって，今まで行ってきたような，行列やベクトルについての具体的計算の，より概念的に深い意味を述べたり，議論したりすることができるようになる。それだけでなく，行列やベクトルの実際的な計算を，より高い立場からすっきりと理解できるようになる。そして，その結果として，これらの計算をよりはやく，効果的に行えるようになることも多い。そういう意味では，ベクトル空間についての，いくぶん抽象的な考え方を学ぶことには，単に理論的な興味にとどまらない，実際的な重要性もある。

この章では，ベクトル空間を導入し，ベクトル空間上のさまざまな概念や計算，例えば，部分空間や 1 次結合を用いた計算，および 1 次独立性，基底や次元などの概念を学ぶ。ベクトル空間自体は抽象的な対象であるが，適宜，より具体的な例である数ベクトル空間の場合を考えながら，具体と抽象の両側面のバランスをとった考察を心がけたい。そうすることで，具体的な現象と，理論的な仕組みの両面から，線形代数学の，より深い理解を得ることができるであろう。

1　ベクトル空間と部分空間

この節では，ベクトル空間の考え方を導入し，部分空間の概念を述べる。ベクトル空間の概念は，今までの議論の内容とは違って，抽象的な概念を用いて導入されるものであり，最初はなかなか慣れない読者も多いかもしれない。そこで，この節では，最初にベクトルやベクトル空間の概念的な側面を説明することから始め，いくつかの例を挙げた後に，ベクトル空間の定義を与えることにする。そのため，この節の前半の記述は，線形代数学の教科書としては，おそらくかなり冗長なものになるが，計算ベースの硬い数学の記述というよりは，最初は理解を促進するための読み物として，いくぶん気楽に読み進めるとよい。

◆スカラーとベクトル

線形代数学では，**スカラー** と **ベクトル** という，2 種類の量を扱う。スカラーとは，基本的には実数や複素数などの定数のことであり，ベクトルを定数倍（**スカラー倍**）するときなどに使われる。

他方，ベクトルとは何かというと，こちらはそう簡単に言い当てることはできない。これは，ベクトルという概念が難しいからではない。そうではなくて，むしろ（少なくとも数学的には）ベクトルとは具体的な何物でもないからである。ベクトルとは，状況に応じて，有向線分であったり，関数であったり，数列であったり，さまざまなものでモデル化できる「何か」なのであって，それ以上のものではない。したがって，初学者は「ベクトルとは何か？」ということに思い悩む必要は一切ない。ただの記号であると思ってもらってもよい（実際に，高校数学では，$\vec{a}$，$\vec{b}$，$\vec{c}$ のように表したが，本書では $\boldsymbol{a}$，$\boldsymbol{b}$，$\boldsymbol{c}$ のように太字で表す）。

しかし，線形代数学では，ベクトルが集まってできた **ベクトル空間** とは何か，という問いは重要である。むしろ，ベクトル空間こそが最初に考えるべき対象なのであって，ベクトルとは，ベクトル空間の中の１つ１つの要素であるに過ぎない。ベクトル１つ１つは特に何物でもないが，それらがベクトル空間という体系の中で，ベクトルの足し算やスカラー倍によって，相互に関係し合う様子が重要なのであり，それを調べるのが線形代数学なのである。線形代数学とはベクトル空間の学問なのであって，ベクトルの学問なのではない。

そのため，最初にベクトル空間を導入する必要があり，まず，スカラー（定数）として，どのような範囲の数を考えるかを決めなければならない。

大学初年度の線形代数学で用いられるスカラーは，主に実数や複素数などの（普通の意味での）数である。実数をスカラーとするベクトル空間は **実ベクトル空間** と呼ばれ，複素数をスカラーとするベクトル空間は **複素ベクトル空間** と呼ばれる。

もっと一般的に，実数全体や複素数全体のように，足し算と引き算，および掛け算があって，0でない要素で割り算ができるような体系を，数学では「体（たい）」というが，一般の体Kの要素をスカラーとして，「体K上のベクトル空間」を考えることもできる。実数全体（実数体）や複素数全体（複素数体）は体をなすが，他にも体はいろいろある[1]。

そこで，以下では体Kを1つ固定して，Kの要素をスカラーとするベクトル空間について議論するが，その際，Kは実数体（記号：$\mathbb{R}$）や複素数体（記号：$\mathbb{C}$）のどれかであると思ってもらって構わない。したがって，aがKの要素である，すなわち「$a \in K$」とは，$K=\mathbb{R}$ のときはaが実数であることを，$K=\mathbb{C}$ であるときはaが複素数であることを，それぞれ意味している。

注意 前章まででは，すべての行列は実数を成分とするものとして扱ってきた。実は，それらは複素数を成分とするものとしても，前章までのすべての議論が成り立つ。よって，これ以後は，しばしば，行列は体Kの要素を成分にもつものとして議論する。

◈例：列ベクトル

K上のベクトル空間というものを一般的に導入する前に，K上のベクトル空間の例をいくつか考えておこう。

nを自然数とする。Kの要素を成分にする，n次の列ベクトル（$n \times 1$ 行列）を考えよう。

$$\boldsymbol{v} = {}^t[\, a_1 \quad a_2 \quad \cdots \quad a_n \,] = \begin{bmatrix} a_1 \\ a_2 \\ \vdots \\ a_n \end{bmatrix}$$

注意 ベクトルの表記に関して，高校では $\vec{v}$，$\vec{w}$ のように文字の上に矢印を付けていた。これからはそうでなくて $\boldsymbol{v}$，$\boldsymbol{w}$ のように太字で表す。

1）例えば，有理数全体（有理数体$\mathbb{Q}$）も体である。

ここで，a_1，a_2，……，a_n はKの要素である (a_1，a_2，……，$a_n \in K$)。このようなn次の列ベクトル全体の集合を K^n で表す。

n次の列ベクトル全体 K^n には，以下のような構造がある。

[1]　まず，K^n の 2 つの要素 $\boldsymbol{v}={}^t[\,a_1 \quad a_2 \quad \cdots \quad a_n\,]$，$\boldsymbol{w}={}^t[\,b_1 \quad b_2 \quad \cdots \quad b_n\,]$ に対して，それらの和が以下のように定義されている。

$$\boldsymbol{v}+\boldsymbol{w}={}^t[\,a_1+b_1 \quad a_2+b_2 \quad \cdots \quad a_n+b_n\,]=\begin{bmatrix} a_1+b_1 \\ a_2+b_2 \\ \vdots \\ a_n+b_n \end{bmatrix}$$

ここで重要なことは，上のように定めた $\boldsymbol{v}+\boldsymbol{w}$ が，また K^n の要素になっている（n次の列ベクトルになっている）ということである。

[2]　次に，K^n の要素 $\boldsymbol{v}={}^t[\,a_1 \quad a_2 \quad \cdots \quad a_n\,]$ と，Kの要素 c（スカラー）に対して，スカラー倍が以下のように定義されている。

$$c\boldsymbol{v}={}^t[\,ca_1 \quad ca_2 \quad \cdots \quad ca_n\,]=\begin{bmatrix} ca_1 \\ ca_2 \\ \vdots \\ ca_n \end{bmatrix}$$

ここでも，このように定めた $c\boldsymbol{v}$ というものが，また K^n の要素になっているということが重要である。

[3]　上のように定めた演算 (和とスカラー倍) が，次の演算規則を満たしている。

(V1)　$(\boldsymbol{u}+\boldsymbol{v})+\boldsymbol{w}=\boldsymbol{u}+(\boldsymbol{v}+\boldsymbol{w})$ (和に関する結合律)

(V2)　任意の $\boldsymbol{v}$ に対し，$\boldsymbol{v}+\boldsymbol{0}=\boldsymbol{0}+\boldsymbol{v}=\boldsymbol{v}$ となる $\boldsymbol{0}$ が存在する (零元の存在)

(V3)　$\boldsymbol{v}$ に対し，$\boldsymbol{v}+\boldsymbol{w}=\boldsymbol{w}+\boldsymbol{v}=\boldsymbol{0}$ となる $\boldsymbol{w}$ が存在する (和に関する逆元の存在)

(V4)　$\boldsymbol{v}+\boldsymbol{w}=\boldsymbol{w}+\boldsymbol{v}$ (和に関する交換律)

(V5)　$a(b\boldsymbol{v})=(ab)\boldsymbol{v}$ (スカラー倍に関する結合律)

(V6)　$(a+b)\boldsymbol{v}=a\boldsymbol{v}+b\boldsymbol{v}$ (分配法則)

(V7)　$a(\boldsymbol{v}+\boldsymbol{w})=a\boldsymbol{v}+a\boldsymbol{w}$ (分配法則)

(V8)　$1\boldsymbol{v}=\boldsymbol{v}$

ここで，(V2) における $\boldsymbol{0}$ は **零ベクトル** であり

$$\mathbf{0}={}^t[\,0\quad 0\quad \cdots\quad 0\,]$$

で与えられる。また，(V3) における $\boldsymbol{w}$ は，$\boldsymbol{v}={}^t[\,a_1\quad a_2\quad \cdots\quad a_n\,]$ に対し

$$\boldsymbol{w}=-\boldsymbol{v}={}^t[\,-a_1\quad -a_2\quad \cdots\quad -a_n\,]$$

で与えられる。

後で述べることであるが，これらの構造をもっているということが，「K^n がベクトル空間である」ということの意味である。

◈例：数列

次の例として，K の要素 (実数または複素数) からなる数列 $\{a_n\}$ の空間を考えよう。すなわち，そのような数列をすべて考え，それら全体のなす集合を $K^{\mathbb{N}}$ と書くことにする[2)]。以下に述べるように，$K^{\mathbb{N}}$ も K^n と同様の構造をもっている。

[1]　$K^{\mathbb{N}}$ の 2 つの要素，すなわち 2 つの数列 $\boldsymbol{v}=\{a_n\}$，$\boldsymbol{w}=\{b_n\}$ に対して，その和 $\boldsymbol{v}+\boldsymbol{w}$ という数列が，次で定まる。

$$\boldsymbol{v}+\boldsymbol{w}=\{a_n+b_n\}$$

すなわち，数列 $\{a_n\}$ と数列 $\{b_n\}$ の和とは，その n 項目が a_n+b_n で与えられる数列である。これもまた数列なので，$K^{\mathbb{N}}$ の要素になっている。

[2]　$K^{\mathbb{N}}$ の要素，すなわち数列 $\boldsymbol{v}=\{a_n\}$ と，K の要素 c に対して，スカラー倍 $c\boldsymbol{v}$ という数列が，次で定まる。

$$c\boldsymbol{v}=\{ca_n\}$$

すなわち，数列 $\{a_n\}$ の c 倍とは，そのすべての項をいっせいに c 倍することで得られた数列のことである。これもまた数列なので，$K^{\mathbb{N}}$ の要素になっている。

[3]　上のように定めた演算 (和とスカラー倍) が，*p*. 138 に列挙した条件 (V1)～(V8) を満たす。ただし，ここで，$\mathbf{0}$ とは，すべての項が 0 であるような数列である。また，数列 $\boldsymbol{v}=\{a_n\}$ の，和に関する逆元 $-\boldsymbol{v}$ とは

$$-\boldsymbol{v}=\{-a_n\}$$

で与えられる数列である。

---

2) $\mathbb{N}$ は自然数の集合を表す記号である。「$K^{\mathbb{N}}$」という記号は「自然数で番号付けられた K の数列の全体」を表す。

◈例：関数

最後の例として，実数ℝ上の関数 $f(x)$ の空間を考えよう。

すなわち，そのような関数をすべて考え，それら全体のなす集合を $F(\mathbb{R})$ と書くことにする。すると，$F(\mathbb{R})$ も上で述べたものと同様の構造をもっている。

[1]　$F(\mathbb{R})$ の 2 つの要素，すなわち，2 つの関数 $f(x)$，$g(x)$ に対して，その和 $(f+g)(x)$ という関数が定まる。これは，各実数 $a\in\mathbb{R}$ に対して，$f(a)+g(a)$ を対応させる関数である。

すなわち

$$(f+g)(x)=f(x)+g(x)\quad (x\in\mathbb{R})$$

こうして定義された関数 $(f+g)(x)$ もまた，ℝ上の関数になっているので，$F(\mathbb{R})$ の要素である。

[2]　$F(\mathbb{R})$ の要素（すなわち，ℝ上の関数）$f(x)$ と，ℝの要素（すなわち，実数）c に対して，スカラー倍 $(cf)(x)$ という関数が，次のように定まる。これは，各実数 $a\in\mathbb{R}$ に対して，$c\cdot f(a)$ を対応させる関数である。

すなわち

$$(cf)(x)=c\cdot f(x)\quad (x\in\mathbb{R})$$

こうして定義された関数 $(cf)(x)$ もまた，$F(\mathbb{R})$ の要素である。

[3]　上のように定めた演算（和とスカラー倍）が，*p*. 138 に列挙した条件 (V1)～(V8) を満たす。

ただしここで，$\boldsymbol{u}$，$\boldsymbol{v}$，$\boldsymbol{w}$ はすべて $F(\mathbb{R})$ の要素 f，g，h でおき換える。また，a，b などのスカラーは，ここではすべて実数とする（すなわち，$K=\mathbb{R}$ の場合のみを考える）。

例えば，$F(\mathbb{R})$ における $\mathbf{0}$ とは，0 と恒等的に等しい定数関数 $\mathbf{0}(x)$ であり，任意の関数 f に対して，その和に関する逆元 $-f$ は

$$(-f)(x)=-f(x)$$

で定義される関数である。

◈ベクトル空間

以上，列ベクトル，数列，関数の例を述べたが，それらの全体は各々共通の構造 [1]～[3] をもっている。そして，この構造をもっているということが，K上のベクトル空間という概念の意味である。

すなわち，ベクトル空間は，次のように定義される。

定義 1-1　ベクトル空間

集合Vに，次のような構造が定まっているとする。

[1]　**Vの任意の 2 つの要素 $\boldsymbol{v}$，$\boldsymbol{w}$ に対して，和 と呼ばれる第三の要素 $\boldsymbol{v}+\boldsymbol{w}$ が，Vの中に定まっている。**

[2]　**Vの任意の要素 $\boldsymbol{v}$ と，Kの任意の要素 c に対して，スカラー倍 と呼ばれる第三の要素 $c\boldsymbol{v}$ が，Vの中に定まっている。**

[3]　**これらの演算（和とスカラー倍）について，p. 138 に列挙した条件 (V1)～(V8) が満たされている。**

このとき，VをK上の ベクトル空間 という。

ここで，定義 1-1 の集合Vは，さしあたってはどんな集合でもよいし，[1] と [2] における，和 $\boldsymbol{v}+\boldsymbol{w}$ やスカラー倍 $c\boldsymbol{v}$ の定め方も，それらがVの中に収まってさえいれば，さしあたりどのようなものでもよい。ただし，これらに関して，p. 138 の条件 (V1)～(V8) が適宜，満たされなければならないというのが，唯一の要請である。

逆にいえば，この条件さえ満たされれば，Vの要素が何であろうと，そして要素の和やスカラー倍がどのようなものであろうと，VはK上のベクトル空間である。

ベクトル空間Vの各要素を，Vの **ベクトル** という。Vのベクトルとは，単に集合Vの要素なのであって，その実体は何でもよいし，それが何であるかということは重要ではない。大事なことは，その全体の集まりであるVが，[1]～[3] の構造と性質をもっていることであり，それだけが重要である。

前項までで述べた 3 つの例

- n 次の列ベクトル全体 K^n
- 数列全体 $K^{\mathbb{N}}$
- 関数全体 $F(\mathbb{R})$

は，どれも前ページで定めた和やスカラー倍に関して，ベクトル空間になっている[3)]。

n 次の列ベクトル全体のなす K 上のベクトル空間 K^n を，**n 次元数ベクトル空間** という。

K^n のベクトルとは列ベクトルであり，$K^{\mathbb{N}}$ のベクトルとは数列であり，$F(\mathbb{R})$ のベクトルとは関数である，というように，ベクトル自体はさまざまな姿をとる。しかし，それらの全体がなす「ベクトル空間」という構造，すなわち [1]〜[3] という構造は共通しているのであり，その構造だけから生じる計算や理論が，線形代数学では重要なのである。

＋1ポイント

(1) 零ベクトル $\mathbf{0}$ は，p. 138 の条件 (V2) によって，ただ1つに決まる。実際，V の要素 $\mathbf{0}'$ もまた同様の条件を満たすならば

$$\mathbf{0}' \overset{①}{=} \mathbf{0}' + \mathbf{0} \overset{②}{=} \mathbf{0}$$

となる。

ここで，等号 ① は $\mathbf{0}$ に対する条件 (V2) から導かれ，等号 ② は $\mathbf{0}'$ に対する条件 (V2) から導かれる。

(2) V の各要素 $\boldsymbol{v}$ について，条件 (V3) の $\boldsymbol{w}$ はただ1つ決まる。実際，$\boldsymbol{w}'$ も条件 (V3) を満たすなら

$$\boldsymbol{w}' \overset{①}{=} \boldsymbol{w}' + \mathbf{0} \overset{②}{=} \boldsymbol{w}' + (\boldsymbol{v} + \boldsymbol{w}) \overset{③}{=} (\boldsymbol{w}' + \boldsymbol{v}) + \boldsymbol{w} \overset{④}{=} \mathbf{0} + \boldsymbol{w} \overset{⑤}{=} \boldsymbol{w}$$

となる。

ここで

- 等号 ① は (V2) より
- 等号 ② は $\boldsymbol{w}$ についての (V3) より
- 等号 ③ は (V1) より
- 等号 ④ は $\boldsymbol{w}'$ についての (V3) より
- 等号 ⑤ は (V2) より

それぞれ導かれる。

ベクトル $\boldsymbol{v}$ について，条件 (V3) の $\boldsymbol{w}$ を「$-\boldsymbol{v}$」と書く。K 上のベクトル空間のベクトルについても，次のように，通常のベクトルの計算が普通に行える。

3) K^n と $K^{\mathbb{N}}$ は K 上のベクトル空間であり，$F(\mathbb{R})$ は $\mathbb{R}$ 上のベクトル空間である。

[1]　任意のベクトル $\boldsymbol{v}\in V$ について，$0\cdot\boldsymbol{v}=\boldsymbol{0}$

[2]　任意のベクトル $\boldsymbol{v}\in V$ について，$-\boldsymbol{v}=(-1)\cdot\boldsymbol{v}$

＋1ポイント

上の [1] と [2] は，以下のように証明される。

[1]　$0=0+0$ なので

$$0\cdot\boldsymbol{v}=(0+0)\cdot\boldsymbol{v}=0\cdot\boldsymbol{v}+0\cdot\boldsymbol{v}$$

ここで，最後の等式には分配法則 (V6) を用いている。上の両辺に $-(0\cdot\boldsymbol{v})$ を足すと，(V3) と (V2) より $\boldsymbol{0}=\boldsymbol{0}+0\cdot\boldsymbol{v}=0\cdot\boldsymbol{v}$ となる。

[2]　(V6) より

$$\boldsymbol{v}+(-1)\cdot\boldsymbol{v}=\{1+(-1)\}\cdot\boldsymbol{v}=0\cdot\boldsymbol{v}=\boldsymbol{0}$$

同様に，$(-1)\cdot\boldsymbol{v}+\boldsymbol{v}=\boldsymbol{0}$ もわかる。

よって，$\boldsymbol{v}+(-1)\cdot\boldsymbol{v}=(-1)\cdot\boldsymbol{v}+\boldsymbol{v}=\boldsymbol{0}$ となる。これより，$-\boldsymbol{v}=(-1)\cdot\boldsymbol{v}$ となる。

注意　$K=\mathrm{R}$ のとき，$n=1, 2, 3$ のときの数ベクトル空間 R^n は，それぞれ直線，平面，空間という幾何的な見方ができる。

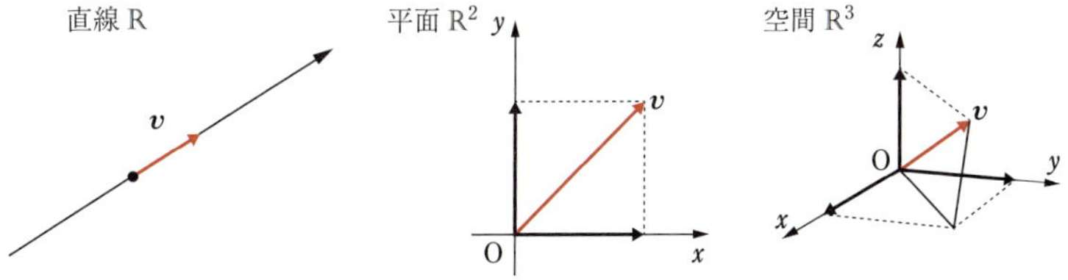

例えば，R^2 の要素は実数を成分とする 2 次の列ベクトル $\begin{bmatrix} x \\ y \end{bmatrix}$ であり，それは 2 つの実数の組なので，座標平面の点 (x, y) と同一視できる。よって，R 上の 2 次元ベクトル空間 R^2 は，座標平面とみなすことができる。

同じように，R 上の 3 次元ベクトル空間 R^3 は座標空間と同一視できる。しかし，このような直観的な幾何的解釈は，以下で議論するベクトル空間というものの **1 つの解釈** に過ぎないのであり，しかも，$K=\mathrm{R}$ で $n=1, 2, 3$ という，非常に限定された状況でしか通用しない解釈でしかない。n 次元数ベクトル空間 K^n は，むしろ，いくつかのデータの集まりのように，単に K の要素である数が並んだものと考えるべきであり，そうであるからこそ，幅広い範囲の応用に役立つものなのである。特に，n が大きい場合に，これら「多次元空間」が目で見えないことを，気にする必要はまったくない。

◆部分空間

ベクトル空間の部分空間という概念を，次のように定義する。

定義 1-2　部分空間

VをK上のベクトル空間とする。Vの部分集合Wについて，次の条件が満たされるとき，WはVの部分空間であるという。

(S1)　$\mathbf{0}\in W$

(S2)　$\boldsymbol{v}$, $\boldsymbol{w}\in W$ **ならば** $\boldsymbol{v}+\boldsymbol{w}\in W$

(S3)　$\boldsymbol{v}\in W$ **で** $c\in K$ **ならば** $c\boldsymbol{v}\in W$

定義 1-2 の条件 (S2) は，Wに属するベクトルの和が，またWの中に収まっているという意味であり，「Wは和で閉じている」と表現することが多い。また，条件 (S3) は，Wに属するベクトルの任意の定数倍が，またWの中に収まっているという意味で，「Wはスカラー倍で閉じている」と表現する。

したがって，部分空間とは，零ベクトルを含み，和とスカラー倍で閉じている部分集合のことである。

注意　定義 1-2 の条件 (S2) と (S3) は，次の 1 つの条件でおき換えられる。

(S4)　$\boldsymbol{v}$, $\boldsymbol{w}\in W$ で a, $b\in K$ ならば $a\boldsymbol{v}+b\boldsymbol{w}\in W$

実際，(S4) で $a=b=1$ とすると (S2) が，$a=c$，$b=0$ とすると (S3) が導かれる。また，(S2) と (S3) から (S4) を導くこともできる。

練習 1　条件 (S2)+(S3) は，条件 (S4) と同値であることを示せ。

WがVの部分空間ならば，Wはそれ単独で，K上のベクトル空間になっている。実際，WはVにおける和とスカラー倍で閉じており，零ベクトルをもっている。

また，p. 138 の条件 (V1)～(V8) で，VをWにおき換えたものが，すべて満たされている。

練習 2　K上のベクトル空間Vの部分空間Wは，Vにおける和とスカラー倍を，そのままWにおける和とスカラー倍とみなすことによって，W単独でK上のベクトル空間になっていることを示せ。

例 1

(自明な部分空間). VをK上のベクトル空間とするとき，Vの零ベクトル $\mathbf{0}$ だけからなる部分集合 $\{\mathbf{0}\}$ はVの部分空間である。また，V自身をVの部分集合とみなせば，V自身もVの部分空間である。

例題 1

K^3 の部分集合Wを，次で定義する。

$$W=\{{}^t[\,x \quad y \quad z\,] \mid x+y+z=0\}$$

このとき，Wは K^3 の部分空間であることを示せ。

解答 定義 1-2 の条件 (S1)~(S3) を確かめる。

(S1) $\mathbf{0}={}^t[\,0 \quad 0 \quad 0\,]$ であるが，$0+0+0=0$ なので，$\mathbf{0}\in W$ である。

(S2) Wの 2 つのベクトル ${}^t[\,x \quad y \quad z\,]$，${}^t[\,x' \quad y' \quad z'\,]$ をとる。これらはWの要素なので，$x+y+z=0$ と $x'+y'+z'=0$ が成り立っている。

$${}^t[\,x \quad y \quad z\,]+{}^t[\,x' \quad y' \quad z'\,]={}^t[\,x+x' \quad y+y' \quad z+z'\,]$$

であるが

$$\begin{aligned}(x+x')+(y+y')+(z+z')&=(x+y+z)+(x'+y'+z')\\&=0+0=0\end{aligned}$$

なので，${}^t[\,x \quad y \quad z\,]+{}^t[\,x' \quad y' \quad z'\,]\in W$ である。

(S3) Wのベクトル ${}^t[\,x \quad y \quad z\,]$ とKのスカラー c をとる。${}^t[\,x \quad y \quad z\,]$ はWの要素なので，$x+y+z=0$ が成り立っている。$c\,{}^t[\,x \quad y \quad z\,]={}^t[\,cx \quad cy \quad cz\,]$ であるが

$$cx+cy+cz=c(x+y+z)=c\cdot 0=0$$

なので，$c\,{}^t[\,x \quad y \quad z\,]\in W$ である。

以上で，定義 1-2 の条件が確かめられたので，Wが K^3 の部分空間であることが証明された。■

練習 3

次の Wは R^3 の部分空間であるか調べ，部分空間である場合はそれを証明せよ。また，部分空間でない場合はその理由を述べよ。

(1) $W=\{{}^t[\,x \quad y \quad z\,] \mid 3x-2y+4z=0\}$

(2) $W=\{{}^t[\,x \quad y \quad z\,] \mid x+y+z\geqq 0\}$

(3) $W=\{{}^t[\,x \quad y \quad z\,] \mid x+y+z$ は整数である$\}$

(4) $W=\{{}^t[\,x \quad y \quad z\,] \mid 2x+3y-5z=0,\ y+7z=0\}$

練習 4 実数からなる数列 $\{a_n\}$ で，漸化式 $a_{n+2}+2a_{n+1}+3a_n=0$ をすべての自然数 n について満たすもの全体は，実数からなるすべての数列全体 $\mathbb{R}^{\mathbb{N}}$ の部分空間であることを示せ。

練習 5 (1) $\mathbb{R}$ 上の連続関数全体 $C^0(\mathbb{R})$ は，$\mathbb{R}$ 上のすべての関数全体 $F(\mathbb{R})$ の部分空間であることを示せ。

(2) 実数からなる数列 $\{a_n\}$ で，実数の値に収束するもの全体は，実数からなるすべての数列全体 $\mathbb{R}^{\mathbb{N}}$ の部分空間であることを示せ。

次の定理が示すように，一般に，同次連立 1 次方程式の解全体は，数ベクトル空間の部分空間になる。

定理 1-1 同次連立 1 次方程式の解の空間

A を，K の要素を成分とする $m\times n$ 行列とする。このとき，同次連立 1 次方程式 $A\boldsymbol{v}=\boldsymbol{0}$ (∗)

($\boldsymbol{v}={}^t[\,x_1\ \ x_2\ \ \cdots\ \ x_n\,]$) の解全体は，$K^n$ の部分空間をなす。

証明 $W=\{\boldsymbol{v}\mid A\boldsymbol{v}=\boldsymbol{0}\}$ とする。W は K^n の部分集合である。W が部分空間であることを示すために，$p.$ 144，定義 1-2 の条件 (S1)～(S3) を確かめる。

(S1) K^n の零ベクトル $\boldsymbol{0}={}^t[\,0\ \ 0\ \ \cdots\ \ 0\,]$ は，明らかに同次連立 1 次方程式 (∗) の解である。すなわち，$\boldsymbol{0}\in W$ である。

(S2) K^n のベクトル $\boldsymbol{v}$，$\boldsymbol{w}$ が，同次連立 1 次方程式 (∗) の解であるとする。

すなわち，$A\boldsymbol{v}=\boldsymbol{0}$ かつ $A\boldsymbol{w}=\boldsymbol{0}$ とする。

このとき

$$A(\boldsymbol{v}+\boldsymbol{w})=A\boldsymbol{v}+A\boldsymbol{w}=\boldsymbol{0}+\boldsymbol{0}=\boldsymbol{0}$$

よって，$\boldsymbol{v}+\boldsymbol{w}\in W$

(S3) K^n のベクトル $\boldsymbol{v}$ が，同次連立 1 次方程式 (∗) の解であるとする。

すなわち，$A\boldsymbol{v}=\boldsymbol{0}$ とする。このとき，$a\in K$ について

$$A(a\boldsymbol{v})=aA\boldsymbol{v}=a\boldsymbol{0}=\boldsymbol{0}$$

よって，$a\boldsymbol{v}\in \boldsymbol{W}$ ■

一般に，同次連立 1 次方程式の解全体がなす，数ベクトル空間の部分空間を，同次連立 1 次方程式の **解空間** という。

◈部分空間の和と共通部分

次の定理が示すように，Vの部分空間がいくつか与えられたとき，それらの共通部分はまた部分空間である。また，それらの和という部分空間を考えることができる。

定理 1-2　部分空間の和と共通部分

VをK上のベクトル空間とし，U，WをVの部分空間とする。

(1)　共通部分 $U\cap W$ もVの部分空間である。

(2)　Uの要素とWの要素の和として表されるベクトルの全体

$$\{\boldsymbol{u}+\boldsymbol{w} \mid \boldsymbol{u}\in U,\ \boldsymbol{w}\in W\}$$

を考えると，これはVの部分空間である。

証明　(1)　(S1)　Uは部分空間なので $\mathbf{0}\in U$ である。また，Wは部分空間なので $\mathbf{0}\in W$ である。

よって，$\mathbf{0}\in U\cap W$

(S2)　$\boldsymbol{v}$，$\boldsymbol{w}\in U\cap W$ とする。Uは部分空間なので $\boldsymbol{v}+\boldsymbol{w}\in U$ である。また，Wは部分空間なので $\boldsymbol{v}+\boldsymbol{w}\in W$ である。

よって，$\boldsymbol{v}+\boldsymbol{w}\in U\cap W$

(S3)　$\boldsymbol{v}\in U\cap W$ および $c\in K$ とする。Uは部分空間なので $c\boldsymbol{v}\in U$ である。また，Wは部分空間なので $c\boldsymbol{v}\in W$ である。

よって，$c\boldsymbol{v}\in U\cap W$

(2)　$Z=\{\boldsymbol{u}+\boldsymbol{w} \mid \boldsymbol{u}\in U,\ \boldsymbol{w}\in W\}$ とする。

(S1)　Uは部分空間なので $\mathbf{0}\in U$ である。また，Wは部分空間なので $\mathbf{0}\in W$ である。

よって，$\mathbf{0}=\mathbf{0}+\mathbf{0}\in Z$

(S2)　$\boldsymbol{v}$，$\boldsymbol{v}'\in Z$ とする。$\boldsymbol{v}\in Z$ なので，$\boldsymbol{v}=\boldsymbol{u}+\boldsymbol{w}$ $(\boldsymbol{u}\in U,\ \boldsymbol{w}\in W)$ と書ける。また，$\boldsymbol{v}'\in Z$ なので，$\boldsymbol{v}'=\boldsymbol{u}'+\boldsymbol{w}'$ $(\boldsymbol{u}'\in U,\ \boldsymbol{w}'\in W)$ と書ける。

このとき，$\boldsymbol{v}+\boldsymbol{v}'=(\boldsymbol{u}+\boldsymbol{u}')+(\boldsymbol{w}+\boldsymbol{w}')$ であり，$\boldsymbol{u}+\boldsymbol{u}'\in U$ かつ $\boldsymbol{w}+\boldsymbol{w}'\in W$ なので，$\boldsymbol{v}+\boldsymbol{v}'\in Z$ である。

(S3)　$\boldsymbol{v}\in Z$ および $c\in K$ とする。$\boldsymbol{v}\in Z$ なので，$\boldsymbol{v}=\boldsymbol{u}+\boldsymbol{w}$ $(\boldsymbol{u}\in U,\ \boldsymbol{w}\in W)$ と書ける。

このとき，$c\boldsymbol{v}=c\boldsymbol{u}+c\boldsymbol{w}$ であり，$c\boldsymbol{u}\in U$ かつ $c\boldsymbol{w}\in W$ なので，$c\boldsymbol{v}\in Z$ である。■

定義 1-3　部分空間の和と共通部分

V を K 上のベクトル空間とし，U，W を V の部分空間とする。

(1)　**部分空間 $U\cap W$ を，U と W の 共通部分 という。**

(2)　**部分空間 $\{\boldsymbol{u}+\boldsymbol{w}\mid \boldsymbol{u}\in U,\ \boldsymbol{w}\in W\}$ を，U と W の 和 といい，$U+W$ と書く。**

練習 6　U，W を V の部分空間とする。次を示せ。
(1)　$U\cap W\subset U$，$U\cap W\subset W$　　(2)　$U\subset U+W$，$W\subset U+W$

2 つ以上の部分空間 W_1，W_2，……，W_n が与えられた場合も同様である（ただし，n は任意の自然数）。共通部分 $W_1\cap W_2\cap\cdots\cdots\cap W_n$ は，また V の部分空間である。また

$$W_1+W_2+\cdots\cdots+W_n=\{\boldsymbol{w}_1+\boldsymbol{w}_2+\cdots\cdots+\boldsymbol{w}_n\mid \boldsymbol{w}_i\in W_i,\ i=1,\ 2,\ \cdots\cdots,\ n\}$$

とすれば，これもまた V の部分空間である。

練習 7　任意の自然数 n について，W_1，W_2，……，W_n が V の部分空間であるとき，上記の $W_1+W_2+\cdots\cdots+W_n$ が V の部分空間であることを示せ。

◈直和と直和分解

部分空間の和について，次のような特別な場合が重要であることが多い。

定義 1-4　直和

V を K 上のベクトル空間とし，U，W を V の部分空間とする。$U\cap W=\{\boldsymbol{0}\}$ の場合の U，W の和 $U+W$ を，U と W の 直和 といい

$$U\oplus W$$

と書く。

部分空間の和が直和になっているための条件は，ベクトルの和による表現方法が一通りしかないことと密接な関係にある。実際，次の定理が成り立つ。

定理 1-3　直和の条件

V を K 上のベクトル空間とし，U，W を V の部分空間とする。このとき，次は同値。

(a)　**和 $U+W$ は直和である。すなわち，$U\cap W=\{\boldsymbol{0}\}$**

(b)　**$U+W$ の各要素は，$\boldsymbol{u}+\boldsymbol{w}$ $(\boldsymbol{u}\in U,\ \boldsymbol{w}\in W)$ の形に一意的に書ける。**

証明　(a)$\Longrightarrow$(b) を示す。$U+W$ の要素 $\boldsymbol{v}$ が，次のように（見かけ上）2通りの書き方をもったとする。

$$\boldsymbol{v}=\boldsymbol{u}+\boldsymbol{w}=\boldsymbol{u}'+\boldsymbol{w}' \quad (\boldsymbol{u},\ \boldsymbol{u}'\in U,\ \boldsymbol{w},\ \boldsymbol{w}'\in W)$$

このとき　$\boldsymbol{u}-\boldsymbol{u}'=\boldsymbol{w}'-\boldsymbol{w}$

であるが，左辺は U に属し，右辺は W に属するので，両辺とも $U\cap W$ に属する。しかし，仮定より $U\cap W=\{\boldsymbol{0}\}$ なので，$\boldsymbol{u}-\boldsymbol{u}'=\boldsymbol{w}'-\boldsymbol{w}=\boldsymbol{0}$ であり，これは $\boldsymbol{u}=\boldsymbol{u}'$ かつ $\boldsymbol{w}=\boldsymbol{w}'$ であることを意味している。

よって，$\boldsymbol{v}\in U+W$ を U の要素と W の要素の和に書く書き方は，一通りしかないことが示された。

(b)$\Longrightarrow$(a) を示す。$U\cap W$ に属する任意のベクトル $\boldsymbol{v}$ を考えよう。

$\boldsymbol{v}\in U$ なので　$\boldsymbol{v}=\boldsymbol{v}+\boldsymbol{0}$

これは，$\boldsymbol{v}$ を「U の要素と W の要素の和として書く」書き方である。

また，$\boldsymbol{v}\in W$ でもあるので　$\boldsymbol{v}=\boldsymbol{0}+\boldsymbol{v}$

これもまた，$\boldsymbol{v}$ を「U の要素と W の要素の和として書く」書き方である。仮定より，そのような書き方は一通りしかないので，上の2つの書き方は一致しなければならない。すなわち，$\boldsymbol{v}+\boldsymbol{0}=\boldsymbol{0}+\boldsymbol{v}$ の両辺は書き方として一致しなければならない。

よって，$\boldsymbol{v}=\boldsymbol{0}$ でなければならない。これは $U\cap W$ に属する任意のベクトルが零ベクトルに等しいことを意味しているので，$U\cap W=\{\boldsymbol{0}\}$ である。■

例題 2　R^3 の部分空間 U，W を，次で定義する。

$$U=\{{}^t[x\quad y\quad z]\mid x-2y+3z=0,\ 3x+y-5z=0\}$$
$$W=\{{}^t[x\quad y\quad z]\mid -2x+6y-9z=0\}$$

このとき，和 $U+W$ は直和であることを示せ。

解答　$U\cap W=\{\boldsymbol{0}\}$ であることを示せばよい。

$U\cap W=\{{}^t[x\quad y\quad z]\mid x-2y+3z=0,\ 3x+y-5z=0,\ -2x+6y-9z=0\}$

なので，同次連立1次方程式

$$\begin{cases} x-2y+3z=0 \\ 3x+\ y-5z=0 \\ -2x+6y-9z=0 \end{cases}$$

を考える。これを解くと，自明な解 ${}^t[x\quad y\quad z]=\boldsymbol{0}={}^t[0\quad 0\quad 0]$ しかない。よって，$U\cap W=\{\boldsymbol{0}\}$ である。■

練習 8 次のように定義された $\mathbb{R}^3$ の部分空間 U, W について，和 $U+W$ が直和であるかどうか判定せよ。

(1) $U=\{{}^t[x\quad y\quad z]\mid 2x+y+4z=0,\ x+2y-z=0\}$,
$W=\{{}^t[x\quad y\quad z]\mid -x+2y-6z=0\}$

(2) $U=\{{}^t[x\quad y\quad z]\mid x+z=0\}$, $W=\{{}^t[x\quad y\quad z]\mid 2x+y+6z=0\}$

(3) $U=\{{}^t[x\quad y\quad z]\mid x-y-z=0\}$,
$W=\{{}^t[x\quad y\quad z]\mid -x+2y+4z=0,\ 2x-y+z=0\}$

3 つ以上の部分空間の直和も，同様に考えられる。Vの部分空間 W_1, W_2, ……, W_s について，各 $i=1,\ 2,\ \cdots\cdots,\ s$ に対して

$$W_i\cap(W_1+\cdots\cdots+W_{i-1}+W_{i+1}+\cdots\cdots+W_s)=\{\mathbf{0}\}$$

であるとき，和 $W_1+W_2+\cdots\cdots+W_s$ は直和であるといい　$W_1\oplus W_2\oplus\cdots\cdots\oplus W_s$ と書く。更に　$V=W_1\oplus W_2\oplus\cdots\cdots\oplus W_s$　(＊)

であるとき，ベクトル空間Vは，部分空間 W_1, W_2, ……, W_s の直和に **分解される** といい，式(＊)を **直和分解** という。

練習 9 $\mathbb{R}^3$ の部分空間 W_1, W_2, W_3 を，次で定義する。

$$W_1=\left\{\begin{bmatrix}x\\0\\0\end{bmatrix}\middle|\ x\in\mathbb{R}\right\},\quad W_2=\left\{\begin{bmatrix}0\\y\\0\end{bmatrix}\middle|\ y\in\mathbb{R}\right\},\quad W_3=\left\{\begin{bmatrix}0\\0\\z\end{bmatrix}\middle|\ z\in\mathbb{R}\right\}$$

このとき，$\mathbb{R}^3$ は W_1, W_2, W_3 の直和に分解することを示せ。

3 つ以上の部分空間の和が直和になるための条件については，以下の定理が成り立つ。

定理 1-4　直和の条件

VをK上のベクトル空間とし，W_1, W_2, ……, W_s $(s\geqq 2)$ をVの部分空間とする。このとき，次はすべて同値。

(a) $W_1+W_2+\cdots\cdots+W_s$ **は直和である。**

(b) $i=2,\ \cdots\cdots,\ s$ **について** $(W_1+W_2+\cdots\cdots+W_{i-1})\cap W_i=\{\mathbf{0}\}$

(c) $\boldsymbol{v}_i\in W_i$ $(i=1,\ 2,\ \cdots\cdots,\ s)$ **が** $\boldsymbol{v}_1+\boldsymbol{v}_2+\cdots\cdots+\boldsymbol{v}_s=\mathbf{0}$ **を満たすならば，** $\boldsymbol{v}_1=\boldsymbol{v}_2=\cdots\cdots=\boldsymbol{v}_s=\mathbf{0}$ **である。**

(d) $W_1+W_2+\cdots\cdots+W_s$ **の各要素は**

$$\boldsymbol{v}_1+\boldsymbol{v}_2+\cdots\cdots+\boldsymbol{v}_s\quad(\boldsymbol{v}_i\in W_i,\ i=1,\ 2,\ \cdots\cdots,\ s)$$

の形に一意的に書ける。

証明 (a)$\Longrightarrow$(b) を示す。$W_1+W_2+\cdots\cdots+W_s$ が直和なら

$$(W_1+W_2+\cdots\cdots+W_{i-1})\cap W_i \subseteqq^{*)} W_i\cap(W_1+\cdots\cdots+W_{i-1}+W_{i+1}+\cdots\cdots+W_s)$$
$$=\{\mathbf{0}\}$$

なので，$(W_1+W_2+\cdots\cdots+W_{i-1})\cap W_i=\{\mathbf{0}\}$ が成り立つ。

(b)$\Longrightarrow$(c) を示す。$\boldsymbol{v}_i\in W_i$ $(i=1,\ 2,\ \cdots\cdots,\ s)$ が $\boldsymbol{v}_1+\boldsymbol{v}_2+\cdots\cdots+\boldsymbol{v}_s=\mathbf{0}$ を満たすとする。このとき　$-\boldsymbol{v}_s=\boldsymbol{v}_1+\boldsymbol{v}_2+\cdots\cdots+\boldsymbol{v}_{s-1}$
の左辺は W_s に入り，右辺は $W_1+W_2+\cdots\cdots+W_{s-1}$ に入る。よって，両辺とも $(W_1+W_2+\cdots\cdots+W_{s-1})\cap W_s=\{\mathbf{0}\}$ に入るので，$\boldsymbol{v}_s=\mathbf{0}$ かつ $\boldsymbol{v}_1+\boldsymbol{v}_2+\cdots\cdots+\boldsymbol{v}_{s-1}=\mathbf{0}$ である。同様に

$$-\boldsymbol{v}_{s-1}=\boldsymbol{v}_1+\boldsymbol{v}_2+\cdots\cdots+\boldsymbol{v}_{s-2}\in(W_1+W_2+\cdots\cdots+W_{s-2})\cap W_{s-1}=\{\mathbf{0}\}$$

より，$\boldsymbol{v}_{s-1}=\mathbf{0}$ かつ $\boldsymbol{v}_1+\boldsymbol{v}_2+\cdots\cdots+\boldsymbol{v}_{s-2}=\mathbf{0}$ である。
これを繰り返して，$\boldsymbol{v}_1=\boldsymbol{v}_2=\cdots\cdots=\boldsymbol{v}_s=\mathbf{0}$ を得る。

(c)$\Longrightarrow$(d) を示す。$W_1+W_2+\cdots\cdots+W_s$ のベクトル $\boldsymbol{v}_1+\boldsymbol{v}_2+\cdots\cdots+\boldsymbol{v}_s$ が，また，$\boldsymbol{v}_1'+\boldsymbol{v}_2'+\cdots\cdots+\boldsymbol{v}_s'$ $(\boldsymbol{v}_i'\in W_i,\ i=1,\ 2,\ \cdots\cdots,\ s)$ と書けるとする。すなわち

$$\boldsymbol{v}_1+\boldsymbol{v}_2+\cdots\cdots+\boldsymbol{v}_s=\boldsymbol{v}_1'+\boldsymbol{v}_2'+\cdots\cdots+\boldsymbol{v}_s' \quad (\boldsymbol{v}_i,\ \boldsymbol{v}_i'\in W_i,\ i=1,\ 2,\ \cdots\cdots,\ s)$$

とする。このとき，この 2 つの書き方が一致している，すなわち，すべての $i=1,\ 2,\ \cdots\cdots,\ s$ について $\boldsymbol{v}_i=\boldsymbol{v}_i'$ であることを導けばよい。

$$(\boldsymbol{v}_1-\boldsymbol{v}_1')+(\boldsymbol{v}_2-\boldsymbol{v}_2')+\cdots\cdots+(\boldsymbol{v}_s-\boldsymbol{v}_s')=\mathbf{0}$$

なので，(c) より $\boldsymbol{v}_1-\boldsymbol{v}_1'=\boldsymbol{v}_2-\boldsymbol{v}_2'=\cdots\cdots=\boldsymbol{v}_s-\boldsymbol{v}_s'=\mathbf{0}$ である。
よって，$\boldsymbol{v}_i=\boldsymbol{v}_i'$ $(i=1,\ 2,\ \cdots\cdots,\ s)$ である。

(d)$\Longrightarrow$(a) を示す。$\boldsymbol{v}\in W_i\cap(W_1+\cdots\cdots+W_{i-1}+W_{i+1}+\cdots\cdots+W_s)$ のとき，$\boldsymbol{v}=\mathbf{0}$ であることを示せばよい。このとき，$\boldsymbol{v}\in W_i$ であり，しかも　$\boldsymbol{v}=\boldsymbol{v}_1+\cdots\cdots+\boldsymbol{v}_{i-1}+\boldsymbol{v}_{i+1}+\cdots\cdots+\boldsymbol{v}_s$　$(\boldsymbol{v}_j\in W_j,\ j\neq i)$
と書ける。ところで，$W_1+W_2+\cdots\cdots+W_s$ における $\boldsymbol{v}$ の書き方としては　$\mathbf{0}+\cdots\cdots+\mathbf{0}+\boldsymbol{v}+\mathbf{0}+\cdots\cdots+\mathbf{0}$　(i 番目が $\boldsymbol{v}$ で，その他はすべて $\mathbf{0}$)
という書き方があり，書き方の一意性から，これは
$\boldsymbol{v}_1+\cdots\cdots+\boldsymbol{v}_{i-1}+\mathbf{0}+\boldsymbol{v}_{i+1}+\cdots\cdots+\boldsymbol{v}_s$ という書き方と一致しなければならない。よって，$\boldsymbol{v}=\mathbf{0}$ ■

練習 10 V の部分空間 $W_1,\ W_2,\ \cdots\cdots,\ W_s$ について，$W_1+W_2+\cdots\cdots+W_s$ が直和なら，任意の $r\leqq s$ に対して，$W_1+W_2+\cdots\cdots+W_r$ も直和であることを示せ。

---

*) 例えば，「$T\subseteqq S$」は，「$T\subset S$ かつ $T\neq S$」または「$T=S$」が成り立つことを強調して表したもので，「$T\subset S$」と意味は同じである。

2　1次独立と1次従属

前節で導入したような，抽象的なベクトル空間において，その要素（ベクトル）の計算で重要なのは，1次結合の概念である。ベクトル空間による抽象的な線形代数学とは，ベクトルを1次結合で書いたり，1次結合を別の1次結合に変換するといった，1次結合に関する計算や理論を扱う学問であるということもできる。この節では，ベクトルの1次結合の概念を導入し，1次独立性や1次従属性や，ベクトルの1次結合による表現可能性の問題などについて述べる。

◈ 1次結合

VをK上のベクトル空間とする。Vのいくつかのベクトル $\boldsymbol{v}_1$，$\boldsymbol{v}_2$，……，$\boldsymbol{v}_n \in V$ と，スカラー a_1，a_2，……，$a_n \in K$ によって

$$a_1\boldsymbol{v}_1 + a_2\boldsymbol{v}_2 + \cdots\cdots + a_n\boldsymbol{v}_n$$

の形に書き表せる式を，ベクトル $\boldsymbol{v}_1$，$\boldsymbol{v}_2$，……，$\boldsymbol{v}_n$ の **1次結合** という。

ベクトル空間におけるベクトルの計算とは，1次結合の計算である。次の定理は，1次結合の計算の基本を述べたものである。

定理 2-1　1次結合の計算

VをK上のベクトル空間とし，$\boldsymbol{v}_1$，$\boldsymbol{v}_2$，……，$\boldsymbol{v}_n \in V$ とする。

(1) **$\boldsymbol{0}$（零ベクトル）は $\boldsymbol{v}_1$，$\boldsymbol{v}_2$，……，$\boldsymbol{v}_n$ の1次結合で表される。**

(2) **$\boldsymbol{v}_1$，$\boldsymbol{v}_2$，……，$\boldsymbol{v}_n$ の1次結合が2つあるとき，その和も $\boldsymbol{v}_1$，$\boldsymbol{v}_2$，……，$\boldsymbol{v}_n$ の1次結合である。**

(3) **$\boldsymbol{v}_1$，$\boldsymbol{v}_2$，……，$\boldsymbol{v}_n$ の1次結合を任意にスカラー倍したものは，また $\boldsymbol{v}_1$，$\boldsymbol{v}_2$，……，$\boldsymbol{v}_n$ の1次結合である。**

証明　(1) $\boldsymbol{0} = 0\boldsymbol{v}_1 + 0\boldsymbol{v}_2 + \cdots\cdots + 0\boldsymbol{v}_n$ なので，$\boldsymbol{0}$ は $\boldsymbol{v}_1$，$\boldsymbol{v}_2$，……，$\boldsymbol{v}_n$ の1次結合で表される。

(2) $\boldsymbol{x} = a_1\boldsymbol{v}_1 + a_2\boldsymbol{v}_2 + \cdots\cdots + a_n\boldsymbol{v}_n$ と $\boldsymbol{y} = b_1\boldsymbol{v}_1 + b_2\boldsymbol{v}_2 + \cdots\cdots + b_n\boldsymbol{v}_n$ を2つの1次結合とする。ただし，a_1，a_2，……，a_n，b_1，b_2，……，$b_n \in K$ である。このとき，$\boldsymbol{x} + \boldsymbol{y} = (a_1 + b_1)\boldsymbol{v}_1 + (a_2 + b_2)\boldsymbol{v}_2 + \cdots\cdots + (a_n + b_n)\boldsymbol{v}_n$ であり，$a_1 + b_1$，$a_2 + b_2$，……，$a_n + b_n \in K$ なので，$\boldsymbol{x} + \boldsymbol{y}$ も $\boldsymbol{v}_1$，$\boldsymbol{v}_2$，……，$\boldsymbol{v}_n$ の1次結合である。

(3) $\boldsymbol{x}=a_1\boldsymbol{v}_1+a_2\boldsymbol{v}_2+\cdots\cdots+a_n\boldsymbol{v}_n$ および $c\in K$ について

$$c\boldsymbol{x}=ca_1\boldsymbol{v}_1+ca_2\boldsymbol{v}_2+\cdots\cdots+ca_n\boldsymbol{v}_n$$

であり，ca_1，ca_2，……，$ca_n\in K$ なので，$c\boldsymbol{x}$ も $\boldsymbol{v}_1$，$\boldsymbol{v}_2$，……，$\boldsymbol{v}_n$ の 1 次結合である。■

定理 2-1 から，$\boldsymbol{v}_1$，$\boldsymbol{v}_2$，……，$\boldsymbol{v}_n$ の 1 次結合の全体が V の部分空間となっていることがわかり，次の系が成り立つ。

系 2-1

V を K 上のベクトル空間とし，$\boldsymbol{v}_1$，$\boldsymbol{v}_2$，……，$\boldsymbol{v}_n\in V$ とする。このとき，$\boldsymbol{v}_1$，$\boldsymbol{v}_2$，……，$\boldsymbol{v}_n$ の 1 次結合の全体からなる V の部分集合は，V の部分空間である。

証明 $\boldsymbol{v}_1$，$\boldsymbol{v}_2$，……，$\boldsymbol{v}_n$ の 1 次結合の全体からなる V の部分集合を W とする。定理 2-1 の (1) から，$\boldsymbol{0}\in W$ である。また，$\boldsymbol{x}$，$\boldsymbol{y}\in W$ なら，定理 2-1 の (2) より，$\boldsymbol{x}+\boldsymbol{y}\in W$ である。更に，$\boldsymbol{x}\in W$ と $c\in K$ について，定理 2-1 の (3) より，$c\boldsymbol{x}\in W$ である。よって，p. 144，定義 1-2 の条件 (S1)～(S3) が満たされているので，W は V の部分空間である。■

このような，1 次結合全体である部分空間は，以下の議論でも重要な役割を果たすので，次のように名前と記号を定義しておこう。

定義 2-1　生成された部分空間

V を K 上のベクトル空間とし，$\boldsymbol{v}_1$，$\boldsymbol{v}_2$，……，$\boldsymbol{v}_n\in V$ とする。このとき，$\boldsymbol{v}_1$，$\boldsymbol{v}_2$，……，$\boldsymbol{v}_n$ の 1 次結合の全体からなる V の部分空間を $\langle\boldsymbol{v}_1, \boldsymbol{v}_2, \cdots\cdots, \boldsymbol{v}_n\rangle$ と書き，$\boldsymbol{v}_1$，$\boldsymbol{v}_2$，……，$\boldsymbol{v}_n$ で生成された部分空間，または $\boldsymbol{v}_1$，$\boldsymbol{v}_2$，……，$\boldsymbol{v}_n$ で張られた部分空間という。また，このとき，ベクトルの組[a] $\{\boldsymbol{v}_1, \boldsymbol{v}_2, \cdots\cdots, \boldsymbol{v}_n\}$ は W を生成する，または W の生成系であるという。

V の部分空間 W が生成系をもつとき，W は **有限生成** であるという。

例 1 V の $\boldsymbol{0}$ でないベクトル $\boldsymbol{v}$ について，$\{\boldsymbol{v}\}$ が生成する部分空間とは，$\boldsymbol{v}$ のスカラー倍全体 $\{a\boldsymbol{v} \mid a\in K\}$ である。

a) 本来ならば，「ベクトルの集合」というべきであるが，「ベクトルの組」といういい方が一般的なので，本書でもそのいい方を採用する。

例 2

n 次元数ベクトル空間 K^n のベクトル $\boldsymbol{e}_1$, $\boldsymbol{e}_2$, ……, $\boldsymbol{e}_n$ を，次で定義する。

$$\boldsymbol{e}_i=\begin{bmatrix}0\\ \vdots\\ 0\\ 1\\ 0\\ \vdots\\ 0\end{bmatrix}(\leftarrow i\text{ 番目})\quad (i=1,\ 2,\ \cdots\cdots,\ n)$$

すなわち，$\boldsymbol{e}_i$ とは，上から i 番目の成分だけが 1 で，残りはすべて 0 であるような列ベクトルである。このようなベクトルを，K^n の **基本ベクトル**，または **単位ベクトル** という。

K^n の任意のベクトル $\boldsymbol{x}={}^t[\,a_1\quad a_2\quad \cdots\quad a_n\,]\in K^n$ について

$$\boldsymbol{x}=\begin{bmatrix}a_1\\ a_2\\ \vdots\\ a_n\end{bmatrix}=\begin{bmatrix}a_1\\ 0\\ \vdots\\ 0\end{bmatrix}+\begin{bmatrix}0\\ a_2\\ \vdots\\ 0\end{bmatrix}+\cdots\cdots+\begin{bmatrix}0\\ \vdots\\ 0\\ a_n\end{bmatrix}$$
$$=a_1\boldsymbol{e}_1+a_2\boldsymbol{e}_2+\cdots\cdots+a_n\boldsymbol{e}_n$$

であるから，K^n の任意のベクトルは $\boldsymbol{e}_1$, $\boldsymbol{e}_2$, ……, $\boldsymbol{e}_n$ の 1 次結合で表される。すなわち，基本ベクトルは K^n を生成する。

$$K^n=\langle \boldsymbol{e}_1,\ \boldsymbol{e}_2,\ \cdots\cdots,\ \boldsymbol{e}_n\rangle$$

特に，K^n は有限生成なベクトル空間である。

練習 1

$\boldsymbol{v}=\begin{bmatrix}1\\ 0\end{bmatrix}$, $\boldsymbol{w}=\begin{bmatrix}1\\ 1\end{bmatrix}$ とする。

(1) $\{\boldsymbol{v},\ \boldsymbol{w}\}$ は $\mathbb{R}^2$ を生成することを示せ。

(2) $\{\boldsymbol{w}\}$ は $\mathbb{R}^2$ を生成しないことを示せ。

練習 2

V を K 上のベクトル空間とし，W をその部分空間とする。
$\boldsymbol{v}_1$, $\boldsymbol{v}_2$, ……, $\boldsymbol{v}_n\in W$ ならば，$\langle \boldsymbol{v}_1,\ \boldsymbol{v}_2,\ \cdots\cdots,\ \boldsymbol{v}_n\rangle\subset W$ であることを示せ。

練習 3

V を K 上のベクトル空間とし，$\boldsymbol{v}_1$, $\boldsymbol{v}_2$, ……, $\boldsymbol{v}_n$ および $\boldsymbol{w}_1$, $\boldsymbol{w}_2$, ……, $\boldsymbol{w}_m$ を V のベクトルとする。このとき，次が成り立つことを示せ。

$$\langle \boldsymbol{v}_1,\ \boldsymbol{v}_2,\ \cdots\cdots,\ \boldsymbol{v}_n\rangle+\langle \boldsymbol{w}_1,\ \boldsymbol{w}_2,\ \cdots\cdots,\ \boldsymbol{w}_m\rangle$$
$$=\langle \boldsymbol{v}_1,\ \boldsymbol{v}_2,\ \cdots\cdots,\ \boldsymbol{v}_n,\ \boldsymbol{w}_1,\ \boldsymbol{w}_2,\ \cdots\cdots,\ \boldsymbol{w}_m\rangle$$

◈ 1次独立

VをK上のベクトル空間とする。Vのベクトル $\boldsymbol{v}_1$, $\boldsymbol{v}_2$, ……, $\boldsymbol{v}_n$ の1次結合によって　$a_1\boldsymbol{v}_1+a_2\boldsymbol{v}_2+\cdots\cdots+a_n\boldsymbol{v}_n=\boldsymbol{0}$　　(∗)

という形に表される関係式を, $\boldsymbol{v}_1$, $\boldsymbol{v}_2$, ……, $\boldsymbol{v}_n$ のK上の **1次関係**, または **1次関係式** という。ただし, ここで a_1, a_2, ……, $a_n \in K$ である。

1次関係(∗)は, a_1, a_2, ……, a_n がすべて0に等しいならば, 自明に成立する。このような1次関係を **自明な** 1次関係といい, そうでない1次関係を **非自明な** 1次関係という。すなわち, (∗)が非自明な1次関係であるとは, a_1, a_2, ……, a_n のうち, 少なくともどれか1つは0でないということである。

定義 2-2　1次独立・1次従属

Vのベクトル $\boldsymbol{v}_1$, $\boldsymbol{v}_2$, ……, $\boldsymbol{v}_n$ が, 非自明な1次関係をもたないとき, すなわち, $a_1\boldsymbol{v}_1+a_2\boldsymbol{v}_2+\cdots\cdots+a_n\boldsymbol{v}_n=0$ ならば必ず $a_1=a_2=\cdots\cdots=a_n=0$ となるとき, $\{\boldsymbol{v}_1, \boldsymbol{v}_2, \cdots\cdots, \boldsymbol{v}_n\}$ はK上 1次独立 であるという。

そうでないとき, すなわち, $\boldsymbol{v}_1$, $\boldsymbol{v}_2$, ……, $\boldsymbol{v}_n$ の非自明な1次関係が存在するとき, $\{\boldsymbol{v}_1, \boldsymbol{v}_2, \cdots\cdots, \boldsymbol{v}_n\}$ はK上 1次従属 であるという。

例 3

(1) 1つのベクトル $\boldsymbol{v}$ だけからなる組 $\{\boldsymbol{v}\}$ は, $\boldsymbol{v} \neq \boldsymbol{0}$ ならば, 1次独立である。実際, $a\boldsymbol{v}=\boldsymbol{0}$ で $a \neq 0$ ならば, 両辺に a^{-1} を掛けて $\boldsymbol{v}=\boldsymbol{0}$ となり, 矛盾である。

(2) 零ベクトルでない2つのベクトルの組 $\{\boldsymbol{v}, \boldsymbol{w}\}$ が1次従属であるための必要十分条件は, それらが **平行** であること, すなわち, $\boldsymbol{w}=c\boldsymbol{v}$ となるスカラー $c \in K$ が存在することである。

練習 4　例3 (2) を証明せよ。

＋1ポイント

ベクトルの1次独立性は, 次のように, 部分空間の直和と関係がある。Vのベクトル $\boldsymbol{v}_1$, $\boldsymbol{v}_2$, ……, $\boldsymbol{v}_n$ について, 各 $\boldsymbol{v}_i$ $(i=1, 2, \cdots\cdots, n)$ が生成するVの部分空間 $\langle \boldsymbol{v}_i \rangle$ を考える。このとき, 定理 1-4 (p. 150) から, 次がわかる：$\{\boldsymbol{v}_1, \boldsymbol{v}_2, \cdots\cdots, \boldsymbol{v}_n\}$ が1次独立であるための必要十分条件は,

$\boldsymbol{v}_i \neq \boldsymbol{0}$ $(i=1, 2, \cdots\cdots, n)$ かつ $\langle \boldsymbol{v}_1 \rangle + \langle \boldsymbol{v}_2 \rangle + \cdots\cdots + \langle \boldsymbol{v}_n \rangle$ が直和であること

である (p. 187, 章末問題 4 参照)。

例題 1　(1)　K^2 のベクトルの組 $\left\{\begin{bmatrix}1\\0\end{bmatrix}, \begin{bmatrix}1\\1\end{bmatrix}\right\}$ は，K上1次独立であることを示せ。

(2)　K^2 のベクトルの組 $\left\{\begin{bmatrix}1\\2\end{bmatrix}, \begin{bmatrix}-2\\-4\end{bmatrix}\right\}$ は，K上1次従属であることを示せ。

解答　(1)　$\boldsymbol{v}=\begin{bmatrix}1\\0\end{bmatrix}$, $\boldsymbol{w}=\begin{bmatrix}1\\1\end{bmatrix}$ として，1次関係 $a\boldsymbol{v}+b\boldsymbol{w}=\boldsymbol{0}$ $(a,\ b\in K)$ を考える。

$$a\boldsymbol{v}+b\boldsymbol{w}=a\begin{bmatrix}1\\0\end{bmatrix}+b\begin{bmatrix}1\\1\end{bmatrix}=\begin{bmatrix}a+b\\b\end{bmatrix}$$

であるが，これが零ベクトルに等しいので

$$\begin{cases}a+b=0\\ \quad\ \ b=0\end{cases}$$

となる。

これを解いて，$a=b=0$ となる。

以上より，$a\boldsymbol{v}+b\boldsymbol{w}=\boldsymbol{0}$ ならば $a=b=0$ である。

すなわち $\boldsymbol{v}$, $\boldsymbol{w}$ のK上の1次関係は自明なものしかない。

よって，$\{\boldsymbol{v},\ \boldsymbol{w}\}$ はK上1次独立である。

(2)　$\boldsymbol{v}=\begin{bmatrix}1\\2\end{bmatrix}$, $\boldsymbol{w}=\begin{bmatrix}-2\\-4\end{bmatrix}$ とする。

このとき

$$2\boldsymbol{v}+\boldsymbol{w}=2\begin{bmatrix}1\\2\end{bmatrix}+\begin{bmatrix}-2\\-4\end{bmatrix}=\begin{bmatrix}0\\0\end{bmatrix}$$

すなわち，$2\boldsymbol{v}+\boldsymbol{w}=\boldsymbol{0}$ という非自明な$\mathbb{R}$上の1次関係が存在する。

よって，$\{\boldsymbol{v},\ \boldsymbol{w}\}$ はK上1次従属である。 ■

練習 5　次の $\mathbb{R}^2$ のベクトルの組が，$\mathbb{R}$上1次独立であるか1次従属であるか判定せよ。

(1)　$\left\{\begin{bmatrix}0\\0\end{bmatrix}, \begin{bmatrix}1\\3\end{bmatrix}\right\}$　　(2)　$\left\{\begin{bmatrix}1\\-1\end{bmatrix}, \begin{bmatrix}1\\1\end{bmatrix}\right\}$　　(3)　$\left\{\begin{bmatrix}1\\2\end{bmatrix}, \begin{bmatrix}2\\1\end{bmatrix}, \begin{bmatrix}1\\1\end{bmatrix}\right\}$

数ベクトル空間 K^n のベクトルの1次独立性については，次のような判定法がある。

定理 2-2 数ベクトルの1次独立性

数ベクトル空間 K^n のベクトル $\boldsymbol{v}_1, \boldsymbol{v}_2, \cdots\cdots, \boldsymbol{v}_r$ について，$\boldsymbol{v}_j=\begin{bmatrix} a_{1j} \\ a_{2j} \\ \vdots \\ a_{nj} \end{bmatrix}$

$(j=1, 2, \cdots\cdots, r)$ として，$n\times r$ 行列

$$A=[\,\boldsymbol{v}_1 \quad \boldsymbol{v}_2 \quad \cdots \quad \boldsymbol{v}_r\,]=\begin{bmatrix} a_{11} & a_{12} & \cdots & a_{1r} \\ a_{21} & a_{22} & \cdots & a_{2r} \\ \vdots & \vdots & & \vdots \\ a_{n1} & a_{n2} & \cdots & a_{nr} \end{bmatrix}$$

を考える。

(1) $\{\boldsymbol{v}_1, \boldsymbol{v}_2, \cdots\cdots, \boldsymbol{v}_r\}$ が1次独立[a] であるための必要十分条件は，同次連立1次方程式 $A\boldsymbol{x}=\boldsymbol{0}_n$[*] （ただし，$\boldsymbol{x}=\begin{bmatrix} x_1 \\ x_2 \\ \vdots \\ x_r \end{bmatrix}$ は未知数ベクトル）の解が自明な解 $\boldsymbol{x}=\boldsymbol{0}_r$ のみであることである。

(2) $\{\boldsymbol{v}_1, \boldsymbol{v}_2, \cdots\cdots, \boldsymbol{v}_r\}$ が1次従属であるための必要十分条件は，同次連立1次方程式 $A\boldsymbol{x}=\boldsymbol{0}_n$ が非自明な解をもつことである。

証明

$$A\boldsymbol{x}=[\,\boldsymbol{v}_1 \quad \boldsymbol{v}_2 \quad \cdots \quad \boldsymbol{v}_r\,]\begin{bmatrix} x_1 \\ x_2 \\ \vdots \\ x_r \end{bmatrix}=\boldsymbol{v}_1x_1+\boldsymbol{v}_2x_2+\cdots+\boldsymbol{v}_rx_r$$

なので，同次連立1次方程式 $A\boldsymbol{x}=\boldsymbol{0}_n$ とは，未知数 $x_1, x_2, \cdots\cdots, x_r$ を係数とする $\boldsymbol{v}_1, \boldsymbol{v}_2, \cdots\cdots, \boldsymbol{v}_r$ の1次関係

$$x_1\boldsymbol{v}_1+x_2\boldsymbol{v}_2+\cdots\cdots+x_r\boldsymbol{v}_r=\boldsymbol{0}$$

のことである。ベクトルの組 $\{\boldsymbol{v}_1, \boldsymbol{v}_2, \cdots\cdots, \boldsymbol{v}_r\}$ が1次独立であるための必要十分条件は，この1次関係が自明なもの，すなわち，$x_1=x_2=\cdots\cdots=x_r=0$ なるものに限ることである。これは，同次連立1次方程式 $A\boldsymbol{x}=\boldsymbol{0}_n$ の解が自明な解 $\boldsymbol{x}=\boldsymbol{0}_r$ のみであることに他ならない。よって，(1)が成り立つ。(2)は(1)のいい換え（対偶）である。■

a) 本来ならば「K上1次独立」というのが正確であるが，「K上」が明らかなときは，これを省略する。「K上1次従属」なども同様。

*) $\boldsymbol{0}_n$ は，K^n の零ベクトルを表す。

ここで，第 2 章の定理 3-3（p. 69）と，第 4 章の定理 4-4（p. 130）から，ベクトルの 1 次独立性と行列の階数との間に，次のような関係があることがわかる。

系 2-2

定理 2-2 の状況で，次が同値である。

(a) $\{\boldsymbol{v}_1, \boldsymbol{v}_2, \cdots\cdots, \boldsymbol{v}_r\}$ **は 1 次独立**

(b) $\mathrm{rank}\,A=r$

$r=n$ **ならば，これらは更に次と同値である。**

(c) A **は正則**

(d) $\det(A)\neq 0$

特に，K^n の基本ベクトル（p. 154，例 2）の組 $\{\boldsymbol{e}_1, \boldsymbol{e}_2, \cdots\cdots, \boldsymbol{e}_n\}$ は 1 次独立である。

実際，この場合，$A=[\,\boldsymbol{e}_1 \quad \boldsymbol{e}_2 \quad \cdots \quad \boldsymbol{e}_n\,]$ は単位行列 E に等しく，正則である。

例題 2

$\mathbb{R}^4$ のベクトルの組 $\left\{\begin{bmatrix}1\\1\\3\\0\end{bmatrix}, \begin{bmatrix}1\\2\\0\\-1\end{bmatrix}, \begin{bmatrix}2\\4\\-1\\1\end{bmatrix}\right\}$ が，$\mathbb{R}$ 上 1 次独立であることを示せ。

解答 $\boldsymbol{v}_1=\begin{bmatrix}1\\1\\3\\0\end{bmatrix}$，$\boldsymbol{v}_2=\begin{bmatrix}1\\2\\0\\-1\end{bmatrix}$，$\boldsymbol{v}_3=\begin{bmatrix}2\\4\\-1\\1\end{bmatrix}$ として，

$A=[\,\boldsymbol{v}_1 \quad \boldsymbol{v}_2 \quad \boldsymbol{v}_3\,]=\begin{bmatrix}1&1&2\\1&2&4\\3&0&-1\\0&-1&1\end{bmatrix}$ を考える。A を簡約階段化すると，$\begin{bmatrix}1&0&0\\0&1&0\\0&0&1\\0&0&0\end{bmatrix}$ となる。

よって，$\mathrm{rank}\,A=3$ なので，系 2-2 から $\{\boldsymbol{v}_1, \boldsymbol{v}_2, \boldsymbol{v}_3\}$ は $\mathbb{R}$ 上 1 次独立である。■

練習 6 $\mathbb{R}^3$ のベクトルの組 $\left\{\begin{bmatrix}1\\0\\1\end{bmatrix}, \begin{bmatrix}1\\-1\\0\end{bmatrix}, \begin{bmatrix}1\\1\\1\end{bmatrix}\right\}$ が$\mathbb{R}$上1次独立であることを示せ。

練習 7 $\mathbb{R}^3$ のベクトルの組 $\left\{\begin{bmatrix}1\\0\\2\end{bmatrix}, \begin{bmatrix}0\\1\\a\end{bmatrix}, \begin{bmatrix}2\\-1\\0\end{bmatrix}\right\}$ が$\mathbb{R}$上1次従属であるときの a の値を求めよ。

例題 3 $y=\sin x$ と $y=\cos x$ を，実数上の関数全体のなす$\mathbb{R}$上のベクトル空間 $F(\mathbb{R})$ のベクトルとみなすとき，$\{\sin x,\ \cos x\}$ は$\mathbb{R}$上1次独立であることを示せ。

解答 $\sin x$，$\cos x$ の$\mathbb{R}$上の1次関係　$a\sin x+b\cos x=0$　$(*)$
を考える。ただし，a，$b\in\mathbb{R}$ であり，また，この関係式は左辺が定数関数0に関数として等しいこと，すなわち，恒等的に0であるという意味である。$x=\dfrac{\pi}{2}$ を代入すると，$\sin\dfrac{\pi}{2}=1$，$\cos\dfrac{\pi}{2}=0$ なので，$a=0$ がわかる。また，$x=0$ を代入すると，同様に $b=0$ がわかる。すなわち，$a=b=0$ となり，1次関係は自明なものに限る。
よって，$\{\sin x,\ \cos x\}$ は$\mathbb{R}$上1次独立である。■

練習 8 関数 $y=1$，$y=x$ および $y=x^2$ を，$F(\mathbb{R})$ のベクトルとみなすとき，$\{1,\ x,\ x^2\}$ は$\mathbb{R}$上1次独立であることを示せ。

例題 4 Vのベクトルの組 $\{\boldsymbol{v}_1,\ \boldsymbol{v}_2,\ \cdots\cdots,\ \boldsymbol{v}_r\}$ が1次独立であるとするとき，その部分集合 $\{\boldsymbol{v}_1,\ \boldsymbol{v}_2,\ \cdots\cdots,\ \boldsymbol{v}_s\}$ $(s\leqq r)$ も1次独立であることを示せ。

解答 $\boldsymbol{v}_1$，$\boldsymbol{v}_2$，$\cdots\cdots$，$\boldsymbol{v}_s$ の1次関係　$a_1\boldsymbol{v}_1+a_2\boldsymbol{v}_2+\cdots\cdots+a_s\boldsymbol{v}_s=\boldsymbol{0}$　$(**)$
が与えられたとする。このとき，$\boldsymbol{v}_1$，$\boldsymbol{v}_2$，$\cdots\cdots$，$\boldsymbol{v}_r$ の1次関係

$$a_1\boldsymbol{v}_1+a_2\boldsymbol{v}_2+\cdots\cdots+a_s\boldsymbol{v}_s+0\boldsymbol{v}_{s+1}+\cdots\cdots+0\boldsymbol{v}_r=\boldsymbol{0}$$

が成り立つ。$\{\boldsymbol{v}_1,\ \boldsymbol{v}_2,\ \cdots\cdots,\ \boldsymbol{v}_r\}$ が1次独立なので

$$a_1=a_2=\cdots\cdots=a_r=0$$

となる。これは $\boldsymbol{v}_1$，$\boldsymbol{v}_2$，$\cdots\cdots$，$\boldsymbol{v}_s$ の任意の1次関係 $(**)$ が自明であることを意味している。
よって，$\{\boldsymbol{v}_1,\ \boldsymbol{v}_2,\ \cdots\cdots,\ \boldsymbol{v}_s\}$ も1次独立である。■

練習 9 Vのベクトルの組 $\{\boldsymbol{v}_1, \boldsymbol{v}_2, \cdots\cdots, \boldsymbol{v}_r\}$ $(r \geqq 2)$ が1次独立であるとする。このとき，$\{\boldsymbol{v}_1-\boldsymbol{v}_2, \boldsymbol{v}_2-\boldsymbol{v}_3, \cdots\cdots, \boldsymbol{v}_{r-1}-\boldsymbol{v}_r\}$ も1次独立であることを示せ。

◈ 1次独立性と1次結合

VをK上のベクトル空間とし，$\{\boldsymbol{v}_1, \boldsymbol{v}_2, \cdots\cdots, \boldsymbol{v}_n\}$ をVのベクトルの組とする。Vのベクトル$\boldsymbol{w}$が与えられたときに，これが $\boldsymbol{v}_1, \boldsymbol{v}_2, \cdots\cdots, \boldsymbol{v}_n$ の1次結合で表されるということは，$\boldsymbol{w}$が $\boldsymbol{v}_1, \boldsymbol{v}_2, \cdots\cdots, \boldsymbol{v}_n$ によって生成される部分空間に属すること $\boldsymbol{w} \in \langle \boldsymbol{v}_1, \boldsymbol{v}_2, \cdots\cdots, \boldsymbol{v}_n \rangle$ ということである。

補題 2-1　1次結合と1次従属性

$\boldsymbol{w}$が $\boldsymbol{v}_1, \boldsymbol{v}_2, \cdots\cdots, \boldsymbol{v}_n$ の1次結合で表される，すなわち，$\boldsymbol{w} \in \langle \boldsymbol{v}_1, \boldsymbol{v}_2, \cdots\cdots, \boldsymbol{v}_n \rangle$ ならば，$\{\boldsymbol{v}_1, \boldsymbol{v}_2, \cdots\cdots, \boldsymbol{v}_n, \boldsymbol{w}\}$ は1次従属である。

証明　$\boldsymbol{w}$が $\boldsymbol{v}_1, \boldsymbol{v}_2, \cdots\cdots, \boldsymbol{v}_n$ の1次結合 $\boldsymbol{w}=a_1\boldsymbol{v}_1+a_2\boldsymbol{v}_2+\cdots\cdots+a_n\boldsymbol{v}_n$ で表されるとする。このとき，$\boldsymbol{v}_1, \boldsymbol{v}_2, \cdots\cdots, \boldsymbol{v}_n, \boldsymbol{w}$ の1次関係

$$a_1\boldsymbol{v}_1+a_2\boldsymbol{v}_2+\cdots\cdots+a_n\boldsymbol{v}_n-\boldsymbol{w}=\boldsymbol{0}$$

が導かれるが，ここで$\boldsymbol{w}$の係数は -1 $(\neq 0)$ なので，この1次関係は非自明である。よって，$\{\boldsymbol{v}_1, \boldsymbol{v}_2, \cdots\cdots, \boldsymbol{v}_n, \boldsymbol{w}\}$ は1次従属である。■

例2で見たように，K^n の任意のベクトル $\boldsymbol{v}={}^t[\,a_1 \quad a_2 \quad \cdots \quad a_n\,]$ は，

$$\boldsymbol{v}=\begin{bmatrix} a_1 \\ a_2 \\ \vdots \\ a_n \end{bmatrix}=a_1\boldsymbol{e}_1+a_2\boldsymbol{e}_2+\cdots+a_n\boldsymbol{e}_n$$ のように単位ベクトルの1次結合の形に書ける。

しかも，この書き方は一意的である。すなわち，$\boldsymbol{v}$に対して，1次結合 $a_1\boldsymbol{e}_1+a_2\boldsymbol{e}_2+\cdots\cdots+a_n\boldsymbol{e}_n$ の係数 $a_1, a_2, \cdots\cdots, a_n$ は1通りに決まる。一般に，1次独立なベクトルは同様の性質をもっている。

定理 2-3　1次独立性と1次結合

K上のベクトル空間Vのベクトルの組 $\{\boldsymbol{v}_1, \boldsymbol{v}_2, \cdots\cdots, \boldsymbol{v}_n\}$ が，1次独立であるとし，Vのベクトル$\boldsymbol{w}$が，$\boldsymbol{v}_1, \boldsymbol{v}_2, \cdots\cdots, \boldsymbol{v}_n$ の1次結合で書けるとする。このとき，$\boldsymbol{w}$を $\boldsymbol{v}_1, \boldsymbol{v}_2, \cdots\cdots, \boldsymbol{v}_n$ の1次結合で書く書き方は1通りである。すなわち，$\boldsymbol{w}$が $\boldsymbol{v}_1, \boldsymbol{v}_2, \cdots\cdots, \boldsymbol{v}_n$ の1次結合に

$$\boldsymbol{w}=a_1\boldsymbol{v}_1+a_2\boldsymbol{v}_2+\cdots\cdots+a_n\boldsymbol{v}_n=b_1\boldsymbol{v}_1+b_2\boldsymbol{v}_2+\cdots\cdots+b_n\boldsymbol{v}_n \qquad (*)$$

のように，（見かけ上）2通りに書けたとすると，その係数はすべて一致する。すなわち　$a_1=b_1, a_2=b_2, \cdots\cdots, a_n=b_n$

証明　(＊)のように，$\boldsymbol{w}$ が $\boldsymbol{v}_1$，$\boldsymbol{v}_2$，……，$\boldsymbol{v}_n$ の1次結合の形に，2通りに書けたとしよう。

このとき　$a_1\boldsymbol{v}_1+a_2\boldsymbol{v}_2+\cdots\cdots+a_n\boldsymbol{v}_n=b_1\boldsymbol{v}_1+b_2\boldsymbol{v}_2+\cdots\cdots+b_n\boldsymbol{v}_n$

を変形して，1次関係　$(a_1-b_1)\boldsymbol{v}_1+(a_2-b_2)\boldsymbol{v}_2+\cdots\cdots+(a_n-b_n)\boldsymbol{v}_n=\boldsymbol{0}$

が導かれる。$\{\boldsymbol{v}_1,\ \boldsymbol{v}_2,\ \cdots\cdots,\ \boldsymbol{v}_n\}$ は1次独立なので

$$a_1-b_1=0,\ a_2-b_2=0,\ \cdots\cdots,\ a_n-b_n=0$$

となる。■

練習 10　K 上のベクトル空間 V のベクトルの組 $\{\boldsymbol{v}_1,\ \boldsymbol{v}_2,\ \cdots\cdots,\ \boldsymbol{v}_n\}$ について，次を示せ。(定理 2-3 の逆)：V のベクトルが $\boldsymbol{v}_1$，$\boldsymbol{v}_2$，……，$\boldsymbol{v}_n$ の1次結合で表されるなら，その表現は一意的であるとする。このとき，$\{\boldsymbol{v}_1,\ \boldsymbol{v}_2,\ \cdots\cdots,\ \boldsymbol{v}_n\}$ は1次独立である。

ベクトルは1次独立なベクトルの1次結合で書けることの判定について，体上の線形代数においては，次の定理が本質的である。

定理 2-4　1次結合による表現可能性

K 上のベクトル空間 V のベクトルの組 $\{\boldsymbol{v}_1,\ \boldsymbol{v}_2,\ \cdots\cdots,\ \boldsymbol{v}_n\}$ が，1次独立であるとし，$\boldsymbol{w}$ を V のベクトルとする。

(1)　**$\{\boldsymbol{v}_1,\ \boldsymbol{v}_2,\ \cdots\cdots,\ \boldsymbol{v}_n,\ \boldsymbol{w}\}$ が1次従属ならば，$\boldsymbol{w}$ は $\boldsymbol{v}_1$，$\boldsymbol{v}_2$，……，$\boldsymbol{v}_n$ の1次結合で表せる (すなわち，$\boldsymbol{w}\in\langle\boldsymbol{v}_1,\ \boldsymbol{v}_2,\ \cdots\cdots,\ \boldsymbol{v}_n\rangle$)。**

(2)　**$\boldsymbol{w}$ が $\boldsymbol{v}_1$，$\boldsymbol{v}_2$，……，$\boldsymbol{v}_n$ の1次結合で表せないなら，$\{\boldsymbol{v}_1,\ \boldsymbol{v}_2,\ \cdots\cdots,\ \boldsymbol{v}_n,\ \boldsymbol{w}\}$ は1次独立である。**

証明　(2) は (1) の対偶である。よって，(1) のみを示せばよい。

$\{\boldsymbol{v}_1,\ \boldsymbol{v}_2,\ \cdots\cdots,\ \boldsymbol{v}_n,\ \boldsymbol{w}\}$ が1次従属とすると，非自明な1次関係

$a_1\boldsymbol{v}_1+a_2\boldsymbol{v}_2+\cdots\cdots+a_n\boldsymbol{v}_n+b\boldsymbol{w}=\boldsymbol{0}$　$(a_1,\ a_2,\ \cdots\cdots,\ a_n,\ b\in K)$　(＊＊)

が存在する。ここで，a_1，a_2，……，a_n，b の中には0でないものが，少なくとも1つは存在する。もし，$b=0$ であるとすると，a_1，a_2，……，a_n の中に0でないものが少なくとも1つ存在するので，非自明な1次関係 $a_1\boldsymbol{v}_1+a_2\boldsymbol{v}_2+\cdots+a_n\boldsymbol{v}_n=\boldsymbol{0}$ が成立することになり，$\{\boldsymbol{v}_1,\ \boldsymbol{v}_2,\ \cdots\cdots,\ \boldsymbol{v}_n\}$ が1次独立であることに反する。よって，$b\neq0$ である。したがって，(＊＊) から，$\boldsymbol{w}$ は $\boldsymbol{v}_1$，$\boldsymbol{v}_2$，……，$\boldsymbol{v}_n$ の1次結合

$$\boldsymbol{w}=-\frac{a_1}{b}\boldsymbol{v}_1-\frac{a_2}{b}\boldsymbol{v}_2-\cdots\cdots-\frac{a_n}{b}\boldsymbol{v}_n$$

で表される。■

3 基底と次元

ベクトルの1次結合による表現の問題は，自然に「基底」の概念を導く。基底によって，ベクトル空間の任意のベクトルは，その1次結合の形に，一意的に書くことができる。そのため，基底の概念は各ベクトルの完全な記述を可能にする基礎を与えているといえる。ベクトル空間が基底をもつとき，基底に属するベクトルの個数は，各ベクトル空間に対して一意的に決まり，ベクトル空間の「大きさ」を表す重要な量である。これをベクトル空間の次元という。

この節では，最初に基底の概念を導入し，その存在と個数の一意性を示すための2つの原理，延長原理と差し替え原理について述べる。これらの原理は，抽象的ではあるが，極めて具体的なアルゴリズム（手順）として理解することができるという点が重要である。そのため，この節では，そのアルゴリズムとしての側面を重視して，さまざまな定理の証明を与えていくことにする。

◈基底

この節で最も重要な概念は，次に定義する基底の概念である。

定義 3-1　基底

V を K 上のベクトル空間とし，$\boldsymbol{v}_1$，$\boldsymbol{v}_2$，……，$\boldsymbol{v}_n$ を V のベクトルとする。次の2つの条件が満たされるとき，ベクトルの組 $\{\boldsymbol{v}_1, \boldsymbol{v}_2, \cdots\cdots, \boldsymbol{v}_n\}$ は V の（K 上の）基底（きてい）であるという。

(B1)　$\{\boldsymbol{v}_1, \boldsymbol{v}_2, \cdots\cdots, \boldsymbol{v}_n\}$ は V を生成する。すなわち，$V=\langle \boldsymbol{v}_1, \boldsymbol{v}_2, \cdots\cdots, \boldsymbol{v}_n \rangle$

(B2)　$\{\boldsymbol{v}_1, \boldsymbol{v}_2, \cdots\cdots, \boldsymbol{v}_n\}$ は1次独立である。

条件 (B1) は，V のすべてのベクトルが $\boldsymbol{v}_1$，$\boldsymbol{v}_2$，……，$\boldsymbol{v}_n$ の1次結合で書けるということであり，条件 (B2) は，その書き方が1通り（一意的）であることを意味している（p. 160，定理 2-3 参照）。すなわち，$\{\boldsymbol{v}_1, \boldsymbol{v}_2, \cdots\cdots, \boldsymbol{v}_n\}$ が V の基底であるとは，V のすべてのベクトルが，$\boldsymbol{v}_1$，$\boldsymbol{v}_2$，……，$\boldsymbol{v}_n$ の1次結合の形に，一意的に書ける，ということである。

例 1　n 次元数ベクトル空間 K^n の基本ベクトル $\boldsymbol{e}_1$，$\boldsymbol{e}_2$，……，$\boldsymbol{e}_n$ を考えよう。2 例 2（p. 154）で確かめたように，$\{\boldsymbol{e}_1, \boldsymbol{e}_2, \cdots\cdots, \boldsymbol{e}_n\}$ は K^n を生成する。また，系 2-2（p. 158）の後に述べたように，$\{\boldsymbol{e}_1, \boldsymbol{e}_2, \cdots\cdots, \boldsymbol{e}_n\}$ は1次独立である。よって，$\{\boldsymbol{e}_1, \boldsymbol{e}_2, \cdots\cdots, \boldsymbol{e}_n\}$ は K^n の基底である。これを，数ベクトル空間 K^n の **標準基底** という。

一般のベクトル空間における基底の存在については，次の定理がある。(以下に述べる定理や系の証明は，後でまとめて行う。)

定理 3-1　基底の存在

有限生成[a] ベクトル空間は基底をもつ。

一般に，ベクトル空間Vの基底は，存在するならば1通りではなく，多くのとり方がある。しかし，次の定理が示すように，基底をなすベクトルの個数は，Vに対して一意的である。

定理 3-2　基底に属するベクトルの個数の一意性

VをK上の有限生成ベクトル空間とし，Vが2通りの基底 $\{\boldsymbol{v}_1, \boldsymbol{v}_2, \cdots\cdots, \boldsymbol{v}_n\}$，$\{\boldsymbol{w}_1, \boldsymbol{w}_2, \cdots\cdots, \boldsymbol{w}_m\}$ をもつとする。このとき，$n=m$ である。すなわち，基底をなすベクトルの個数は，Vに対して一意的である。

各Vに対して，基底をなすベクトルの個数が，基底のとり方によらず一定であることから，その個数はVだけから決まる，重要な量であることがわかる。

定義 3-2　次元

VをK上の有限生成ベクトル空間とする。Vの基底をなすベクトルの個数を $\dim V$ と書き，VのK上の 次元 という。

注意　dim は，dimension の略でディメンションと読む。

例 2　n次元数ベクトル空間 K^n は標準基底 $\{\boldsymbol{e}_1, \boldsymbol{e}_2, \cdots\cdots, \boldsymbol{e}_n\}$ (例 1) をもち，それをなすベクトルの個数はn個である。よって，$\dim K^n=n$ である。すなわち，n次元数ベクトル空間は，その名前の通り，n次元のベクトル空間である。

a) 実は「有限生成」という仮定は必要ないのであるが，これを論じるためには，基底という概念の手直しの他に，無限集合に関する抽象的な取り扱いが必要となる。そのため，本書では議論しない。ただし，量子力学などでは無限次元のベクトル空間を扱う必要もあるため，この種の問題は完全に無視できるものではないことを注意しておきたい。

＋1ポイント

次元の概念は，係数体Kに依存している。例えば，複素数体$\mathbb{C}$を考えよう。これは，$\mathbb{C}$上の1次元数ベクトル空間 $\mathbb{C}^1$ とみなすことができるが，その場合，もちろん$\mathbb{C}$上の次元は1である。しかし，これを複素数の和と実数倍によって，実数$\mathbb{R}$上のベクトル空間とみなすと，例えば，$\{1,\ i\}$（i は虚数単位）がその基底になる（$p.$ 187，章末問題5参照）ので，$\mathbb{R}$上の次元は2である。

一般に，$\mathbb{C}$上のn次元ベクトル空間は，スカラーを実数に制限して$\mathbb{R}$上のベクトル空間とみなしたとき，その次元は $2n$ である。

◈延長原理

まず，この項では，基底の存在定理（定理3-1）の証明をしよう。証明の本質は，次に述べる「延長原理」という，非常に簡単な原理にある。

補題 3-1　延長原理

VをK上のベクトル空間とし，$\{\boldsymbol{v}_1,\ \boldsymbol{v}_2,\ \cdots\cdots,\ \boldsymbol{v}_k\}$ をVのベクトルからなる，1次独立な組とする。このとき，もし $\boldsymbol{v}_1,\ \boldsymbol{v}_2,\ \cdots\cdots,\ \boldsymbol{v}_k$ がVを生成しないならば（すなわち，$V \neq \langle \boldsymbol{v}_1,\ \boldsymbol{v}_2,\ \cdots\cdots,\ \boldsymbol{v}_k \rangle$ ならば），$\langle \boldsymbol{v}_1,\ \boldsymbol{v}_2,\ \cdots\cdots,\ \boldsymbol{v}_k \rangle$ に属さない，Vの任意のベクトル $\boldsymbol{v}_{k+1}$ をとると，$\{\boldsymbol{v}_1,\ \boldsymbol{v}_2,\ \cdots\cdots,\ \boldsymbol{v}_k,\ \boldsymbol{v}_{k+1}\}$ はまた1次独立である。

証明　$\boldsymbol{v}_{k+1}$ は $\boldsymbol{v}_1,\ \boldsymbol{v}_2,\ \cdots\cdots,\ \boldsymbol{v}_k$ の1次結合で表せないので，$p.$ 161，定理2-4(2)より，$\{\boldsymbol{v}_1,\ \boldsymbol{v}_2,\ \cdots\cdots,\ \boldsymbol{v}_k,\ \boldsymbol{v}_{k+1}\}$ は1次独立である。■

この補題（延長原理）を用いれば，ベクトル空間Vの基底は，次のように具体的なアルゴリズムで構成できる。

基底構成のアルゴリズム

[0]　最初に $B=\{\quad\}$（空集合）としておく。

[1]　Bのベクトルで生成されるVの部分空間 $\langle B \rangle$[a] がVに等しいならば，Bを出力して終了する。

[2]　さもなければ，$\langle B \rangle$ に属さないVのベクトルを，任意にとってBに加え，[1] に戻る（②例3(1)，$p.$ 155および延長原理（補題3-1）から，Bは1次独立である）。

a) Bが空集合のときは $\langle B \rangle=\{\boldsymbol{0}\}$（零ベクトルだけからなるベクトル空間）とする。

このアルゴリズムでは，$\langle B\rangle \subsetneq V$*) である限り，[1] に戻って [2] を繰り返す。これを繰り返して $\langle B\rangle = V$ となれば終了し，そこで出力された $B=\{\boldsymbol{v}_1, \boldsymbol{v}_2, \cdots\cdots, \boldsymbol{v}_n\}$ が V の基底となる[4]。図 1 でその様子を示した。

$V \neq \{\mathbf{0}\}$ ならば，$\boldsymbol{v}_1 \neq \mathbf{0}$ であるベクトル $\boldsymbol{v}_1$ をとり，$B=\{\boldsymbol{v}_1\}$ とすれば，B は 1 次独立であり，部分空間 $W_1=\langle B\rangle$ を生成する (図 1 の直線)。$W_1 \neq V$ なら，W_1 の外にある V のベクトル $\boldsymbol{v}_2$ を任意にとって，これを B に付け加える。延長原理より B は 1 次独立で，部分空間 $W_2=\langle B\rangle$ を生成する。$W_2 \neq V$ なら，W_2 の外にある V のベクトル $\boldsymbol{v}_3$ を任意にとって，これを B に付け加える。延長原理より B は 1 次独立で，部分空間 $W_3=\langle B\rangle$ を生成する。これを繰り返して，B が V を生成するまで続ければ，ベクトルの組 B は 1 次独立であり，かつ V を生成するので，V の基底となる。基本的には，基底の構成はこのようにしてなされ，それによって基底の存在が証明される。しかし，この議論には，1 つ大きな問題点がある。それは，この手順が有限回の繰り返しで必ず終了するとは限らないことにある。

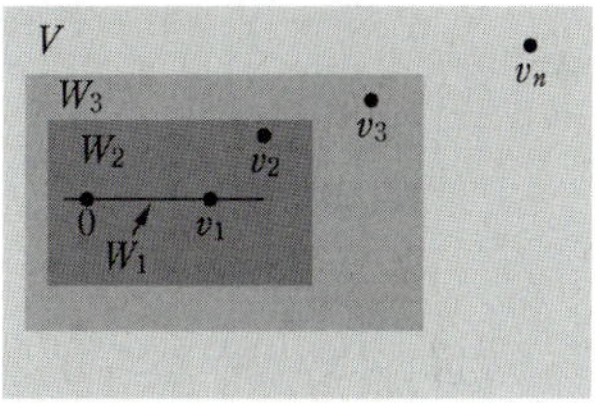

図 1　基底の構成

定理 3-1 (p. 163) の V に対する仮定「有限生成」は，このためにある。具体的には，上の「基底構成アルゴリズム」を少し改良して，V の生成系 $G=\{\boldsymbol{v}_1, \boldsymbol{v}_2, \cdots\cdots, \boldsymbol{v}_r\}$ を入力とし，そこからいくつかのベクトルを選んで，基底 B を構成するというものにする。つまり，次の定理を証明する。

定理 3-3　基底の存在 (改良版)

V を K 上の有限生成ベクトル空間とし，V のベクトル $\boldsymbol{v}_1, \boldsymbol{v}_2, \cdots\cdots, \boldsymbol{v}_r$ が V を生成するとする。このとき，生成系 $\{\boldsymbol{v}_1, \boldsymbol{v}_2, \cdots\cdots, \boldsymbol{v}_r\}$ の中から，ベクトルをいくつか選び出して，$\{\boldsymbol{v}_{i_1}, \boldsymbol{v}_{i_2}, \cdots\cdots, \boldsymbol{v}_{i_n}\}$ $(1 \leqq i_1 < i_2 < \cdots\cdots < i_n \leqq r)$ を V の基底にすることができる。

目標であった定理 3-1 は，定理 3-3 からすぐに証明できる (V の任意の生成系をとって，定理 3-3 を適用するだけである)。よって，定理 3-3 を証明すればよい。

*) $\langle B\rangle \subsetneq V$ は，$\langle B\rangle \neq V$，かつ $\langle B\rangle \subset V$ を示す。

4) $V=\{\mathbf{0}\}$ の場合は，空集合が基底となる。(よって，V の次元は 0 である)。このことの実質的な意味はわかりにくいかもしれないが，さしあたり，形式的なことであると考えてよい。

定理 3-3 の 証明 (証明の手順は図 2 のフローチャートを参考のこと。)

$G=\{\boldsymbol{v}_1,\ \boldsymbol{v}_2,\ \cdots\cdots,\ \boldsymbol{v}_r\}$ とする。Gのベクトルがすべて零ベクトルならば，Vは零ベクトル$\mathbf{0}$だけからなるベクトル空間であり，この場合は自明である[5)]。そこで，Gの中には零でないベクトルがある場合を考える。

[0] $\boldsymbol{v}_i \neq \mathbf{0}$ となる最小の i をとり，これを i_1 とする。$B=\{\boldsymbol{v}_{i_1}\}$ とする。Bは 1 次独立である ($p.$ 155, [2] 例 3 (1) 参照)。$V=\langle B\rangle$ ならば，BはVの基底を与える (ここで証明は終了する)。

[1] $V \neq \langle B\rangle$ ならば，i_1 番目より以降の $\boldsymbol{v}_i$ の中で，$\langle B\rangle$ に属さないものが存在する (さもないと，すべての $\boldsymbol{v}_i$ $(i=1,\ 2,\ \cdots\cdots,\ r)$ が $\langle B\rangle$ に属してしまうので，$V=\langle \boldsymbol{v}_1,\ \boldsymbol{v}_2,\ \cdots\cdots,\ \boldsymbol{v}_r\rangle=\langle B\rangle$ となってしまって矛盾である)。$\langle B\rangle$ に属さない $\boldsymbol{v}_i$ $(i>i_1)$ の中で，i が最小のものをとり，これを $\boldsymbol{v}_{i_2}$ とする。Bに $\boldsymbol{v}_{i_2}$ を加え，これを改めてBとする。延長原理 (補題 3-1, $p.$ 164) から，Bは 1 次独立である。$V=\langle B\rangle$ ならば，BはVの基底を与える (ここで証明は終了する)。

[2] $V \neq \langle B\rangle$ ならば，i_2 番目より以降の $\boldsymbol{v}_i$ の中で，$\langle B\rangle$ に属さないものが存在する[6)] (さもないと，すべての $\boldsymbol{v}_i$ $(i=1,\ 2,\ \cdots\cdots,\ r)$ が $\langle \boldsymbol{v}_{i_1},\ \boldsymbol{v}_{i_2}\rangle$ に属してしまうので，$V=\langle \boldsymbol{v}_1,\ \boldsymbol{v}_2,\ \cdots\cdots,\ \boldsymbol{v}_r\rangle=\langle B\rangle$ となってしまって矛盾である)。$\langle B\rangle$ に属さない $\boldsymbol{v}_i$ $(i>i_2)$ の中で，i が最小のものをとり，これを $\boldsymbol{v}_{i_3}$ とする。Bに $\boldsymbol{v}_{i_3}$ を加え，これを改めてBとする。延長原理 (補題 3-1) から，Bは 1 次独立である。$V=\langle B\rangle$ ならば，BはVの基底を与える (ここで証明は終了する)。

以上を，繰り返す。その k ステップ目 $(k=1,\ 2,\ \cdots\cdots)$ は，次の通りである。

[k] $V \neq \langle B\rangle$ ならば，i_k 番目より以降の $\boldsymbol{v}_i$ の中で，$\langle B\rangle$ に属さないものが存在する[7)] (さもないと，すべての $\boldsymbol{v}_i$ $(i=1,\ 2,\ \cdots\cdots,\ r)$ が $\langle \boldsymbol{v}_{i_1},\ \boldsymbol{v}_{i_2},\ \cdots\cdots,\ \boldsymbol{v}_k\rangle$ に属してしまうので，$V=\langle \boldsymbol{v}_1,\ \boldsymbol{v}_2,\ \cdots\cdots,\ \boldsymbol{v}_r\rangle=\langle B\rangle$ となってしまって矛盾である)。$\langle B\rangle$ に属さない $\boldsymbol{v}_i$ $(i>i_k)$ の中で，i が最小のものをとり，これを $\boldsymbol{v}_{i_{k+1}}$ とする。Bに $\boldsymbol{v}_{i_{k+1}}$ を加え，これを改めてBとする。延長原理 (補題 3-1) から，Bは 1 次独立である。$V=\langle B\rangle$ ならば，BはVの基底を与える (ここで証明は終了する)。

仮定から，Vは $\boldsymbol{v}_1,\ \boldsymbol{v}_2,\ \cdots\cdots,\ \boldsymbol{v}_r$ で生成されるので，以上の手続きは，

5) 空集合がVの基底となる。
6) i_2 のとり方から，i_2 番目までの v_i は，すべて $\langle B\rangle$ に属していることに注意。
7) i_k のとり方から，i_k 番目までの v_i は，すべて $\langle B\rangle$ に属していることに注意。

何回目かのステップで終了し，そのとき得られていた
$B=\{\boldsymbol{v}_{i_1},\ \boldsymbol{v}_{i_2},\ \cdots\cdots,\ \boldsymbol{v}_{i_n}\}$ が V の基底を与える。■

定理 3-3 の証明が出力として出してくる基底は，次のように簡潔に述べることもできる。

与えられた V の生成系 $\{\boldsymbol{v}_1,\ \boldsymbol{v}_2,\ \cdots\cdots,\ \boldsymbol{v}_r\}$ の各番号 $i=1,\ 2,\ \cdots\cdots,\ r$ について

- $\boldsymbol{v}_1,\ \boldsymbol{v}_2,\ \cdots\cdots,\ \boldsymbol{v}_{i-1}$ で生成される部分空間の中に，$\boldsymbol{v}_i$ が属さない

という条件が満たされるとき，番号 i を **主番号** と呼ぶことにする。ただし，最初の主番号とは，$\boldsymbol{v}_i \neq \boldsymbol{0}$ である最小の i のことである。

すなわち，主番号とは，それ以前の番号のベクトルが生成する部分空間から最初に飛び出すベクトルの番号のことである。

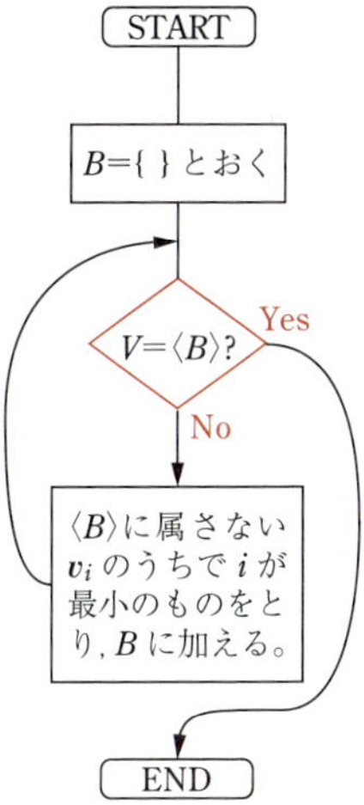

図 2　基底の構成

例 3

R^2 のベクトルの組

$$\left\{\begin{bmatrix}0\\0\end{bmatrix},\ \begin{bmatrix}0\\0\end{bmatrix},\ \begin{bmatrix}2\\0\end{bmatrix},\ \begin{bmatrix}0\\0\end{bmatrix},\ \begin{bmatrix}3\\0\end{bmatrix},\ \begin{bmatrix}1\\2\end{bmatrix},\ \begin{bmatrix}0\\1\end{bmatrix}\right\}$$

を考え，左から 1 番目，2 番目と番号を付ける。
このとき，主番号は，3 と 6 である。

V の生成系 $\{\boldsymbol{v}_1,\ \boldsymbol{v}_2,\ \cdots\cdots,\ \boldsymbol{v}_r\}$ に対して，その主番号を小さい順に

$$i_1,\ i_2,\ \cdots\cdots,\ i_n$$

とするとき，$\{\boldsymbol{v}_{i_1},\ \boldsymbol{v}_{i_2},\ \cdots\cdots,\ \boldsymbol{v}_{i_n}\}$ が，定理 3-3 の証明のアルゴリズムが出力してくる V の基底である。

練習 1　以下の生成系 G から，定理 3-3 の証明のアルゴリズムを用いて，R^2 の基底を構成せよ。

$$G=\left\{\boldsymbol{v}_1=\begin{bmatrix}0\\0\end{bmatrix},\ \boldsymbol{v}_2=\begin{bmatrix}1\\0\end{bmatrix},\ \boldsymbol{v}_3=\begin{bmatrix}-3\\0\end{bmatrix},\ \boldsymbol{v}_4=\begin{bmatrix}1\\2\end{bmatrix},\ \boldsymbol{v}_5=\begin{bmatrix}0\\2\end{bmatrix}\right\}$$

与えられた生成系から基底を取り出す手順（定理 3-3 の証明のアルゴリズム）の応用については，少し後の「次元の計算」の項 (*p.* 174) でも詳しく述べる。

◈差し替え原理

次に，基底に属するベクトルの個数の一意性（定理 3-2，p. 163）の証明をしよう。この定理は，次に述べる「差し替え原理」という原理を用いて証明される。

補題 3-2　差し替え原理

VをK上のベクトル空間とする。Vのベクトルの組 $\{\boldsymbol{v}_1,\ \boldsymbol{v}_2,\ \cdots\cdots,\ \boldsymbol{v}_n\}$ と $\{\boldsymbol{w}_1,\ \boldsymbol{w}_2,\ \cdots\cdots,\ \boldsymbol{w}_m\}$ が，それぞれ 1 次独立であり，かつそれらが生成する V の部分空間が一致するとする。すなわち

$$\langle \boldsymbol{v}_1,\ \boldsymbol{v}_2,\ \cdots\cdots,\ \boldsymbol{v}_n\rangle=\langle \boldsymbol{w}_1,\ \boldsymbol{w}_2,\ \cdots\cdots,\ \boldsymbol{w}_m\rangle$$

このとき，$\boldsymbol{v}_1,\ \boldsymbol{v}_2,\ \cdots\cdots,\ \boldsymbol{v}_n$ の任意の 1 つ $\boldsymbol{v}_i$ に対して，$\boldsymbol{w}_1,\ \boldsymbol{w}_2,\ \cdots\cdots,\ \boldsymbol{w}_m$ の中の $\boldsymbol{w}_j$ が存在して，次が成り立つ。

(a)　**$\boldsymbol{v}_i$ を $\boldsymbol{w}_j$ に差し替えた $\{\boldsymbol{v}_1,\ \cdots\cdots,\ \boldsymbol{v}_{i-1},\ \boldsymbol{w}_j,\ \boldsymbol{v}_{i+1},\ \cdots\cdots,\ \boldsymbol{v}_n\}$ も 1 次独立である。**

(b)　**$\boldsymbol{v}_i$ を $\boldsymbol{w}_j$ に差し替えた $\{\boldsymbol{v}_1,\ \cdots\cdots,\ \boldsymbol{v}_{i-1},\ \boldsymbol{w}_j,\ \boldsymbol{v}_{i+1},\ \cdots\cdots,\ \boldsymbol{v}_n\}$ も，$\{\boldsymbol{v}_1,\ \boldsymbol{v}_2,\ \cdots\cdots,\ \boldsymbol{v}_n\}$ や $\{\boldsymbol{w}_1,\ \boldsymbol{w}_2,\ \cdots\cdots,\ \boldsymbol{w}_m\}$ と同じ部分空間を生成する。**

$$\begin{aligned}\langle \boldsymbol{v}_1,\ \boldsymbol{v}_2,\ \cdots\cdots,\ \boldsymbol{v}_n\rangle&=\langle \boldsymbol{w}_1,\ \boldsymbol{w}_2,\ \cdots\cdots,\ \boldsymbol{w}_m\rangle\\&=\langle \boldsymbol{v}_1,\ \cdots\cdots,\ \boldsymbol{v}_{i-1},\ \boldsymbol{w}_j,\ \boldsymbol{v}_{i+1},\ \cdots\cdots,\ \boldsymbol{v}_n\rangle\end{aligned}$$

証明　$W=\langle \boldsymbol{v}_1,\ \boldsymbol{v}_2,\ \cdots\cdots,\ \boldsymbol{v}_n\rangle=\langle \boldsymbol{w}_1,\ \boldsymbol{w}_2,\ \cdots\cdots,\ \boldsymbol{w}_m\rangle$ とする。必要ならば添字を適当に入れ替えて，差し替える $\boldsymbol{v}_i$ として $\boldsymbol{v}_1$ を考える（すなわち，$i=1$ としても一般性を失わない）。以下，いくつかの段階に分けて証明する。

第 1 段階. $U=\langle \boldsymbol{v}_2,\ \boldsymbol{v}_3,\ \cdots\cdots,\ \boldsymbol{v}_n\rangle$ とする。$U\subset W$ であるが，U は W より真に小さな，Vの部分空間である。すなわち，$U\subsetneqq W$ である。

実際，$U=W$ とすると，$\boldsymbol{v}_1\in U=\langle \boldsymbol{v}_2,\ \boldsymbol{v}_3,\ \cdots\cdots,\ \boldsymbol{v}_n\rangle$ である。しかし，補題 2-1 より，これは $\{\boldsymbol{v}_1,\ \boldsymbol{v}_2,\ \cdots\cdots,\ \boldsymbol{v}_n\}$ が 1 次従属であることを意味し，これが 1 次独立であると仮定したことに反する。

よって，U は W より真に小さい。

第 2 段階. $U\subsetneqq W=\langle \boldsymbol{w}_1,\ \boldsymbol{w}_2,\ \cdots\cdots,\ \boldsymbol{w}_m\rangle$ なので，$\boldsymbol{w}_1,\ \boldsymbol{w}_2,\ \cdots\cdots,\ \boldsymbol{w}_m$ の中で，少なくとも 1 つは U に属さない（すべて属すなら，$\langle \boldsymbol{w}_1,\ \boldsymbol{w}_2,\ \cdots\cdots,\ \boldsymbol{w}_m\rangle\subseteqq U$ となり，$U=\langle \boldsymbol{w}_1,\ \boldsymbol{w}_2,\ \cdots\cdots,\ \boldsymbol{w}_m\rangle=W$ となってしまう）。必要なら，$\boldsymbol{w}_1,\ \boldsymbol{w}_2,\ \cdots\cdots,\ \boldsymbol{w}_m$ の添字を入れ替えて，$\boldsymbol{w}_1\notin U$ としてよい。

このとき，p. 161，定理 2-4 (2) より，$\{\boldsymbol{w}_1,\ \boldsymbol{v}_2,\ \cdots\cdots,\ \boldsymbol{v}_n\}$ は 1 次独立である。

第 3 段階． $\boldsymbol{v}_2, \boldsymbol{v}_3, \cdots\cdots, \boldsymbol{v}_n \in \langle \boldsymbol{v}_1, \boldsymbol{v}_2, \cdots\cdots, \boldsymbol{v}_n \rangle = W$ かつ $\boldsymbol{w}_1 \in \langle \boldsymbol{w}_1, \boldsymbol{w}_2, \cdots\cdots, \boldsymbol{w}_m \rangle = W$ なので，次が成り立つ。

$$\langle \boldsymbol{w}_1, \boldsymbol{v}_2, \cdots\cdots, \boldsymbol{v}_n \rangle \subset W \qquad (\dagger)$$

ところで，$\boldsymbol{w}_1 \in W = \langle \boldsymbol{v}_1, \boldsymbol{v}_2, \cdots\cdots, \boldsymbol{v}_n \rangle$ なので，$\{\boldsymbol{w}_1, \boldsymbol{v}_1, \boldsymbol{v}_2, \cdots\cdots, \boldsymbol{v}_n\}$ は 1 次従属である。$\{\boldsymbol{w}_1, \boldsymbol{v}_2, \cdots\cdots, \boldsymbol{v}_n\}$ は 1 次独立であり，それに $\boldsymbol{v}_1$ を付け加えた $\{\boldsymbol{w}_1, \boldsymbol{v}_1, \boldsymbol{v}_2, \cdots\cdots, \boldsymbol{v}_n\}$ は 1 次従属なので，定理 2-4 (1) より，$\boldsymbol{v}_1$ は $\boldsymbol{w}_1, \boldsymbol{v}_2, \cdots\cdots, \boldsymbol{v}_n$ の 1 次結合で表せる，すなわち

$$\boldsymbol{v}_1 \in \langle \boldsymbol{w}_1, \boldsymbol{v}_2, \cdots\cdots, \boldsymbol{v}_n \rangle$$

である。よって，すべての $\boldsymbol{v}_i$ $(i=1, 2, \cdots\cdots, n)$ が $\langle \boldsymbol{w}_1, \boldsymbol{v}_2, \cdots\cdots, \boldsymbol{v}_n \rangle$ に属するので

$$W = \langle \boldsymbol{v}_1, \boldsymbol{v}_2, \cdots\cdots, \boldsymbol{v}_n \rangle \subset \langle \boldsymbol{w}_1, \boldsymbol{v}_2, \cdots\cdots, \boldsymbol{v}_n \rangle \qquad (\ddagger)$$

$(\dagger)$ と $(\ddagger)$ から，$W = \langle \boldsymbol{w}_1, \boldsymbol{v}_2, \cdots\cdots, \boldsymbol{v}_n \rangle$ となる。

すなわち

$$\langle \boldsymbol{v}_1, \boldsymbol{v}_2, \cdots\cdots, \boldsymbol{v}_n \rangle = \langle \boldsymbol{w}_1, \boldsymbol{v}_2, \cdots\cdots, \boldsymbol{v}_n \rangle = \langle \boldsymbol{w}_1, \boldsymbol{w}_2, \cdots\cdots, \boldsymbol{w}_m \rangle$$

以上で，補題が証明された。■

差し替え原理を用いると，定理 3-2 は次のように証明される。

定理 3-2 の 証明　ベクトル空間 V が 2 通りの基底

$$\{\boldsymbol{v}_1, \boldsymbol{v}_2, \cdots\cdots, \boldsymbol{v}_n\}, \ \{\boldsymbol{w}_1, \boldsymbol{w}_2, \cdots\cdots, \boldsymbol{w}_m\}$$

をもつとする。必要ならば，前者と後者を入れ替えて，$n \leqq m$ としてもよい。差し替え原理（補題 3-2）から，$\boldsymbol{v}_1$ を何らかの $\boldsymbol{w}_{j_1}$ に差し替えて，$\{\boldsymbol{w}_{j_1}, \boldsymbol{v}_2, \cdots\cdots, \boldsymbol{v}_n\}$ が基底であるようにできる。更に，$\boldsymbol{v}_2$ を何らかの $\boldsymbol{w}_{j_2}$ に差し替えて，$\{\boldsymbol{w}_{j_1}, \boldsymbol{w}_{j_2}, \boldsymbol{v}_3, \cdots\cdots, \boldsymbol{v}_n\}$ が基底であるようにできる。

これを繰り返して，すべての $\boldsymbol{v}_i$ $(i=1, 2, \cdots\cdots, n)$ を差し替えれば

$$\{\boldsymbol{w}_{j_1}, \boldsymbol{w}_{j_2}, \cdots\cdots, \boldsymbol{w}_{j_n}\} \qquad (*)$$

という形の基底が得られる。

もし，$n<m$ ならば，$(*)$ の中に属さない $\boldsymbol{w}_j$ が存在する。$\boldsymbol{w}_j \in V = \langle \boldsymbol{w}_{j_1}, \boldsymbol{w}_{j_2}, \cdots\cdots, \boldsymbol{w}_{j_n} \rangle$ なので，補題 2-1 (*p*. 160) より，$\{\boldsymbol{w}_{j_1}, \boldsymbol{w}_{j_2}, \cdots\cdots, \boldsymbol{w}_{j_n}, \boldsymbol{w}_j\}$ は 1 次従属である。しかし，$\{\boldsymbol{w}_{j_1}, \boldsymbol{w}_{j_2}, \cdots\cdots, \boldsymbol{w}_{j_n}, \boldsymbol{w}_j\}$ は $\{\boldsymbol{w}_1, \boldsymbol{w}_2, \cdots\cdots, \boldsymbol{w}_m\}$ の部分集合なので，1 次独立でなければならない（*p*. 159，2 例題 4 参照）。これは矛盾である。よって，$n=m$ でなければならない。■

◈次元の性質

有限の次元をもつ（すなわち，有限個のベクトルからなる基底をもつ）ベクトル空間を，**有限次元ベクトル空間** という。定理 3-3（$p.$ 165）より，有限生成（すなわち，有限個のベクトルで生成される）ベクトル空間は基底をもつので，有限次元である。よって，ベクトル空間が有限次元であることと，有限生成であることとは同値である。基底構成のアルゴリズム（$p.$ 164）や，その改良版（定理 3-3 の証明）を使うと，基底や次元の性質について，更に細やかな事実を証明することができる。

定理 3-4　基底の延長

V を K 上の有限次元ベクトル空間とし，W をその部分空間とする。$\{\boldsymbol{v}_1,\ \boldsymbol{v}_2,\ \cdots\cdots,\ \boldsymbol{v}_k\}$ が W の基底であるとき，これにいくつかの V のベクトル $\boldsymbol{v}_{k+1},\ \boldsymbol{v}_{k+2},\ \cdots\cdots,\ \boldsymbol{v}_n$ を追加して $\{\boldsymbol{v}_1,\ \boldsymbol{v}_2,\ \cdots\cdots,\ \boldsymbol{v}_k,\ \boldsymbol{v}_{k+1},\ \cdots\cdots,\ \boldsymbol{v}_n\}$ を V の基底にすることができる。

証明　V の生成系 $\{\boldsymbol{w}_1,\ \boldsymbol{w}_2,\ \cdots\cdots,\ \boldsymbol{w}_n\}$ を 1 つとり，これと与えられた $\{\boldsymbol{v}_1,\ \boldsymbol{v}_2,\ \cdots\cdots,\ \boldsymbol{v}_k\}$ を合わせて

$$G=\{\boldsymbol{v}_1,\ \boldsymbol{v}_2,\ \cdots\cdots,\ \boldsymbol{v}_k,\ \boldsymbol{w}_1,\ \boldsymbol{w}_2,\ \cdots\cdots,\ \boldsymbol{w}_n\}$$

を考える。これも V の生成系である。そこで，この G を入力として，定理 3-3 の証明のアルゴリズムを実行する。こうすると，最初の $[k-1]$ ステップまでで，$B=\{\boldsymbol{v}_1,\ \boldsymbol{v}_2,\ \cdots\cdots,\ \boldsymbol{v}_k\}$ が得られる。（あるいは，最初から $B=\{\boldsymbol{v}_1,\ \boldsymbol{v}_2,\ \cdots\cdots,\ \boldsymbol{v}_k\}$ としてしまって，手順の $[k]$ ステップ目からスタートしてもよい。）よって，B のベクトルを最初の k 個に含んだ，V の基底が最終的に出力される。■

定理 3-5　次元の特徴付け

V を K 上の有限次元ベクトル空間とし，その次元を n とする。

(1)　V のベクトルの組 $\{\boldsymbol{w}_1,\ \boldsymbol{w}_2,\ \cdots\cdots,\ \boldsymbol{w}_m\}$ が 1 次独立ならば，$n \geqq m$ である。すなわち，V の次元は，1 次独立な V のベクトルの個数の最大値である。

(2)　V のベクトルの組 $\{\boldsymbol{w}_1,\ \boldsymbol{w}_2,\ \cdots\cdots,\ \boldsymbol{w}_m\}$ が V を生成するならば，$n \leqq m$ である。すなわち，V の次元は，V の生成系のベクトルの個数の最小値である。

証明　(1)　$\{\boldsymbol{w}_1,\ \boldsymbol{w}_2,\ \cdots\cdots,\ \boldsymbol{w}_m\}$ が1次独立であるから，これは部分空間 $W=\langle \boldsymbol{w}_1,\ \boldsymbol{w}_2,\ \cdots\cdots,\ \boldsymbol{w}_m \rangle$ の基底を与える。

定理 3-4 より，これに V のベクトルをいくつか追加して，V の基底にすることができる。

V の基底に属するベクトルの個数は n なので，$m \leqq n$ が成り立つ。

(2)　$\{\boldsymbol{w}_1,\ \boldsymbol{w}_2,\ \cdots\cdots,\ \boldsymbol{w}_m\}$ が V を生成するので，定理 3-3 より，そこからいくつか取り出して，V の基底にすることができる。

よって，そのベクトルの個数は m 以下なので，$n \leqq m$ である。■

練習 2　系 2-2 と，第 2 章定理 2-2 を用いて，V が n 次元数ベクトル空間 $V=K^n$ の場合に，定理 3-5 (1) の別証明を与えよ。

定理 3-5 から，基底と次元の性質に関して，いくつかの有用な結果を得ることができる。

系 3-1

V を K 上の有限次元ベクトル空間とし，その次元を n とする。
$\{\boldsymbol{v}_1,\ \boldsymbol{v}_2,\ \cdots\cdots,\ \boldsymbol{v}_n\}$ を V の n 個のベクトルの組とする。
このとき，以下はすべて同値である。

(a)　$\{\boldsymbol{v}_1,\ \boldsymbol{v}_2,\ \cdots\cdots,\ \boldsymbol{v}_n\}$ **は1次独立である。**
(b)　$\{\boldsymbol{v}_1,\ \boldsymbol{v}_2,\ \cdots\cdots,\ \boldsymbol{v}_n\}$ **は V を生成する。**
(c)　$\{\boldsymbol{v}_1,\ \boldsymbol{v}_2,\ \cdots\cdots,\ \boldsymbol{v}_n\}$ **は V の基底である。**

証明　(a) $\Longrightarrow$ (b) を証明しよう。

$\{\boldsymbol{v}_1,\ \boldsymbol{v}_2,\ \cdots\cdots,\ \boldsymbol{v}_n\}$ を1次独立とすると，定理 3-5 (1) より，その個数 n は，既に1次独立なベクトルの最大個数を達成している。

したがって，これ以上ベクトルを付け加えて，1次独立にすることはできない。もし，$\{\boldsymbol{v}_1,\ \boldsymbol{v}_2,\ \cdots\cdots,\ \boldsymbol{v}_n\}$ が生成する V の部分空間が，V より真に小さいなら，延長原理（補題 3-1，$p.$ 164）により，$\{\boldsymbol{v}_1,\ \boldsymbol{v}_2,\ \cdots\cdots,\ \boldsymbol{v}_n\}$ に更にベクトルを付け加えて，1次独立になってしまう。

よって，$\{\boldsymbol{v}_1,\ \boldsymbol{v}_2,\ \cdots\cdots,\ \boldsymbol{v}_n\}$ が生成する V の部分空間は V に一致する。

すなわち，$\{\boldsymbol{v}_1,\ \boldsymbol{v}_2,\ \cdots\cdots,\ \boldsymbol{v}_n\}$ は V を生成する。

次に，(b)$\Longrightarrow$(c) を証明しよう。

$\{\boldsymbol{v}_1,\ \boldsymbol{v}_2,\ \cdots\cdots,\ \boldsymbol{v}_n\}$ は V を生成するとする。

定理 3-3 より，$\{\boldsymbol{v}_1,\ \boldsymbol{v}_2,\ \cdots\cdots,\ \boldsymbol{v}_n\}$ の中からいくつかのベクトルを選び出して，V の基底にすることができるが，定理 3-5 (2) より，個数 n は V を生成できるベクトルの個数の最小値であるから，V の基底にするには，$\{\boldsymbol{v}_1,\ \boldsymbol{v}_2,\ \cdots\cdots,\ \boldsymbol{v}_n\}$ の中のすべてを選び出さなければならない。

よって，$\{\boldsymbol{v}_1,\ \boldsymbol{v}_2,\ \cdots\cdots,\ \boldsymbol{v}_n\}$ は既に V の基底である。

(c)$\Longrightarrow$(a) は，基底の定義から明らかである。

以上で，題意が証明された。 ■

系 3-2

$\{\boldsymbol{v}_1,\ \boldsymbol{v}_2,\ \cdots\cdots,\ \boldsymbol{v}_n\}$ を K^n の n 個のベクトルの組とし，それを並べて得られる n 次正方行列を $A=[\,\boldsymbol{v}_1\quad \boldsymbol{v}_2\quad \cdots\quad \boldsymbol{v}_n\,]$ とする。

このとき，以下はすべて同値である。

(a)　**$\{\boldsymbol{v}_1,\ \boldsymbol{v}_2,\ \cdots\cdots,\ \boldsymbol{v}_n\}$ は 1 次独立である。**

(b)　**$\{\boldsymbol{v}_1,\ \boldsymbol{v}_2,\ \cdots\cdots,\ \boldsymbol{v}_n\}$ は K^n を生成する。**

(c)　**$\{\boldsymbol{v}_1,\ \boldsymbol{v}_2,\ \cdots\cdots,\ \boldsymbol{v}_n\}$ は K^n の基底である。**

(d)　**A は正則である。**

証明　条件 (a)，(b)，(c) が同値であることは，既に系 3-1 で示している。

系 2-2 (p. 158) より，(a) と (d) が同値である。 ■

定理 3-4 (p. 170) では，部分空間 W が有限次元である（基底をもつ）ことを仮定した。

実は次の定理が示すように，有限次元ベクトル空間の部分空間は，また有限次元である。

定理 3-6　部分空間の有限次元性

V を K 上の有限次元ベクトル空間とし，W をその部分空間とする。

このとき，W も有限次元ベクトル空間である。

証明 Wについて，$p.164$ の「基底構成のアルゴリズム」を実行する。
この手順が，何回かの繰り返しの後に終了すれば，Wは基底をもち，よって有限次元であり，この手順が終了することを示そう。
この手順では，繰り返しの回数1回ごとに，Bに属するベクトルの個数が1個増える。ところで，Bは1次独立なWのベクトルの組であるから，1次独立なVのベクトルの組でもあるが，$p.170$，定理 3-5 (1) から，Bに属するベクトルの個数は，$\dim V$ を超えることはできない。
よって，上の手順はどこかで終了しなければならない。 ■

次元は，ベクトル空間の「大きさ」を測る量である。よって，大きいベクトル空間ほど，次元は大きくなる。このことを物語っているのが，次の定理である。

定理 3-7 次元の大小

VをK上のベクトル空間として，W，Uをその部分空間で $U \subseteqq W$ であるものとする。また，Wは有限次元であるとする。このとき，次が成立する。

(1) **Uも有限次元であり，**$\dim U \leqq \dim W$

(2) $U=W$ **であるための必要十分条件は，**$\dim U=\dim W$ **であることである。**

証明 (1) Uは有限次元ベクトル空間 Wの部分空間なので，定理 3-6 から，Uも有限次元である。そこで，Uの基底 $\{\boldsymbol{v}_1,\ \boldsymbol{v}_2,\ \cdots\cdots,\ \boldsymbol{v}_m\}$ $(m=\dim U)$ を考えると，これはWの1次独立なベクトルの組なので，定理 3-5 (1) より，$\dim U=m\leqq \dim W$ である。

(2) $U=W$ ならば $\dim U=\dim W$ であるのは自明である。
逆に，$\dim U=\dim W$ とする。
定理 3-4 より，Uの基底 $\{\boldsymbol{v}_1,\ \boldsymbol{v}_2,\ \cdots\cdots,\ \boldsymbol{v}_m\}$ を延長して，Wの基底を作ることができる。
しかし，$m=\dim U=\dim W$ なので，この延長で付け加えられる Wのベクトルの個数は0個である。すなわち，$\{\boldsymbol{v}_1,\ \boldsymbol{v}_2,\ \cdots\cdots,\ \boldsymbol{v}_m\}$ は既にWの基底にもなっている。
よって，$U=\langle \boldsymbol{v}_1,\ \boldsymbol{v}_2,\ \cdots\cdots,\ \boldsymbol{v}_m\rangle=W$ である。 ■

◈次元の計算

VをK上のベクトル空間とし，$\{\boldsymbol{v}_1, \boldsymbol{v}_2, \cdots\cdots, \boldsymbol{v}_r\}$ をVのベクトルの組とする。$\{\boldsymbol{v}_1, \boldsymbol{v}_2, \cdots\cdots, \boldsymbol{v}_r\}$ で生成されるVの部分空間をWとする。Wの次元を計算するには，図 2 に示された手順によって，Wの生成系 $\{\boldsymbol{v}_1, \boldsymbol{v}_2, \cdots\cdots, \boldsymbol{v}_r\}$ の中から 1 次独立なベクトルの組を，それがWを生成するようにとればよい。

以下では，Vがn次元数ベクトル空間 K^n である場合に，この方法を具体的に述べよう。そのために，次の補題を証明しておく。

補題 3-3

PをKの要素を成分にもつn次正則行列とする。

(1) **K^n のベクトル $\boldsymbol{v}_1, \boldsymbol{v}_2, \cdots\cdots, \boldsymbol{v}_r$ の，K上の 1 次関係**

$$a_1\boldsymbol{v}_1+a_2\boldsymbol{v}_2+\cdots\cdots+a_r\boldsymbol{v}_r=\boldsymbol{0} \quad (a_1, a_2, \cdots\cdots, a_r \in K)$$

が成り立つための必要十分条件は，$P\boldsymbol{v}_1, P\boldsymbol{v}_2, \cdots\cdots, P\boldsymbol{v}_r$ の，K上の 1 次関係

$$a_1P\boldsymbol{v}_1+a_2P\boldsymbol{v}_2+\cdots\cdots+a_rP\boldsymbol{v}_r=\boldsymbol{0}$$

が成り立つことである。

(2) **$\{\boldsymbol{v}_1, \boldsymbol{v}_2, \cdots\cdots, \boldsymbol{v}_r\}$ が 1 次独立であるための必要十分条件は，$\{P\boldsymbol{v}_1, P\boldsymbol{v}_2, \cdots\cdots, P\boldsymbol{v}_r\}$ が 1 次独立であることである。**

証明 (1) $a_1\boldsymbol{v}_1+a_2\boldsymbol{v}_2+\cdots\cdots+a_r\boldsymbol{v}_r=\boldsymbol{0}$ の両辺に，左からPを掛ければ

$$P(a_1\boldsymbol{v}_1+a_2\boldsymbol{v}_2+\cdots\cdots+a_r\boldsymbol{v}_r)=a_1P\boldsymbol{v}_1+a_2P\boldsymbol{v}_2+\cdots\cdots+a_rP\boldsymbol{v}_r=\boldsymbol{0}$$

が得られる。逆に，$a_1P\boldsymbol{v}_1+a_2P\boldsymbol{v}_2+\cdots\cdots+a_rP\boldsymbol{v}_r=\boldsymbol{0}$ の両辺に，左から P^{-1} を掛ければ，$a_1\boldsymbol{v}_1+a_2\boldsymbol{v}_2+\cdots\cdots+a_r\boldsymbol{v}_r=\boldsymbol{0}$ が得られる。

(2) $\{\boldsymbol{v}_1, \boldsymbol{v}_2, \cdots\cdots, \boldsymbol{v}_r\}$ が 1 次独立であるとする。

$a_1P\boldsymbol{v}_1+a_2P\boldsymbol{v}_2+\cdots\cdots+a_rP\boldsymbol{v}_r=\boldsymbol{0}$ を $P\boldsymbol{v}_1, P\boldsymbol{v}_2, \cdots\cdots, P\boldsymbol{v}_r$ の任意の 1 次関係とする。

両辺に左から P^{-1} を掛けると $a_1\boldsymbol{v}_1+a_2\boldsymbol{v}_2+\cdots\cdots+a_r\boldsymbol{v}_r=\boldsymbol{0}$ となるが，$\{\boldsymbol{v}_1, \boldsymbol{v}_2, \cdots\cdots, \boldsymbol{v}_r\}$ が 1 次独立なので，$a_1=a_2=\cdots\cdots=a_r=0$ である。これは $P\boldsymbol{v}_1, P\boldsymbol{v}_2, \cdots\cdots, P\boldsymbol{v}_r$ の任意の 1 次関係が自明であることを意味しているので，$\{P\boldsymbol{v}_1, P\boldsymbol{v}_2, \cdots\cdots, P\boldsymbol{v}_r\}$ は 1 次独立である。逆はPの逆行列 P^{-1} を用いて，同様に示される。 ■

この補題を踏まえて，実際に，ベクトルの組が生成する部分空間の基底を求めるための方法について考えよう。

例題 1

$\mathbb{R}^4$ のベクトル $\boldsymbol{v}_1=\begin{bmatrix}2\\3\\-1\\-1\end{bmatrix}$, $\boldsymbol{v}_2=\begin{bmatrix}1\\2\\0\\2\end{bmatrix}$, $\boldsymbol{v}_3=\begin{bmatrix}-2\\-3\\1\\1\end{bmatrix}$, $\boldsymbol{v}_4=\begin{bmatrix}0\\-1\\1\\0\end{bmatrix}$,

$\boldsymbol{v}_5=\begin{bmatrix}4\\4\\2\\3\end{bmatrix}$ を考える。$\{\boldsymbol{v}_1,\ \boldsymbol{v}_2,\ \boldsymbol{v}_3,\ \boldsymbol{v}_4,\ \boldsymbol{v}_5\}$ で生成される $\mathbb{R}^4$ の部分空間 W の基底を求めよ。

解答 $A=[\,\boldsymbol{v}_1\ \ \boldsymbol{v}_2\ \ \boldsymbol{v}_3\ \ \boldsymbol{v}_4\ \ \boldsymbol{v}_5\,]$ の簡約階段化は $\begin{bmatrix}1&0&-1&0&1\\0&1&0&0&2\\0&0&0&1&3\\0&0&0&0&0\end{bmatrix}$ である。これは 4 次正則行列 P によって

$$PA=[\,P\boldsymbol{v}_1\ \ P\boldsymbol{v}_2\ \ P\boldsymbol{v}_3\ \ P\boldsymbol{v}_4\ \ P\boldsymbol{v}_5\,]=\begin{bmatrix}1&0&-1&0&1\\0&1&0&0&2\\0&0&0&1&3\\0&0&0&0&0\end{bmatrix}$$

となっていることを意味している。これより，$\{P\boldsymbol{v}_1,\ P\boldsymbol{v}_2,\ P\boldsymbol{v}_4\}$ は 1 次独立であり，関係式 $P\boldsymbol{v}_3=\begin{bmatrix}-1\\0\\0\\0\end{bmatrix}=-\begin{bmatrix}1\\0\\0\\0\end{bmatrix}=-P\boldsymbol{v}_1$

と $P\boldsymbol{v}_5=\begin{bmatrix}1\\2\\3\\0\end{bmatrix}=\begin{bmatrix}1\\0\\0\\0\end{bmatrix}+2\begin{bmatrix}0\\1\\0\\0\end{bmatrix}+3\begin{bmatrix}0\\0\\1\\0\end{bmatrix}=P\boldsymbol{v}_1+2P\boldsymbol{v}_2+3P\boldsymbol{v}_4$

が成立していることが読み取れる。補題 3-3 から，次のことがわかる。

(a) $\{\boldsymbol{v}_1,\ \boldsymbol{v}_2,\ \boldsymbol{v}_4\}$ は 1 次独立である。

(b) 関係式 $\boldsymbol{v}_3=-\boldsymbol{v}_1$, $\boldsymbol{v}_5=\boldsymbol{v}_1+2\boldsymbol{v}_2+3\boldsymbol{v}_4$ が成り立つ。

(b) より，$\boldsymbol{v}_3$, $\boldsymbol{v}_5$ は，既に $\boldsymbol{v}_1$, $\boldsymbol{v}_2$, $\boldsymbol{v}_4$ の 1 次結合であるから，W は $\{\boldsymbol{v}_1,\ \boldsymbol{v}_2,\ \boldsymbol{v}_4\}$ で生成されることがわかる。よって，(a) から $\{\boldsymbol{v}_1,\ \boldsymbol{v}_2,\ \boldsymbol{v}_4\}$ は W の基底である。 ■

注意 生成系 $\{\boldsymbol{v}_1, \boldsymbol{v}_2, \boldsymbol{v}_3, \boldsymbol{v}_4, \boldsymbol{v}_5\}$ から W の基底を取り出す方法は，上のやり方だけに限るわけではない。例えば，$\boldsymbol{v}_1$ の代わりに $\boldsymbol{v}_3$ をとって，$\{\boldsymbol{v}_2, \boldsymbol{v}_3, \boldsymbol{v}_4\}$ も W の基底になる。

一般に，K^n のベクトルの組 $\{\boldsymbol{v}_1, \boldsymbol{v}_2, \cdots\cdots, \boldsymbol{v}_r\}$ が生成する部分空間 W の基底を，生成系 $\{\boldsymbol{v}_1, \boldsymbol{v}_2, \cdots\cdots, \boldsymbol{v}_r\}$ の中からベクトルを取り出して作るには，定理 3-3 (p. 165) の証明の方法を用いるわけであるが，その際，例題 1 のように，$n\times r$ 行列

$$A=[\,\boldsymbol{v}_1 \quad \boldsymbol{v}_2 \quad \cdots \quad \boldsymbol{v}_r\,]$$

の簡約階段化を考えると便利である。

行列 A の簡約階段化が，図 3 のようであったとする。すなわち，n 次正則行列 P が存在して，$PA=[\,P\boldsymbol{v}_1 \quad P\boldsymbol{v}_2 \quad \cdots \quad P\boldsymbol{v}_r\,]$ が図 3 の形になっているとする。

$$
\begin{array}{cccccccccccccc}
c_1 & & & & c_2 & & & & c_3 & & c_s & & & \\
\vdots & & & & \vdots & & & & \vdots & \cdots & \vdots & & &
\end{array}
$$
$$
\begin{bmatrix}
1 & a_{1\,c_1+1} & \cdots & a_{1\,c_2-1} & 0 & a_{1\,c_2+1} & \cdots & a_{1\,c_3-1} & 0 & \cdots\cdots & 0 & a_{1\,c_s+1} & \cdots & a_{1r} \\
 & & & & 1 & a_{2\,c_2+1} & \cdots & a_{2\,c_3-1} & 0 & \cdots\cdots & 0 & a_{2\,c_s+1} & \cdots & a_{2r} \\
 & & & & & & & & 1 & \cdots\cdots & 0 & a_{3\,c_s+1} & \cdots & a_{3r} \\
 & & & & & & & & & \ddots & & & & \\
 & & & & & & & & & & 1 & a_{s\,c_s+1} & \cdots & a_{sr} \\
 & & & & 0 & & & & & & & & &
\end{bmatrix}
$$

図 3　行列 A の簡約階段化

このとき，階段の段が落ちる列の列ベクトル（主列ベクトル）

$$P\boldsymbol{v}_{c_1},\ P\boldsymbol{v}_{c_2},\ \cdots\cdots,\ P\boldsymbol{v}_{c_s}$$

は 1 次独立であるから

$$\boldsymbol{v}_{c_1},\ \boldsymbol{v}_{c_2},\ \cdots\cdots,\ \boldsymbol{v}_{c_s}$$

は 1 次独立である。

また，図 3 の行列から

- $P\boldsymbol{v}_j=\boldsymbol{0}$ $(j<c_1)$
- $P\boldsymbol{v}_j$ $(c_1<j<c_2)$ は $P\boldsymbol{v}_{c_1}$ のスカラー倍で書ける
- $P\boldsymbol{v}_j$ $(c_2<j<c_3)$ は $P\boldsymbol{v}_{c_1}$，$P\boldsymbol{v}_{c_2}$ の 1 次結合で書ける

　……

- $P\boldsymbol{v}_j$ $(c_s<j)$ は $P\boldsymbol{v}_{c_1}$，$P\boldsymbol{v}_{c_2}$，……，$P\boldsymbol{v}_{c_s}$ の 1 次結合で書ける

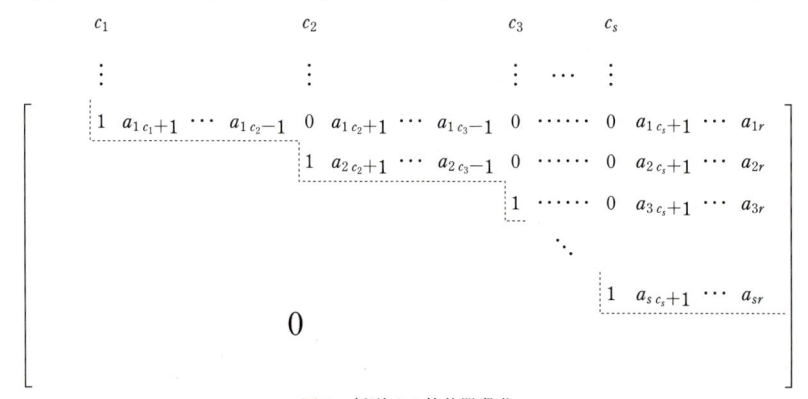

ということが読み取れるので

- $\boldsymbol{v}_j=\boldsymbol{0}$ $(j<c_1)$
- $\boldsymbol{v}_j$ $(c_1<j<c_2)$ は $\boldsymbol{v}_{c_1}$ のスカラー倍で書ける
- $\boldsymbol{v}_j$ $(c_2<j<c_3)$ は $\boldsymbol{v}_{c_1}$, $\boldsymbol{v}_{c_2}$ の1次結合で書ける

  ……

- $\boldsymbol{v}_j$ $(c_s<j)$ は $\boldsymbol{v}_{c_1}$, $\boldsymbol{v}_{c_2}$, ……, $\boldsymbol{v}_{c_s}$ の1次結合で書ける

ということがわかる。

以上より，$\{\boldsymbol{v}_{c_1}, \boldsymbol{v}_{c_2}, \cdots\cdots, \boldsymbol{v}_{c_s}\}$ は部分空間 W を生成し，しかも1次独立であるから，W の基底を与えることがわかる。

以上で，次の定理が証明された。

定理 3-8 次元の計算

K^n のベクトルの組 $\{\boldsymbol{v}_1, \boldsymbol{v}_2, \cdots\cdots, \boldsymbol{v}_r\}$ が生成する，K^n の部分空間を W とする。$n\times r$ 行列 $A=[\boldsymbol{v}_1 \quad \boldsymbol{v}_2 \quad \cdots \quad \boldsymbol{v}_r]$ の簡約階段化の，主番号（段が落ちる列の番号）を c_1, c_2, ……, c_s とするとき

$$\{\boldsymbol{v}_{c_1}, \boldsymbol{v}_{c_2}, \cdots\cdots, \boldsymbol{v}_{c_s}\}$$

は W の基底を与える。特に，次の等式が成り立つ。

$$\dim W=\operatorname{rank} A$$

すなわち，第2章で導入した，簡約階段行列の列番号における主番号は，定理3-3の証明の後に導入した，生成系 $\{\boldsymbol{v}_1, \boldsymbol{v}_2, \cdots\cdots, \boldsymbol{v}_r\}$ の番号としての主番号と一致しているわけである。

この最後の等式から，次の系がわかる。

系 3-3 行列の階数と次元

K の要素を成分とする $m\times n$ 行列 A の階数 $\operatorname{rank} A$ は，A の列ベクトルで生成される K^m の部分空間の次元に等しい。

練習 3

R^3 のベクトルの組

$$\left\{\boldsymbol{v}_1=\begin{bmatrix}1\\0\\0\end{bmatrix}, \boldsymbol{v}_2=\begin{bmatrix}1\\2\\2\end{bmatrix}, \boldsymbol{v}_3=\begin{bmatrix}-1\\-1\\-1\end{bmatrix}, \boldsymbol{v}_4=\begin{bmatrix}0\\1\\1\end{bmatrix}, \boldsymbol{v}_5=\begin{bmatrix}1\\0\\1\end{bmatrix}\right\}$$

は R^3 を生成することを示せ。また，ここからいくつかのベクトルを取り出して，R^3 の基底を構成せよ。

◈次元公式

次の定理（次元公式）が示すように，次元という概念は部分空間の和および共通部分について，その「大きさ」を測る量として整合的に振る舞う。

定理 3-9 次元公式

V を K 上のベクトル空間とし，W_1，W_2 をその有限次元部分空間とする。このとき，W_1 と W_2 の和 W_1+W_2 と共通部分 $W_1\cap W_2$（定義 1-3）も有限次元であり，次の等式が成り立つ。

$$\dim(W_1+W_2)=\dim W_1+\dim W_2-\dim W_1\cap W_2$$

証明 $W_1\cap W_2$ は有限次元ベクトル空間 W_1 の部分空間なので，有限次元である（定理 3-6，p. 172）。そこで，$W_1\cap W_2$ の基底 $\{\boldsymbol{v}_1,\ \boldsymbol{v}_2,\ \cdots\cdots,\ \boldsymbol{v}_r\}$ を 1 つとる（$r=\dim W_1\cap W_2$ とする）。基底の延長定理（定理 3-4，p. 170）より，$\{\boldsymbol{v}_1,\ \boldsymbol{v}_2,\ \cdots\cdots,\ \boldsymbol{v}_r\}$ に W_1 のベクトル $\boldsymbol{w}_{r+1},\ \boldsymbol{w}_{r+2},\ \cdots\cdots,\ \boldsymbol{w}_n$ を追加して

$$\{\boldsymbol{v}_1,\ \boldsymbol{v}_2,\ \cdots\cdots,\ \boldsymbol{v}_r,\ \boldsymbol{w}_{r+1},\ \cdots\cdots,\ \boldsymbol{w}_n\} \qquad (*)$$

を W_1 の基底であるようにできる（$n=\dim W_1$ とした）。
同様に，$\{\boldsymbol{v}_1,\ \boldsymbol{v}_2,\ \cdots\cdots,\ \boldsymbol{v}_r\}$ に W_2 のベクトル $\boldsymbol{u}_{r+1},\ \boldsymbol{u}_{r+2},\ \cdots\cdots,\ \boldsymbol{u}_m$ を追加して

$$\{\boldsymbol{v}_1,\ \boldsymbol{v}_2,\ \cdots\cdots,\ \boldsymbol{v}_r,\ \boldsymbol{u}_{r+1},\ \cdots\cdots,\ \boldsymbol{u}_m\} \qquad (**)$$

を W_2 の基底であるようにできる（$m=\dim W_2$ とした）。
このとき，これらを合わせた

$$\{\boldsymbol{v}_1,\ \boldsymbol{v}_2,\ \cdots\cdots,\ \boldsymbol{v}_r,\ \boldsymbol{w}_{r+1},\ \cdots\cdots,\ \boldsymbol{w}_n,\ \boldsymbol{u}_{r+1},\ \cdots\cdots,\ \boldsymbol{u}_m\} \quad (\dagger)$$

が W_1+W_2 の基底を与えることを，以下に示そう。これが示されれば，W_1+W_2 は次元が

$$r+(n-r)+(m-r)=n+m-r=\dim W_1+\dim W_2-\dim W_1\cap W_2$$

であるような部分空間ということになるので，有限次元であり，題意の等式が成立する。
$(\dagger)$ が 1 次独立であること：$\boldsymbol{v}_1,\ \boldsymbol{v}_2,\ \cdots\cdots,\ \boldsymbol{v}_r,\ \boldsymbol{w}_{r+1},\ \cdots\cdots,\ \boldsymbol{w}_n,\ \boldsymbol{u}_{r+1},\ \cdots\cdots,\ \boldsymbol{u}_m$ の 1 次関係

$$a_1\boldsymbol{v}_1+a_2\boldsymbol{v}_2+\cdots\cdots+a_r\boldsymbol{v}_r+b_1\boldsymbol{w}_{r+1}+\cdots\cdots+b_{n-r}\boldsymbol{w}_n+c_1\boldsymbol{u}_{r+1}$$
$$+\cdots\cdots+c_{m-r}\boldsymbol{u}_m=\boldsymbol{0} \quad (\ddagger)$$

を考える。

これを変形して

$$a_1\boldsymbol{v}_1+a_2\boldsymbol{v}_2+\cdots\cdots+a_r\boldsymbol{v}_r+b_1\boldsymbol{w}_{r+1}+\cdots\cdots+b_{n-r}\boldsymbol{w}_n$$
$$=-c_1\boldsymbol{u}_{r+1}-\cdots\cdots-c_{m-r}\boldsymbol{u}_m$$

を得る。この左辺は W_1 に属し，右辺は W_2 に属する。よって，どちらも $W_1\cap W_2$ に属する。特に右辺は $\boldsymbol{v}_1$，$\boldsymbol{v}_2$，……，$\boldsymbol{v}_r$ の１次結合

$$-c_1\boldsymbol{u}_{r+1}-\cdots\cdots-c_{m-r}\boldsymbol{u}_m=d_1\boldsymbol{v}_1+d_2\boldsymbol{v}_2+\cdots\cdots+d_r\boldsymbol{v}_r$$

で書ける。これより

$$d_1\boldsymbol{v}_1+d_2\boldsymbol{v}_2+\cdots\cdots+d_r\boldsymbol{v}_r+c_1\boldsymbol{u}_{r+1}+\cdots\cdots+c_{m-r}\boldsymbol{u}_m=\boldsymbol{0}$$

を得るが，(＊＊) が１次独立なので，
$d_1=d_2=\cdots\cdots=d_r=c_1=c_2=\cdots\cdots=c_{m-r}=0$ が得られる。これと (‡) より

$$a_1\boldsymbol{v}_1+a_2\boldsymbol{v}_2+\cdots\cdots+a_r\boldsymbol{v}_r+b_1\boldsymbol{w}_{r+1}+\cdots\cdots+b_{n-r}\boldsymbol{w}_n=\boldsymbol{0}$$

となるが，(＊) が１次独立なので，
$a_1=a_2=\cdots\cdots=a_r=b_1=b_2=\cdots\cdots=b_{n-r}=0$ となる。
以上より，最初の１次関係 (‡) は自明なものしかない。すなわち，(†) は１次独立である。(†) が W_1+W_2 を生成すること：W_1+W_2 の任意の要素は，$\boldsymbol{x}+\boldsymbol{y}$ ($\boldsymbol{x}\in W_1$，$\boldsymbol{y}\in W_2$) という形に書ける。$\boldsymbol{x}\in W_1$ で，(＊) が W_1 の基底なので

$$\boldsymbol{x}=a_1\boldsymbol{v}_1+a_2\boldsymbol{v}_2+\cdots\cdots+a_r\boldsymbol{v}_r+b_1\boldsymbol{w}_{r+1}+\cdots\cdots+b_{n-r}\boldsymbol{w}_n$$

と書ける。また，$\boldsymbol{y}\in W_2$ で，(＊＊) が W_2 の基底なので

$$\boldsymbol{y}=d_1\boldsymbol{v}_1+d_2\boldsymbol{v}_2+\cdots\cdots+d_r\boldsymbol{v}_r+c_1\boldsymbol{u}_{r+1}+\cdots\cdots+c_{m-r}\boldsymbol{u}_m$$

と書ける。このとき

$$\boldsymbol{x}+\boldsymbol{y}=(a_1+d_1)\boldsymbol{v}_1+(a_2+d_2)\boldsymbol{v}_2+\cdots\cdots+(a_r+d_r)\boldsymbol{v}_r$$
$$+b_1\boldsymbol{w}_{r+1}+\cdots\cdots+b_{n-r}\boldsymbol{w}_n+c_1\boldsymbol{u}_{r+1}+\cdots\cdots+c_{m-r}\boldsymbol{u}_m$$

となるが，これは W_1+W_2 の任意の要素が，(†) の１次結合で書けることを意味している。■

次元公式 (定理 3-9) から，次のように，部分空間の和が直和になる条件を，次元に関する等式で表現することができる。

系 3-4　直和と次元

V を K 上のベクトル空間とし，W_1，W_2，……，W_s をその有限次元部分空間とする。このとき，次の不等式が成り立つ。

$$\dim(W_1+W_2+\cdots\cdots+W_s)\leqq\dim W_1+\dim W_2+\cdots\cdots+\dim W_s$$

また，$W_1+W_2+\cdots\cdots+W_s$ が直和であるための必要十分条件は，上で等号が成り立つことである。

証明 最初の不等式は，定理 3-9 ($p.$ 178) から，部分空間の個数 s についての帰納法で容易に示される。

$W_1+W_2+\cdots\cdots+W_s$ が直和であるとすると，定理 1-4 ($p.$ 150) から，$i=2$, ……, s について $(W_1+W_2+\cdots\cdots+W_{i-1})\cap W_i=\{\mathbf{0}\}$ が成り立つ。

$i=2$ とすると，$W_1\cap W_2=\{\mathbf{0}\}$ なので，定理 3-9 から，$\dim(W_1+W_2)=\dim W_1+\dim W_2$ となる。

$i=3$ とすると，$(W_1+W_2)\cap W_3=\{\mathbf{0}\}$ なので，定理 3-9 から，$\dim(W_1+W_2+W_3)=\dim(W_1+W_2)+\dim W_3=\dim W_1+\dim W_2+\dim W_3$ となる。以下同様に，$i=s$ まで議論すれば，等式

$$\dim(W_1+W_2+\cdots\cdots+W_s)=\dim W_1+\dim W_2+\cdots\cdots+\dim W_s$$

が得られる。

逆に，$\dim(W_1+W_2+\cdots\cdots+W_s)=\dim W_1+\dim W_2+\cdots\cdots+\dim W_s$ が成り立つとして，$W_1+W_2+\cdots\cdots+W_s$ が直和であること，すなわち，$W_i\cap(W_1+\cdots\cdots+W_{i-1}+W_{i+1}+\cdots\cdots+W_s)=\{\mathbf{0}\}$ が，すべての $i=1, 2, \cdots\cdots, s$ で成り立つことを示そう。

$U_i=W_1+\cdots\cdots+W_{i-1}+W_{i+1}+\cdots\cdots+W_s$ とする。定理 3-9 から

$$\dim U_i\leqq\dim W_1+\cdots\cdots+\dim W_{i-1}+\dim W_{i+1}+\cdots\cdots+\dim W_s$$

である。$W_1+W_2+\cdots\cdots+W_s=W_i+U_i$ なので

$$\begin{aligned}\dim(W_1+W_2+\cdots\cdots+W_s)&=\dim(W_i+U_i)\leqq\dim W_i+\dim U_i\\&\leqq\dim W_1+\dim W_2+\cdots\cdots+\dim W_s\end{aligned}$$

である。仮定から，この不等式の両端の値が等しいので，不等式はすべて等式になる。特に，$\dim(W_i+U_i)=\dim W_i+\dim U_i$ となるが，これは定理 3-9 から，$W_i\cap U_i=W_i\cap(W_1+\cdots\cdots+W_{i-1}+W_{i+1}+\cdots\cdots+W_s)=\{\mathbf{0}\}$ であることを意味している。 ■

特に，W_1, W_2, ……, W_s の和が V 全体に一致する場合を考えると，次の系が得られる。

系 3-5 直和分解と次元

V を K 上の有限次元ベクトル空間，W_1, W_2, ……, W_s をその部分空間とし，$V=W_1+W_2+\cdots\cdots+W_s$ とする。このとき，V が W_1, W_2, ……, W_s の直和に分解する，すなわち $V=W_1\oplus W_2\oplus\cdots\cdots\oplus W_s$ となる ($p.$ 150) ための必要十分条件は以下が成り立つことである。

$$\dim V=\dim W_1+\dim W_2+\cdots\cdots+\dim W_s$$

練習 4 VをK上の有限次元ベクトル空間，W_1，W_2，……，W_sをその部分空間とする。また，各W_iの基底$\{\boldsymbol{w}_{i1}, \boldsymbol{w}_{i2}, \cdots\cdots, \boldsymbol{w}_{id_i}\}$ $(d_i=\dim W_i)$が与えられているとする。このとき，次が同値であることを示せ。

(a) VはW_1，W_2，……，W_sの直和に分解する。

(b) $\{\boldsymbol{w}_{11}, \cdots\cdots, \boldsymbol{w}_{1d_1}, \boldsymbol{w}_{21}, \cdots\cdots, \boldsymbol{w}_{2d_2}, \cdots\cdots, \boldsymbol{w}_{s1}, \cdots\cdots, \boldsymbol{w}_{sd_s}\}$ はVの基底である。

研究　幾何的ベクトル

1 では，ベクトル空間の例として，列ベクトルからなる数ベクトル空間や数列空間，更には関数の空間を考えた。これらの例においては，「ベクトル」はそれぞれ列ベクトル，数列，関数であった。ベクトル空間の理論は，これら個々の解釈とは関係のない一般的なものである。したがって，（数ベクトル空間に特化した概念や定理を除けば）今まで述べたことは，ベクトル空間のどのような解釈においても成り立つ。

歴史的には，ベクトルは力学や天文学におけるさまざまな物理量として考えられた。そこでは，向きと長さをもつ量である「有向線分」によってベクトルは表される。平面上の有向線分としてのベクトルの概念は，既に高等学校で学習している。このような「矢線」としてのベクトルの考え方は，2次元（平面）の場合に限らず，一般の次元でも直観的なベクトルの解釈として有効である。

線形代数学という枠組みでみれば，これも数ベクトル空間や数列空間などと同様に，ベクトルの1つの〈解釈〉であり，モデルの1つに過ぎないが，物理的な見方からは，有向線分としてのベクトル量の考え方は自然である。その意味で，有向線分（矢線）としてのベクトルの考え方は，自然科学や工学への線形代数学の応用という点で重要であり，またベクトルやベクトル空間について，確かな直観を伴いながら理解を深める上でも重要である。

この節では，有向線分としての幾何的ベクトルの考え方を導入し，ベクトルの幾何的側面について考える。

◆有向線分とベクトル

物理では，例えば，ある地点における風の状況や，ある点に働く力を記述するために，矢印で表される量を用いると便利なことが多い。ある地点における風の状況を効果的に記述するためには，風速（風の強さ）だけでなく，風向も必要である。

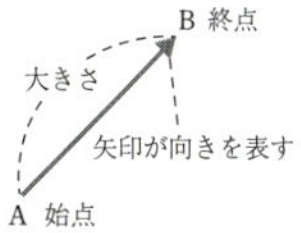

図4　有向線分

同様に，ある点に働く力は，力の強さだけでなく，その方向も重要である。これらの量は，強さや大きさといった，単なる数で表されるものではなく，方向をも含んでいる。そのため，これらの量を表すには，図 4 に示したような，矢印を用いると便利である。矢印の向きが方向を表し，その長さが大きさ（強さ）を示す。

ここで「矢印」と述べたものは，一般に **有向線分** と呼ばれるものであり，図 4 に示したような，「A から B へ」の方向を考えた線分のことである。点 A をこの有向線分の **始点** といい，点 B を **終点** という[8)]。

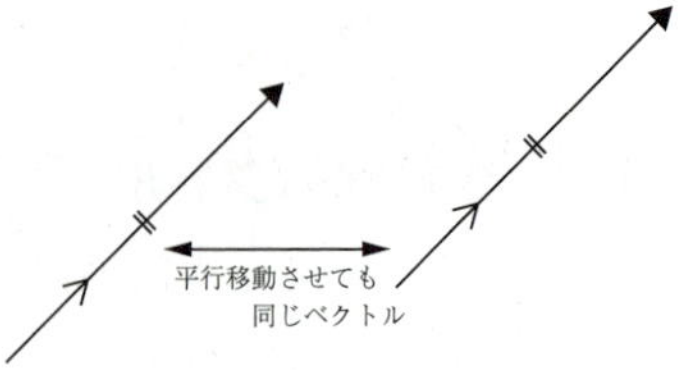

図 5　平行な有向線分

幾何的ベクトル（あるいは単に **ベクトル**）とは，n 次元空間 $\mathbb{R}^n$ の中の，このような有向線分で，平行で大きさも等しいものを同一視したものである。すなわち，図 5 のような関係にある 2 つの有向線分は，同じベクトルとみなす。

図 4 のように，A から B への有向線分で定まるベクトルを $\overrightarrow{\mathrm{AB}}$ と書くが，このように始点と終点を明示しないで，$\vec{u}$，$\vec{v}$，$\vec{w}$ のように，英小文字の上に矢印を乗せた記号で，幾何的ベクトルを表示することも多い。

◈幾何的ベクトルの演算

幾何的ベクトル $\vec{u}$ と $\vec{v}$ の和は，平面ベクトルの場合と同様に，それらの始点を合わせたときにできる平行四辺形の，始点からのびる対角線によって表される矢線で定義される（図 6 ）。

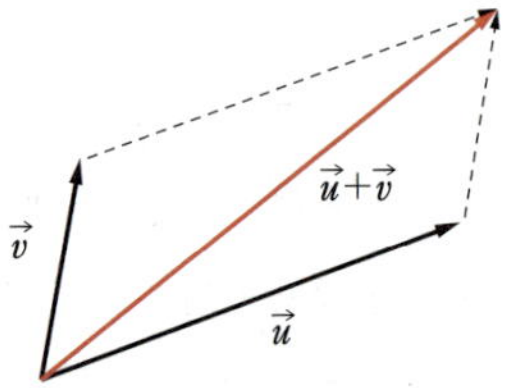

図 6　ベクトルの和

また，幾何的ベクトル $\vec{v}$ の実数倍 $a\vec{v}$ は，$\vec{v}$ と同じ方向をもち，長さが a 倍されたもの（a が負のときは，逆向きで長さを $|a|$ 倍したもの）として定義される。

こうして定義された和とスカラー倍の概念によって，$\mathbb{R}^n$ の中の幾何的ベクトル全体は，$\mathbb{R}$ 上のベクトル空間をなす。

---

8) $n \geqq 4$ の場合，n 次元空間の中の「矢印」というものを想像することは難しいかもしれない。そういう場合は，矢印という「形」に拘ることなく，それが単に「始点」と「終点」という 2 つの点だけから決まるものであることを念頭におけばよい。すなわち，空間の中の矢印とは，空間の中の（始点と終点という）2 つの点の組（ただし，2 点の順序も考える）のことに他ならないと考えるのである。

◈幾何的ベクトルの成分

幾何的ベクトル $\vec{v}=\overrightarrow{\mathrm{AB}}$ について，$\mathrm{A}(a_1,\ a_2,\ \cdots\cdots,\ a_n)$，$\mathrm{B}(b_1,\ b_2,\ \cdots\cdots,\ b_n)$ のとき，列ベクトル $\begin{bmatrix} b_1-a_1 \\ b_2-a_2 \\ \vdots \\ b_n-a_n \end{bmatrix}$ [9] を，$\vec{v}$ の **成分** という。

逆に，任意の列ベクトル $\begin{bmatrix} a_1 \\ a_2 \\ \vdots \\ a_n \end{bmatrix}$ に対して，原点Oを始点，点 $\mathrm{A}(a_1,\ a_2,\ \cdots\cdots,\ a_n)$ を終点として，ベクトル $\vec{v}=\overrightarrow{\mathrm{OA}}$ が決まる。

こうして，任意の幾何的ベクトルは，列ベクトルと1対1に対応し，幾何的ベクトル全体は n 次元数ベクトル空間と同一視される。

これを踏まえて，一般に，幾何的ベクトル $\vec{v}$ の成分が $\begin{bmatrix} a_1 \\ a_2 \\ \vdots \\ a_n \end{bmatrix}$ であるとき，両者を同一視して，単に

$$\vec{v}=\begin{bmatrix} a_1 \\ a_2 \\ \vdots \\ a_n \end{bmatrix}$$

と書いてしまうことも多い (高校の数学では，$\vec{v}=(a_1,\ a_2,\ a_3)$ のように書いたが，基本的には同じ考え方である)。

◈空間内の直線

一般次元での話はこのくらいにして，3次元空間 R^3 における幾何的ベクトルに集中することにしよう。

9) これは，$\overrightarrow{\mathrm{AB}}$ の平行移動に関して不変である。

空間の零でないベクトル $\vec{v}=\begin{bmatrix} a_1 \\ a_2 \\ a_3 \end{bmatrix}$ と，もう 1 つのベクトル $\vec{w}=\begin{bmatrix} b_1 \\ b_2 \\ b_3 \end{bmatrix}$ が与えられたとき，点 $(b_1,\ b_2,\ b_3)$ を通り，$\vec{v}$ を **方向ベクトル** とする直線 ℓ が定まる。直線 ℓ は，パラメータ t を用いて

$$\ell : \vec{x}=\vec{w}+t\vec{v},\quad \vec{x}=\begin{bmatrix} x \\ y \\ z \end{bmatrix} \qquad (*)$$

と表現される。

空間内の直線のパラメータ表示 $(*)$ から，パラメータ t を消去すれば，直線の方程式を得ることができる。

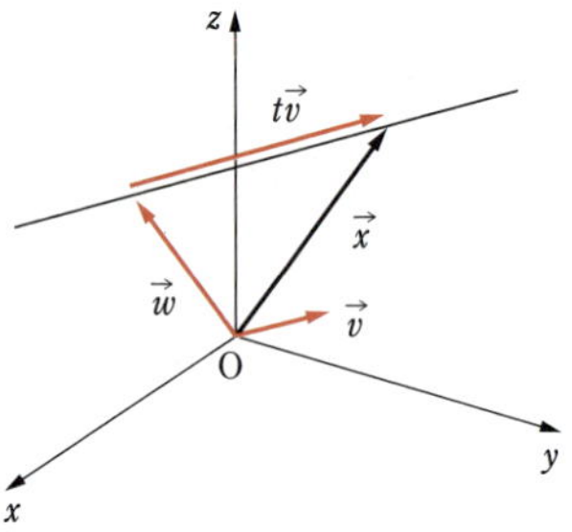

例えば，方向ベクトル $\vec{v}$ の成分 a_1，a_2，a_3 が，どれも 0 でないなら，$(*)$ から t を消去して，次のような，直線の方程式が得られる。

$$\frac{x-b_1}{a_1}=\frac{y-b_2}{a_2}=\frac{z-b_3}{a_3}$$

練習 5
(1) 空間内の点 (1, 3, 2) を通り，方向ベクトル (1, 1, 1) をもつ直線の方程式を求めよ。また，この直線が点 (3, 5, 4) を通るかどうか判定せよ。
(2) 空間内の点 (1, −1, 2) と点 (2, 4, 5) を通る直線の方程式を求めよ。

◆空間内の平面

空間内の互いに平行でない 2 つのベクトル

$$\vec{v}=\begin{bmatrix} a_1 \\ a_2 \\ a_3 \end{bmatrix},\quad \vec{w}=\begin{bmatrix} b_1 \\ b_2 \\ b_3 \end{bmatrix}$$

が与えられると，$\{\vec{v},\ \vec{w}\}$ は $\mathbb{R}^3$ の 2 次元部分空間，すなわち，原点を通る平面 W を生成する。W の点は $\vec{v}$，$\vec{w}$ の 1 次結合で表される全体なので，2 つのパラメータ s，t を用いて

$$s\vec{v}+t\vec{w} \qquad (s,\ t \in \mathbb{R})$$

と表される。

(c_1, c_2, c_3) を $\mathbb{R}^3$ の点として，$\vec{u}=\begin{bmatrix} c_1 \\ c_2 \\ c_3 \end{bmatrix}$ とする。部分空間 W を，点 (c_1, c_2, c_3) を通るように平行移動すると，点 (c_1, c_2, c_3) を通り W に平行な平面が得られる。このパラメータ表示は，次で与えられる。

$$H : \vec{x}=\vec{u}+s\vec{v}+t\vec{w}, \qquad \vec{x}=\begin{bmatrix} x \\ y \\ z \end{bmatrix} \qquad (**)$$

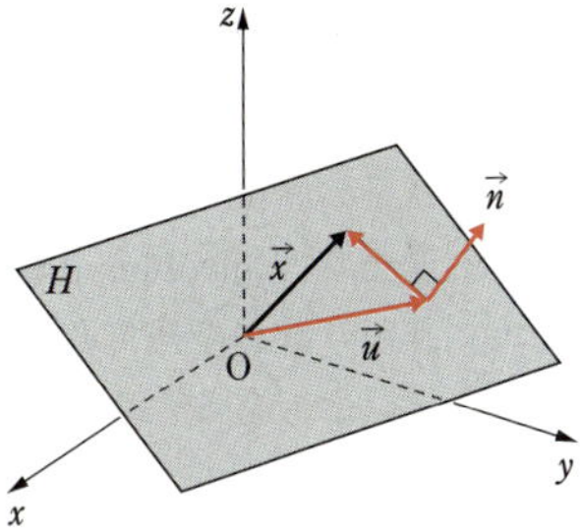

$(**)$ からパラメータ s，t を消去すると，空間内の平面の方程式を得ることができる。

今の場合，次のようになる。

$\alpha(x-c_1)+\beta(y-c_2)+\gamma(z-c_3)=0$

ただし

$\alpha=a_2b_3-a_3b_2$，$\beta=a_3b_1-a_1b_3$，$\gamma=a_1b_2-a_2b_1$

ベクトル $\vec{n}=\begin{bmatrix} \alpha \\ \beta \\ \gamma \end{bmatrix}$ を，平面 H の **法線ベクトル** という。

ベクトル $\vec{n}$ は，第 7 章で後述する，**ベクトル積** $\vec{v}\times\vec{w}$ というものである。

練習 6 空間内の 3 点 A(1, −2, 3)，B(−2, 0, 1)，C(3, 2, −5) を通る平面の方程式を求めよ。

Column コラム

ヤコビ行列とヤコビ行列式

微分積分学と線形代数学の連繫を最もよく象徴しているのは，多重積分の変数変換公式に現れるヤコビ行列式であろう。
由来を訪ねると，19 世紀のドイツの数学者カール・グスタフ・ヤコブ・ヤコビ(1804-1851 年) の論文 De determinantibus functionalibus (1841 年) に出会う。
ラテン語で書かれているが，表題の 2 つの単語 determinans と functionalis (前置詞 de に支配されて双方とも語尾が変化している) のうち，前者は何事かを限定するという意の名詞で，動詞形は「境界を定める，限定する」ということを意味する determino である。後者は「関数の」という意の形容詞で，名詞形は「関数」を意味する functio である。これらの 2 語を連接した言葉を「関数行列式」と訳出するのが今日の語法である。ヤコビにちなんで「ヤコビ行列式」と呼ばれることもある。
英語表記では Jacobian determinant で，determinant (ディターミナント) に「行列式」という訳語を当てたのである。線形代数学の視点に立てば，行列式は行列に附随する概念であるから，ヤコビ行列式という用語が許されるためには，それに先立って「ヤコビ行列 (Jacobian matrix)」が導入されていなければならないであろう。
だが，ヤコビの論文にはヤコビ行列の姿はみられない。
ガウスは 2 元 2 次形式　$ax^2+2bxy+cy^2$ (a，b，c は定まった整数)
の考察に当たり，係数を用いて作られる数値 b^2-ac に着目し，2 次形式の諸性質はこの数値に備わっている性質に依存するという認識に基づいてこれを判別式と呼んだ。今日の語法では判別式の原語は discriminant (英語：デイスクリミナント) である。ところがガウスは determinans と表記した。ヤコビはこの語法を踏襲したのである。
$n+1$ 個の変数 x，x_1，……，x_n の関数が変数の個数と同じく $n+1$ 個提示されたとして，それらを f，f_1，……，f_n とする。
ヤコビは $(n+1)^2$ 個の偏微分 $\dfrac{\partial f}{\partial x}$，$\dfrac{\partial f_i}{\partial x_k}$ (i，$k=1$，2，……，n) を素材として，総和

$$\sum\pm\frac{\partial f}{\partial x}\cdot\frac{\partial f_1}{\partial x_1}\cdots\cdots\frac{\partial f_n}{\partial x_n}$$

を作り，これを determinans functionalis と呼んだ。多重積分の変数変換公式は

$$\int U\partial f\partial f_1\cdots\cdots\partial f_n=\int U\left(\sum\pm\frac{\partial f}{\partial x}\cdot\frac{\partial f_1}{\partial x_1}\cdots\cdots\frac{\partial f_n}{\partial x_n}\right)\partial x\partial x_1\cdots\cdots\partial x_n$$

と表記された。2 次形式における判別式のように，関数系 f，f_1，……，f_n の諸性質はこの総和に凝縮しているのである。後年の行列と行列式の概念を受けて関数行列式もしくはヤコビ行列式と呼ばれるようになったが，ヤコビの意図を汲むなら，「関数判別式」という訳語が最もふさわしいであろう。

章末問題

1. 実数を係数とする，変数 x の多項式全体を $\mathbb{R}[x]$ と書くことにする。
(1) $\mathbb{R}[x]$ は多項式の和と実数倍によって，$\mathbb{R}$ 上のベクトル空間になることを示せ。
(2) n を自然数として，$\mathbb{R}[x]_n$ で，次数が高々 n の多項式全体を表すとする。$\mathbb{R}[x]_n$ は $\mathbb{R}[x]$ の部分空間であることを示せ。
(3) $\mathbb{R}[x]_n$ の次元を求めよ。

2. $\mathbb{R}$ 上のすべての関数全体 $F(\mathbb{R})$ の中で，微分可能な関数全体のなす部分集合は，部分空間であることを示せ。

3. (ウロンスキー行列式)
$\mathbb{R}$ 上の $n-1$ 階微分可能な関数 $f_1(x)$，$f_2(x)$，……，$f_n(x)$ について

$$W(f_1,\ f_2,\ \cdots\cdots,\ f_n)(x)=\det\begin{bmatrix} f_1(x) & f_2(x) & \cdots & f_n(x) \\ f_1{}'(x) & f_2{}'(x) & \cdots & f_n{}'(x) \\ \vdots & \vdots & & \vdots \\ f_1{}^{(n-1)}(x) & f_2{}^{(n-1)}(x) & \cdots & f_n{}^{(n-1)}(x) \end{bmatrix}$$

とする。
ただし，$f^{(k)}(x)$ は関数 $f(x)$ の k 階導関数を表す。$W(f_1,\ f_2,\ \cdots\cdots,\ f_n)(x)$ が恒等的に 0 でないならば，$\{f_1(x),\ f_2(x),\ \cdots\cdots,\ f_n(x)\}$ は，$\mathbb{R}$ 上の関数のなすベクトル空間 $F(\mathbb{R})$ のベクトルの集合として，$\mathbb{R}$ 上 1 次独立であることを示せ。

4. K 上のベクトル空間 V のベクトル $\boldsymbol{v}_1$，$\boldsymbol{v}_2$，……，$\boldsymbol{v}_n$ について，各 $\boldsymbol{v}_i$ $(i=1,\ 2,\ \cdots\cdots,\ n)$ が生成する V の部分空間 $\langle \boldsymbol{v}_i \rangle$ を考える。
このとき，次が同値であることを示せ。
(a) $\{\boldsymbol{v}_1,\ \boldsymbol{v}_2,\ \cdots\cdots,\ \boldsymbol{v}_n\}$ は 1 次独立である。
(b) $\boldsymbol{v}_i \neq \boldsymbol{0}$ $(i=1,\ 2,\ \cdots\cdots,\ n)$ であり，かつ $\langle \boldsymbol{v}_1 \rangle + \langle \boldsymbol{v}_2 \rangle + \cdots\cdots + \langle \boldsymbol{v}_n \rangle$ は直和である。

5. 複素数全体の集合 $\mathbb{C}$ を，複素数どうしの和と，実数倍によって，$\mathbb{R}$ 上のベクトル空間とみなす。このとき，$\{1,\ i\}$ (i は虚数単位) は基底を与えることを示せ。

6. PをKの要素を成分にもつn次正則行列とする。

(1) K^n のベクトルの組 $\{\boldsymbol{v}_1, \boldsymbol{v}_2, \cdots\cdots, \boldsymbol{v}_r\}$ が K^n を生成するための必要十分条件は，$\{P\boldsymbol{v}_1, P\boldsymbol{v}_2, \cdots\cdots, P\boldsymbol{v}_r\}$ が K^n を生成することであることを示せ。

(2) $\{\boldsymbol{v}_1, \boldsymbol{v}_2, \cdots\cdots, \boldsymbol{v}_r\}$ が K^n の基底であるための必要十分条件は，$\{P\boldsymbol{v}_1, P\boldsymbol{v}_2, \cdots\cdots, P\boldsymbol{v}_r\}$ が K^n の基底であることを示せ。

7. R^3 のベクトル $\boldsymbol{v}_1=\begin{bmatrix}1\\2\\0\end{bmatrix}$, $\boldsymbol{v}_2=\begin{bmatrix}-2\\1\\4\end{bmatrix}$, $\boldsymbol{v}_3=\begin{bmatrix}-1\\3\\4\end{bmatrix}$, $\boldsymbol{v}_4=\begin{bmatrix}0\\2\\2\end{bmatrix}$ を考える。

(1) $\{\boldsymbol{v}_1, \boldsymbol{v}_2, \boldsymbol{v}_3, \boldsymbol{v}_4\}$ からいくつかベクトルを選んで，R^3 の基底を構成せよ。

(2) $\{\boldsymbol{v}_1, \boldsymbol{v}_2, \boldsymbol{v}_3, \boldsymbol{v}_4\}$ の非自明な1次関係を1つ求めよ。

第 6 章

線形写像

抽象的な線形代数学において，2 番目に重要な概念がベクトル空間だとすれば，1 番目に重要なのは線形写像の概念である。線形写像は，複数のベクトル空間の間の関係性をとり結ぶ概念であり，線形代数学という学問のダイナミズムを担う重要対象である。線形写像の考え方によって，先の章で行列に関して述べてきた内容，例えば，連立 1 次方程式の解空間や解の自由度，行列の行基本変形や列基本変形，階数，正則性などが，概念的により明快な形で再定式化され，それらを統一的な視野から見ることができるようになる。すなわち，ベクトル空間と線形写像によって，行列に関する具体的な計算を，より高い見地から見下ろして理解することが可能になるわけである。

このような概念的に深い理解を得ることは，具体的な計算をよりはやく効率的に行うことにもつながるであろう。その意味では，線形代数学の抽象論を学習することは，実際的な意義も大きいのである。

この章では，線形写像を導入し，そのベクトル空間の間の写像としての基本性質や，連立 1 次方程式などとの関係，更にはその行列による表現などについて，系統的に議論する。

1 線形写像

この節では，線形写像を定義し，その基本的な性質や，それに関する基本的な事実などについて学ぶ。

◆線形写像を学ぶ意義

0章では，平面上のベクトルの変換で，2次正方行列Aを用いて

$$\boldsymbol{v} \longmapsto f(\boldsymbol{v})=A\boldsymbol{v}$$

という形の変換について述べた。$A=\begin{bmatrix} a & b \\ c & d \end{bmatrix}$ならば，これは

$$\begin{bmatrix} x \\ y \end{bmatrix} \longmapsto \begin{bmatrix} ax+by \\ cx+dy \end{bmatrix}$$

というものである。ここでは，変換fによって，平面上の位置ベクトルが，どこに写されるのかという問題が，興味の対象である。1次変換や，その一般化である線形写像は，ベクトルを他のベクトルに写す，ある種の写像である。

他方，この問題を逆向きに捉えて，平面上の定点$\boldsymbol{b}=\begin{bmatrix} k \\ l \end{bmatrix}$について，「$f$で$\boldsymbol{b}$に写されるような点$\boldsymbol{x}=\begin{bmatrix} x \\ y \end{bmatrix}$を求めよ」という問題を考えると，これは連立1次方程式

$$A\boldsymbol{x}=\boldsymbol{b} \quad \text{すなわち} \quad \begin{cases} ax+by=k \\ cx+dy=l \end{cases}$$

を解く問題になる。

すなわち，ある点をある点に写す変換という，幾何学的で動的な問題設定は，少し見方を変えることで，連立1次方程式の問題に直結しているのである。「変換」の問題と「方程式」の問題という，一見関係のなさそうなことが，ここでは「1次変換」あるいは「線形写像」という概念のもとに，統一的に見ることができる状況が与えられている。このことは，ベクトル空間の概念や，その間の線形写像の概念を用いれば，「変換」と「方程式」を，必要に応じて行き来できること，すなわち，幾何的・図形的な変換の考え方や直観を用いて，連立1次方程式の解法を理解したり，逆に，連立1次方程式について，既に知っていることを使って，より高度な変換の状況を理解したりできることを意味している。

ここでは幾何的な「変換」というテーマと，連立1次方程式というテーマを例として挙げたが，線形写像の概念が包括することのできるテーマは，これらだけにはとどまらない。非常に広い具体的な問題が，ベクトル空間や線形写像による簡素な問題に翻訳できる。その意味で，線形写像の一般論について習熟しておくことは，これらの広い応用に対して，強力な道具を習得することを意味するわけである。

◈写像

線形写像とは，ベクトル空間の間の写像で，「線形性」と呼ばれる条件を満たすものである。本書では，既に0章で，写像の概念について，主に平面上の1次変換に関連して簡単に触れた。以下では，写像に関する用語や概念が，更にいくつか必要となるので，最初にこれらについて手短かにまとめておこう。

$f: X \longrightarrow Y$ を写像とする。ここでXは写像fの **定義域** といい，Yは写像fの **終域** という。また，xが集合Xの要素であるとき，$f(x)$ をxの **像** という。xが定義域Xを動くときの，その像の全体

$$\{f(x) \mid x \in X\}$$

を，写像fの **値域** という。写像fの値域は，終域Yの部分集合である。

注意　関数とは，写像の特別な例である。例えば，実数全体で定義された (実数値をとる) 関数とは，写像 $f: \mathbb{R} \longrightarrow \mathbb{R}$ のことである。

集合Xから集合Yへの2つの写像 $f: X \longrightarrow Y$，$g: X \longrightarrow Y$ が与えられたとき，それらが (写像として) **等しい** とは，Xのすべての要素について，その像が等しいことである。
すなわち，任意の $x \in X$ について，$f(x)=g(x)$ であることである。写像fと写像gが等しいことを，(通常のように) $f=g$ と書く。

$f: X \longrightarrow Y$ を写像とする。Xの部分集合 $S \subset X$ について，xがSを動くときの，その像の全体 $\{f(x) \mid x \in S\}$ を，写像fによるSの **像** といい，しばしば $f(S)$ と書く。これらもまた，fの終域Yの部分集合である。

Yの部分集合 $T \subset Y$ について，$f(x)$ がTに入るようなxの全体 $\{x \in X \mid f(x) \in T\}$ を，写像fによるTの **逆像** といい，しばしば $f^{-1}(T)$ と書く。

注意 逆像の記号 $f^{-1}(T)$ における f^{-1} は，逆関数や，後述する逆写像の記号と同じであるが，逆像 $f^{-1}(T)$ の意味は，逆写像 f^{-1} という写像があって，それによるTの像という意味ではないので注意が必要である。一般に，写像 f には逆写像 f^{-1} が存在するとは限らない。

例 1 Xを集合とする。このとき，次のような写像が定まる。

$$X \longrightarrow X, \quad x \longmapsto x$$

これを **恒等写像** という。Xの恒等写像を id_X (または簡単に id) と書く[1)]。

写像 $f: X \longrightarrow Y$ と写像 $g: Y \longrightarrow Z$ が与えられたとき，すなわち，一方の終域が他方の定義域に一致しているとき，**合成**

$$g \circ f: X \longrightarrow Z$$

という写像が，$(g \circ f)(x) = g(f(x))$ によって定義できる。すなわち，合成写像 $g \circ f$ とは，まず，写像 f でXの要素をYの要素に写し，それに続けて，写像 g でそれをZの要素に写すという写像である。

練習 1 写像 $f: X \longrightarrow Y$ について，次を示せ。
(1) $f \circ \mathrm{id}_X = f$ (2) $\mathrm{id}_Y \circ f = f$

写像 $f: X \longrightarrow Y$ が次を満たすとき，写像 f は **単射**（たんしゃ），あるいは **1対1の写像** であるという。

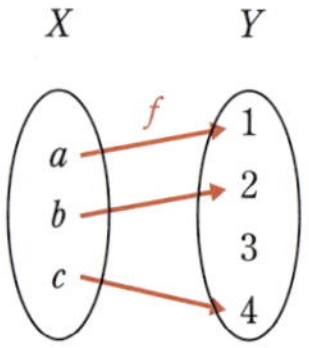

- 任意の $x, x' \in X$ について，$x \neq x'$ ならば $f(x) \neq f(x')$

すなわち，写像 f が単射であるとは，Xの相異なる要素の像が，必ず相異なっているということ，つまり，同じ $y \in Y$ に複数のXの要素が写されることはないということである。上の条件は，次の形（対偶）にも書ける。

- 任意の $x, x' \in X$ について，$f(x) = f(x')$ ならば $x = x'$

練習 2 写像 $f: X \longrightarrow Y$ が単射であるための必要十分条件は，任意の $y \in Y$ に対して，逆像 $f^{-1}(\{y\})$ が空集合であるか，1点だけからなる集合になっていることであることを示せ。

---

1)「id」とは「identity」の意味である。

写像 $f: X \longrightarrow Y$ が次を満たすとき，写像 f は **全射**（ぜんしゃ），あるいは **上への写像** であるという。

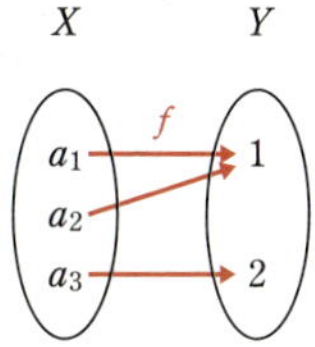

- 任意の $y \in Y$ について，$y = f(x)$ となる $x \in X$ が（少なくとも1つ）存在する

すなわち，写像 f が全射であるとは，Y のどんな要素も，X の何らかの要素の像となっているということ，更にいい換えると，f の値域と終域が一致すること（$f(X) = Y$）である。

練習 3 写像 $f: X \longrightarrow Y$ が全射であるための必要十分条件は，任意の $y \in Y$ に対して，逆像 $f^{-1}(\{y\})$ が空集合ではないことであることを示せ。

写像 f が単射かつ全射であるとき，写像 f は **全単射**（ぜんたんしゃ） であるという。

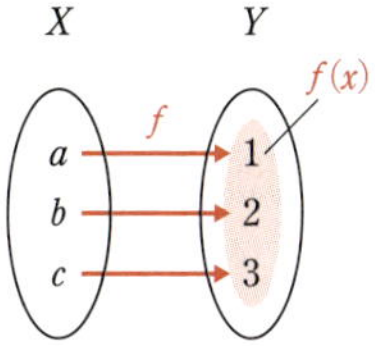

次に，写像に対して，その逆写像というものが，次のように定義される。

定義 1-1　逆写像

$f: X \longrightarrow Y$ と $g: Y \longrightarrow X$ を写像とする。次の条件が満たされるとき，g は f の 逆写像 であるという。

$$g \circ f = \mathrm{id}_X \text{ かつ } f \circ g = \mathrm{id}_Y$$

練習 4 写像 $g: Y \longrightarrow X$ が写像 $f: X \longrightarrow Y$ の逆写像であるとき，f は g の逆写像であることを示せ。

＋1ポイント

逆写像は，常に存在するとは限らないが，存在するなら一意的である。実際，$g: Y \longrightarrow X$ と $h: Y \longrightarrow X$ が，ともに $f: X \longrightarrow Y$ の逆写像であったとしよう。このとき，任意の $y \in Y$ について

$$h(y) = (\mathrm{id}_X \circ h)(y) \overset{①}{=} ((g \circ f) \circ h)(y) = (g \circ (f \circ h))(y) \overset{②}{=} (g \circ \mathrm{id}_Y)(y) = g(y)$$

となる。ここで等号 ① は g が f の逆写像であることを，等号 ② は h が f の逆写像であることを使っている。こうして，任意の $y \in Y$ について $g(y) = h(y)$ となるので，$g = h$ である。

写像 $f: X \longrightarrow Y$ の逆写像は，存在するなら唯一であるので，それを $f^{-1}: Y \longrightarrow X$ と書く。

定理 1-1　逆写像の存在条件

写像 $f : X \longrightarrow Y$ が逆写像をもつための必要十分条件は，f が全単射であることである。

証明　$f : X \longrightarrow Y$ が全単射であるとする。

このとき，任意の $y \in Y$ に対して，$f(x)=y$ となる $x \in X$ は，少なくとも 1 つ存在し (練習 3，p. 193)，しかも 1 つしか存在しない (練習 2，p. 192)。

よって，y に対してこのような x を対応させることで，写像 $g : Y \longrightarrow X$ を定めることができる。

このとき，$f(x)=y$ と $g(y)=x$ が同値なので，g は f の逆写像である。

逆に，f が逆写像 $g : Y \longrightarrow X$ をもつとする。このとき，任意の x，$x' \in X$ について，$f(x)=f(x')$ とすると，$g \circ f = \mathrm{id}_X$ なので

$$x' = \mathrm{id}_X(x') = g(f(x')) = g(f(x)) = \mathrm{id}_X(x) = x$$

となり，$x=x'$ が導かれる。

すなわち，f は単射である。

また，任意の $y \in Y$ について，$x=g(y)$ とすると，$f \circ g = \mathrm{id}_Y$ なので

$$f(x) = f(g(y)) = \mathrm{id}_Y(y) = y$$

となる。

よって，f は全射である。 ■

◈線形写像

線形写像とは，ベクトル空間からベクトル空間への写像で，いくつかの条件を満たすものとして定義される。まずは，その定義を与えよう。

定義 1-2　線形写像

V と W を K 上のベクトル空間とし，$f : V \longrightarrow W$ を写像とする。次の 2 つの条件が満たされるとき，写像 f は K 上の 線形写像 という。

(L1)　**任意の** $\boldsymbol{v}_1$，$\boldsymbol{v}_2 \in V$ **について** $f(\boldsymbol{v}_1+\boldsymbol{v}_2)=f(\boldsymbol{v}_1)+f(\boldsymbol{v}_2)$

(L2)　**任意の** $\boldsymbol{v} \in V$ **および任意の** $a \in K$ **について** $f(a\boldsymbol{v})=af(\boldsymbol{v})$

定義域のベクトル空間と終域のベクトル空間が等しい線形写像，すなわち，$f : V \longrightarrow V$ という形の線形写像を，V の K 上の 線形変換，あるいは 1 次変換 という。

例 2

(1)　RからRへの写像fを，$f(x)=2x$で定義する。この写像fはR上の線形写像（RのR上の1次変換）である。実際，x_1，$x_2 \in \mathrm{R}$について

$$f(x_1+x_2)=2(x_1+x_2)=2x_1+2x_2=f(x_1)+f(x_2)$$

また，$x \in \mathrm{R}$と$a \in \mathrm{R}$について

$$f(ax)=2ax=a(2x)=af(x)$$

(2)　$f(x)=2x-1$で定まるRからRへの写像fは，線形写像ではない。実際，$f(1+2)=f(3)=5$であるが，$f(1)+f(2)=1+3=4$なので，$f(1+2) \neq f(1)+f(2)$である。

練習 5

以下で与えられる写像$f:\mathrm{R} \longrightarrow \mathrm{R}$が，R上の線形写像であるかどうか判定せよ。

(1)　$f(x)=-3x$　　(2)　$f(x)=x+1$

(3)　$f(x)=x^2$　　(4)　$f(x)=2^x$

例題 1

R^2からR^2への写像fを，次で定義する。$\begin{bmatrix} x \\ y \end{bmatrix} \in \mathrm{R}^2$について

$$f\left(\begin{bmatrix} x \\ y \end{bmatrix}\right)=\begin{bmatrix} 2x-3y \\ x+4y \end{bmatrix}$$

この写像fはR上の線形写像（すなわち，R^2のR上の1次変換）であることを示せ。

解答　$\boldsymbol{v}_1=\begin{bmatrix} x_1 \\ y_1 \end{bmatrix}$，$\boldsymbol{v}_2=\begin{bmatrix} x_2 \\ y_2 \end{bmatrix}$について

$$f(\boldsymbol{v}_1+\boldsymbol{v}_2)=f\left(\begin{bmatrix} x_1+x_2 \\ y_1+y_2 \end{bmatrix}\right)=\begin{bmatrix} 2(x_1+x_2)-3(y_1+y_2) \\ (x_1+x_2)+4(y_1+y_2) \end{bmatrix}$$

$$=\begin{bmatrix} (2x_1-3y_1)+(2x_2-3y_2) \\ (x_1+4y_1)+(x_2+4y_2) \end{bmatrix}=\begin{bmatrix} 2x_1-3y_1 \\ x_1+4y_1 \end{bmatrix}+\begin{bmatrix} 2x_2-3y_2 \\ x_2+4y_2 \end{bmatrix}$$

$$=f\left(\begin{bmatrix} x_1 \\ y_1 \end{bmatrix}\right)+f\left(\begin{bmatrix} x_2 \\ y_2 \end{bmatrix}\right)=f(\boldsymbol{v}_1)+f(\boldsymbol{v}_2)$$

また，$\boldsymbol{v}=\begin{bmatrix} x \\ y \end{bmatrix}$と$a \in \mathrm{R}$について

$$f(a\boldsymbol{v})=f\left(\begin{bmatrix} ax \\ ay \end{bmatrix}\right)=\begin{bmatrix} 2ax-3ay \\ ax+4ay \end{bmatrix}=a\begin{bmatrix} 2x-3y \\ x+4y \end{bmatrix}=af(\boldsymbol{v})$$

以上より，定義 1-2 の条件 (L1) と (L2) が満たされるので，写像fは線形写像である。■

練習 6 以下で与えられる写像 $f:\mathbb{R}^2 \longrightarrow \mathbb{R}^2$ が，$\mathbb{R}$ 上の線形写像であるかどうか判定せよ。

(1) $f\left(\begin{bmatrix} x \\ y \end{bmatrix}\right)=\begin{bmatrix} x+2y \\ y \end{bmatrix}$　　(2) $f\left(\begin{bmatrix} x \\ y \end{bmatrix}\right)=\begin{bmatrix} 2x+1 \\ 2x \end{bmatrix}$

(3) $f\left(\begin{bmatrix} x \\ y \end{bmatrix}\right)=\begin{bmatrix} 1 \\ x \end{bmatrix}$　　(4) $f\left(\begin{bmatrix} x \\ y \end{bmatrix}\right)=\begin{bmatrix} 0 \\ y \end{bmatrix}$

例題 2 実数 $\mathbb{R}$ 上の関数全体のなす $\mathbb{R}$ 上のベクトル空間 $F(\mathbb{R})$ の中で，$\sin x$ と $\cos x$ で生成される部分空間 W を考える（第 5 章 2 例題 3 参照）。W に属する任意の関数 $f(x)$ に対して，その x に関する導関数 $\dfrac{d}{dx}f(x)$ を対応させることで，$\mathbb{R}$ 上の線形写像 $\dfrac{d}{dx}:W \longrightarrow W$ が得られることを示せ。

解答 W に属する任意の関数 $f(x)=a\sin x+b\cos x$ $(a,\ b\in\mathbb{R})$ に対して，$\dfrac{d}{dx}f(x)=a\cos x-b\sin x\in W$ であるから，導関数を対応させることで，写像

$$\frac{d}{dx}:W \longrightarrow W$$

が得られる。

この写像が $\mathbb{R}$ 上の線形写像であることを示すために，まず，W に属する関数 $f(x)$，$g(x)$ を考えると，導関数の性質から

$$\frac{d}{dx}\{f(x)+g(x)\}=\frac{d}{dx}f(x)+\frac{d}{dx}g(x)$$

である。また，W の関数 $f(x)$ と実数 a について

$$\frac{d}{dx}\{af(x)\}=a\frac{d}{dx}f(x)$$

も成り立つ。

よって，$\dfrac{d}{dx}:W \longrightarrow W$ は $\mathbb{R}$ 上の線形写像である。■

練習 7 n を自然数として，変数 x についての，n 次以下の多項式

$$f(x)=a_nx^n+a_{n-1}x^{n-1}+\cdots\cdots+a_1x+a_0 \quad (a_0,\ a_1,\ \cdots\cdots,\ a_n\in\mathbb{R})$$

全体がなす $\mathbb{R}$ 上のベクトル空間を W_n とする。x についての導関数をとることによって，$\mathbb{R}$ 上の線形写像 $\dfrac{d}{dx}:W_n \longrightarrow W_{n-1}$ が得られることを示せ。

＋1ポイント

一般に，線形写像 $f: V \longrightarrow W$ は，Vの零ベクトル $\mathbf{0}_V$ を，Wの零ベクトル $\mathbf{0}_W$ に写す。
すなわち

$$f(\mathbf{0}_V)=\mathbf{0}_W$$

実際，定義 1-2 の条件 (L2) において，$a=0$ とすれば，この等式が導かれる。

線形写像の条件（p. 194，定義 1-2 の条件 (L1) と (L2)）は，次の 1 つの条件 (L3) と同値である。

(L3)　任意の $\boldsymbol{v}_1$，$\boldsymbol{v}_2 \in V$ および任意の a_1，$a_2 \in K$ について

$$f(a_1\boldsymbol{v}_1+a_2\boldsymbol{v}_2)=a_1 f(\boldsymbol{v}_1)+a_2 f(\boldsymbol{v}_2)$$

実際，(L1) と (L2) から

$$f(a_1\boldsymbol{v}_1+a_2\boldsymbol{v}_2)\overset{(\text{L1})}{=}f(a_1\boldsymbol{v}_1)+f(a_2\boldsymbol{v}_2)\overset{(\text{L2})}{=}a_1 f(\boldsymbol{v}_1)+a_2 f(\boldsymbol{v}_2)$$

と計算されるので，(L3) が導かれる。

また，(L3) において $a_1=a_2=1$ とすれば (L1) が導かれ，$a_1=a$，$a_2=0$，$\boldsymbol{v}_1=\boldsymbol{v}$ とすれば (L2) が導かれる。

条件 (L3) において，ベクトルやスカラーの個数を 2 個より多くしても，同様に (L1) と (L2) と同値になる。

すなわち，f が線形写像であるための条件は

(L3)′　任意の $\boldsymbol{v}_1$，$\boldsymbol{v}_2$，……，$\boldsymbol{v}_r \in V$ および任意の a_1，a_2，……，$a_r \in K$ について

$$f(a_1\boldsymbol{v}_1+a_2\boldsymbol{v}_2+\cdots\cdots+a_r\boldsymbol{v}_r)=a_1 f(\boldsymbol{v}_1)+a_2 f(\boldsymbol{v}_2)+\cdots\cdots+a_r f(\boldsymbol{v}_r)$$

が成り立つことであるとしてもよい。

この最後の条件は，Vのベクトルの $\boldsymbol{v}_1$，$\boldsymbol{v}_2$，…，$\boldsymbol{v}_r$ の 1 次結合が，同じ係数をもつ $f(\boldsymbol{v}_1)$，$f(\boldsymbol{v}_2)$，……，$f(\boldsymbol{v}_r)$ に写されること，もっと大まかないい方をすれば，f が1次結合という式の形を保存することを表している。

練習 8　条件 (L3) と条件 (L3)′ が同値であることを示せ。

◈線形写像の例

Aを，Kの要素を成分にもつ $m\times n$ 行列とする。

$$A=[a_{ij}]=\begin{bmatrix} a_{11} & a_{12} & \cdots & a_{1n} \\ a_{21} & a_{22} & \cdots & a_{2n} \\ \vdots & \vdots & & \vdots \\ a_{m1} & a_{m2} & \cdots & a_{mn} \end{bmatrix}$$

n 次元数ベクトル空間 K^n から，m 次元数ベクトル空間 K^m への写像 $f_A : K^n \longrightarrow K^m$ を，$f_A(\boldsymbol{v})=A\boldsymbol{v}$ で定義する。

すなわち，写像 f_A とは，n 次の列ベクトル $\boldsymbol{v}={}^t[\,x_1 \quad x_2 \quad \cdots \quad x_n\,]$ に，行列Aを掛け算して得られるm 次の列ベクトル $A\boldsymbol{v}$ を対応させる写像である。

$$f_A\left(\begin{bmatrix} x_1 \\ x_2 \\ \vdots \\ x_n \end{bmatrix}\right)=\begin{bmatrix} a_{11} & a_{12} & \cdots & a_{1n} \\ a_{21} & a_{22} & \cdots & a_{2n} \\ \vdots & \vdots & & \vdots \\ a_{m1} & a_{m2} & \cdots & a_{mn} \end{bmatrix}\begin{bmatrix} x_1 \\ x_2 \\ \vdots \\ x_n \end{bmatrix}$$

$$=\begin{bmatrix} a_{11}x_1+a_{12}x_2+\cdots\cdots+a_{1n}x_n \\ a_{21}x_1+a_{22}x_2+\cdots\cdots+a_{2n}x_n \\ \vdots \\ a_{m1}x_1+a_{m2}x_2+\cdots\cdots+a_{mn}x_n \end{bmatrix}$$

こうして定義された f_A は，次の定理が示すように，K上の線形写像である。

定理 1-2　行列写像の線形性

写像 $f_A : K^n \longrightarrow K^m$ は，K上の線形写像である。

証明　$\boldsymbol{v}_1$，$\boldsymbol{v}_2 \in K^n$ について

$$f_A(\boldsymbol{v}_1+\boldsymbol{v}_2)=A(\boldsymbol{v}_1+\boldsymbol{v}_2)=A\boldsymbol{v}_1+A\boldsymbol{v}_2=f_A(\boldsymbol{v}_1)+f_A(\boldsymbol{v}_2)$$

また，$\boldsymbol{v}\in K^n$ および $a\in K$ について　$f_A(a\boldsymbol{v})=A(a\boldsymbol{v})=aA\boldsymbol{v}=af_A(\boldsymbol{v})$

以上より，定義 1-2 の条件 (L1) と (L2) が満たされるので，写像 f_A は線形写像である。 ■

例 3　例題 1 の線形写像 $f : \mathbb{R}^2 \longrightarrow \mathbb{R}^2$ は，$A=\begin{bmatrix} 2 & -3 \\ 1 & 4 \end{bmatrix}$ による f_A に等しい。

実際，$f_A\left(\begin{bmatrix} x \\ y \end{bmatrix}\right)=\begin{bmatrix} 2 & -3 \\ 1 & 4 \end{bmatrix}\begin{bmatrix} x \\ y \end{bmatrix}=\begin{bmatrix} 2x-3y \\ x+4y \end{bmatrix}=f\left(\begin{bmatrix} x \\ y \end{bmatrix}\right)$

練習 9 練習 6 の写像 f の中で線形写像になっているものについて，それが f_A と等しくなるような，2 次正方行列 A を求めよ。

練習 10 V，W を K 上のベクトル空間とし，写像 $f: V \longrightarrow W$ を，任意の $\boldsymbol{v} \in V$ に対して，$f(\boldsymbol{v}) = \boldsymbol{0}_W$ となる写像とする。写像 f は K 上の線形写像であることを示せ。

練習 10 の写像 f のように，すべてのベクトルを零ベクトル $\boldsymbol{0}$ に写す線形写像を，**零写像**(れいしゃぞう) といい，しばしば，単に数字の 0 で書かれる。すなわち，零写像 $0: V \longrightarrow W$ とは，すべての $\boldsymbol{v} \in V$ に対して，$0(\boldsymbol{v}) = \boldsymbol{0}$ なるものとして定義される線形写像である。

◈線形写像の合成

次の定理が示すように，線形写像の合成は，また線形写像である。また，線形写像 f が逆写像 f^{-1} をもつなら，f^{-1} もまた線形写像である。

定理 1-3 合成と逆写像の線形性

(1) V，W，U を K 上のベクトル空間とし，$f: V \longrightarrow W$ と $g: W \longrightarrow U$ を線形写像とする。このとき，合成 $g \circ f: V \longrightarrow U$ もまた線形写像である。

(2) V，W を K 上のベクトル空間とし，$f: V \longrightarrow W$ を線形写像とする。f が逆写像 $f^{-1}: W \longrightarrow V$ をもつなら，f^{-1} もまた線形写像である。

証明 (1) 合成写像 $g \circ f$ について，$p.$ 194，定義 1-2 の条件 (L1) と (L2) を確かめる。$\boldsymbol{v}_1$，$\boldsymbol{v}_2 \in V$ について

$$(g \circ f)(\boldsymbol{v}_1 + \boldsymbol{v}_2) = g(f(\boldsymbol{v}_1 + \boldsymbol{v}_2)) \overset{①}{=} g(f(\boldsymbol{v}_1) + f(\boldsymbol{v}_2))$$

$$\overset{②}{=} g(f(\boldsymbol{v}_1)) + g(f(\boldsymbol{v}_2)) = (g \circ f)(\boldsymbol{v}_1) + (g \circ f)(\boldsymbol{v}_2)$$

ここで，等式 ① では f についての条件 (L1) を，等式 ② では g についての条件 (L1) を用いている。また，$\boldsymbol{v} \in V$ と $a \in K$ について

$$(g \circ f)(a\boldsymbol{v}) = g(f(a\boldsymbol{v})) \overset{①}{=} g(af(\boldsymbol{v})) \overset{②}{=} ag(f(\boldsymbol{v})) = a(g \circ f)(\boldsymbol{v})$$

ここで，等式 ① では f についての条件 (L2) を，等式 ② では g についての条件 (L2) を用いている。以上より，合成写像 $g \circ f$ について条件 (L1) と (L2) が成り立つので，$g \circ f$ は線形写像である。

(2) 逆写像 f^{-1} について，定義 1-2 の条件 (L1) と (L2) を確かめる。
$\boldsymbol{w}_1$, $\boldsymbol{w}_2 \in W$ について，$\boldsymbol{v}_1 = f^{-1}(\boldsymbol{w}_1)$, $\boldsymbol{v}_2 = f^{-1}(\boldsymbol{w}_2)$ とする。このとき，$f(\boldsymbol{v}_1) = \boldsymbol{w}_1$, $f(\boldsymbol{v}_2) = \boldsymbol{w}_2$ である。f についての条件 (L1) より $f(\boldsymbol{v}_1 + \boldsymbol{v}_2) = \boldsymbol{w}_1 + \boldsymbol{w}_2$ であるが，これから $\boldsymbol{v}_1 + \boldsymbol{v}_2 = f^{-1}(\boldsymbol{w}_1 + \boldsymbol{w}_2)$ がわかる。

よって

$$f^{-1}(\boldsymbol{w}_1 + \boldsymbol{w}_2) = \boldsymbol{v}_1 + \boldsymbol{v}_2 = f^{-1}(\boldsymbol{w}_1) + f^{-1}(\boldsymbol{w}_2)$$

また，$\boldsymbol{w} \in W$ と $a \in K$ について，$\boldsymbol{v} = f^{-1}(\boldsymbol{w})$ とする。このとき，$f(\boldsymbol{v}) = \boldsymbol{w}$ である。

f についての条件 (L2) より $f(a\boldsymbol{v}) = a\boldsymbol{w}$ であるが，これより $a\boldsymbol{v} = f^{-1}(a\boldsymbol{w})$ がわかる。

よって　$f^{-1}(a\boldsymbol{w}) = a\boldsymbol{v} = af^{-1}(\boldsymbol{w})$

以上より，逆写像 f^{-1} について条件 (L1) と (L2) が成り立つので，f^{-1} は線形写像である。■

例 4

$m \times n$ 行列 A によって決まる線形写像 $f_A : K^n \longrightarrow K^m$ と，$l \times m$ 行列 B によって決まる線形写像 $f_B : K^m \longrightarrow K^l$ を考える。このとき，合成写像 $f_B \circ f_A : K^n \longrightarrow K^l$ は，積 BA によって決まる線形写像 f_{BA} に一致する。

$$f_B \circ f_A = f_{BA}$$

実際，$\boldsymbol{v} \in K^n$ について

$$(f_B \circ f_A)(\boldsymbol{v}) = f_B(f_A(\boldsymbol{v})) = f_B(A\boldsymbol{v}) = BA\boldsymbol{v} = f_{BA}(\boldsymbol{v})$$

例題 3

R^2 から R^2 への R 上の線形写像 f を

$$f\left(\begin{bmatrix} x \\ y \end{bmatrix}\right) = \begin{bmatrix} 2x - 3y \\ x + 4y \end{bmatrix}$$

で定める。また，R^2 から R への R 上の線形写像 g を

$$g\left(\begin{bmatrix} u \\ v \end{bmatrix}\right) = u + v$$

で定める。このとき，$(g \circ f)\left(\begin{bmatrix} x \\ y \end{bmatrix}\right)$ を求めよ。

解答 $A=\begin{bmatrix} 2 & -3 \\ 1 & 4 \end{bmatrix}$ とすると，$f=f_A$ である（例 3）。また，1×2 行列（行ベクトル）Bを $B=[1 \quad 1]$ で定めると，$g=f_B$ である。実際

$$f_B\left(\begin{bmatrix} u \\ v \end{bmatrix}\right)=[1 \quad 1]\begin{bmatrix} u \\ v \end{bmatrix}=u+v=g\left(\begin{bmatrix} u \\ v \end{bmatrix}\right)$$

よって，$g\circ f$ はBとAの積 $BA=[3 \quad 1]$ によって決まる線形写像である。すなわち $(g\circ f)\left(\begin{bmatrix} x \\ y \end{bmatrix}\right)=[3 \quad 1]\begin{bmatrix} x \\ y \end{bmatrix}=3x+y$ ■

練習 11 $\mathbb{R}^2$ から $\mathbb{R}^2$ への線形写像 $f\left(\begin{bmatrix} x \\ y \end{bmatrix}\right)=\begin{bmatrix} x-y \\ x+y \end{bmatrix}$ を考える。

(1) $f=f_A$ となる 2 次正方行列Aを求めよ。

(2) $g\left(\begin{bmatrix} u \\ v \end{bmatrix}\right)=\frac{1}{2}\begin{bmatrix} u+v \\ -u+v \end{bmatrix}$ はfの逆写像であることを示せ。

(3) $g=f_B$ となる 2 次正方行列Bを求めよ。また，BはAの逆行列であることを示せ。

◈同型写像

定理 1-1（*p.* 194）より，線形写像 $f: V \longrightarrow W$ が逆写像をもつための必要十分条件は，fが全単射であることであり，このとき*p.* 199，定理 1-3 (2) より，逆写像 f^{-1} は線形写像である。

定義 1-3 同型写像

V，WをK上のベクトル空間とし，$f: V \longrightarrow W$ をK上の線形写像とする。fが全単射であるとき，fをK上の 同型写像 という。線形写像fが同型写像であることを，記号で

$$f: V \xrightarrow{\sim} W$$

と書く。

また，このとき，ベクトル空間Vとベクトル空間WはK上 同型 であるという。VとWが同型であることを，記号で

$$V \cong W$$

と書く。

$f: V \longrightarrow W$ が同型写像なら，逆写像 f^{-1} も同型写像である。すなわち，$f: V \xrightarrow{\sim} W$ ならば，$f^{-1}: W \xrightarrow{\sim} V$ である。

例題 4 R^2 の部分空間 W を次で定義する。

$$W=\left\{\begin{bmatrix} x \\ y \end{bmatrix} \middle| 2x-y=0\right\}$$

また，2×1 行列 $A=\begin{bmatrix} 1 \\ 2 \end{bmatrix}$ によって決まる線形写像 $f_A : \mathrm{R} \longrightarrow \mathrm{R}^2$ を考える。

(1) f_A の値域は W に含まれることを示せ。

(2) f_A は $V=\mathrm{R}$ から W への同型写像であることを示せ。

解答 (1) $f_A(x)=\begin{bmatrix} 1 \\ 2 \end{bmatrix}x=\begin{bmatrix} x \\ 2x \end{bmatrix}$ であるが，任意の $x\in\mathrm{R}$ について $\begin{bmatrix} x \\ 2x \end{bmatrix}\in W$ である。よって，f_A の値域は W に含まれる。

(2) W の任意の要素は，$x\in\mathrm{R}$ によって，$\begin{bmatrix} x \\ 2x \end{bmatrix}$ という形に書ける列ベクトルであり，これは $f_A(x)$ に等しい。よって，$f : V \longrightarrow W$ は全射である。また，$f_A(x)=f_A(x')$ なら，$\begin{bmatrix} x \\ 2x \end{bmatrix}=\begin{bmatrix} x' \\ 2x' \end{bmatrix}$ であるから，$x=x'$ がいえる。これは f_A が単射であることを示している。以上より，f_A は全単射であり，よって同型写像である。■

同型写像 $f : V \xrightarrow{\sim} W$ があるとき，ベクトル空間 V とベクトル空間 W は，ベクトル空間として (構造上は) 〈同じもの〉 とみなすことができる。すなわち，個々のベクトルが具体的に何であるかということには関係のない，ベクトル空間としての構造 (和とスカラー倍の構造) だけに注目するならば，写像 f によって，両者は完全に対応し，ベクトル空間としては区別ができないということである。実際，f によって，両者の要素 (ベクトル) は一対一に完全に対応し，しかも，その和とスカラー倍の結果も保たれているので，ベクトルの和とスカラー倍によって表現される計算，すなわち1次結合の計算は，すべて同じになる。

第5章では，「ベクトルとは何か」ということは線形代数学においては重要なことではなく，それら全体のなす「ベクトル空間」という構造が重要であることを強調した。これは，個々のベクトルが具体的にどのようなものであるかということにこだわらないという考え方である。そして，同型の考え方は，まさにこの考え方を体現している。

例えば，例題 4 では，1 次元の数ベクトル空間 $\mathbb{R}$ と，2 次元数ベクトル空間 $\mathbb{R}^2$ の中の，$y=2x$ で定義される部分空間 W (すなわち，図形的には，原点を通る直線 $y=2x$) が同型であることを示した。その個々の要素 (ベクトル) に注目するならば，V のベクトルは実数であり，W のベクトルは 2 次の列ベクトルであるから，それらは具体的な「もの」としては，まったく異なったものである。

しかし，ベクトル空間としては V も W も，どちらも 1 次元のベクトル空間であり，その個々の要素の具体的な姿によらない，ベクトル空間の構造という観点から見れば，両者は〈同じもの〉なのだということである。

練習 12 $\mathbb{R}^3$ の部分空間 $W=\left\{\begin{bmatrix} x \\ y \\ z \end{bmatrix} \middle| x+y+z=0\right\}$ を考え，3×2 行列 $A=\begin{bmatrix} 1 & 0 \\ 0 & 1 \\ -1 & -1 \end{bmatrix}$ で決まる線形写像 $f_A : \mathbb{R}^2 \longrightarrow \mathbb{R}^3$ を考える。f_A は $\mathbb{R}^2$ から W への同型写像を与えることを示せ。

練習 13 数列全体のなすベクトル空間 $\mathbb{R}^{\mathbb{N}}=\{\{a_n\} \mid a_n \in \mathbb{R}\}$ の部分空間 W を，3 項間漸化式 $a_{n+2}=a_{n+1}+a_n$ を満たす数列全体

$$W=\{\{a_n\} \mid \text{すべての自然数} n \text{について } a_{n+2}=a_{n+1}+a_n\}$$

として定義する。線形写像 $f : W \longrightarrow \mathbb{R}^2$ を $f(\{a_n\})=\begin{bmatrix} a_1 \\ a_2 \end{bmatrix}$ で定める。

$f : W \longrightarrow \mathbb{R}^2$ は同型写像であることを示せ。

2　線形写像の基本性質

前節では，ベクトル空間からベクトル空間への抽象的な写像として，線形写像を導入した。そして，その具体的な例として，数ベクトル空間の間の，行列Aによって決まる写像 f_A を考察した。この節では，線形写像自体の基本性質について考察しよう。

この節の考察からわかるように，概念としての線形写像は，行列と密接に関連しており，行列に関するさまざまな性質や概念の多くは，線形写像の性質や概念が背景にある。実際，行列の性質としてより，線形写像の性質や概念として理解する方が，より本質的であることも多い。そして，線形写像という背景を踏まえて行列を理解することで，行列やその計算について，より本質的で見通しのよい視界を得ることができる。

◈線形写像の決定

V，WをK上のベクトル空間とし，Vのベクトルの組 $\{\boldsymbol{v}_1,\ \boldsymbol{v}_2,\ \cdots\cdots,\ \boldsymbol{v}_n\}$ が，Vの基底を与えているとする。このとき，K上の線形写像 $f: V \longrightarrow W$ に対して，$\boldsymbol{v}_1$，$\boldsymbol{v}_2$，$\cdots\cdots$，$\boldsymbol{v}_n$ の f による像によって，Wのベクトルの組

$$\{f(\boldsymbol{v}_1),\ f(\boldsymbol{v}_2),\ \cdots\cdots,\ f(\boldsymbol{v}_n)\}$$

が決まる。

逆に，Wのn個のベクトルの組が与えられると，次のように，線形写像 $f: V \longrightarrow W$ がただ1つ決まる。

定理 2-1　線形写像の決定

V，WをK上のベクトル空間とし，$\{\boldsymbol{v}_1,\ \boldsymbol{v}_2,\ \cdots\cdots,\ \boldsymbol{v}_n\}$ をVの基底とする。このとき，Wの任意のn個のベクトルの組 $\{\boldsymbol{w}_1,\ \boldsymbol{w}_2,\ \cdots\cdots,\ \boldsymbol{w}_n\}$ に対して，K上の線形写像 $f: V \longrightarrow W$ で

$$\boldsymbol{w}_j = f(\boldsymbol{v}_j) \quad (j=1,\ 2,\ \cdots\cdots,\ n)$$

を満たすもの，すなわち，各 $\boldsymbol{v}_j$ を与えられた $\boldsymbol{w}_j$ に写すものが，ただ1つだけ存在する。

証明　いくつかの段階に分けて証明する。

第1段階．まず，写像 $f: V \longrightarrow W$ は，次のように作られる。Vの任意のベクトル $\boldsymbol{v}$ は，基底 $\{\boldsymbol{v}_1,\ \boldsymbol{v}_2,\ \cdots\cdots,\ \boldsymbol{v}_n\}$ の1次結合

$$b_1\boldsymbol{v}_1+b_2\boldsymbol{v}_2+\cdots\cdots+b_n\boldsymbol{v}_n \quad (b_1,\ b_2,\ \cdots\cdots,\ b_n\in K)$$

の形に，一意的に書くことができる。そこで

$$f(\boldsymbol{v})=b_1\boldsymbol{w}_1+b_2\boldsymbol{w}_2+\cdots\cdots+b_n\boldsymbol{w}_n$$

とする。すなわち，$\boldsymbol{v}_1$，$\boldsymbol{v}_2$，……，$\boldsymbol{v}_n$ の1次結合を，その係数 b_1，b_2，……，b_n をそのままにして，$\boldsymbol{w}_1$，$\boldsymbol{w}_2$，……，$\boldsymbol{w}_n$ の1次結合に写すということである。こうして，写像 $f: V \longrightarrow W$ ができる。

第2段階. 次に，こうして構成された写像が線形写像であることを示す。そのため，$p.\,194$，定義1-2 の条件 (L1) と (L2) を確かめよう。

(L1)　$\boldsymbol{v}$，$\boldsymbol{v}'\in V$ を $\boldsymbol{v}_1$，$\boldsymbol{v}_2$，……，$\boldsymbol{v}_n$ の1次結合

$$\boldsymbol{v}=b_1\boldsymbol{v}_1+b_2\boldsymbol{v}_2+\cdots\cdots+b_n\boldsymbol{v}_n \quad (b_1,\ b_2,\ \cdots\cdots,\ b_n\in K)$$

$$\boldsymbol{v}'=b_1'\boldsymbol{v}_1+b_2'\boldsymbol{v}_2+\cdots\cdots+b_n'\boldsymbol{v}_n \quad (b_1',\ b_2',\ \cdots\cdots,\ b_n'\in K)$$

の形に書く。このとき

$$\boldsymbol{v}+\boldsymbol{v}'=(b_1+b_1')\boldsymbol{v}_1+(b_2+b_2')\boldsymbol{v}_2+\cdots\cdots+(b_n+b_n')\boldsymbol{v}_n$$

である。また，このとき，写像 f の作り方から

$$f(\boldsymbol{v})=b_1\boldsymbol{w}_1+b_2\boldsymbol{w}_2+\cdots\cdots+b_n\boldsymbol{w}_n$$

$$f(\boldsymbol{v}')=b_1'\boldsymbol{w}_1+b_2'\boldsymbol{w}_2+\cdots\cdots+b_n'\boldsymbol{w}_n$$

$$f(\boldsymbol{v}+\boldsymbol{v}')=(b_1+b_1')\boldsymbol{w}_1+(b_2+b_2')\boldsymbol{w}_2+\cdots\cdots+(b_n+b_n')\boldsymbol{w}_n$$

である。よって

$$\begin{aligned}f(\boldsymbol{v})+f(\boldsymbol{v}')&=(b_1\boldsymbol{w}_1+b_2\boldsymbol{w}_2+\cdots\cdots+b_n\boldsymbol{w}_n)\\&\quad+(b_1'\boldsymbol{w}_1+b_2'\boldsymbol{w}_2+\cdots\cdots+b_n'\boldsymbol{w}_n)\\&=(b_1+b_1')\boldsymbol{w}_1+(b_2+b_2')\boldsymbol{w}_2+\cdots\cdots+(b_n+b_n')\boldsymbol{w}_n\\&=f(\boldsymbol{v}+\boldsymbol{v}')\end{aligned}$$

(L2)　$\boldsymbol{v}\in V$ と $a\in K$ について，$\boldsymbol{v}$ を $\boldsymbol{v}_1$，$\boldsymbol{v}_2$，……，$\boldsymbol{v}_n$ の1次結合

$$\boldsymbol{v}=b_1\boldsymbol{v}_1+b_2\boldsymbol{v}_2+\cdots\cdots+b_n\boldsymbol{v}_n \quad (b_1,\ b_2,\ \cdots\cdots,\ b_n\in K)$$

の形に書く。このとき　　$a\boldsymbol{v}=ab_1\boldsymbol{v}_1+ab_2\boldsymbol{v}_2+\cdots\cdots+ab_n\boldsymbol{v}_n$

である。写像 f の作り方から　　$f(\boldsymbol{v})=b_1\boldsymbol{w}_1+b_2\boldsymbol{w}_2+\cdots\cdots+b_n\boldsymbol{w}_n$

$$f(a\boldsymbol{v})=ab_1\boldsymbol{w}_1+ab_2\boldsymbol{w}_2+\cdots\cdots+ab_n\boldsymbol{w}_n$$

である。よって　　$af(\boldsymbol{v})=a(b_1\boldsymbol{w}_1+b_2\boldsymbol{w}_2+\cdots\cdots+b_n\boldsymbol{w}_n)$

$$=ab_1\boldsymbol{w}_1+ab_2\boldsymbol{w}_2+\cdots\cdots+ab_n\boldsymbol{w}_n=f(a\boldsymbol{v})$$

以上より，f が線形写像であることが示された。

第3段階. 最後に，$\boldsymbol{w}_j=f(\boldsymbol{v}_j)$ $(j=1,\ 2,\ \cdots\cdots,\ n)$ を満たす線形写像は，ただ1つしか存在しないことを証明しよう。そのために，同じ条件を満たす線形写像が，もう1つあったとする。すなわち，線形写像

$g: V \longrightarrow W$ が $\boldsymbol{w}_j = g(\boldsymbol{v}_j)$ $(j=1, 2, \cdots\cdots, n)$ を満たすとする。このとき，Vの任意のベクトル $\boldsymbol{v}$ を基底 $\{\boldsymbol{v}_1, \boldsymbol{v}_2, \cdots\cdots, \boldsymbol{v}_n\}$ の1次結合 $\boldsymbol{v} = b_1\boldsymbol{v}_1 + b_2\boldsymbol{v}_2 + \cdots\cdots + b_n\boldsymbol{v}_n$ $(b_1, b_2, \cdots\cdots, b_n \in K)$ の形に書くと

$$\begin{aligned} g(\boldsymbol{v}) &= g(b_1\boldsymbol{v}_1 + b_2\boldsymbol{v}_2 + \cdots\cdots + b_n\boldsymbol{v}_n) = b_1 g(\boldsymbol{v}_1) + b_2 g(\boldsymbol{v}_2) + \cdots\cdots + b_n g(\boldsymbol{v}_n) \\ &= b_1\boldsymbol{w}_1 + b_2\boldsymbol{w}_2 + \cdots\cdots + b_n\boldsymbol{w}_n = b_1 f(\boldsymbol{v}_1) + b_2 f(\boldsymbol{v}_2) + \cdots\cdots + b_n f(\boldsymbol{v}_n) \\ &= f(b_1\boldsymbol{v}_1 + b_2\boldsymbol{v}_2 + \cdots\cdots + b_n\boldsymbol{v}_n) = f(\boldsymbol{v}) \end{aligned}$$

すなわち，Vのすべてのベクトル $\boldsymbol{v}$ について $f(\boldsymbol{v}) = g(\boldsymbol{v})$ であるから，$f = g$ となる。

これは，条件 $\boldsymbol{w}_j = f(\boldsymbol{v}_j)$ $(j=1, 2, \cdots\cdots, n)$ を満たす線形写像は，ただ1つしか存在しないことを示している。 ■

注意 上の証明の第1段階では，$\boldsymbol{v}$ が $\{\boldsymbol{v}_1, \boldsymbol{v}_2, \cdots\cdots, \boldsymbol{v}_n\}$ の1次結合に一意的に書けること，それによって係数 $b_1, b_2, \cdots\cdots, b_n$ が $\boldsymbol{v}$ に対して一意的に決まることが重要である。そのために，$\{\boldsymbol{v}_1, \boldsymbol{v}_2, \cdots\cdots, \boldsymbol{v}_n\}$ がVの基底であるという仮定が必要なのである。

定理 2-1 より，次のことがわかる。VをK上のn次元ベクトル空間とし，$\{\boldsymbol{v}_1, \boldsymbol{v}_2, \cdots\cdots, \boldsymbol{v}_n\}$ をVの基底とするとき，Vから任意のベクトル空間WへのK上の線形写像 $f: V \longrightarrow W$ を与えることは，Wのn個のベクトルの組を与えることと同値である。具体的には，Wのn個のベクトルの組 $\{\boldsymbol{w}_1, \boldsymbol{w}_2, \cdots\cdots, \boldsymbol{w}_n\}$ を与えれば，Vの基底の要素 $\boldsymbol{v}_i$ $(i=1, 2, \cdots\cdots, n)$ を $\boldsymbol{w}_i$ に写すことで，VからWへの線形写像が1つだけ決まる。すなわち，線形写像は基底の行き先を指定することで一意的に決定されるということである。

例 1

1次元の数ベクトル空間Kから，任意のベクトル空間Vへの線形写像 $K \longrightarrow V$ は，$1 \in K$ の行き先としてVのベクトルを（任意に）1つ指定することで決まる。実際，任意に与えられたVのベクトル $\boldsymbol{v} \in V$ に対して，$a \in K$ を $a\boldsymbol{v} \in V$ に写す写像を考えれば，それは線形写像であり，1を $\boldsymbol{v}$ に写す。

すなわち，線形写像 $K \longrightarrow V$ を与えることと，Vのベクトルを1つ与えることは，同じことである。

練習 1

V, WをK上のベクトル空間とし，$\{\boldsymbol{v}_1, \boldsymbol{v}_2, \cdots\cdots, \boldsymbol{v}_n\}$ をVの基底とする。線形写像 $f: V \longrightarrow W$ が，すべての $\boldsymbol{v}_i$ $(i=1, 2, \cdots\cdots, n)$ をWの零ベクトル $\boldsymbol{0}_W$ に写すなら，fは零写像であることを示せ。

例 2

$m\times n$ 行列 $A=[a_{ij}]$ によって決まる，n 次元数ベクトル空間 K^n から，m 次元数ベクトル空間 K^m への線形写像 $f_A : K^n \longrightarrow K^m$ は（$p.198$），K^n の標準基底（第 5 章 ③ 例 1）$\{\boldsymbol{e}_1, \boldsymbol{e}_2, \cdots\cdots, \boldsymbol{e}_n\}$ に属するベクトル $\boldsymbol{e}_j$ を，A の第 j 列ベクトルに写す線形写像として決定される線形写像である。実際，$f_A(\boldsymbol{e}_j)=A\boldsymbol{e}_j=\begin{bmatrix} a_{11} & a_{12} & \cdots & a_{1n} \\ a_{21} & a_{22} & \cdots & a_{2n} \\ \vdots & \vdots & & \vdots \\ a_{m1} & a_{m2} & \cdots & a_{mn} \end{bmatrix}\begin{bmatrix} 0 \\ \vdots \\ 1 \\ \vdots \\ 0 \end{bmatrix}(\leftarrow j)=\begin{bmatrix} a_{1j} \\ a_{2j} \\ \vdots \\ a_{mj} \end{bmatrix}$

は，行列 A の第 j 列ベクトルである。

例 2 の m，$n=2$ の場合は，0 章（$p.7$）で既に述べたことである。

すなわち，2 次正方行列 $\begin{bmatrix} a & b \\ c & d \end{bmatrix}$ で決まる 1 次変換は，$\begin{bmatrix} 1 \\ 0 \end{bmatrix}$ を $\begin{bmatrix} a \\ c \end{bmatrix}$ に，$\begin{bmatrix} 0 \\ 1 \end{bmatrix}$ を $\begin{bmatrix} b \\ d \end{bmatrix}$ に，それぞれ写すものとして決定される。

例 2 の考察から，数ベクトル空間の間の線形写像を，すべて決定することができる。

定理 2-2　数ベクトル空間の間の線形写像

数ベクトル空間 K^n から，数ベクトル空間 K^m への，任意の K 上の線形写像 $f : K^n \longrightarrow K^m$ に対して，$f=f_A$ となる $m\times n$ 行列 A が一意的に存在する。すなわち，数ベクトル空間から数ベクトル空間への線形写像は，行列から決まるものに限られる。

証明　$\{\boldsymbol{e}_1, \boldsymbol{e}_2, \cdots\cdots, \boldsymbol{e}_n\}$ を K^n の標準基底とする。各 $j=1, 2, \cdots\cdots, n$ について，$f(\boldsymbol{e}_j)$ は $\boldsymbol{K}^m$ のベクトルであるから，$\boldsymbol{m}$ 次の列ベクトル

$f(\boldsymbol{e}_j)=\begin{bmatrix} a_{1j} \\ a_{2j} \\ \vdots \\ a_{mj} \end{bmatrix}$ である。このとき，$A=\begin{bmatrix} a_{11} & a_{12} & \cdots & a_{1n} \\ a_{21} & a_{22} & \cdots & a_{2n} \\ \vdots & \vdots & & \vdots \\ a_{m1} & a_{m2} & \cdots & a_{mn} \end{bmatrix}$ として，

行列 A から決まる線形写像 $f_A : K^n \longrightarrow K^m$ を考えると，f と f_A は各基本ベクトル $\boldsymbol{e}_j$ の行き先が等しい。すなわち，$f(\boldsymbol{e}_j)=f_A(\boldsymbol{e}_j)$

$(j=1, 2, \cdots, n)$ である。定理 2-1 より，線形写像は基底の行き先でただ1つに決まるから，f と f_A は等しい。■

◆像と階数

V, W を K 上のベクトル空間とし，$f: V \longrightarrow W$ を K 上の線形写像とする。次の定理が示すように，線形写像 f によって，V の部分空間の像は W の部分空間であり，W の部分空間の逆像は V の部分空間である。

定理 2-3　部分空間と線形写像

(1)　V の部分空間 V' について，f による V' の像
$f(V')=\{f(\boldsymbol{v}) \mid \boldsymbol{v} \in V'\}$ は W の部分空間である。

(2)　W の部分空間 W' について，f による W' の逆像
$f^{-1}(W')=\{\boldsymbol{v} \in V \mid f(\boldsymbol{v}) \in W'\}$ は V の部分空間である。

証明　(1)　p. 144，第 5 章定義 1-2 の条件 (S1)，(S2)，(S3) を確かめよう。

(S1)　V' は部分空間なので $\boldsymbol{0} \in V'$ である。$f(\boldsymbol{0})=\boldsymbol{0}$ であるから，$\boldsymbol{0} \in f(V')$ である。

(S2)　$f(\boldsymbol{v}_1)$, $f(\boldsymbol{v}_2) \in f(V')$ $(\boldsymbol{v}_1, \boldsymbol{v}_2 \in V')$ について，V' は部分空間なので $\boldsymbol{v}_1+\boldsymbol{v}_2 \in V'$ であり，f が線形写像なので，
$f(\boldsymbol{v}_1)+f(\boldsymbol{v}_2)=f(\boldsymbol{v}_1+\boldsymbol{v}_2) \in f(V')$ である。

(S3)　$f(\boldsymbol{v}) \in f(V')$ $(\boldsymbol{v} \in V')$ および $a \in K$ について，V' は部分空間なので $a\boldsymbol{v} \in V'$ であり，f が線形写像なので，
$af(\boldsymbol{v})=f(a\boldsymbol{v}) \in f(V')$ である。

以上より，$f(V')$ について条件 (S1)，(S2)，(S3) が成り立つので，$f(V')$ は W の部分空間である。

(2)　第 5 章定義 1-2 の条件 (S1)，(S2)，(S3) を確かめよう。

(S1)　W' は部分空間なので $f(\boldsymbol{0})=\boldsymbol{0} \in W'$ である。
よって，$\boldsymbol{0} \in f^{-1}(W')$ である。

(S2)　$\boldsymbol{v}_1$, $\boldsymbol{v}_2 \in f^{-1}(W')$ とする。このとき，$f(\boldsymbol{v}_1)$, $f(\boldsymbol{v}_2) \in W'$ であり，W' は部分空間なので，$f(\boldsymbol{v}_1+\boldsymbol{v}_2)=f(\boldsymbol{v}_1)+f(\boldsymbol{v}_2) \in W'$ である。よって，$\boldsymbol{v}_1+\boldsymbol{v}_2 \in f^{-1}(W')$ である。

(S3)　$\boldsymbol{v} \in f^{-1}(W')$ および $a \in K$ とする。このとき，$f(\boldsymbol{v}) \in W'$ であり，W' は部分空間なので，$f(a\boldsymbol{v})=af(\boldsymbol{v}) \in W'$ である。
よって，$a\boldsymbol{v} \in f^{-1}(W')$ である。■

Vの部分空間 V' と，その f による像 $f(V')$ との間には，次の関係がある。

定理 2-4　部分空間の像

Vのベクトルの組 $\{\boldsymbol{v}_1,\ \boldsymbol{v}_2,\ \cdots\cdots,\ \boldsymbol{v}_r\}$ が V' を生成するとき，$f(V')$ は Wのベクトルの組 $\{f(\boldsymbol{v}_1),\ f(\boldsymbol{v}_2),\ \cdots\cdots,\ f(\boldsymbol{v}_r)\}$ で生成される。

特に，V' が有限次元ならば，$f(V')$ も有限次元であり，

$\dim V' \geqq \dim f(V')$ である。

証明　V' は $\{\boldsymbol{v}_1,\ \boldsymbol{v}_2,\ \cdots\cdots,\ \boldsymbol{v}_r\}$ で生成されるので，V' の任意のベクトルは

$$a_1\boldsymbol{v}_1+a_2\boldsymbol{v}_2+\cdots\cdots+a_r\boldsymbol{v}_r \quad (a_1,\ a_2,\ \cdots\cdots,\ a_r \in K)$$

という形に書ける。これを線形写像 f で写すと

$$a_1f(\boldsymbol{v}_1)+a_2f(\boldsymbol{v}_2)+\cdots\cdots+a_rf(\boldsymbol{v}_r) \quad (a_1,\ a_2,\ \cdots\cdots,\ a_r \in K)$$

となる。これは，$f(V')$ のすべてのベクトルが $f(\boldsymbol{v}_1)$，$f(\boldsymbol{v}_2)$，$\cdots\cdots$，$f(\boldsymbol{v}_r)$ の1次結合で書けること，すなわち $\{f(\boldsymbol{v}_1),\ f(\boldsymbol{v}_2),\ \cdots\cdots,\ f(\boldsymbol{v}_r)\}$ で生成されることを意味している。

　V' が有限次元であるとして，$\{\boldsymbol{v}_1,\ \boldsymbol{v}_2,\ \cdots\cdots,\ \boldsymbol{v}_r\}$ が V' の基底であるとする（よって，$\dim V'=r$ である）。

$f(V')$ は $\{f(\boldsymbol{v}_1),\ f(\boldsymbol{v}_2),\ \cdots\cdots,\ f(\boldsymbol{v}_r)\}$ で生成されるので，$p.$ 170，第5章定理 3-5 (2) より $f(V')$ の次元は $r=\dim V'$ 以下である。■

以上の結果を踏まえて，線形写像に関する，次の重要な概念を定義しよう。

定義 2-1　線形写像の階数

V，W を K 上の有限次元ベクトル空間とし，$f: V \longrightarrow W$ を K 上の線形写像とする。

このとき，Wの部分空間 $f(V)$（f の値域）の次元を，線形写像 f の 階数 といい，$\mathrm{rank}\, f$ と書く。

$$\mathrm{rank}\, f=\dim f(V)$$

定理 2-5　行列写像の階数

Kの要素を成分にもつ $m\times n$ 行列 A で決まる線形写像 $f_A: K^n \longrightarrow K^m$ の階数は，行列 A の階数に一致する。すなわち

$$\mathrm{rank}\ f_A=\mathrm{rank}\, A$$

証明 $A=[\,\boldsymbol{v}_1 \ \ \boldsymbol{v}_2 \ \ \cdots \ \ \boldsymbol{v}_n\,]$ とする。すなわち，Aの第 j 列目の列ベクトルを $\boldsymbol{v}_j$ とする。$\boldsymbol{v}_j$ $(j=1,\ 2,\ \cdots\cdots,\ n)$ は，K^m のベクトルであり，線形写像 f_A は，K^n の基本ベクトル $\boldsymbol{e}_j$ $(j=1,\ 2,\ \cdots\cdots,\ n)$ の行き先が $\boldsymbol{v}_j$ であるものとして，一意的に決定されるものである（例 2）。K^n の基本ベクトル $\boldsymbol{e}_j$ $(j=1,\ 2,\ \cdots\cdots,\ n)$ は K^n を生成する（基底である）から，定理 2-4 より，f_A の値域 $f_A(K^n)$ は，Aの列ベクトル $\{\boldsymbol{v}_1,\ \boldsymbol{v}_2,\ \cdots\cdots,\ \boldsymbol{v}_n\}$ で生成される，K^m の部分空間である。第 5 章系 3-3 (p. 177) より，その次元はAの階数に等しい。よって，$\mathrm{rank}\, f_A=\mathrm{rank}\, A$ である。■

例題 1 行列 $A=\begin{bmatrix} 1 & 3 & 4 & 7 \\ 2 & 1 & 3 & 0 \\ -2 & -1 & -3 & 0 \\ 1 & 0 & 1 & 1 \end{bmatrix}$ から決まる線形写像 $f_A:\mathrm{R}^4 \longrightarrow \mathrm{R}^4$ の像 $f_A(\mathrm{R}^4)$ の基底を 1 組求めよ。また，f_A の階数を求めよ。

解答 f_A の像 $f_A(\mathrm{R}^4)$ は，Aの列ベクトルで生成される，R^4 の部分空間である。Aの簡約階段化は $\begin{bmatrix} 1 & 0 & 1 & 0 \\ 0 & 1 & 1 & 0 \\ 0 & 0 & 0 & 1 \\ 0 & 0 & 0 & 0 \end{bmatrix}$ である。第 5 章定理 3-8 (p. 177) より，$f_A(\mathrm{R}^4)$ はAの第 1 列目，第 2 列目，第 4 列目，すなわち

$$\begin{bmatrix} 1 \\ 2 \\ -2 \\ 1 \end{bmatrix},\ \begin{bmatrix} 3 \\ 1 \\ -1 \\ 0 \end{bmatrix},\ \begin{bmatrix} 7 \\ 0 \\ 0 \\ 1 \end{bmatrix}$$

を基底にもつ。また，$\mathrm{rank}\, f_A=\mathrm{rank}\, A=3$ である。■

練習 2 行列 $A=\begin{bmatrix} 2 & 3 & 2 & 3 & 0 \\ 4 & 9 & 0 & 5 & -2 \\ -1 & -3 & 1 & -1 & 1 \\ 1 & 0 & 3 & 2 & 1 \end{bmatrix}$ から決まる線形写像 $f_A:\mathrm{R}^5 \longrightarrow \mathrm{R}^4$ の像 $f_A(\mathrm{R}^5)$ の基底を 1 組求めよ。また，f_A の階数を求めよ。

◆線形写像の核

p. 208，定理 2-3 (2) で示したように，線形写像 $f:V \longrightarrow W$ について，Wの任意の部分空間の逆像は，Vの部分空間になっている。特に，零ベクトルだけからなる Wの部分空間 $\{\boldsymbol{0}\}$ の逆像は重要であり，次のように定義する。

定義 2-2　線形写像の核

V，W を K 上の有限次元ベクトル空間とし，$f : V \longrightarrow W$ を K 上の線形写像とする。零ベクトルだけからなる W の部分空間 $\{\mathbf{0}\}$ の逆像 $f^{-1}(\mathbf{0})$ を，f の核 といい，$\mathrm{Ker}(f)$ と書く。すなわち　$\mathrm{Ker}(f)=\{\boldsymbol{v} \mid f(\boldsymbol{v})=\mathbf{0}\}$

線形写像 $f : V \longrightarrow W$ の核 $\mathrm{Ker}(f)$ は，f の定義域 V の部分空間である。

線形写像の核は，その線形写像が写像として単射であるという性質と，密接な関係にある。すなわち，次の定理が成り立つ。

定理 2-6　単射性と核

V，W を K 上のベクトル空間とし，$f : V \longrightarrow W$ を K 上の線形写像とする。f が単射であるための必要十分条件は，$\mathrm{Ker}(f)=\{\mathbf{0}\}$ であることである。

証明　f が単射ならば，$f(\boldsymbol{v})=\mathbf{0}$ となる $\boldsymbol{v}$ は零ベクトルしかないから，$\mathrm{Ker}(f)=\{\mathbf{0}\}$ である。逆に $\mathrm{Ker}(f)=\{\mathbf{0}\}$ とする。$\boldsymbol{v}$，$\boldsymbol{v}' \in V$ について，$f(\boldsymbol{v})=f(\boldsymbol{v}')$ であるとしよう。ここから $\boldsymbol{v}=\boldsymbol{v}'$ であることを示せばよい。
$f(\boldsymbol{v})-f(\boldsymbol{v}')=\mathbf{0}$ であるが，$f(\boldsymbol{v})-f(\boldsymbol{v}')=f(\boldsymbol{v}-\boldsymbol{v}')$ なので，
$\boldsymbol{v}-\boldsymbol{v}' \in \mathrm{Ker}(f)$ である。$\mathrm{Ker}(f)=\{\mathbf{0}\}$ であるから，これは $\boldsymbol{v}-\boldsymbol{v}'=\mathbf{0}$ であること，すなわち $\boldsymbol{v}=\boldsymbol{v}'$ であることを示している。
よって，f は単射である。■

例 3　$A=[a_{ij}]$ を K の要素を成分にもつ $m \times n$ 行列とし，A で決まる線形写像 $f_A : K^n \longrightarrow K^m$ を考える。このとき，f_A の核

$$\mathrm{Ker}(f_A)=\left\{\boldsymbol{x}=\begin{bmatrix} x_1 \\ x_2 \\ \vdots \\ x_n \end{bmatrix} \middle| \, A\boldsymbol{x}=\mathbf{0}\right\}$$

とは，同次連立 1 次方程式

$$A\boldsymbol{x}=\mathbf{0}$$

の解空間のことであり（p. 146，第 5 章定理 1-1 参照），その次元 $\dim \mathrm{Ker}(f_A)$ とは，解の自由度のことである。

例題 2

行列 $A=\begin{bmatrix} 2 & 1 & -2 & 0 & 4 \\ 3 & 2 & -3 & -1 & 4 \\ -1 & 0 & 1 & 1 & 2 \\ -1 & 2 & 1 & 0 & 3 \end{bmatrix}$ から決まる線形写像 $f_A: \mathrm{R}^5 \longrightarrow \mathrm{R}^4$ の核 $\mathrm{Ker}(f_A)$ の基底を1組求めよ。また，その次元を求めよ。

解答 Aの簡約階段化は $\begin{bmatrix} 1 & 0 & -1 & 0 & 1 \\ 0 & 1 & 0 & 0 & 2 \\ 0 & 0 & 0 & 1 & 3 \\ 0 & 0 & 0 & 0 & 0 \end{bmatrix}$ である。よって，同次連立1次方程式 $A\boldsymbol{x}=\boldsymbol{0}$ $(\boldsymbol{x}={}^t[x \quad y \quad z \quad u \quad v])$ を解くと，$z=a_1$ と $v=a_2$ を任意定数として

$$\begin{bmatrix} x \\ y \\ z \\ u \\ v \end{bmatrix}=a_1\begin{bmatrix} 1 \\ 0 \\ 1 \\ 0 \\ 0 \end{bmatrix}+a_2\begin{bmatrix} -1 \\ -2 \\ 0 \\ -3 \\ 1 \end{bmatrix}$$

となる。そこで，$\boldsymbol{u}_1={}^t[1 \quad 0 \quad 1 \quad 0 \quad 0]$，
$\boldsymbol{u}_2={}^t[-1 \quad -2 \quad 0 \quad -3 \quad 1]$ とおく。同次連立1次方程式 $A\boldsymbol{v}=\boldsymbol{0}$ の一般解は，$\boldsymbol{u}_1$，$\boldsymbol{u}_2$ の1次結合で与えられるので，$\mathrm{Ker}(f_A)$ は $\{\boldsymbol{u}_1, \boldsymbol{u}_2\}$ で生成されている。また，$\boldsymbol{u}_1$ と $\boldsymbol{u}_2$ の成分は，次の性質をもっている。

- （上から）3番目の成分（任意定数にした z に対応する成分）が，$\boldsymbol{u}_1$ では1であり，$\boldsymbol{u}_2$ では0である。
- （上から）5番目の成分（任意定数にした v に対応する成分）が，$\boldsymbol{u}_1$ では0であり，$\boldsymbol{u}_2$ では1である。

このことから，$\{\boldsymbol{u}_1, \boldsymbol{u}_2\}$ は1次独立であることがわかる。実際

$$c_1\boldsymbol{u}_1+c_2\boldsymbol{u}_2=c_1\begin{bmatrix} 1 \\ 0 \\ 1 \\ 0 \\ 0 \end{bmatrix}+c_2\begin{bmatrix} -1 \\ -2 \\ 0 \\ -3 \\ 1 \end{bmatrix}=\boldsymbol{0}$$

とすると，上から3番目の成分に注目して $c_1=0$，5番目の成分に注目して $c_2=0$ となるからである。よって，$\mathrm{Ker}(f_A)$ の基底の1組として $\{\boldsymbol{u}_1, \boldsymbol{u}_2\}$ がとれる。また，その次元は2である。■

例題 2 の解き方を一般化して，$m\times n$ 行列 A によって決まる線形写像 $f_A : K^n \longrightarrow K^m$ の核 $\mathrm{Ker}(f_A)$ の求め方について考えてみよう。$\mathrm{Ker}(f_A)$ は，同次連立 1 次方程式

$$A\boldsymbol{x}=\boldsymbol{0}, \qquad \boldsymbol{x}={}^t[\,x_1 \ \ x_2 \ \ \cdots \ \ x_n\,] \qquad (*)$$

の解空間である。行列 A の簡約階段化が，図 1 のようであったとする ($r=\mathrm{rank}\,A$)。

$$\begin{array}{ccccccccccccccc}
j_1 & & & & j_2 & & & & j_3 & & j_r & & & \\
\vdots & & & & \vdots & & & & \vdots & \cdots & \vdots & & & \\
1 & a_{1\,j_1+1} & \cdots & a_{1\,j_2-1} & 0 & a_{1\,j_2+1} & \cdots & a_{1\,j_3-1} & 0 & \cdots & 0 & a_{1\,j_r+1} & \cdots & a_{1n} \\
 & & & & 1 & a_{2\,j_2+1} & \cdots & a_{2\,j_3-1} & 0 & \cdots & 0 & a_{2\,j_r+1} & \cdots & a_{2n} \\
 & & & & & & & & 1 & \cdots & 0 & a_{3\,j_r+1} & \cdots & a_{3n} \\
 & & & & & & & & & \ddots & & & & \\
 & & & & & & & & & & 1 & a_{r\,j_r+1} & \cdots & a_{rn} \\
 & & & & 0 & & & & & & & & & \\
\end{array}$$

図 1　行列 A の簡約階段化

このとき，第 2 章で学んだように，$(*)$ の一般解を求めるための便利な方法は，A の簡約階段化の，主列でない列 (段が落ちない列) に対応する変数を，任意定数化することであった ($p.\,63$ 参照)。今の場合は，$j\neq j_1,\ j_2,\ \cdots\cdots,\ j_r$ である列番号 j について

$$x_j=c_j$$

と任意定数化することで，同次連立 1 次方程式 $(*)$ の一般解は

$$\boldsymbol{x}=c_1\boldsymbol{u}_1+\cdots\cdots+c_{j_1-1}\boldsymbol{u}_{j_1-1}+c_{j_1+1}\boldsymbol{u}_{j_1+1}+\cdots\cdots+c_{j_r+1}\boldsymbol{u}_{j_r+1}+\cdots\cdots+c_n\boldsymbol{u}_n$$

の形になる。すなわち，$\mathrm{Ker}(f_A)$ は $n-r$ 個のベクトル

$$\boldsymbol{u}_1,\ \cdots\cdots,\ \boldsymbol{u}_{j_1-1},\ \boldsymbol{u}_{j_1+1},\ \cdots\cdots,\ \boldsymbol{u}_{j_2-1},\ \boldsymbol{u}_{j_2+1},\ \cdots\cdots,\ \boldsymbol{u}_{j_r+1},\ \cdots\cdots,\ \boldsymbol{u}_n \qquad (**)$$

で生成される。更に，これらのベクトルは次の性質をもっている。

- $\boldsymbol{u}_j$ の上から j 番目の成分は 1 であり，任意の $k=1,\ 2,\ \cdots\cdots,\ n,$ $k\neq j,\ j_1,\ j_2,\ \cdots\cdots,\ j_r$ について，上から k 番目の成分は 0 である。

これより，$(**)$ のベクトルは 1 次独立であることがわかる。

よって，$(**)$ は $\mathrm{Ker}(f_A)$ の基底の 1 組を与える。また，$\mathrm{Ker}(f_A)$ の次元は $n-r=n-\mathrm{rank}\,A$ である。

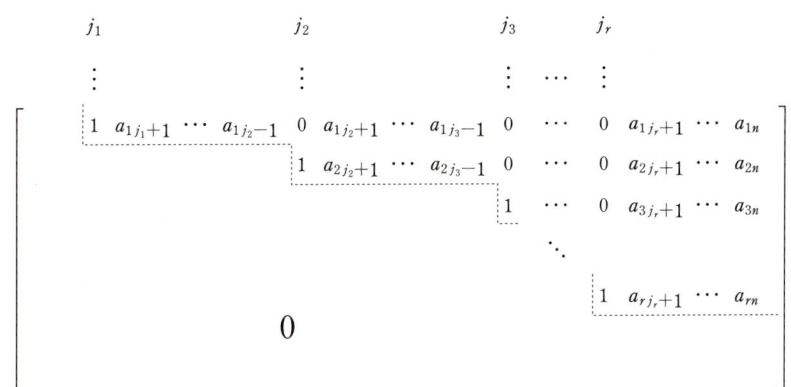

練習 3 行列 $A=\begin{bmatrix} 2 & 3 & 2 & 3 & 0 \\ 4 & 9 & 0 & 5 & -2 \\ -1 & -3 & 1 & -1 & 1 \\ 1 & 0 & 3 & 2 & 1 \end{bmatrix}$ から決まる線形写像 $f_A : \mathrm{R}^5 \longrightarrow \mathrm{R}^4$ の核 $\mathrm{Ker}(f_A)$ の基底を1組求めよ。また，その次元を求めよ。

◈線形写像と連立1次方程式

前の項で確認したように，数ベクトル空間の場合に限れば，線形写像の概念は，連立1次方程式と密接な関係にある。そこで，その関係について，もう少し詳しく考えてみよう。

定理 2-7　連立1次方程式の解の存在と自由度

連立1次方程式　$A\boldsymbol{x}=\boldsymbol{b}$　(＊) を考える。

ここで，A は $m\times n$ 行列であり，$\boldsymbol{x}$ は n 個の変数からなる変数ベクトル，$\boldsymbol{b}$ は m 個の定数からなる定数項ベクトルである。

(1) **連立1次方程式 (＊) が解をもつための必要十分条件は，$\boldsymbol{b}$ が f_A の値域 $f_A(K^n)$ に属していること，すなわち**

$$\boldsymbol{b}\in f_A(K^n) \qquad (\dagger)$$

である。

(2) **(†) が成り立つとき，(＊) の解 $\boldsymbol{x}=\boldsymbol{v}_0$ ($\boldsymbol{v}_0\in K^n$) を任意に1つとれば，一般解は $\boldsymbol{x}=\boldsymbol{v}_0+\boldsymbol{v}$，$\boldsymbol{v}\in\mathrm{Ker}(f_A)$ の形である。特に，連立1次方程式 (＊) の解の自由度は，$\dim\mathrm{Ker}(f_A)$ である。**

証明　(1) $A\boldsymbol{x}=\boldsymbol{b}$ が解をもつということは，$f_A(\boldsymbol{x})=\boldsymbol{b}$ となる $\boldsymbol{x}\in K^n$ が存在するということである。これは，$\boldsymbol{b}$ が写像 f_A の値域に属していることに他ならない。

(2) $\boldsymbol{x}=\boldsymbol{v}_0$ が $A\boldsymbol{x}=\boldsymbol{b}$ の1つの解であるとする。

このとき，$A\boldsymbol{x}=\boldsymbol{b}$ の任意の解 $\boldsymbol{x}$ について，$\boldsymbol{v}=\boldsymbol{x}-\boldsymbol{v}_0$ とすると

$$A\boldsymbol{v}=A(\boldsymbol{x}-\boldsymbol{v}_0)=A\boldsymbol{x}-A\boldsymbol{v}_0=\boldsymbol{b}-\boldsymbol{b}=\boldsymbol{0}$$

であるから，$\boldsymbol{v}\in\mathrm{Ker}(f_A)$ であり，$\boldsymbol{x}=\boldsymbol{v}_0+\boldsymbol{v}$ ($\boldsymbol{v}\in\mathrm{Ker}(f_A)$) となる。

逆に，この形のベクトル $\boldsymbol{x}=\boldsymbol{v}_0+\boldsymbol{v}$ ($\boldsymbol{v}\in\mathrm{Ker}(f_A)$) は

$$A\boldsymbol{x}=A(\boldsymbol{v}_0+\boldsymbol{v})=A\boldsymbol{v}_0+A\boldsymbol{v}=\boldsymbol{b}+\boldsymbol{0}=\boldsymbol{b}$$

なので，(＊) の解である。■

＋1ポイント

第 2 章定理 3-2 (p. 65) では，連立 1 次方程式 (＊) が解をもつための必要十分条件は，A の階数と拡大係数行列 $[A\,|\,\boldsymbol{b}]$ の階数が等しいことを示した。これと，定理 2-7 の条件 $\boldsymbol{b}\in f_A(K^n)$ が同値であることは，次のようにしてわかる。

A を列ベクトルで書いて，$A=[\,\boldsymbol{v}_1\ \ \boldsymbol{v}_2\ \ \cdots\ \ \boldsymbol{v}_n\,]$ とする。行列 A の列ベクトル $\{\boldsymbol{v}_1,\ \boldsymbol{v}_2,\ \cdots\cdots,\ \boldsymbol{v}_n\}$ で生成される K^m の部分空間が $f_A(K^n)$ であり，その次元が $\mathrm{rank}\, f_A=\mathrm{rank}\, A$ である。$[A\,|\,\boldsymbol{b}]$ の列ベクトルは，A の列ベクトルに $\boldsymbol{b}$ を付け足した $\{\boldsymbol{v}_1,\ \boldsymbol{v}_2,\ \cdots\cdots,\ \boldsymbol{v}_n,\ \boldsymbol{b}\}$ で与えられる。$[A\,|\,\boldsymbol{b}]$ の列ベクトルで生成される K^m の部分空間を W とする。明らかに $f_A(K^n)\subseteq W$ である。このとき，次の同値性が成立する。

$$\mathrm{rank}\, A=\mathrm{rank}\,[A\,|\,\boldsymbol{b}] \iff \dim f_A(K^n)=\dim W \overset{①}{\iff} f_A(K^n)=W \overset{②}{\iff} \boldsymbol{b}\in f_A(K^n)$$

ここで，① の同値性は，p. 173，第 5 章定理 3-7 (2) からわかる。また，$\boldsymbol{b}\in W$ であるから，② の同値性の「⇒」の方は明らかであるが，逆も，$\boldsymbol{b}\in f_A(K^n)$ ならば，$\{\boldsymbol{v}_1,\ \boldsymbol{v}_2,\ \cdots\cdots,\ \boldsymbol{v}_n,\ \boldsymbol{b}\}$ で生成される部分空間 $(=W)$ は，$\{\boldsymbol{v}_1,\ \boldsymbol{v}_2,\ \cdots\cdots,\ \boldsymbol{v}_n\}$ で生成される部分空間 $(=f_A(K^n))$ に等しいことからわかる。

以上より，定理 2-7 (1) の条件と，第 2 章定理 3-2 (1) の条件は，同値であることがわかる。定理 2-7 (2) と，第 2 章定理 3-2 (2) の主張が同じであること，すなわち $\dim \mathrm{Ker}(f_A)=n-\mathrm{rank}\, A$ であることは，$\mathrm{rank}\, A$ が A の簡約階段化の段が落ちる列の個数で，$\dim \mathrm{Ker}(f_A)$ が，段が落ちない列の個数に等しいことからもわかるが，すぐ後に述べる定理 2-9 (p. 217) からもわかる。

◆線形写像と次元

次に，線形写像とベクトル空間の次元の関係について調べよう。そのために，線形写像と 1 次独立性について，次の定理が成り立つことを示そう。

定理 2-8　線形写像と 1 次独立性

V，W を K 上のベクトル空間として，$f : V \longrightarrow W$ を K 上の線形写像とする。$\{\boldsymbol{v}_1,\ \boldsymbol{v}_2,\ \cdots\cdots,\ \boldsymbol{v}_r\}$ を，V のベクトルの組とする。

(1)　**W のベクトルの組 $\{f(\boldsymbol{v}_1),\ f(\boldsymbol{v}_2),\ \cdots\cdots,\ f(\boldsymbol{v}_r)\}$ が 1 次独立なら，$\{\boldsymbol{v}_1,\ \boldsymbol{v}_2,\ \cdots\cdots,\ \boldsymbol{v}_r\}$ は 1 次独立である。**

(2)　**f が単射であるとき，(1) の逆が成り立つ。すなわち，$\{\boldsymbol{v}_1,\ \boldsymbol{v}_2,\ \cdots\cdots,\ \boldsymbol{v}_r\}$ が 1 次独立なら，$\{f(\boldsymbol{v}_1),\ f(\boldsymbol{v}_2),\ \cdots\cdots,\ f(\boldsymbol{v}_r)\}$ が 1 次独立である。**

証明 (1) $\{\boldsymbol{v}_1, \boldsymbol{v}_2, \cdots\cdots, \boldsymbol{v}_r\}$ が1次独立であることを示すために，1次関係

$$a_1\boldsymbol{v}_1+a_2\boldsymbol{v}_2+\cdots\cdots+a_r\boldsymbol{v}_r=\boldsymbol{0} \qquad (*)$$

$(a_1, a_2, \cdots, a_r \in K)$ が成り立っていると仮定する。これを f で写すと，1次関係 $f(a_1\boldsymbol{v}_1+a_2\boldsymbol{v}_2+\cdots\cdots+a_r\boldsymbol{v}_r)$

$$=a_1f(\boldsymbol{v}_1)+a_2f(\boldsymbol{v}_2)+\cdots\cdots+a_rf(\boldsymbol{v}_r)=\boldsymbol{0}$$

が成り立つ。$\{f(\boldsymbol{v}_1), f(\boldsymbol{v}_2), \cdots\cdots, f(\boldsymbol{v}_r)\}$ が1次独立なので，

$a_1=a_2=\cdots\cdots=a_r=0$ となる。これは，最初の1次関係 $(*)$ が自明なものに限ることを意味している。

したがって，$\{\boldsymbol{v}_1, \boldsymbol{v}_2, \cdots\cdots, \boldsymbol{v}_r\}$ は1次独立である。

(2) $\{f(\boldsymbol{v}_1), f(\boldsymbol{v}_2), \cdots\cdots, f(\boldsymbol{v}_r)\}$ が1次独立であることを示すため，

1次関係 $a_1f(\boldsymbol{v}_1)+a_2f(\boldsymbol{v}_2)+\cdots\cdots+a_rf(\boldsymbol{v}_r)=\boldsymbol{0} \qquad (**)$

$(a_1, a_2, \cdots\cdots, a_r \in K)$ が成り立っていると仮定する。このとき，上と同様に $f(a_1\boldsymbol{v}_1+a_2\boldsymbol{v}_2+\cdots\cdots+a_r\boldsymbol{v}_r)=\boldsymbol{0}$ なので

$$a_1\boldsymbol{v}_1+a_2\boldsymbol{v}_2+\cdots\cdots+a_r\boldsymbol{v}_r \in \mathrm{Ker}(f)$$

である。ところで，f は単射なので，$\mathrm{Ker}(f)=\{\boldsymbol{0}\}$ である（定理 2-6, *p.* 211）。よって，$a_1\boldsymbol{v}_1+a_2\boldsymbol{v}_2+\cdots\cdots+a_r\boldsymbol{v}_r=\boldsymbol{0}$ となるが，

$\{\boldsymbol{v}_1, \boldsymbol{v}_2, \cdots\cdots, \boldsymbol{v}_r\}$ が1次独立と仮定したので，

$a_1=a_2=\cdots\cdots=a_r=0$ となる。これは，最初の1次関係 $(**)$ が自明なものに限ることを意味している。

したがって，$\{f(\boldsymbol{v}_1), f(\boldsymbol{v}_2), \cdots\cdots, f(\boldsymbol{v}_r)\}$ は1次独立である。■

系 2-1 同型写像と次元

V，W を K 上の有限次元ベクトル空間として，$f: V \longrightarrow W$ を K 上の同型写像とする。また，$\{\boldsymbol{v}_1, \boldsymbol{v}_2, \cdots\cdots, \boldsymbol{v}_n\}$ を V のベクトルの組とする。このとき，$\{\boldsymbol{v}_1, \boldsymbol{v}_2, \cdots\cdots, \boldsymbol{v}_n\}$ が V の基底であるための必要十分条件は，W のベクトルの組 $\{f(\boldsymbol{v}_1), f(\boldsymbol{v}_2), \cdots\cdots, f(\boldsymbol{v}_n)\}$ が W の基底であることである。特に，$\dim V=\dim W$ である。

証明 $\dim V=n$ とし，$\{\boldsymbol{v}_1, \boldsymbol{v}_2, \cdots\cdots, \boldsymbol{v}_n\}$ が V の基底であるとする。f は単射なので，W のベクトルの組 $\{f(\boldsymbol{v}_1), f(\boldsymbol{v}_2), \cdots\cdots, f(\boldsymbol{v}_n)\}$ は1次独立である。また，f は全射なので，定理 2-4 より，

$\{f(\boldsymbol{v}_1), f(\boldsymbol{v}_2), \cdots\cdots, f(\boldsymbol{v}_n)\}$ は W を生成する。すなわち，

$\{f(\boldsymbol{v}_1), f(\boldsymbol{v}_2), \cdots\cdots, f(\boldsymbol{v}_n)\}$ は W の基底である（特に，

$\dim W=n=\dim V$ である）。

逆は，fの逆写像 f^{-1} を考えれば，上と同様に証明される。■

上で述べたように，線形写像fが $m \times n$ 行列Aから決まる線形写像 $f=f_A : K^n \longrightarrow K^m$ である場合には，Aの簡約階段化をBとして

$$n = (B\text{の段が落ちる列の個数}) + (B\text{の段が落ちない列の個数})$$
$$= \operatorname{rank} A + \dim \operatorname{Ker}(f_A)$$

という等式が成立する。次の定理は，この等式の背景には，行列から決まるものに限らない，一般の線形写像において成立する一般形があることを示している。

定理 2-9 線形写像と次元

V，W をK上の有限次元ベクトル空間として，$f : V \longrightarrow W$ をK上の線形写像とする。このとき，次の等式が成り立つ。

$$\dim V = \operatorname{rank} f + \dim \operatorname{Ker}(f)$$

定理 2-9 の 証明　Vの部分空間 $\operatorname{Ker}(f)$ の基底 $\{\boldsymbol{u}_1, \boldsymbol{u}_2, \cdots\cdots, \boldsymbol{u}_s\}$ をとる。
また，Wの部分空間 $f(V)$ の基底 $\{\boldsymbol{w}_1, \boldsymbol{w}_2, \cdots\cdots, \boldsymbol{w}_r\}$ をとる。
$s=\dim \operatorname{Ker}(f)$ であり，$r=\dim f(V)=\operatorname{rank} f$ である。各 $i=1, 2, \cdots\cdots, r$ について，Vのベクトル $\boldsymbol{v}_i$ を，$f(\boldsymbol{v}_i)=\boldsymbol{w}_i$ となるようにとる[2)]。

$$\{\boldsymbol{u}_1, \boldsymbol{u}_2, \cdots\cdots, \boldsymbol{u}_s, \boldsymbol{v}_1, \boldsymbol{v}_2, \cdots\cdots, \boldsymbol{v}_r\} \qquad (\dagger)$$

がVの基底となることを示せば，$\dim V = r+s$ となり，定理の証明が終わる。そこで(†)がVの基底であることを，証明しよう。

[1]　(†)が1次独立であること示すために，1次関係

$$a_1\boldsymbol{u}_1 + \cdots\cdots + a_s\boldsymbol{u}_s + b_1\boldsymbol{v}_1 + \cdots\cdots + b_r\boldsymbol{v}_r = \boldsymbol{0}$$

が成り立っていると仮定する。この両辺をfで写すと，$\boldsymbol{u}_j \in \operatorname{Ker}(f)$ $(j=1, 2, \cdots\cdots, s)$ から　$b_1\boldsymbol{w}_1 + b_2\boldsymbol{w}_2 + \cdots\cdots + b_r\boldsymbol{w}_r = \boldsymbol{0}$
となる。$\{\boldsymbol{w}_1, \boldsymbol{w}_2, \cdots\cdots, \boldsymbol{w}_r\}$ は1次独立なので，$b_1=b_2=\cdots\cdots=b_r=0$
である。これより，もともとの1次関係は

$$a_1\boldsymbol{u}_1 + a_2\boldsymbol{u}_2 + \cdots\cdots + a_s\boldsymbol{u}_s = \boldsymbol{0}$$

となるが，$\{\boldsymbol{u}_1, \boldsymbol{u}_2, \cdots\cdots, \boldsymbol{u}_s\}$ が1次独立なので，$a_1=a_2=\cdots\cdots=a_s=0$
となる。以上より，最初の1次関係は自明なものであることがわかり，よって，(†)が1次独立であることが示された。

2) $\boldsymbol{w}_i \in f(V)$ なので，$f(\boldsymbol{v}_i)=\boldsymbol{w}_i$ となる $\boldsymbol{v}_i \in V$ は存在する。

[2] (†)がVを生成することを示そう。Vの任意のベクトル$\boldsymbol{v}$を考える。
$f(\boldsymbol{v})$ は $f(V)$ の要素なので，$\boldsymbol{w}_1$，$\boldsymbol{w}_2$，……，$\boldsymbol{w}_r$ の1次結合

$$f(\boldsymbol{v})=b_1\boldsymbol{w}_1+b_2\boldsymbol{w}_2+\cdots\cdots+b_r\boldsymbol{w}_r$$

の形に書ける。
この係数 b_1，b_2，……，b_r を用いて，$\boldsymbol{v}-(b_1\boldsymbol{v}_1+b_2\boldsymbol{v}_2+\cdots\cdots+b_r\boldsymbol{v}_r)$ というVのベクトルを考える。
これをfで写すと

$$\begin{aligned}&f(\boldsymbol{v}-(b_1\boldsymbol{v}_1+b_2\boldsymbol{v}_2+\cdots\cdots+b_r\boldsymbol{v}_r))\\&=f(\boldsymbol{v})-f(b_1\boldsymbol{v}_1+b_2\boldsymbol{v}_2+\cdots\cdots+b_r\boldsymbol{v}_r)\\&=b_1\boldsymbol{w}_1+b_2\boldsymbol{w}_2+\cdots\cdots+b_r\boldsymbol{w}_r\\&\quad-(b_1\boldsymbol{w}_1+b_2\boldsymbol{w}_2+\cdots\cdots+b_r\boldsymbol{w}_r)\\&=\boldsymbol{0}\end{aligned}$$

となるので，$\boldsymbol{v}-(b_1\boldsymbol{v}_1+b_2\boldsymbol{v}_2+\cdots\cdots+b_r\boldsymbol{v}_r)$ は $\mathrm{Ker}(f)$ に入る。
よって，これは $\boldsymbol{u}_1$，$\boldsymbol{u}_2$，……，$\boldsymbol{u}_s$ の1次結合

$$\boldsymbol{v}-(b_1\boldsymbol{v}_1+b_2\boldsymbol{v}_2+\cdots\cdots+b_r\boldsymbol{v}_r)=a_1\boldsymbol{u}_1+a_2\boldsymbol{u}_2+\cdots\cdots+a_s\boldsymbol{u}_s$$

に書ける。
よって　$\boldsymbol{v}=a_1\boldsymbol{u}_1+a_2\boldsymbol{u}_2+\cdots\cdots+a_s\boldsymbol{u}_s+b_1\boldsymbol{v}_1+b_2\boldsymbol{v}_2+\cdots\cdots+b_r\boldsymbol{v}_r$
となり，$\boldsymbol{v}$は $\boldsymbol{u}_1$，$\boldsymbol{u}_2$，……，$\boldsymbol{u}_s$，$\boldsymbol{v}_1$，$\boldsymbol{v}_2$，……，$\boldsymbol{v}_r$ の1次結合で書ける。
すなわち，Vのベクトルの組(†)は，Vを生成する。■

この定理から，線形写像と次元に関して，いくつかの重要な事実が得られる。

系 2-2

V，WをK上の有限次元ベクトル空間として，$f:V\longrightarrow W$ をK上の線形写像とする。
(1) **fが単射ならば，**$\dim V\leqq\dim W$
(2) **fが全射ならば，**$\dim V\geqq\dim W$

証明 (1) fが単射ならば，定理 2-6 (p. 211) より，$\mathrm{Ker}(f)=\{\boldsymbol{0}\}$ なので，$\dim\mathrm{Ker}(f)=0$ である。よって，定理 2-9 (p. 217) より，$\dim V=\mathrm{rank}\,f=\dim f(V)$ だが，$f(V)$ はWの部分空間なので，p. 173，第5章定理 3-7(1) より $\dim f(V)\leqq\dim W$ である。これより，$\dim V\leqq\dim W$ が得られる。
(2) fが全射ならば，$f(V)=W$ なので，定理 2-9 より，
$\dim W=\dim f(V)=\mathrm{rank}\,f=\dim V-\dim\mathrm{Ker}(f)\leqq\dim V$ ■

系 2-3

V, W を K 上の有限次元ベクトル空間として，$f: V \longrightarrow W$ を K 上の線形写像とする。また，$\dim V = \dim W$ とする。このとき，以下はすべて同値である。

(a) **f は単射である。**

(b) **f は全射である。**

(c) **f は全単射（すなわち，同型写像）である。**

証明 [1] (a)$\Longrightarrow$(b) を示す。f が単射であるとすると，定理 2-6 より，$\mathrm{Ker}(f)=\{\mathbf{0}\}$ なので，$\dim \mathrm{Ker}(f)=0$ である。よって，定理 2-9 より，$\dim V = \mathrm{rank}\, f = \dim f(V)$ である。一方，$f(V)$ は W の部分空間であるが，$\dim f(V) = \dim V = \dim W$ なので，第 5 章定理 3-7 (2) より，$W = f(V)$，すなわち f の値域が W 全体に一致する。これは f が全射であることを示している。

[2] (b)$\Longrightarrow$(c) を示す。f が単射であることを示せばよい。f は全射なので，$f(V)=W$ である。すなわち，
$\mathrm{rank}\, f = \dim f(V) = \dim W = \dim V$ である。よって，定理 2-9 より $\dim \mathrm{Ker}(f)=0$ であるが，これは $\mathrm{Ker}(f)=\{\mathbf{0}\}$ であることを示している。よって，定理 2-6 より，f は単射である。

[3] (c)$\Longrightarrow$(a) は自明である。

よって，題意が証明された。■

練習 4 K 上の 7 次元ベクトル空間 V から 3 次元ベクトル空間への線形写像 $f: V \longrightarrow W$ について，$\dim \mathrm{Ker}(f)$ がとりうる値をすべて求めよ。

練習 5 次の事実を，定理 2-9 などを用いて証明せよ：$m<n$ のとき，n 変数で m 個の方程式からなる同次連立 1 次方程式は，非自明な解をもつ。

◈ベクトル空間と次元

本節の最後に，ベクトル空間とその次元について，概念上重要なことについて述べておきたい。

今までも述べたように，線形代数学とは，ベクトル空間の学問であり，線形代数学においては，同型なベクトル空間は，構造上〈同じもの〉とみなされる。次の定理が示すように，有限次元ベクトル空間においては，同型であるとは，次元が等しいことに同値になる。すなわち，次元の等しいベクトル空間は，構造上は〈同じもの〉とみなされる。

定理 2-10　ベクトル空間と次元

2つのK上の有限次元ベクトル空間 V，W が同型である ($V \cong W$) ための必要十分条件は，その次元が一致すること，すなわち，$\dim V = \dim W$ であることである。

証明　VとWが同型とすると，*p.* 216，系 2-1 より $\dim V = \dim W$ である。
逆に，$\dim V = \dim W = n$ として，Vの基底 $\{\boldsymbol{v}_1, \boldsymbol{v}_2, \cdots\cdots, \boldsymbol{v}_n\}$ と Wの基底 $\{\boldsymbol{w}_1, \boldsymbol{w}_2, \cdots\cdots, \boldsymbol{w}_n\}$ をとる。
$f(\boldsymbol{v}_i) = \boldsymbol{w}_i$ $(i=1, 2, \cdots\cdots, n)$ で決定される線形写像 $f: V \longrightarrow W$ を考えると，$\{f(\boldsymbol{v}_1), f(\boldsymbol{v}_2), \cdots\cdots, f(\boldsymbol{v}_n)\}$ はWを生成するので，fは全射であり，系 2-3 より，同型写像である。 ■

定理 2-10 が意味するところは，次の通りである。線形代数学の立場では，個々のベクトル空間の〈特徴〉は，基本的には「次元」しかない。次元の同じベクトル空間は，同型であるという意味で，〈同じもの〉とみなされる。

これは，現実の数理科学や工学のさまざまな場面で，実際に現れるさまざまなベクトル空間も，線形代数学の枠組みでは，次元という単一の尺度で，一律に扱うことができることを意味しており，線形代数学という学問が，応用上強力な理論であることを示している。

3 線形写像の行列表現

前節までで，線形写像を定義し，その基本的な性質について述べた。また，数ベクトル空間の間の線形写像の例として，行列によって決まる線形写像を考えた。実は，線形写像と行列の間には，更に一般的で密接な関係がある。線形写像と行列は，概念的に同じものというわけではないが，考えているベクトル空間の基底を固定することで，線形写像は常に行列で表現できる。そして，この「行列表現」というテクニックを駆使することによって，線形写像に関するさまざまな現象を，行列の具体的な計算に帰着することができる。こうして，抽象的なベクトル空間や線形写像についての理論を，本書の前半で行った行列による連立1次方程式の解法や，基本変形など，具体的な計算の数々に還元できるわけであり，ここに線形代数学という学問の醍醐味がある。

◈線形写像の行列による表現

V，W を K 上の有限次元ベクトル空間とし，$\dim V=n$，$\dim W=m$ とし，V の基底 $\{\boldsymbol{v}_1, \boldsymbol{v}_2, \cdots\cdots, \boldsymbol{v}_n\}$ と W の基底 $\{\boldsymbol{w}_1, \boldsymbol{w}_2, \cdots\cdots, \boldsymbol{w}_m\}$ が与えられているとする。

このとき，K 上の線形写像 $f: V \longrightarrow W$ について，各 $\boldsymbol{v}_j$ $(j=1, 2, \cdots\cdots, n)$ の像 $f(\boldsymbol{v}_j)$ は W のベクトルなので，$\boldsymbol{w}_1$，$\boldsymbol{w}_2$，……，$\boldsymbol{w}_m$ の1次結合

$$f(\boldsymbol{v}_j)=a_{1j}\boldsymbol{w}_1+a_{2j}\boldsymbol{w}_2+\cdots\cdots+a_{mj}\boldsymbol{w}_m \qquad (*)$$

$(a_{1j}, a_{2j}, \cdots\cdots, a_{mj}\in K)$ の形に，一意的に書くことができる。このとき，係数に現れた mn 個の数 a_{ij} $(i=1, 2, \cdots\cdots, m,\ j=1, 2, \cdots\cdots, n)$ によって，$m\times n$ 行列 $A=[a_{ij}]$ がただ1つ決まる。

線形写像と行列 $A=[a_{ij}]$ との関係は，次の形式的な式で表現できる。

$$[\,f(\boldsymbol{v}_1)\ \ f(\boldsymbol{v}_2)\ \ \cdots\ \ f(\boldsymbol{v}_n)\,]=[\,\boldsymbol{w}_1\ \ \boldsymbol{w}_2\ \ \cdots\ \ \boldsymbol{w}_m\,]\begin{bmatrix} a_{11} & a_{12} & \cdots & a_{1n} \\ a_{21} & a_{22} & \cdots & a_{2n} \\ \vdots & \vdots & & \vdots \\ a_{m1} & a_{m2} & \cdots & a_{mn} \end{bmatrix} \qquad (**)$$

実際，$(*)$ は，$(**)$ において，次の陰影部に注目して，通常のように行列の積の計算をして得られる。

$$[\,f(\boldsymbol{v}_1)\ \cdots\ f(\boldsymbol{v}_j)\ \cdots\ f(\boldsymbol{v}_n)\,]=[\,\boldsymbol{w}_1\ \boldsymbol{w}_2\ \cdots\ \boldsymbol{w}_m\,]\begin{bmatrix} a_{11} & \cdots & a_{1j} & \cdots & a_{1n} \\ a_{21} & \cdots & a_{2j} & \cdots & a_{2n} \\ \vdots & & \vdots & & \vdots \\ a_{m1} & \cdots & a_{mj} & \cdots & a_{mn} \end{bmatrix}$$

（j 列目）

式 $(**)$ に現れる $[\,f(\boldsymbol{v}_1)\quad f(\boldsymbol{v}_2)\quad \cdots\quad f(\boldsymbol{v}_n)\,]$ や $[\,\boldsymbol{w}_1\quad \boldsymbol{w}_2\quad \cdots\quad \boldsymbol{w}_m\,]$ は，W や V のベクトルを，行ベクトルの形に並べたもので，さしあたり形式的なものである。しかし，この形式に従って，行列の積を実行すると，当初の1次結合の式 $(*)$ が得られる。すなわち，式 $(**)$ は $(*)$ を形式的に行列形に書いたものである。

注意 式 $(**)$ の書き方は，さしあたり形式的なものであるが，しかし，後で見るように，実はさまざまな計算と整合する書き方である。したがって，その意味はともかく，計算に便利な書き方として理解しておくとよい。

上の行列 A（すなわち，式 $(**)$ で決まる $m\times n$ 行列 $A=[a_{ij}]$）を，線形写像 $f:V\longrightarrow W$ の，V の基底 $\{\boldsymbol{v}_1,\ \boldsymbol{v}_2,\ \cdots\cdots,\ \boldsymbol{v}_n\}$ と W の基底 $\{\boldsymbol{w}_1,\ \boldsymbol{w}_2,\ \cdots\cdots,\ \boldsymbol{w}_m\}$ に関する **表現行列** という。これについて，次の定理が成り立つ。

定理 3-1 線形写像の表現行列

V，W を K 上のベクトル空間とし，V の基底 $\{\boldsymbol{v}_1,\ \boldsymbol{v}_2,\ \cdots\cdots,\ \boldsymbol{v}_n\}$ と W の基底 $\{\boldsymbol{w}_1,\ \boldsymbol{w}_2,\ \cdots\cdots,\ \boldsymbol{w}_m\}$ を固定する。

(1) 線形写像 $f:V\longrightarrow W$ に対して，その V の基底 $\{\boldsymbol{v}_1,\ \boldsymbol{v}_2,\ \cdots\cdots,\ \boldsymbol{v}_n\}$ と W の基底 $\{\boldsymbol{w}_1,\ \boldsymbol{w}_2,\ \cdots\cdots,\ \boldsymbol{w}_m\}$ に関する表現行列 A は一意的に決まる。

(2) 逆に，任意の $m\times n$ 行列 A に対して，線形写像 $f:V\longrightarrow W$ で，その V の基底 $\{\boldsymbol{v}_1,\ \boldsymbol{v}_2,\ \cdots\cdots,\ \boldsymbol{v}_n\}$ と W の基底 $\{\boldsymbol{w}_1,\ \boldsymbol{w}_2,\ \cdots\cdots,\ \boldsymbol{w}_m\}$ に関する表現行列が A に一致するものが存在する。

証明 (1) A と B が，線形写像 $f:V\longrightarrow W$ の，V の基底 $\{\boldsymbol{v}_1,\ \boldsymbol{v}_2,\ \cdots\cdots,\ \boldsymbol{v}_n\}$ と W の基底 $\{\boldsymbol{w}_1,\ \boldsymbol{w}_2,\ \cdots\cdots,\ \boldsymbol{w}_m\}$ に関する表現行列であるとして，$A=B$ を示せばよい。このとき，次が成り立つ。

$[\,f(\boldsymbol{v}_1)\quad f(\boldsymbol{v}_2)\quad \cdots\quad f(\boldsymbol{v}_n)\,]=[\,\boldsymbol{w}_1\quad \boldsymbol{w}_2\quad \cdots\quad \boldsymbol{w}_m\,]A=[\,\boldsymbol{w}_1\quad \boldsymbol{w}_2\quad \cdots\quad \boldsymbol{w}_m\,]B$

$A=[a_{ij}]$，$B=[b_{ij}]$ とすると，上の等式より，$j=1,\ 2,\ \cdots\cdots,\ n$ について

$$a_{1j}\boldsymbol{w}_1+a_{2j}\boldsymbol{w}_2+\cdots\cdots+a_{mj}\boldsymbol{w}_m=b_{1j}\boldsymbol{w}_1+b_{2j}\boldsymbol{w}_2+\cdots\cdots+b_{mj}\boldsymbol{w}_m$$

すなわち $\quad (a_{1j}-b_{1j})\boldsymbol{w}_1+(a_{2j}-b_{2j})\boldsymbol{w}_2+\cdots\cdots+(a_{mj}-b_{mj})\boldsymbol{w}_m=\boldsymbol{0}$

である。$\{\boldsymbol{w}_1,\ \boldsymbol{w}_2,\ \cdots\cdots,\ \boldsymbol{w}_m\}$ は1次独立なので

$$a_{1j}-b_{1j}=a_{2j}-b_{2j}=\cdots\cdots=a_{mj}-b_{mj}=0$$

となり，A の成分と B の成分が一致することがわかる。よって，$A=B$ である。

(2)　$m\times n$ 行列 $A=[a_{ij}]$ が与えられたときに，p. 221 (＊＊) によって，逆に f を定義する。すなわち，W の n 個のベクトルの組 $\{\boldsymbol{u}_1,\ \boldsymbol{u}_2,\ \cdots\cdots,\ \boldsymbol{u}_n\}$ を，与えられた行列 A の成分 a_{ij} を用いて

$$\boldsymbol{u}_j=a_{1j}\boldsymbol{w}_1+a_{2j}\boldsymbol{w}_2+\cdots\cdots+a_{mj}\boldsymbol{w}_m$$

$(j=1,\ 2,\ \cdots\cdots,\ n)$ で定義して　$\boldsymbol{u}_j=f(\boldsymbol{v}_j)$　$(j=1,\ 2,\ \cdots\cdots,\ n)$ であるものとして（定理 2-1，p. 204 によって）定まる線形写像 $f:V\longrightarrow W$ を対応させる。このとき，(＊＊) が成り立つので，f の表現行列は A である。■

例題 1　W を $\sin x$ と $\cos x$ で生成される $F(\mathbb{R})$ の部分空間とし，導関数をとるという $\mathbb{R}$ 上の線形写像 $\dfrac{d}{dx}:W\longrightarrow W$ を考える（p. 196，[1] 例題 2 参照）。線形写像 $\dfrac{d}{dx}$ の，定義域 W の基底 $\{\sin x,\ \cos x\}$ と，終域 W の基底 $\{\sin x,\ \cos x\}$ に関する表現行列を求めよ。

解答　$\dfrac{d}{dx}\sin x=\cos x$，$\dfrac{d}{dx}\cos x=-\sin x$ であるから

$$\begin{bmatrix}\dfrac{d}{dx}\sin x & \dfrac{d}{dx}\cos x\end{bmatrix}=\begin{bmatrix}\sin x & \cos x\end{bmatrix}\begin{bmatrix}0 & -1\\ 1 & 0\end{bmatrix}$$

が成り立つ。よって，求める表現行列は $\begin{bmatrix}0 & -1\\ 1 & 0\end{bmatrix}$ である。■

練習 1　x を変数とする n 次以下の多項式全体がなす，$\mathbb{R}$ 上のベクトル空間 W_n を考え，導関数をとるという $\mathbb{R}$ 上の線形写像 $\dfrac{d}{dx}:W_n\longrightarrow W_{n-1}$ を考える（p. 196，[1] 練習 7 参照）。W_3 の基底 $\{1,\ x,\ x^2,\ x^3\}$ と，W_2 の基底 $\{1,\ x,\ x^2\}$ に関する $\dfrac{d}{dx}:W_3\longrightarrow W_2$ の表現行列を求めよ。

練習 2　V を $\{\boldsymbol{v}_1,\ \boldsymbol{v}_2,\ \boldsymbol{v}_3,\ \boldsymbol{v}_4,\ \boldsymbol{v}_5\}$ を基底にもつ K 上のベクトル空間とし，W を $\{\boldsymbol{w}_1,\ \boldsymbol{w}_2\}$ を基底にもつ K 上のベクトル空間とする。K 上の線形写像 $f:V\longrightarrow W$ を，次で定義する。

$$f(\boldsymbol{v}_1)=\boldsymbol{w}_1+5\boldsymbol{w}_2,\ f(\boldsymbol{v}_2)=\boldsymbol{w}_1+\boldsymbol{w}_2,\ f(\boldsymbol{v}_3)=3\boldsymbol{w}_1+7\boldsymbol{w}_2,$$
$$f(\boldsymbol{v}_4)=2\boldsymbol{w}_1+6\boldsymbol{w}_2,\ f(\boldsymbol{v}_5)=\boldsymbol{w}_1+\boldsymbol{w}_2$$

線形写像 f の，V の基底 $\{\boldsymbol{v}_1,\ \boldsymbol{v}_2,\ \boldsymbol{v}_3,\ \boldsymbol{v}_4,\ \boldsymbol{v}_5\}$ と W の基底 $\{\boldsymbol{w}_1,\ \boldsymbol{w}_2\}$ に関する表現行列を求めよ。

例 1

$m \times n$ 行列 $A=[a_{ij}]$ によって決まる，n 次元数ベクトル空間 K^n から，m 次元数ベクトル空間 K^m への線形写像 $f_A: K^n \longrightarrow K^m$ を考える（$p.198$）。このとき，行列 A は，線形写像 f_A の，K^n の標準基底（第 5 章 3 例 1，$p.162$）$\{\boldsymbol{e}_1, \boldsymbol{e}_2, \cdots\cdots, \boldsymbol{e}_n\}$ と，K^m の標準基底 $\{\boldsymbol{e}'_1, \boldsymbol{e}'_2, \cdots\cdots, \boldsymbol{e}'_m\}$[3] に関する表現行列である。

実際，例 2 より，$f_A(\boldsymbol{e}_j)=\begin{bmatrix} a_{1j} \\ a_{2j} \\ \vdots \\ a_{mj} \end{bmatrix}$ は行列 A の第 j 列ベクトルであり，これは，K^m の標準基底を用いて

$$f_A(\boldsymbol{e}_j)=\begin{bmatrix} a_{1j} \\ a_{2j} \\ \vdots \\ a_{mj} \end{bmatrix}=a_{1j}\begin{bmatrix} 1 \\ 0 \\ \vdots \\ 0 \end{bmatrix}+a_{2j}\begin{bmatrix} 0 \\ 1 \\ \vdots \\ 0 \end{bmatrix}+\cdots\cdots+a_{mj}\begin{bmatrix} 0 \\ 0 \\ \vdots \\ 1 \end{bmatrix} \qquad (\dagger)$$
$$=a_{1j}\boldsymbol{e}'_1+a_{2j}\boldsymbol{e}'_2+\cdots\cdots+a_{mj}\boldsymbol{e}'_m$$

と書けるが，これは線形写像 f_A の，K^n の標準基底 $\{\boldsymbol{e}_1, \boldsymbol{e}_2, \cdots, \boldsymbol{e}_n\}$ と，K^m の標準基底 $\{\boldsymbol{e}'_1, \boldsymbol{e}'_2, \cdots\cdots, \boldsymbol{e}'_m\}$ に関する表現行列が A に一致することを示している。

例 1 の式（†）は，先に導入した形式的な書き方で書くと，次のようになる。

$$[\, f_A(\boldsymbol{e}_1) \quad f_A(\boldsymbol{e}_2) \quad \cdots \quad f_A(\boldsymbol{e}_n)\,]=[\,\boldsymbol{e}'_1 \quad \boldsymbol{e}'_2 \quad \cdots \quad \boldsymbol{e}'_m\,]\begin{bmatrix} a_{11} & a_{12} & \cdots & a_{1n} \\ a_{21} & a_{22} & \cdots & a_{2n} \\ \vdots & \vdots & & \vdots \\ a_{m1} & a_{m2} & \cdots & a_{mn} \end{bmatrix} \qquad (\ddagger)$$

この式は，次のように解釈できる。例 2 で見たように，$f_A(\boldsymbol{e}_j)$ は行列 A の第 j 列ベクトル $\begin{bmatrix} a_{1j} \\ a_{2j} \\ \vdots \\ a_{mj} \end{bmatrix}$ に等しい。

よって，（‡）の左辺は，これらを並べたもの，すなわち，行列 A に他ならない。また，右辺の $[\,\boldsymbol{e}'_1 \quad \boldsymbol{e}'_2 \quad \cdots\cdots \quad \boldsymbol{e}'_m\,]$ は m 次の単位行列 E に他ならない。

3) K^n の基本ベクトルと，K^m の基本ベクトルを区別するために，後者をダッシュ「$'$」を付けて書いた。$\boldsymbol{e}_j$ $(j=1, 2, \cdots\cdots, n)$ は n 次の列ベクトルであり，$\boldsymbol{e}'_i$ $(i=1, 2, \cdots\cdots, m)$ は m 次の列ベクトルであることに注意。

よって，式 (‡) は，実は「$A=EA$」という，自明に正しい式を表している。

すなわち，p. 221 の表現行列を表す形式的な式 (＊＊) は，数ベクトル空間の間の線形写像の場合には，単に形式的であるにとどまらず，実際に成り立つ式になる。

練習 3 次を示せ。

(1) 零写像 $0: K^n \longrightarrow K^m$ の，K^n の標準基底と K^m の標準基底に関する表現行列は，零行列 O である。

(2) 恒等写像 $\mathrm{id}: K^n \longrightarrow K^n$ の，定義域および終域どちらについても K^n の標準基底に関する表現行列は，単位行列 E である。

◈合成と表現行列

V，W，U を K 上の有限次元ベクトル空間とし，$f: V \longrightarrow W$ と $g: W \longrightarrow U$ を K 上の線形写像としよう。このとき，合成によって，K 上の線形写像 $g \circ f: V \longrightarrow U$ が得られる。

線形写像の合成と表現行列の関係については，次の定理が成り立つ。

定理 3-2 合成と表現行列

$\dim V=n$，$\dim W=m$，$\dim U=l$ として，$\{\boldsymbol{v}_1, \boldsymbol{v}_2, \cdots\cdots, \boldsymbol{v}_n\}$，$\{\boldsymbol{w}_1, \boldsymbol{w}_2, \cdots\cdots, \boldsymbol{w}_m\}$，$\{\boldsymbol{u}_1, \boldsymbol{u}_2, \cdots\cdots, \boldsymbol{u}_l\}$ を，それぞれ V，W，U の基底とする。また，V の基底 $\{\boldsymbol{v}_1, \boldsymbol{v}_2, \cdots\cdots, \boldsymbol{v}_n\}$ と W の基底 $\{\boldsymbol{w}_1, \boldsymbol{w}_2, \cdots\cdots, \boldsymbol{w}_m\}$ に関する f の表現行列を A とし，W の基底 $\{\boldsymbol{w}_1, \boldsymbol{w}_2, \cdots\cdots, \boldsymbol{w}_m\}$ と U の基底 $\{\boldsymbol{u}_1, \boldsymbol{u}_2, \cdots\cdots, \boldsymbol{u}_l\}$ に関する g の表現行列を B とする (A は $m\times n$ 行列であり，B は $l\times m$ 行列である)。このとき，V の基底 $\{\boldsymbol{v}_1, \boldsymbol{v}_2, \cdots\cdots, \boldsymbol{v}_n\}$ と U の基底 $\{\boldsymbol{u}_1, \boldsymbol{u}_2, \cdots\cdots, \boldsymbol{u}_l\}$ に関する $g \circ f$ の表現行列は，行列の積 BA で与えられる。

証明 V の基底 $\{\boldsymbol{v}_1, \boldsymbol{v}_2, \cdots\cdots, \boldsymbol{v}_n\}$ と W の基底 $\{\boldsymbol{w}_1, \boldsymbol{w}_2, \cdots\cdots, \boldsymbol{w}_m\}$ に関する f の表現行列が A なので，次の式が成り立つ。

$$[\, f(\boldsymbol{v}_1) \quad f(\boldsymbol{v}_2) \quad \cdots \quad f(\boldsymbol{v}_n) \,]=[\, \boldsymbol{w}_1 \quad \boldsymbol{w}_2 \quad \cdots \quad \boldsymbol{w}_m \,]A \qquad (*)$$

また，W の基底 $\{\boldsymbol{w}_1, \boldsymbol{w}_2, \cdots\cdots, \boldsymbol{w}_m\}$ と U の基底 $\{\boldsymbol{u}_1, \boldsymbol{u}_2, \cdots\cdots, \boldsymbol{u}_l\}$ に関する g の表現行列が B なので，次の式が成り立つ。

$$[\, g(\boldsymbol{w}_1) \quad g(\boldsymbol{w}_2) \quad \cdots \quad g(\boldsymbol{w}_m) \,]=[\, \boldsymbol{u}_1 \quad \boldsymbol{u}_2 \quad \cdots \quad \boldsymbol{u}_l \,]B \qquad (**)$$

これより

$$[\,g\circ f(\boldsymbol{v}_1)\quad g\circ f(\boldsymbol{v}_2)\quad \cdots\quad g\circ f(\boldsymbol{v}_n)\,]\overset{①}{=}[\,g(\boldsymbol{w}_1)\quad g(\boldsymbol{w}_2)\quad \cdots\quad g(\boldsymbol{w}_m)\,]A$$
$$\overset{②}{=}[\,\boldsymbol{u}_1\quad \boldsymbol{u}_2\quad \cdots\quad \boldsymbol{u}_l\,]BA$$

これは，Vの基底 $\{\boldsymbol{v}_1,\ \boldsymbol{v}_2,\ \cdots\cdots,\ \boldsymbol{v}_n\}$ とUの基底 $\{\boldsymbol{u}_1,\ \boldsymbol{u}_2,\ \cdots\cdots,\ \boldsymbol{u}_l\}$ に関する $g\circ f$ の表現行列が，BA で与えられることを示している。■

＋1ポイント

定理 3-2 の証明として，上で述べたものは，形式的な計算によって簡略化されたものであるが，それが成分ごとに実際にやっている計算を，ここで具体的に書いて確かめておこう。

$A=[a_{ij}]$，$B=[b_{ki}]$ とする。

ここで，k は 1，2，……，l を動き，i は 1，2，……，m を動き，j は 1，2，……，n を動く添字である。

式 (∗) の意味は，$j=1,\ 2,\ \cdots\cdots,\ n$ について

$$f(\boldsymbol{v}_j)=a_{1j}\boldsymbol{w}_1+a_{2j}\boldsymbol{w}_2+\cdots\cdots+a_{mj}\boldsymbol{w}_m \qquad (*)'$$

であることである。

また，式 (∗∗) の意味は，$i=1,\ 2,\ \cdots\cdots,\ m$ について

$$g(\boldsymbol{w}_i)=b_{1i}\boldsymbol{u}_1+b_{2i}\boldsymbol{u}_2+\cdots\cdots+b_{li}\boldsymbol{u}_l \qquad (**)'$$

であることである。最初の式の両辺を g で写すと

$$\begin{aligned} g\circ f(\boldsymbol{v}_j)&=g(a_{1j}\boldsymbol{w}_1+a_{2j}\boldsymbol{w}_2+\cdots\cdots+a_{mj}\boldsymbol{w}_m)\\ &=a_{1j}g(\boldsymbol{w}_1)+a_{2j}g(\boldsymbol{w}_2)+\cdots\cdots+a_{mj}g(\boldsymbol{w}_m)\end{aligned}$$

となる。これが証明中の等式 ① の意味である。

等式 ② は，$[\,g(\boldsymbol{w}_1)\quad g(\boldsymbol{w}_2)\quad \cdots\quad g(\boldsymbol{w}_m)\,]$ を (∗∗) の右辺でおき換えて得られる。

実際，最後の式に，$i=1,\ 2,\ \cdots\cdots,\ m$ についての (∗∗)′ を代入すると

$$\begin{aligned} g\circ f(\boldsymbol{v}_j)&=a_{1j}(b_{11}\boldsymbol{u}_1+b_{21}\boldsymbol{u}_2+\cdots\cdots+b_{l1}\boldsymbol{u}_l)\\ &\quad+a_{2j}(b_{12}\boldsymbol{u}_1+b_{22}\boldsymbol{u}_2+\cdots\cdots+b_{l2}\boldsymbol{u}_l)\\ &\quad+\cdots\cdots+a_{mj}(b_{1m}\boldsymbol{u}_1+b_{2m}\boldsymbol{u}_2+\cdots\cdots+b_{lm}\boldsymbol{u}_l)\\ &=\left(\sum_{i=1}^{m}b_{1i}a_{ij}\right)\boldsymbol{u}_1+\left(\sum_{i=1}^{m}b_{2i}a_{ij}\right)\boldsymbol{u}_2+\cdots\cdots+\left(\sum_{i=1}^{m}b_{li}a_{ij}\right)\boldsymbol{u}_l\end{aligned}$$

となるが，BA の $(k,\ j)$ 成分は $\sum_{i=1}^{m}b_{ki}a_{ij}$ であるから，これは等式 ② が成り立つことを示している。

例題 2 例題 1 の状況で，2 階導関数をとるという線形写像 $\left(\frac{d}{dx}\right)^2=\frac{d^2}{dx^2}$ の，定義域 W の基底 $\{\sin x,\ \cos x\}$ と，終域 W の基底 $\{\sin x,\ \cos x\}$ に関する表現行列を求めよ。

解答 例題 1 より，$\frac{d}{dx}$ の定義域 W の基底 $\{\sin x,\ \cos x\}$ と，終域 W の基底 $\{\sin x,\ \cos x\}$ に関する表現行列は $\begin{bmatrix} 0 & -1 \\ 1 & 0 \end{bmatrix}$ なので，求める表現行列は

$$\begin{bmatrix} 0 & -1 \\ 1 & 0 \end{bmatrix}\begin{bmatrix} 0 & -1 \\ 1 & 0 \end{bmatrix}=\begin{bmatrix} -1 & 0 \\ 0 & -1 \end{bmatrix}$$

注意 実際，$\frac{d^2}{dx^2}\sin x=-\sin x$，$\frac{d^2}{dx^2}\cos x=-\cos x$ なので

$$\begin{bmatrix} \frac{d^2}{dx^2}\sin x & \frac{d^2}{dx^2}\cos x \end{bmatrix}=\begin{bmatrix} \sin x & \cos x \end{bmatrix}\begin{bmatrix} -1 & 0 \\ 0 & -1 \end{bmatrix}$$

である。

練習 4 練習 1 の状況で，2 階導関数をとるという線形写像 $\frac{d^2}{dx^2}: W_3 \longrightarrow W_1$ の，W_3 の基底 $\{1,\ x,\ x^2,\ x^3\}$ と，W_1 の基底 $\{1,\ x\}$ に関する表現行列を求めよ。

線形写像を行列で表現することで，線形写像の写像としての性質は，行列のさまざまな性質に翻訳される。例えば，線形写像が同型であることは，表現する行列が正則であることに翻訳される。

定理 3-3 同型写像の表現行列

$\dim V=\dim W=n$ として，線形写像 $f: V \longrightarrow W$ を考える。$\{\boldsymbol{v}_1,\ \boldsymbol{v}_2,\ \cdots\cdots,\ \boldsymbol{v}_n\}$，$\{\boldsymbol{w}_1,\ \boldsymbol{w}_2,\ \cdots\cdots,\ \boldsymbol{w}_n\}$ を，それぞれ V，W の基底とし，V の基底 $\{\boldsymbol{v}_1,\ \boldsymbol{v}_2,\ \cdots\cdots,\ \boldsymbol{v}_n\}$ と W の基底 $\{\boldsymbol{w}_1,\ \boldsymbol{w}_2,\ \cdots\cdots,\ \boldsymbol{w}_n\}$ に関する f の表現行列を A とする。(A は n 次正方行列である。) f が同型写像であるための必要十分条件は，A が正則行列であることである。また，このとき，A の逆行列 A^{-1} は，W の基底 $\{\boldsymbol{w}_1,\ \boldsymbol{w}_2,\ \cdots\cdots,\ \boldsymbol{w}_n\}$ と V の基底 $\{\boldsymbol{v}_1,\ \boldsymbol{v}_2,\ \cdots\cdots,\ \boldsymbol{v}_n\}$ に関する $f^{-1}: W \longrightarrow V$ の表現行列である。

証明 fが同型写像であるとして，f^{-1} のWの基底 $\{\boldsymbol{w}_1, \boldsymbol{w}_2, \cdots\cdots, \boldsymbol{w}_n\}$ とVの基底 $\{\boldsymbol{v}_1, \boldsymbol{v}_2, \cdots\cdots, \boldsymbol{v}_n\}$ に関する表現行列をBとする。このとき，$f^{-1}\circ f$ の（定義域および終域としてのVの基底 $\{\boldsymbol{v}_1, \boldsymbol{v}_2, \cdots\cdots, \boldsymbol{v}_n\}$ に関する）表現行列は BA であるが，$f^{-1}\circ f=\mathrm{id}_V$（恒等写像）なので，その表現行列は単位行列$E$である[4)]。よって，$p.222$，定理 3-1(1) より，$BA=E$ である。同様に，$f\circ f^{-1}=\mathrm{id}_W$ なので，$AB=E$ もわかる。よって，Aは正則であり，$B=A^{-1}$ である。

逆に，Aが正則であるとする。このとき，定理 3-1 の証明のように，A^{-1} に対応する線形写像 $g : W \longrightarrow V$ を作ると，$g\circ f$ の（定義域および終域としてのVの基底 $\{\boldsymbol{v}_1, \boldsymbol{v}_2, \cdots\cdots, \boldsymbol{v}_n\}$ に関する）表現行列は $A^{-1}A=E$ なので，$g\circ f=\mathrm{id}_V$ である。

実際，$[\,g\circ f(\boldsymbol{v}_1) \quad g\circ f(\boldsymbol{v}_2) \quad \cdots \quad g\circ f(\boldsymbol{v}_n)\,]=[\,\boldsymbol{v}_1 \quad \boldsymbol{v}_2 \quad \cdots \quad \boldsymbol{v}_n\,]E$ なので，$g\circ f$ は各 $\boldsymbol{v}_i$ をそれ自身に写す。よって，$\boldsymbol{v}_1, \boldsymbol{v}_2, \cdots\cdots, \boldsymbol{v}_n$ の任意の1次結合も，それ自身に写される。ゆえに，$g\circ f=\mathrm{id}_V$ である。同様に，$f\circ g$ の（定義域および終域としてのWの基底 $\{\boldsymbol{w}_1, \boldsymbol{w}_2, \cdots\cdots, \boldsymbol{w}_n\}$ に関する）表現行列は $AA^{-1}=E$ なので，$f\circ g=\mathrm{id}_W$ である。したがって，fは同型写像であり，gがその逆写像である。 ■

◈ 1次変換の表現行列

VをK上のベクトル空間とし，$\{\boldsymbol{v}_1, \boldsymbol{v}_2, \cdots\cdots, \boldsymbol{v}_n\}$ をその基底とする。Vの1次変換 $\varphi : V \longrightarrow V$ の，定義域Vの基底も終域Vの基底も $\{\boldsymbol{v}_1, \boldsymbol{v}_2, \cdots\cdots, \boldsymbol{v}_n\}$ で考えた場合の表現行列を，Vの1次変換φの，基底 $\{\boldsymbol{v}_1, \boldsymbol{v}_2, \cdots\cdots, \boldsymbol{v}_n\}$ に関する **表現行列** という。一般の線形写像について定理 3-1，定理 3-2，および定理 3-3 を，それぞれ1次変換の場合に適用することで，次の定理が得られる。

以下，VをK上のベクトル空間としVの基底 $\{\boldsymbol{v}_1, \boldsymbol{v}_2, \cdots, \boldsymbol{v}_n\}$ を1つ固定する。

> **定理 3-4　1次変換の表現行列**
>
> (1) **Vの1次変換 $\varphi : V \longrightarrow V$ に対して，基底 $\{\boldsymbol{v}_1, \boldsymbol{v}_2, \cdots\cdots, \boldsymbol{v}_n\}$ に関する表現行列Aは一意的に決まる。**
>
> (2) **逆に，任意のn次正方行列Aについて，Vの1次変換 $\varphi : V \longrightarrow V$ で，その基底 $\{\boldsymbol{v}_1, \boldsymbol{v}_2, \cdots\cdots, \boldsymbol{v}_n\}$ に関する表現行列がAに一致するものが存在する。**

4) $[\,\boldsymbol{v}_1 \quad \boldsymbol{v}_2 \quad \cdots \quad \boldsymbol{v}_n\,]=[\,\boldsymbol{v}_1 \quad \boldsymbol{v}_2 \quad \cdots \quad \boldsymbol{v}_n\,]E$ なので。

定理 3-5　1 次変換の合成と表現行列

1 次変換 $\varphi : V \longrightarrow V$ の，基底 $\{\boldsymbol{v}_1,\ \boldsymbol{v}_2,\ \cdots\cdots,\ \boldsymbol{v}_n\}$ に関する表現行列を A とし，1 次変換 $\psi : V \longrightarrow V$ の，基底 $\{\boldsymbol{v}_1,\ \boldsymbol{v}_2,\ \cdots\cdots,\ \boldsymbol{v}_n\}$ に関する表現行列を B とする。このとき，合成 $\psi \circ \varphi : V \longrightarrow V$ の，基底 $\{\boldsymbol{v}_1,\ \boldsymbol{v}_2,\ \cdots\cdots,\ \boldsymbol{v}_n\}$ に関する表現行列は BA である。

1 次変換 $\varphi : V \longrightarrow V$ で，逆変換 $\varphi^{-1} : V \longrightarrow V$ をもつものを，V 上の **可逆な** 1 次変換，あるいは，**自己同型** という。*p.* 219，系 2-3 より，1 次変換 $\varphi : V \longrightarrow V$ が可逆であることは，φ が単射であることと同値であり，また，φ が全射であることとも同値である。

定理 3-6　可逆な 1 次変換の表現行列

1 次変換 $\varphi : V \longrightarrow V$ の，基底 $\{\boldsymbol{v}_1,\ \boldsymbol{v}_2,\ \cdots\cdots,\ \boldsymbol{v}_n\}$ に関する表現行列を A とする。φ が可逆であるための必要十分条件は，A が正則行列であることである。また，このとき，逆変換 φ^{-1} の，基底 $\{\boldsymbol{v}_1,\ \boldsymbol{v}_2,\ \cdots\cdots,\ \boldsymbol{v}_n\}$ に関する表現行列は，A の逆行列 A^{-1} である。

◆基底の変換

V を K 上のベクトル空間とし，V の 2 つの基底

$$\{\boldsymbol{v}_1,\ \boldsymbol{v}_2,\ \cdots\cdots,\ \boldsymbol{v}_n\} \text{ と } \{\boldsymbol{v}'_1,\ \boldsymbol{v}'_2,\ \cdots\cdots,\ \boldsymbol{v}'_n\}$$

が与えられているとする。このとき，各 $\boldsymbol{v}_i$ $(i=1,\ 2,\ \cdots\cdots,\ n)$ を $\boldsymbol{v}'_i$ に写すことで，V の 1 次変換

$$\varphi : V \longrightarrow V,\quad \varphi(\boldsymbol{v}_i)=\boldsymbol{v}'_i \quad (i=1,\ 2,\ \cdots\cdots,\ n)$$

が決まる（*p.* 204，定理 2-1 参照）。

$\{\boldsymbol{v}'_1,\ \boldsymbol{v}'_2,\ \cdots\cdots,\ \boldsymbol{v}'_n\}$ は V を生成するので，$\varphi(V)$ は V に一致する。すなわち，φ は全射である。したがって，系 2-3 より，φ は可逆な 1 次変換である。1 次変換 φ の，基底 $\{\boldsymbol{v}_1,\ \boldsymbol{v}_2,\ \cdots\cdots,\ \boldsymbol{v}_n\}$ に関する表現行列を P とすると，定理 3-6 より，P は n 次正則行列である。また，次が成り立つ。

$$[\,\boldsymbol{v}'_1 \quad \boldsymbol{v}'_2 \quad \cdots \quad \boldsymbol{v}'_n\,]=[\,\boldsymbol{v}_1 \quad \boldsymbol{v}_2 \quad \cdots \quad \boldsymbol{v}_n\,]P$$

すなわち，$P=[p_{ij}]$ とすると，以下が成り立つ。

$$\boldsymbol{v}'_j = p_{1j}\boldsymbol{v}_1 + p_{2j}\boldsymbol{v}_2 + \cdots\cdots + p_{nj}\boldsymbol{v}_n \quad (j=1,\ 2,\ \cdots\cdots,\ n)$$

この n 次正則行列 P を，V の基底 $\{\boldsymbol{v}_1,\ \boldsymbol{v}_2,\ \cdots\cdots,\ \boldsymbol{v}_n\}$ から基底 $\{\boldsymbol{v}'_1,\ \boldsymbol{v}'_2,\ \cdots\cdots,\ \boldsymbol{v}'_n\}$ への **変換行列** という。

例 2

K^n の基底 $\{\boldsymbol{v}_1,\ \boldsymbol{v}_2,\ \cdots\cdots,\ \boldsymbol{v}_n\}$ が与えられたとし，これを並べて得られる n 次正方行列を $P=[\,\boldsymbol{v}_1\ \ \boldsymbol{v}_2\ \ \cdots\ \ \boldsymbol{v}_n\,]$ とする。第 5 章系 3-2 から，P は正則行列である。また

$$[\,\boldsymbol{v}_1\ \ \boldsymbol{v}_2\ \ \cdots\ \ \boldsymbol{v}_n\,]=EP=[\,\boldsymbol{e}_1\ \ \boldsymbol{e}_2\ \ \cdots\ \ \boldsymbol{e}_n\,]P$$

という自明に成り立つ式により，P は K^n の標準基底 $\{\boldsymbol{e}_1,\ \boldsymbol{e}_2,\ \cdots\cdots,\ \boldsymbol{e}_n\}$ から基底 $\{\boldsymbol{v}_1,\ \boldsymbol{v}_2,\ \cdots\cdots,\ \boldsymbol{v}_n\}$ への変換行列であることがわかる。

逆に，P を任意の n 次正則行列とするとき，その列ベクトルからなる K^n のベクトルの組 $\{\boldsymbol{v}_1,\ \boldsymbol{v}_2,\ \cdots\cdots,\ \boldsymbol{v}_n\}$ $(P=[\,\boldsymbol{v}_1\ \ \boldsymbol{v}_2\ \ \cdots\ \ \boldsymbol{v}_n\,])$ は，第 5 章系 3-2 (*p.* 172) より K^n の基底であり，P は K^n の標準基底 $\{\boldsymbol{e}_1,\ \boldsymbol{e}_2,\ \cdots\cdots,\ \boldsymbol{e}_n\}$ から基底 $\{\boldsymbol{v}_1,\ \boldsymbol{v}_2,\ \cdots\cdots,\ \boldsymbol{v}_n\}$ への変換行列である。

例題 3

$\mathbb{R}^3$ の基底 $\left\{\boldsymbol{v}_1=\begin{bmatrix}1\\3\\2\end{bmatrix},\ \boldsymbol{v}_2=\begin{bmatrix}1\\0\\3\end{bmatrix},\ \boldsymbol{v}_3=\begin{bmatrix}2\\8\\3\end{bmatrix}\right\}$ から，基底 $\left\{\boldsymbol{v}'_1=\begin{bmatrix}1\\2\\1\end{bmatrix},\ \boldsymbol{v}'_2=\begin{bmatrix}1\\3\\3\end{bmatrix},\ \boldsymbol{v}'_3=\begin{bmatrix}1\\4\\6\end{bmatrix}\right\}$ への変換行列 P を求めよ。

解答 $[\,\boldsymbol{v}'_1\ \ \boldsymbol{v}'_2\ \ \boldsymbol{v}'_3\,]=[\,\boldsymbol{v}_1\ \ \boldsymbol{v}_2\ \ \boldsymbol{v}_3\,]P$ となる，3 次正方行列 P を求めればよい。

$$[\,\boldsymbol{v}'_1\ \ \boldsymbol{v}'_2\ \ \boldsymbol{v}'_3\,]=\begin{bmatrix}1&1&1\\2&3&4\\1&3&6\end{bmatrix},\quad [\,\boldsymbol{v}_1\ \ \boldsymbol{v}_2\ \ \boldsymbol{v}_3\,]=\begin{bmatrix}1&1&2\\3&0&8\\2&3&3\end{bmatrix}$$

なので

$$P=\begin{bmatrix}1&1&2\\3&0&8\\2&3&3\end{bmatrix}^{-1}\begin{bmatrix}1&1&1\\2&3&4\\1&3&6\end{bmatrix}=\begin{bmatrix}-24&3&8\\7&-1&-2\\9&-1&-3\end{bmatrix}\begin{bmatrix}1&1&1\\2&3&4\\1&3&6\end{bmatrix}$$

$$=\begin{bmatrix}-10&9&36\\3&-2&-9\\4&-3&-13\end{bmatrix}\ \blacksquare$$

練習 5　$\mathbb{R}^3$ の基底 $\left\{ \boldsymbol{v}_1 = \begin{bmatrix} 1 \\ 1 \\ 0 \end{bmatrix},\ \boldsymbol{v}_2 = \begin{bmatrix} 1 \\ 1 \\ 1 \end{bmatrix},\ \boldsymbol{v}_3 = \begin{bmatrix} 0 \\ 1 \\ 1 \end{bmatrix} \right\}$ から，

基底 $\left\{ \boldsymbol{v}'_1 = \begin{bmatrix} 1 \\ 2 \\ 1 \end{bmatrix},\ \boldsymbol{v}'_2 = \begin{bmatrix} 2 \\ 3 \\ 2 \end{bmatrix},\ \boldsymbol{v}'_3 = \begin{bmatrix} 1 \\ 1 \\ 2 \end{bmatrix} \right\}$ への変換行列 P を求めよ。

◈基底変換と表現行列

$f: V \longrightarrow W$ を K 上の線形写像とする。また，V の 2 つの基底

$$\{\boldsymbol{v}_1,\ \boldsymbol{v}_2,\ \cdots\cdots,\ \boldsymbol{v}_n\} \text{ と } \{\boldsymbol{v}'_1,\ \boldsymbol{v}'_2,\ \cdots\cdots,\ \boldsymbol{v}'_n\}$$

が与えられており，また，W の 2 つの基底

$$\{\boldsymbol{w}_1,\ \boldsymbol{w}_2,\ \cdots\cdots,\ \boldsymbol{w}_m\} \text{ と } \{\boldsymbol{w}'_1,\ \boldsymbol{w}'_2,\ \cdots\cdots,\ \boldsymbol{w}'_m\}$$

が与えられているとする。このとき，

- 線形写像 f の，V の基底 $\{\boldsymbol{v}_1,\ \boldsymbol{v}_2,\ \cdots\cdots,\ \boldsymbol{v}_n\}$ と
  W の基底 $\{\boldsymbol{w}_1,\ \boldsymbol{w}_2,\ \cdots\cdots,\ \boldsymbol{w}_m\}$ に関する表現行列 A
- 線形写像 f の，V の基底 $\{\boldsymbol{v}'_1,\ \boldsymbol{v}'_2,\ \cdots\cdots,\ \boldsymbol{v}'_n\}$ と
  W の基底 $\{\boldsymbol{w}'_1,\ \boldsymbol{w}'_2,\ \cdots\cdots,\ \boldsymbol{w}'_m\}$ に関する表現行列 A'

という，2 つの $m \times n$ 行列 A，A' が定まる。

これらの行列は，同じ 1 つの線形写像を行列で表現したものであるが，表現するときに用いた V と W の基底が異なっている。

そこで，これらの行列 A，A' の関係について調べよう。

A が線形写像 f の，V の基底 $\{\boldsymbol{v}_1,\ \boldsymbol{v}_2,\ \cdots\cdots,\ \boldsymbol{v}_n\}$ と W の基底 $\{\boldsymbol{w}_1,\ \boldsymbol{w}_2,\ \cdots\cdots,\ \boldsymbol{w}_m\}$ に関する表現行列であることより

$$[\,f(\boldsymbol{v}_1)\quad f(\boldsymbol{v}_2)\quad \cdots\quad f(\boldsymbol{v}_n)\,] = [\,\boldsymbol{w}_1\quad \boldsymbol{w}_2\quad \cdots\quad \boldsymbol{w}_m\,]A \qquad (*)$$

A' が線形写像 f の，V の基底 $\{\boldsymbol{v}'_1,\ \boldsymbol{v}'_2,\ \cdots\cdots,\ \boldsymbol{v}'_n\}$ と W の基底 $\{\boldsymbol{w}'_1,\ \boldsymbol{w}'_2,\ \cdots\cdots,\ \boldsymbol{w}'_m\}$ に関する表現行列であることより

$$[\,f(\boldsymbol{v}'_1)\quad f(\boldsymbol{v}'_2)\quad \cdots\quad f(\boldsymbol{v}'_n)\,] = [\,\boldsymbol{w}'_1\quad \boldsymbol{w}'_2\quad \cdots\quad \boldsymbol{w}'_m\,]A' \qquad (**)$$

が，それぞれ成り立つ。

また，W の基底 $\{\boldsymbol{w}_1,\ \boldsymbol{w}_2,\ \cdots\cdots,\ \boldsymbol{w}_m\}$ から $\{\boldsymbol{w}'_1,\ \boldsymbol{w}'_2,\ \cdots\cdots,\ \boldsymbol{w}'_m\}$ への変換行列を Q とすると

$$[\,\boldsymbol{w}'_1\quad \boldsymbol{w}'_2\quad \cdots\quad \boldsymbol{w}'_m\,] = [\,\boldsymbol{w}_1\quad \boldsymbol{w}_2\quad \cdots\quad \boldsymbol{w}_m\,]Q \qquad (\dagger)$$

が成り立ち，Vの基底 $\{\boldsymbol{v}_1, \boldsymbol{v}_2, \cdots\cdots, \boldsymbol{v}_n\}$ から $\{\boldsymbol{v}'_1, \boldsymbol{v}'_2, \cdots\cdots, \boldsymbol{v}'_n\}$ への変換行列をPとすると

$$[\,\boldsymbol{v}'_1 \quad \boldsymbol{v}'_2 \quad \cdots \quad \boldsymbol{v}'_n\,]=[\,\boldsymbol{v}_1 \quad \boldsymbol{v}_2 \quad \cdots \quad \boldsymbol{v}_n\,]P \qquad (\ddagger)$$

が成り立つ。

この最後の式から，次が導かれる。

$$[\,f(\boldsymbol{v}'_1) \quad f(\boldsymbol{v}'_2) \quad \cdots \quad f(\boldsymbol{v}'_n)\,]=[\,f(\boldsymbol{v}_1) \quad f(\boldsymbol{v}_2) \quad \cdots \quad f(\boldsymbol{v}_n)\,]P \qquad (\ddagger)'$$

実際，$(\ddagger)$の意味するところは，$P=[p_{ij}]$ とすると

$$\boldsymbol{v}'_j=p_{1j}\boldsymbol{v}_1+p_{2j}\boldsymbol{v}_2+\cdots\cdots+p_{nj}\boldsymbol{v}_n \quad (j=1,\ 2,\ \cdots\cdots,\ n)$$

ということであった。

よって，$j=1,\ 2,\ \cdots\cdots,\ n$ について

$$\begin{aligned} f(\boldsymbol{v}'_j)&=f(p_{1j}\boldsymbol{v}_1+p_{2j}\boldsymbol{v}_2+\cdots\cdots+p_{nj}\boldsymbol{v}_n)\\ &=p_{1j}f(\boldsymbol{v}_1)+p_{2j}f(\boldsymbol{v}_2)+\cdots\cdots+p_{nj}f(\boldsymbol{v}_n) \end{aligned}$$

となり，これが$(\ddagger)'$の意味である。

$(**)$と$(\dagger)$より

$$[\,f(\boldsymbol{v}'_1) \quad f(\boldsymbol{v}'_2) \quad \cdots \quad f(\boldsymbol{v}'_n)\,]=[\,\boldsymbol{w}_1 \quad \boldsymbol{w}_2 \quad \cdots \quad \boldsymbol{w}_m\,]QA'$$

が得られる。これと，$(\ddagger)'$および$(*)$から

$$[\,\boldsymbol{w}_1 \quad \boldsymbol{w}_2 \quad \cdots \quad \boldsymbol{w}_m\,]AP=[\,\boldsymbol{w}_1 \quad \boldsymbol{w}_2 \quad \cdots \quad \boldsymbol{w}_m\,]QA'$$

となり，ここから

$$AP=QA'$$

という関係式が導かれる（$p.\ 222$，定理 3-1 (1) 参照）。

以上より，次の定理が証明された。

定理 3-7　基底変換と表現行列

K上の線形写像 $f: V \longrightarrow W$の，Vの基底 $\{\boldsymbol{v}_1, \boldsymbol{v}_2, \cdots\cdots, \boldsymbol{v}_n\}$ とWの基底 $\{\boldsymbol{w}_1, \boldsymbol{w}_2, \cdots\cdots, \boldsymbol{w}_m\}$ に関する表現行列をAとし，Vの基底 $\{\boldsymbol{v}'_1, \boldsymbol{v}'_2, \cdots\cdots, \boldsymbol{v}'_n\}$ とWの基底 $\{\boldsymbol{w}'_1, \boldsymbol{w}'_2, \cdots\cdots, \boldsymbol{w}'_m\}$ に関する表現行列を A' とする。また，Vの基底 $\{\boldsymbol{v}_1, \boldsymbol{v}_2, \cdots\cdots, \boldsymbol{v}_n\}$ から $\{\boldsymbol{v}'_1, \boldsymbol{v}'_2, \cdots\cdots, \boldsymbol{v}'_n\}$ への変換行列をPとし，Wの基底 $\{\boldsymbol{w}_1, \boldsymbol{w}_2, \cdots\cdots, \boldsymbol{w}_m\}$ から $\{\boldsymbol{w}'_1, \boldsymbol{w}'_2, \cdots, \boldsymbol{w}'_m\}$ への変換行列をQとする。このとき，次が成り立つ。

$$A'=Q^{-1}AP$$

例題 4

3×4 行列 $A=\begin{bmatrix}1 & 2 & 3 & 0\\ 3 & -1 & -5 & 2\\ 1 & 3 & 5 & 1\end{bmatrix}$ で決まる，R上の線形写像

$f_A:\mathrm{R}^4\longrightarrow\mathrm{R}^3$ を考える。f_A の，定義域 R^4 の基底

$\left\{\boldsymbol{v}_1=\begin{bmatrix}1\\0\\0\\0\end{bmatrix},\ \boldsymbol{v}_2=\begin{bmatrix}0\\0\\1\\0\end{bmatrix},\ \boldsymbol{v}_3=\begin{bmatrix}-2\\1\\0\\0\end{bmatrix},\ \boldsymbol{v}_4=\begin{bmatrix}-2\\0\\1\\1\end{bmatrix}\right\}$ と終域 R^3 の基底

$\left\{\boldsymbol{w}_1=\begin{bmatrix}1\\3\\2\end{bmatrix},\ \boldsymbol{w}_2=\begin{bmatrix}0\\2\\1\end{bmatrix},\ \boldsymbol{w}_3=\begin{bmatrix}0\\1\\0\end{bmatrix}\right\}$ に関する表現行列を求めよ。

解答 定義域 R^4 の標準基底を $\{\boldsymbol{e}_1,\ \boldsymbol{e}_2,\ \boldsymbol{e}_3,\ \boldsymbol{e}_4\}$ とし，終域 R^3 の標準基底を $\{\boldsymbol{\varepsilon}_1,\ \boldsymbol{\varepsilon}_2,\ \boldsymbol{\varepsilon}_3\}$ とする。

このとき，次が成り立つ（例 1 参照）。

$$[\,f_A(\boldsymbol{e}_1)\quad f_A(\boldsymbol{e}_2)\quad f_A(\boldsymbol{e}_3)\quad f_A(\boldsymbol{e}_4)\,]=[\,\boldsymbol{\varepsilon}_1\quad \boldsymbol{\varepsilon}_2\quad \boldsymbol{\varepsilon}_3\,]A$$

$$P=[\,\boldsymbol{v}_1\quad \boldsymbol{v}_2\quad \boldsymbol{v}_3\quad \boldsymbol{v}_4\,]=\begin{bmatrix}1 & 0 & -2 & -2\\ 0 & 0 & 1 & 0\\ 0 & 1 & 0 & 1\\ 0 & 0 & 0 & 1\end{bmatrix}$$

とすると

$$[\,\boldsymbol{v}_1\quad \boldsymbol{v}_2\quad \boldsymbol{v}_3\quad \boldsymbol{v}_4\,]=[\,\boldsymbol{e}_1\quad \boldsymbol{e}_2\quad \boldsymbol{e}_3\quad \boldsymbol{e}_4\,]P$$

が成り立つ。

すなわち，P は R^4 の標準基底から基底 $\{\boldsymbol{v}_1,\ \boldsymbol{v}_2,\ \boldsymbol{v}_3,\ \boldsymbol{v}_4\}$ への変換行列である。

また

$$Q=[\,\boldsymbol{w}_1\quad \boldsymbol{w}_2\quad \boldsymbol{w}_3\,]=\begin{bmatrix}1 & 0 & 0\\ 3 & 2 & 1\\ 2 & 1 & 0\end{bmatrix}$$

とすると

$$[\,\boldsymbol{w}_1\quad \boldsymbol{w}_2\quad \boldsymbol{w}_3\,]=[\,\boldsymbol{\varepsilon}_1\quad \boldsymbol{\varepsilon}_2\quad \boldsymbol{\varepsilon}_3\,]Q$$

が成り立つ。

すなわち，Q は R^3 の標準基底から基底 $\{\boldsymbol{w}_1,\ \boldsymbol{w}_2,\ \boldsymbol{w}_3\}$ への変換行列である。

これらから

$$[\,f_A(\boldsymbol{v}_1)\quad f_A(\boldsymbol{v}_2)\quad f_A(\boldsymbol{v}_3)\quad f_A(\boldsymbol{v}_4)\,]=[\,f_A(\boldsymbol{e}_1)\quad f_A(\boldsymbol{e}_2)\quad f_A(\boldsymbol{e}_3)\quad f_A(\boldsymbol{e}_4)\,]P$$
$$=[\,\boldsymbol{\varepsilon}_1\quad \boldsymbol{\varepsilon}_2\quad \boldsymbol{\varepsilon}_3\,]AP$$
$$=[\,\boldsymbol{w}_1\quad \boldsymbol{w}_2\quad \boldsymbol{w}_3\,]Q^{-1}AP$$

よって，求める表現行列は

$$Q^{-1}AP=\begin{bmatrix}1&0&0\\-2&0&1\\1&1&-2\end{bmatrix}\begin{bmatrix}1&2&3&0\\3&-1&-5&2\\1&3&5&1\end{bmatrix}\begin{bmatrix}1&0&-2&-2\\0&0&1&0\\0&1&0&1\\0&0&0&1\end{bmatrix}$$
$$=\begin{bmatrix}1&3&0&1\\-1&-1&1&2\\2&-12&-9&-16\end{bmatrix}$$ ■

練習 6 練習 2 の線形写像 $f:V\longrightarrow W$ を考える。Vの基底を入れ替えて，新しい基底 $\{\boldsymbol{v}_2,\ \boldsymbol{v}_3,\ \boldsymbol{v}_1,\ \boldsymbol{v}_5,\ \boldsymbol{v}_4\}$ を考える。また，Wの基底 $\{\boldsymbol{w}_1',\ \boldsymbol{w}_2'\}$ を

$$\boldsymbol{w}_1'=\boldsymbol{w}_1+5\boldsymbol{w}_2$$
$$\boldsymbol{w}_2'=\boldsymbol{w}_1+\boldsymbol{w}_2$$

で定める。線形写像fの，Vの基底 $\{\boldsymbol{v}_2,\ \boldsymbol{v}_3,\ \boldsymbol{v}_1,\ \boldsymbol{v}_5,\ \boldsymbol{v}_4\}$ とWの基底 $\{\boldsymbol{w}_1',\ \boldsymbol{w}_2'\}$ に関する表現行列を求めよ。

1 次変換 $\varphi:V\longrightarrow V$ の表現行列の場合は，通常，定義域としてのVと終域としてのVで，同じ基底を考える。よって，その基底変換による表現行列の変換は，次のようになる。

系 3-1 基底変換と表現行列（1 次変換の場合）

1 次変換 $\varphi:V\longrightarrow V$ の，Vの基底 $\{\boldsymbol{v}_1,\ \boldsymbol{v}_2,\ \cdots\cdots,\ \boldsymbol{v}_n\}$ に関する表現行列をAとし，Vの基底 $\{\boldsymbol{v}_1',\ \boldsymbol{v}_2',\ \cdots\cdots,\ \boldsymbol{v}_n'\}$ に関する表現行列を A' とする。また，基底 $\{\boldsymbol{v}_1,\ \boldsymbol{v}_2,\ \cdots\cdots,\ \boldsymbol{v}_n\}$ から基底 $\{\boldsymbol{v}_1',\ \boldsymbol{v}_2',\ \cdots\cdots,\ \boldsymbol{v}_n'\}$ への変換行列をPとする。
このとき

$$A'=P^{-1}AP$$

が成り立つ。

練習 7 (1)　2 次正方行列 $A=\begin{bmatrix}5 & 2\\ 2 & 1\end{bmatrix}$ で決まる，R^2 の 1 次変換 $\varphi_A:\mathrm{R}^2\longrightarrow\mathrm{R}^2$ の，R^2 の基底 $\left\{\boldsymbol{w}_1=\begin{bmatrix}7\\ 8\end{bmatrix},\ \boldsymbol{w}_2=\begin{bmatrix}8\\ 9\end{bmatrix}\right\}$ に関する表現行列を求めよ。

(2)　3 次正方行列 $A=\begin{bmatrix}6 & -4 & 1\\ 3 & 1 & 2\\ 3 & 7 & 5\end{bmatrix}$ で決まる，R^3 の 1 次変換 $\varphi_A:\mathrm{R}^3\longrightarrow\mathrm{R}^3$ の，R^3 の基底 $\left\{\boldsymbol{w}_1=\begin{bmatrix}1\\ 2\\ 3\end{bmatrix},\ \boldsymbol{w}_2=\begin{bmatrix}2\\ 4\\ 5\end{bmatrix},\ \boldsymbol{w}_3=\begin{bmatrix}3\\ 5\\ 6\end{bmatrix}\right\}$ に関する表現行列を求めよ。

＋1ポイント

有限次元ベクトル空間 V の 1 次変換 $\varphi:V\longrightarrow V$ に対して，「φ の行列式 $\det(\varphi)$」というものを定義することができる。これは，その V の基底に関する表現行列 A をとって

$$\det(\varphi)=\det(A)$$

とすればよい。

別の基底による表現行列を A' とすると，系 3-1 より $A'=P^{-1}AP$ となる正則行列が存在するので

$$\det(A')=\det(P^{-1}AP)=\det(P)^{-1}\det(A)\det(P)=\det(A)$$

となる。つまり，上の $\det(\varphi)$ は，φ の表現行列のとり方に依存せず，φ だけで決まる値である。

Column コラム　座標変換と線形写像

原型の線形写像のイメージを最もよく伝えているのは，解析幾何学における座標の線形変換であろう。図 1 はオイラーの著作『無限解析序説』(全 2 巻) の第 2 巻から採取した。平面上に曲線 L と 2 直線 RS, rs が描かれている。2 直線は点Aにおいて交差していて，その交差角は θ である。曲線 L 上の点Mから 2 直線 RS, rs に向ってそれぞれ垂線 MP，MQ が下ろされている。長さはそれぞれ y, u である。2 直線の交点から P，Q までの距離を測定し，それぞれ x, t で表す。これで同一の点Mに対し，2 種類の数値の組 (x, y), (t, u) が指定された。これらはそれぞれ 2 直線 RS, rs に関して点Mの位置を指し示す座標である。

点Pから線分 MQ に向けて垂線 Pq が下ろされている。また Pp はPから直線 rs に下ろされた垂線である。いろいろな線分の長さは

$\mathrm{Pp}=\mathrm{Qq}=x\sin\theta$, $\mathrm{Ap}=x\cos\theta$,

$\mathrm{Pq}=\mathrm{Qp}=y\sin\theta$, $\mathrm{Mq}=y\cos\theta$ のように表示される。

これより

$\mathrm{AQ}=t=\mathrm{Ap}-\mathrm{Qp}=x\cos\theta-y\sin\theta$

$\mathrm{QM}=u=\mathrm{Qq}+\mathrm{Mq}=x\sin\theta+y\cos\theta$

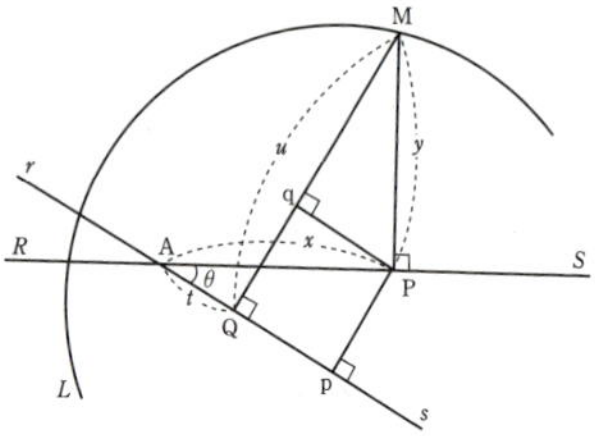

図 1

これで点Mに附随する 2 種類の座標の関係が明らかになった。オイラーはこのように書いたが，行列 $A=\begin{bmatrix}\cos\theta & -\sin\theta \\ \sin\theta & \cos\theta\end{bmatrix}$ とベクトル $\begin{bmatrix}x \\ y\end{bmatrix}$, $\begin{bmatrix}t \\ u\end{bmatrix}$ の言葉を用いると，この関係は $\begin{bmatrix}t \\ u\end{bmatrix}=A\begin{bmatrix}x \\ y\end{bmatrix}$ と表示される。A は角 θ の回転を表す直交行列であり，座標系 (t, u) を反時計回りに θ だけ回転すると座標系 (x, y) に移行することを，この関係は示している。

座標系 (t, u) に関して方程式 $t^2+3u^2=2$ を書くと，これは楕円を表している。角 θ を $\tan\theta=\dfrac{1}{2}$ により定めると，$\cos\theta=\dfrac{2}{\sqrt{5}}$, $\sin\theta=\dfrac{1}{\sqrt{5}}$ となる。

行列 A により座標系を変換して新たな座標系 (x, y) を作ると，この座標系に関して上記の楕円の方程式は $7x^2+8xy+13y^2=10$ という形になる (図 2)。

$t^2+3u^2=2$ と比べてまったく異なっているが，それでも両者が表す楕円は同一である。オイラーはそこに一種の驚きを見たが，その驚きは線形変換により自在に移り合う座標系の任意性に根ざしているのである。

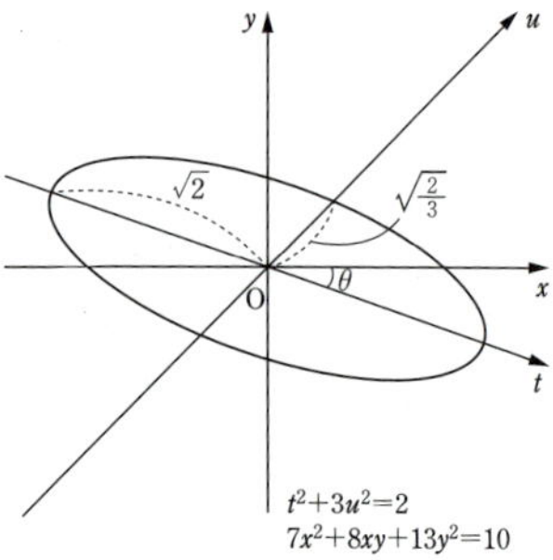

図 2

章末問題

1. VをK上のベクトル空間とする。Vの基底 $\{\boldsymbol{v}_1, \boldsymbol{v}_2, \cdots\cdots, \boldsymbol{v}_n\}$ に対して，同型写像 $f: K^n \longrightarrow V$ が，$f(\boldsymbol{e}_i)=\boldsymbol{v}_i$ $(i=1, 2, \cdots\cdots, n)$ で定まることを示せ（ただし，$\{\boldsymbol{e}_1, \boldsymbol{e}_2, \cdots\cdots, \boldsymbol{e}_n\}$ は K^n の標準基底とする）。また，逆に，同型写像 $f: K^n \longrightarrow V$ が与えられると，$\{f(\boldsymbol{e}_1), f(\boldsymbol{e}_2), \cdots\cdots, f(\boldsymbol{e}_n)\}$ がVの基底となることを示せ。（これによって，Vの基底を与えることと，$K^n \longrightarrow V$ の形の同型写像を与えることは同じことであることがわかる。）

2. 次の行列Aから決まる線形写像 f_A の像および核の基底を，それぞれ1組求めよ。また，f_A の階数を求めよ。

(1) $A=\begin{bmatrix} 1 & 1 & 0 & 1 \\ 2 & -1 & 3 & -1 \\ 3 & 1 & 2 & 1 \\ 4 & 3 & 1 & 1 \end{bmatrix}$　　(2) $A=\begin{bmatrix} 1 & 0 & 1 & 2 & 0 \\ 2 & -1 & 1 & 3 & 1 \\ 0 & 1 & 1 & 1 & 0 \\ -1 & 2 & 1 & 0 & 1 \end{bmatrix}$

(3) $A=\begin{bmatrix} 1 & 1 & 0 \\ 1 & 0 & 1 \\ 1 & 1 & 0 \\ 1 & 2 & -1 \end{bmatrix}$

3. xを変数とするn次以下の多項式全体がなす，$\mathbb{R}$上のベクトル空間 W_n を考え，導関数をとるという$\mathbb{R}$上の線形写像 $\dfrac{d}{dx}: W_n \longrightarrow W_{n-1}$ を考える（1 練習7参照）。W_n の基底 $\{1, x, x^2, \cdots\cdots, x^n\}$ と，W_{n-1} の基底 $\{1, x, x^2, \cdots\cdots, x^{n-1}\}$ に関する $\dfrac{d}{dx}$ の表現行列を求めよ。

4. Vを $\{\boldsymbol{v}_1, \boldsymbol{v}_2, \boldsymbol{v}_3, \boldsymbol{v}_4\}$ を基底にもつK上のベクトル空間とし，Wを $\{\boldsymbol{w}_1, \boldsymbol{w}_2, \boldsymbol{w}_3\}$ を基底にもつK上のベクトル空間とする。K上の線形写像 $f: V \longrightarrow W$ を，次で定義する。

$$f(\boldsymbol{v}_1)=\boldsymbol{w}_1+3\boldsymbol{w}_2+2\boldsymbol{w}_3$$
$$f(\boldsymbol{v}_2)=2\boldsymbol{w}_1+6\boldsymbol{w}_2+4\boldsymbol{w}_3$$
$$f(\boldsymbol{v}_3)=2\boldsymbol{w}_2+\boldsymbol{w}_3$$
$$f(\boldsymbol{v}_4)=2\boldsymbol{w}_1+4\boldsymbol{w}_2+3\boldsymbol{w}_3$$

線形写像fの，Vの基底 $\{\boldsymbol{v}_1, \boldsymbol{v}_2, \boldsymbol{v}_3, \boldsymbol{v}_4\}$ とWの基底 $\{\boldsymbol{w}_1, \boldsymbol{w}_2, \boldsymbol{w}_3\}$ に関する表現行列を求めよ。

5. (1) $\mathbb{R}^3$ の基底 $\left\{\boldsymbol{v}_1=\begin{bmatrix}2\\2\\1\end{bmatrix},\ \boldsymbol{v}_2=\begin{bmatrix}-1\\1\\0\end{bmatrix},\ \boldsymbol{v}_3=\begin{bmatrix}0\\-1\\-1\end{bmatrix}\right\}$ から，$\mathbb{R}^3$ の標準基底への変換行列を求めよ。

(2) $\mathbb{R}^3$ の基底 $\left\{\boldsymbol{v}_1=\begin{bmatrix}2\\2\\1\end{bmatrix},\ \boldsymbol{v}_2=\begin{bmatrix}-1\\1\\0\end{bmatrix},\ \boldsymbol{v}_3=\begin{bmatrix}0\\-1\\-1\end{bmatrix}\right\}$ から，$\mathbb{R}^3$ の基底 $\left\{\boldsymbol{v}'_1=\begin{bmatrix}-3\\3\\1\end{bmatrix},\ \boldsymbol{v}'_2=\begin{bmatrix}-6\\5\\3\end{bmatrix},\ \boldsymbol{v}'_3=\begin{bmatrix}2\\-2\\-1\end{bmatrix}\right\}$ への変換行列 P を求めよ。

6. 行列 $A=\begin{bmatrix}13 & -8 & 4\\14 & -9 & 5\end{bmatrix}$ で決まる線形写像 $f_A:\mathbb{R}^3\longrightarrow\mathbb{R}^2$ の，$\mathbb{R}^3$ の基底 $\left\{\begin{bmatrix}1\\2\\1\end{bmatrix},\ \begin{bmatrix}1\\3\\3\end{bmatrix},\ \begin{bmatrix}1\\4\\6\end{bmatrix}\right\}$ と $\mathbb{R}^2$ の基底 $\left\{\begin{bmatrix}1\\1\end{bmatrix},\ \begin{bmatrix}1\\2\end{bmatrix}\right\}$ に関する表現行列を求めよ。

7. 2つの K 上の線形写像 $f,\ g:V\longrightarrow W$ と $a,\ b\in K$ に対して，写像 $af+bg:V\longrightarrow W$ を，$(af+bg)(\boldsymbol{v})=af(\boldsymbol{v})+bg(\boldsymbol{v})$ で定義する。$af+bg$ も，K 上の線形写像であることを示せ。

8. n 個の文字 1，2，……，n の置換 σ について，置換行列 $E(\sigma)$ を考える（第 4 章章末問題 10，p. 134）。任意の n 次正方行列 $A=[a_{ij}]$ について，$\{E(\sigma)\}^{-1}AE(\sigma)=[b_{ij}]$ とする（すなわち，$\{E(\sigma)\}^{-1}AE(\sigma)$ の $(i,\ j)$ 成分を b_{ij} とする）と，$b_{ij}=a_{\sigma(i)\sigma(j)}$ であることを示せ。

9. n 次正方行列 A が，次の形であるとする。

$$A=\begin{bmatrix}0 & * & \cdots & \cdots & \cdots & *\\ & 0 & * & & \boldsymbol{*} & \vdots\\ & & 0 & * & & \vdots\\ & & & \ddots & \ddots & \vdots\\ & & & & 0 & *\\ & \boldsymbol{0} & & & & 0\end{bmatrix}$$

このとき，$A^n=O$（零行列）であることを示せ。

第 7 章

内積

高校で学んだ平面のベクトルにおいては，ベクトルの「長さ」や，ベクトルとベクトルのなす「角」といった概念があった。そして，それらの概念は，ベクトルとベクトルの「内積」という概念から定まるのであった。線形代数学においては，個々のベクトルが物自体として何かということには一切関係のない，ベクトル全体のなす空間の構造に注目するのであった。そのため，一般のベクトル空間においては，そのベクトルの長さや，ベクトルとベクトルのなす角という概念は，そのままでは考えることができない。よって，これらの概念は，新たな構造として，改めて導入する必要がある。

この章では，ベクトル空間において内積の概念を定義し，それが導入されたベクトル空間である「計量ベクトル空間」の一般論について議論する。

1 内積と計量ベクトル空間

この節では，ベクトルの内積の概念を導入し，ベクトルの長さ，ベクトルとベクトルのなす角，正規直交基底などの基本的概念について学ぶ。

◆内積の定義

高校で学んだ平面のベクトルにおいては，成分表示されたベクトル $\boldsymbol{v}=\begin{bmatrix} a_1 \\ a_2 \end{bmatrix}$，$\boldsymbol{w}=\begin{bmatrix} b_1 \\ b_2 \end{bmatrix}$ に対して，その内積を $(\boldsymbol{v},\ \boldsymbol{w})=a_1b_1+a_2b_2$ として定義した。

この内積は，次の 4 つの条件を満たしている。

(I1)　$(\boldsymbol{v},\ \boldsymbol{w})$ は第 1 成分について，$\mathbb{R}$ 上線形である。すなわち，次が成り立つ。

- $(\boldsymbol{v}_1+\boldsymbol{v}_2,\ \boldsymbol{w})=(\boldsymbol{v}_1,\ \boldsymbol{w})+(\boldsymbol{v}_2,\ \boldsymbol{w})$
- $(a\boldsymbol{v},\ \boldsymbol{w})=a(\boldsymbol{v},\ \boldsymbol{w})$

(I2)　$(\boldsymbol{v},\ \boldsymbol{w})$ は第 2 成分について，$\mathbb{R}$ 上線形である。すなわち，次が成り立つ。

- $(\boldsymbol{v},\ \boldsymbol{w}_1+\boldsymbol{w}_2)=(\boldsymbol{v},\ \boldsymbol{w}_1)+(\boldsymbol{v},\ \boldsymbol{w}_2)$
- $(\boldsymbol{v},\ a\boldsymbol{w})=a(\boldsymbol{v},\ \boldsymbol{w})$

(I3)　$(\boldsymbol{v},\ \boldsymbol{w})$ は対称である。すなわち，次が成り立つ。

- $(\boldsymbol{v},\ \boldsymbol{w})=(\boldsymbol{w},\ \boldsymbol{v})$

(I4)　任意のベクトル $\boldsymbol{v}$ について $(\boldsymbol{v},\ \boldsymbol{v})\geqq 0$ であり，$(\boldsymbol{v},\ \boldsymbol{v})=0$ となるのは，$\boldsymbol{v}=\boldsymbol{0}$ であるときに限る。

一般のベクトル空間における内積は，上の条件を満たすものとして定義される。

定義 1-1　内積

V を $\mathbb{R}$ 上のベクトル空間とする。V の任意の 2 つのベクトル $\boldsymbol{v}$，$\boldsymbol{w}$ に対して，実数 $(\boldsymbol{v},\ \boldsymbol{w})\in\mathbb{R}$ が 1 つ決まり[a]，上の条件 (I1)〜(I4) を満たすとする。このとき，$\mathbb{R}$ 上のベクトル空間 V 上に 内積 $(\cdot,\ \cdot)$[b] が 1 つ定義されたという。

$\boldsymbol{v}$ と $\boldsymbol{w}$ の内積は，上のように $(\boldsymbol{v},\ \boldsymbol{w})$ という記号で表されることが多いが，ベクトルとベクトルの「積」のような形の $\boldsymbol{v}\cdot\boldsymbol{w}$ で書かれることもある。

a) 写像の言葉を用いると，V の 2 つの直積 $V\times V$ から $\mathbb{R}$ への写像 $V\times V \longrightarrow \mathbb{R}$ が決まっているということである。

b) この記号は，2 つのベクトル $\boldsymbol{v}$，$\boldsymbol{w}$ を，点「$\cdot$」のところに入れたら，実数 $(\boldsymbol{v},\ \boldsymbol{w})$ が決まるという意味の，記号上の枠 $(\cdot,\ \cdot)$ を表している。

注意 この定義から示唆されるように，一般のベクトル空間上の内積という概念は，条件 (I1)～(I4) を満たすものであれば，基本的には何でもよい。つまり，1つのベクトル空間上には，一般には無限に多くの内積が存在しうる。よって，次項で定義するベクトルの大きさの概念も，内積のとり方を変えれば，変わる。平面ベクトルの場合は，直観的に明らかな標準的なベクトルの長さの概念があったが，一般のベクトル空間においては，長さの概念は最初から与えられているものではなく，内積を導入することで，改めて定義する必要のあるものなのである。例えば，1つの内積 $(\cdot,\ \cdot)$ が入っているとき，それを一律に正のスカラー $a>0$ によって a 倍したもの $a(\cdot,\ \cdot)$ も内積である。

注意 内積の条件 (I1) と (I2) は，対称性 (I3) の下では，どちらか1つで十分である。

内積の条件 (I1) と (I2) は，**双線形性** と呼ばれる性質である。これより，一般に，次の等式が成り立つ。

$$(a_1\boldsymbol{v}_1+a_2\boldsymbol{v}_2,\ b_1\boldsymbol{w}_1+b_2\boldsymbol{w}_2)$$
$$=a_1b_1(\boldsymbol{v}_1,\ \boldsymbol{w}_1)+a_1b_2(\boldsymbol{v}_1,\ \boldsymbol{w}_2)+a_2b_1(\boldsymbol{v}_2,\ \boldsymbol{w}_1)+a_2b_2(\boldsymbol{v}_2,\ \boldsymbol{w}_2) \quad (*)$$

実際，(I1) より

$$(a_1\boldsymbol{v}_1+a_2\boldsymbol{v}_2,\ b_1\boldsymbol{w}_1+b_2\boldsymbol{w}_2)=a_1(\boldsymbol{v}_1,\ b_1\boldsymbol{w}_1+b_2\boldsymbol{w}_2)+a_2(\boldsymbol{v}_2,\ b_1\boldsymbol{w}_1+b_2\boldsymbol{w}_2)$$

が成り立ち，右辺のそれぞれの項に (I2) を適用すれば，$(*)$ が得られる。

練習 1 上の等式 $(*)$ を証明せよ。

練習 2 $(\boldsymbol{0},\ \boldsymbol{w})=(\boldsymbol{v},\ \boldsymbol{0})=0$ を示せ。

冒頭で述べた，平面ベクトルの内積は，次のように，数ベクトル空間における標準内積というものである。

例 1 R上の n 次元数ベクトル空間 R^n の2つのベクトル

$$\boldsymbol{v}=\begin{bmatrix} a_1 \\ a_2 \\ \vdots \\ a_n \end{bmatrix},\quad \boldsymbol{w}=\begin{bmatrix} b_1 \\ b_2 \\ \vdots \\ b_n \end{bmatrix} \text{ について } \quad (\boldsymbol{v},\ \boldsymbol{w})={}^t\boldsymbol{w}\boldsymbol{v}=a_1b_1+a_2b_2+\cdots\cdots+a_nb_n$$

と定義すると，これは R^n 上に内積を定める。

この内積を，R^n の **標準内積** という。

練習 3 例1の標準内積が，内積の条件 (I1)〜(I4) を満たすことを示せ。

例 2 閉区間 $[a, b]$ 上連続な関数全体のなす，$\mathbb{R}$上のベクトル空間 $C^0([a, b])$ を考えよう。$f, g \in C^0([a, b])$ に対して

$$(f, g)=\int_a^b f(x)g(x)dx$$

と定義すると，これは $C^0([a, b])$ 上の内積を定める。

練習 4 例2の $(\cdot, \cdot)$ が，内積の条件 (I1)〜(I4) を満たすことを示せ。

◈エルミート内積

次に，複素数体$\mathbb{C}$上のベクトル空間上の内積の概念を導入しよう。

定義 1-2　エルミート内積

Vを$\mathbb{C}$上のベクトル空間とする。Vの任意の2つのベクトル $\boldsymbol{v}$, $\boldsymbol{w}$ に対して，複素数 $(\boldsymbol{v}, \boldsymbol{w}) \in \mathbb{C}$ が1つ決まり，次の条件 (H1)〜(H4) を満たすとする。このとき，$\mathbb{C}$上のベクトル空間V上に 複素内積，または エルミート内積 $(\cdot, \cdot)$ が1つ定義されたという。

(H1) $(\boldsymbol{v}, \boldsymbol{w})$ **は第1成分について，$\mathbb{C}$上線形である。**

すなわち， $\begin{array}{l}(\boldsymbol{v}_1+\boldsymbol{v}_2, \boldsymbol{w})=(\boldsymbol{v}_1, \boldsymbol{w})+(\boldsymbol{v}_2, \boldsymbol{w}) \\ (a\boldsymbol{v}, \boldsymbol{w})=a(\boldsymbol{v}, \boldsymbol{w})\end{array}$ **が成り立つ。**

(H2) $\begin{array}{l}(\boldsymbol{v}, \boldsymbol{w}_1+\boldsymbol{w}_2)=(\boldsymbol{v}, \boldsymbol{w}_1)+(\boldsymbol{v}, \boldsymbol{w}_2) \\ (\boldsymbol{v}, a\boldsymbol{w})=\overline{a}(\boldsymbol{v}, \boldsymbol{w})\end{array}$ [b] **が成り立つ**[a]**。**

(H3) $(\boldsymbol{v}, \boldsymbol{w})=\overline{(\boldsymbol{w}, \boldsymbol{v})}$

(H4) **任意のベクトル$\boldsymbol{v}$について $(\boldsymbol{v}, \boldsymbol{v}) \geqq 0$ であり，$(\boldsymbol{v}, \boldsymbol{v})=0$ となるのは，$\boldsymbol{v}=\boldsymbol{0}$ であるときに限る。**

注意 条件 (H3) より，任意のベクトル $\boldsymbol{v} \in V$ について，$(\boldsymbol{v}, \boldsymbol{v})=\overline{(\boldsymbol{v}, \boldsymbol{v})}$ である。すなわち，$(\boldsymbol{v}, \boldsymbol{v})$ は実数である。条件 (H4) は，この実数が常に0以上であること，そして0に等しいのは，$\boldsymbol{v}=\boldsymbol{0}$ のときに限ることを意味している。

---

a) 第2成分に関する「半線形性」と呼ばれる性質である。
b) 複素数aについて，$\overline{a}$ でその複素共役を表す。

$K=\mathbb{R}$ の場合の内積と同様に，$\boldsymbol{v}$ と $\boldsymbol{w}$ のエルミート内積も，ベクトルとベクトルの「積」のような形の $\boldsymbol{v}\cdot\boldsymbol{w}$ で書かれることがある。

注意 エルミート内積の条件 (H1) と (H2) は，条件 (H3) の下では，どちらか 1 つで十分である。

内積の条件 (H1)，(H2) より，一般に，次の等式が成り立つ。

$$(a_1\boldsymbol{v}_1+a_2\boldsymbol{v}_2,\ b_1\boldsymbol{w}_1+b_2\boldsymbol{w}_2)$$
$$=a_1\overline{b_1}(\boldsymbol{v}_1,\ \boldsymbol{w}_1)+a_1\overline{b_2}(\boldsymbol{v}_1,\ \boldsymbol{w}_2)+a_2\overline{b_1}(\boldsymbol{v}_2,\ \boldsymbol{w}_1)+a_2\overline{b_2}(\boldsymbol{v}_2,\ \boldsymbol{w}_2) \quad (\dagger)$$

練習 5 上の等式 (†) を証明せよ。

練習 6 $(\boldsymbol{0},\ \boldsymbol{w})=(\boldsymbol{v},\ \boldsymbol{0})=0$ を示せ。

例 3 $\mathbb{C}$ 上の n 次元数ベクトル空間 $\mathbb{C}^n$ の 2 つのベクトル

$$\boldsymbol{v}=\begin{bmatrix} a_1 \\ a_2 \\ \vdots \\ a_n \end{bmatrix},\ \boldsymbol{w}=\begin{bmatrix} b_1 \\ b_2 \\ \vdots \\ b_n \end{bmatrix} \text{ について } (\boldsymbol{v},\ \boldsymbol{w})={}^t\overline{\boldsymbol{w}}\boldsymbol{v}=a_1\overline{b_1}+a_2\overline{b_2}+\cdots\cdots+a_n\overline{b_n}$$

と定義すると，これは $\mathbb{C}^n$ 上にエルミート内積を定める。
このエルミート内積を，$\mathbb{C}^n$ の **標準内積** という。

練習 7 例 3 の標準内積が，エルミート内積の条件 (H1)～(H4) を満たすことを示せ。

◈ノルムと角

以下，$K=\mathbb{R}$ または $\mathbb{C}$ として，K 上のベクトル空間 V の内積とは，$K=\mathbb{R}$ の場合は通常の内積 (定義 1-1)，$K=\mathbb{C}$ の場合はエルミート内積 (定義 1-2) を意味するとする。

V を K 上のベクトル空間とし，V の内積 $(\cdot,\ \cdot)$ が 1 つ与えられているとする。このように，内積を 1 つ決めたベクトル空間[1] のことを，**内積空間**，あるいは **計量ベクトル空間** という。

1) 正確には，ベクトル空間 V と，その上の内積 $(\cdot,\ \cdot)$ の組 $(V,\ (\cdot,\ \cdot))$ のこと。

特に，$K=\mathbb{R}$ のとき，**実計量ベクトル空間** といい，$K=\mathbb{C}$ のとき，**複素計量ベクトル空間** という。

計量ベクトル空間上では，ベクトルの大きさの概念を定義することができる。

定義 1-3　ベクトルのノルム

Vを計量ベクトル空間とし，$(\cdot,\ \cdot)$ をその内積とする。$\boldsymbol{v}$に対して

$$\|\boldsymbol{v}\|=\sqrt{(\boldsymbol{v},\ \boldsymbol{v})}$$

とおいて，この値を$\boldsymbol{v}$の，この内積での$\boldsymbol{v}$の 大きさ，あるいは，ノルム という。

このように定義されたベクトルのノルムの概念は，もちろん，ベクトル空間上の内積のとり方に依存する。しかし，それ自体としては，ベクトルの大きさとして，次のように期待される性質のいくつかをもっている。

定理 1-1　ノルムの性質

ベクトルのノルムについて，次が成立する。

(1)　**任意のベクトル$\boldsymbol{v}$について $\|\boldsymbol{v}\|\geqq 0$ であり，$\|\boldsymbol{v}\|=0$ となるのは，$\boldsymbol{v}=\boldsymbol{0}$ であるときに限る。**

(2)　$\|a\boldsymbol{v}\|=|a|\|\boldsymbol{v}\|$[a]　$(a\in K)$

(3)　$|(\boldsymbol{v},\ \boldsymbol{w})|\leqq\|\boldsymbol{v}\|\|\boldsymbol{w}\|$　**(Schwarz の不等式)**

(4)　$\|\boldsymbol{v}+\boldsymbol{w}\|\leqq\|\boldsymbol{v}\|+\|\boldsymbol{w}\|$　**(三角不等式)**

証明　(1) は内積の定義における条件 (I4) のいい換えである。また，p. 241 の式 (＊) および p. 243 の式 (†) から，次が容易にわかる[b]。

$$\|a\boldsymbol{v}+b\boldsymbol{w}\|^2=|a|^2\|\boldsymbol{v}\|^2+a\overline{b}(\boldsymbol{v},\ \boldsymbol{w})+\overline{a}b\overline{(\boldsymbol{v},\ \boldsymbol{w})}+|b|^2\|\boldsymbol{w}\|^2$$

特に，$\|a\boldsymbol{v}\|^2=|a|^2\|\boldsymbol{v}\|^2$ なので，ここから (2) が導かれる。

(3)　$(\boldsymbol{v},\ \boldsymbol{w})=0$ ならば，題意の不等式は明らかである。

よって，$(\boldsymbol{v},\ \boldsymbol{w})\neq 0$ とする。特に，$\boldsymbol{v}\neq\boldsymbol{0}$ である。$a=\dfrac{\overline{(\boldsymbol{v},\ \boldsymbol{w})}}{|(\boldsymbol{v},\ \boldsymbol{w})|}$ とする。

このとき，$(a\boldsymbol{v},\ \boldsymbol{w})=\dfrac{\overline{(\boldsymbol{v},\ \boldsymbol{w})}}{|(\boldsymbol{v},\ \boldsymbol{w})|}(\boldsymbol{v},\ \boldsymbol{w})=|(\boldsymbol{v},\ \boldsymbol{w})|$ なので，$(a\boldsymbol{v},\ \boldsymbol{w})$ は実数である。特に，$(a\boldsymbol{v},\ \boldsymbol{w})=(\boldsymbol{w},\ a\boldsymbol{v})$ である。

a)　複素数 $a\in\mathbb{C}$ について，$|a|$ はその絶対値 $|a|=\sqrt{a\overline{a}}$ を表す。

b)　$K=\mathbb{R}$ の場合は $a,\ b$ は実数なので $\|a\boldsymbol{v}+b\boldsymbol{w}\|^2=|a|^2\|\boldsymbol{v}\|^2+2ab(\boldsymbol{v},\ \boldsymbol{w})+|b|^2\|\boldsymbol{w}\|^2$ となる。

任意の実数 t について，$\|ta\boldsymbol{v}+\boldsymbol{w}\|^2 \geqq 0$ なので，t についての実係数 2 次式　$\|ta\boldsymbol{v}+\boldsymbol{w}\|^2=\|a\boldsymbol{v}\|^2t^2+2(a\boldsymbol{v},\ \boldsymbol{w})t+\|\boldsymbol{w}\|^2$

は，常に 0 以上である。

よって，その判別式は 0 以下とならなければならないので

$$(a\boldsymbol{v},\ \boldsymbol{w})^2-\|a\boldsymbol{v}\|^2\|\boldsymbol{w}\|^2 \leqq 0$$

ここから，$|(a\boldsymbol{v},\ \boldsymbol{w})| \leqq \|a\boldsymbol{v}\|\|\boldsymbol{w}\|$ が得られる。

しかし，$|a|^2=\dfrac{\overline{(\boldsymbol{v},\ \boldsymbol{w})}}{|(\boldsymbol{v},\ \boldsymbol{w})|}\cdot\dfrac{(\boldsymbol{v},\ \boldsymbol{w})}{|(\boldsymbol{v},\ \boldsymbol{w})|}=1$ なので，両辺を $|a|=1$ で割って，題意の不等式 $|(\boldsymbol{v},\ \boldsymbol{w})| \leqq \|\boldsymbol{v}\|\|\boldsymbol{w}\|$ が得られる。

(4)　題意の不等式の両辺とも 0 以上であることと

$$\begin{aligned}\|\boldsymbol{v}+\boldsymbol{w}\|^2&=\|\boldsymbol{v}\|^2+2\Re(\boldsymbol{v},\ \boldsymbol{w})+\|\boldsymbol{w}\|^2 \overset{!}{\leqq} \|\boldsymbol{v}\|^2+2\|\boldsymbol{v}\|\|\boldsymbol{w}\|+\|\boldsymbol{w}\|^2\\&=(\|\boldsymbol{v}\|+\|\boldsymbol{w}\|)^2\end{aligned}$$

であることからわかる[2]。ただし ① で，(3) の不等式を用いた。■

$K=\mathbb{R}$ で $\boldsymbol{v},\ \boldsymbol{w} \neq \boldsymbol{0}$ のとき，定理 1-1 (3) の不等式 (Schwarz の不等式) から，次がわかる。　$-1 \leqq \dfrac{(\boldsymbol{v},\ \boldsymbol{w})}{\|\boldsymbol{v}\|\|\boldsymbol{w}\|} \leqq 1$

この性質をもとにして，次のような定義をする。

定義 1-4　ベクトルのなす角 ($K=\mathbb{R}$)

実計量ベクトル空間の零ベクトルでない 2 つのベクトル $\boldsymbol{v}$, $\boldsymbol{w}$ に対して

$$\frac{(\boldsymbol{v},\ \boldsymbol{w})}{\|\boldsymbol{v}\|\|\boldsymbol{w}\|}=\cos\theta \qquad (0 \leqq \theta \leqq \pi)$$

で決まる θ を，ベクトル $\boldsymbol{v}$ とベクトル $\boldsymbol{w}$ のなす 角 という。

練習 8　次のベクトル $\boldsymbol{v}$, $\boldsymbol{w}$ について，それぞれのベクトルの標準内積でのノルムを求めよ。また，$\boldsymbol{v}$, $\boldsymbol{w}$ のなす角を求めよ。

(1)　$\boldsymbol{v}=\begin{bmatrix}2\\0\end{bmatrix}$, $\boldsymbol{w}=\begin{bmatrix}1\\1\end{bmatrix}$　　(2)　$\boldsymbol{v}=\begin{bmatrix}-1\\1\\0\end{bmatrix}$, $\boldsymbol{w}=\begin{bmatrix}2\\-1\\1\end{bmatrix}$

(3)　$\boldsymbol{v}=\begin{bmatrix}1\\1\\1\\1\end{bmatrix}$, $\boldsymbol{w}=\begin{bmatrix}0\\1\\1\\1\end{bmatrix}$

2) 複素数 a について，$\Re(a)$ でその実部を表す。

零ベクトルでない任意のベクトル $\boldsymbol{v}$ について，そのノルム $\|\boldsymbol{v}\|$ は 0 でない実数であるから，これで $\boldsymbol{v}$ 自身を割って，新しいベクトル

$$\frac{\boldsymbol{v}}{\|\boldsymbol{v}\|} \qquad (*)$$

を考えることができる。

この新しいベクトルは，$\boldsymbol{v}$ に平行で，そのノルムが 1 のベクトルである。

このように，零ベクトルでない任意のベクトル $\boldsymbol{v}$ に対して，それに平行でノルムが 1 であるベクトル (*) を作ることを **正規化する** といい，ベクトル (*) を $\boldsymbol{v}$ の **正規化されたベクトル** という。

練習 9 次のベクトルを正規化せよ。ただし，内積は標準内積を考えているものとする。

(1) $\begin{bmatrix} 1 \\ 3 \end{bmatrix}$　(2) $\begin{bmatrix} 1 \\ -1 \\ 1 \end{bmatrix}$　(3) $\begin{bmatrix} 1 \\ 3 \\ 2 \\ 2 \end{bmatrix}$　(4) $\begin{bmatrix} 3 \\ 1 \\ 1 \\ -2 \\ 1 \end{bmatrix}$

◈ 正規直交基底

2 つのベクトルのなす角の定義 (定義 1-4) をうけて，2 つのベクトルが直交するということを，次のように定義する。

定義 1-5　ベクトルの直交
計量ベクトル空間 V の 2 つのベクトル $\boldsymbol{v}$，$\boldsymbol{w}$ について　　$(\boldsymbol{v},\ \boldsymbol{w})=0$
が成り立つとき，$\boldsymbol{v}$ と $\boldsymbol{w}$ は（内積 $(\cdot,\ \cdot)$ に関して）直交する という。

$K=\mathbb{R}$ で，ベクトル $\boldsymbol{v}$，$\boldsymbol{w}$ が零ベクトルでないなら，$\boldsymbol{v}$，$\boldsymbol{w}$ が直交するとは，そのなす角が $\dfrac{\pi}{2}$ であることに他ならない。上の定義では，この幾何学的事実を踏まえて，$K=\mathbb{C}$ である場合も，また $\boldsymbol{v}$，$\boldsymbol{w}$ のどちらかが零ベクトルに等しい場合も，$(\boldsymbol{v},\ \boldsymbol{w})=0$ であることを「$\boldsymbol{v}$ と $\boldsymbol{w}$ は直交する」ということにしている。

定理 1-2　ベクトルの直交と 1 次独立
K 上の計量ベクトル空間 V の零ベクトルでないベクトルの組 $\{\boldsymbol{v}_1,\ \boldsymbol{v}_2,\ \cdots\cdots,\ \boldsymbol{v}_n\}$ が，対ごとに直交している，すなわち，$i \neq j$ について $(\boldsymbol{v}_i,\ \boldsymbol{v}_j)=0$ であるとする。このとき，$\{\boldsymbol{v}_1,\ \boldsymbol{v}_2,\ \cdots\cdots,\ \boldsymbol{v}_n\}$ は 1 次独立である。

証明　1 次関係

$$a_1\boldsymbol{v}_1+a_2\boldsymbol{v}_2+\cdots\cdots+a_n\boldsymbol{v}_n=\boldsymbol{0}\quad(a_1,\ a_2,\ \cdots\cdots,\ a_n\in K)\qquad(*)$$

が成り立つとする。$i=1,\ 2,\ \cdots\cdots,\ n$ について，$i\neq j$ なら $(\boldsymbol{v}_j,\ \boldsymbol{v}_i)=0$ なので

$$\begin{aligned}&(a_1\boldsymbol{v}_1+a_2\boldsymbol{v}_2+\cdots\cdots+a_n\boldsymbol{v}_n,\ \boldsymbol{v}_i)\\&=a_1(\boldsymbol{v}_1,\ \boldsymbol{v}_i)+a_2(\boldsymbol{v}_2,\ \boldsymbol{v}_i)+\cdots\cdots+a_n(\boldsymbol{v}_n,\ \boldsymbol{v}_i)=a_i\|\boldsymbol{v}_i\|^2\end{aligned}$$

となる。

これが $(\boldsymbol{0},\ \boldsymbol{v}_i)=0$ に等しく，$\boldsymbol{v}_i\neq\boldsymbol{0}$ より $\|\boldsymbol{v}_i\|\neq 0$ なので，$a_i=0$ である。

これがすべての $i=1,\ 2,\ \cdots\cdots,\ n$ についていえるので，1 次関係 $(*)$ は自明であることがわかる。

よって，$\{\boldsymbol{v}_1,\ \boldsymbol{v}_2,\ \cdots\cdots,\ \boldsymbol{v}_n\}$ は 1 次独立であることが示された。 ■

これを踏まえて，次のような定義をする。

定義 1-6　正規直交基底

計量ベクトル空間 V の基底 $\{\boldsymbol{v}_1,\ \boldsymbol{v}_2,\ \cdots\cdots,\ \boldsymbol{v}_n\}$ は，次の条件を満たすとき，直交基底 という。

(O1)　$\boldsymbol{v}_1,\ \boldsymbol{v}_2,\ \cdots\cdots,\ \boldsymbol{v}_n$ **は対ごとに直交している。すなわち，**$i\neq j$ **なら** $(\boldsymbol{v}_i,\ \boldsymbol{v}_j)=0$ **である** $(i,\ j=1,\ 2,\ \cdots\cdots,\ n)$。

直交基底は，更に次の条件を満たすとき，正規直交基底 という。

(O2)　$\boldsymbol{v}_1,\ \boldsymbol{v}_2,\ \cdots\cdots,\ \boldsymbol{v}_n$ **はすべてノルムが 1 のベクトルである。すなわち，** $i=1,\ 2,\ \cdots\cdots,\ n$ **について** $\|\boldsymbol{v}_i\|=1$

例 4　K^n 上で標準内積 $(\cdot,\ \cdot)$ を考えると，K^n の標準基底 $\{\boldsymbol{e}_1,\ \boldsymbol{e}_2,\ \cdots\cdots,\ \boldsymbol{e}_n\}$ は正規直交基底である。

例題 1　次のベクトルの組が，K^3 の（標準内積に関する）直交基底であることを示せ。また，その各ベクトルを正規化し，正規直交基底にせよ。

$$\left\{\begin{bmatrix}1\\2\\0\end{bmatrix},\ \begin{bmatrix}-2\\1\\5\end{bmatrix},\ \begin{bmatrix}2\\-1\\1\end{bmatrix}\right\}$$

解答 $\boldsymbol{v}_1=\begin{bmatrix}1\\2\\0\end{bmatrix}$, $\boldsymbol{v}_2=\begin{bmatrix}-2\\1\\5\end{bmatrix}$, $\boldsymbol{v}_3=\begin{bmatrix}2\\-1\\1\end{bmatrix}$ とする。

$(\boldsymbol{v}_1,\ \boldsymbol{v}_2)=1\cdot(-2)+2\cdot1+0\cdot5=0$

$(\boldsymbol{v}_1,\ \boldsymbol{v}_3)=1\cdot2+2\cdot(-1)+0\cdot1=0$

$(\boldsymbol{v}_2,\ \boldsymbol{v}_3)=(-2)\cdot2+1\cdot(-1)+5\cdot1=0$

よって，$\{\boldsymbol{v}_1,\ \boldsymbol{v}_2,\ \boldsymbol{v}_3\}$ は対ごとに直交している。

特に，$p.\,246$，定理 1-2 より，$\{\boldsymbol{v}_1,\ \boldsymbol{v}_2,\ \boldsymbol{v}_3\}$ は 1 次独立である。

$\dim K^3=3$ なので，$\{\boldsymbol{v}_1,\ \boldsymbol{v}_2,\ \boldsymbol{v}_3\}$ は K^3 の基底である ($p.\,171$，第 5 章系 3-1 参照)。

したがって，$\{\boldsymbol{v}_1,\ \boldsymbol{v}_2,\ \boldsymbol{v}_3\}$ は，K^3 の直交基底である。

また，各ベクトルを正規化して，正規直交基底

$$\left\{\frac{1}{\sqrt{5}}\begin{bmatrix}1\\2\\0\end{bmatrix},\ \frac{1}{\sqrt{30}}\begin{bmatrix}-2\\1\\5\end{bmatrix},\ \frac{1}{\sqrt{6}}\begin{bmatrix}2\\-1\\1\end{bmatrix}\right\}$$

が得られる。 ■

練習 10 次のベクトルの組が，K^3 の (標準内積に関する) 直交基底であることを示せ。また，その各ベクトルを正規化し，正規直交基底にせよ。

$$\left\{\begin{bmatrix}1\\-1\\0\end{bmatrix},\ \begin{bmatrix}3\\3\\2\end{bmatrix},\ \begin{bmatrix}-1\\-1\\3\end{bmatrix}\right\}$$

◆グラム・シュミットの直交化

計量ベクトル空間 V の，与えられた基底 $\{\boldsymbol{v}_1,\ \boldsymbol{v}_2,\ \cdots\cdots,\ \boldsymbol{v}_n\}$ から，正規直交基底を作るための手順について考えてみよう。

まずは，基底 $\{\boldsymbol{v}_1,\ \boldsymbol{v}_2,\ \cdots\cdots,\ \boldsymbol{v}_n\}$ から，直交基底 $\{\boldsymbol{v}'_1,\ \boldsymbol{v}'_2,\ \cdots\cdots,\ \boldsymbol{v}'_n\}$ を構成する。

[1] $\boldsymbol{v}'_1=\boldsymbol{v}_1$ とおく。

[2] $\boldsymbol{v}'_2=\boldsymbol{v}_2-x_1\boldsymbol{v}'_1$ とおいて，$\boldsymbol{v}'_1$ と $\boldsymbol{v}'_2$ が直交するように，未知定数 x_1 を決める。すなわち，x_1 についての方程式 $(\boldsymbol{v}'_2,\ \boldsymbol{v}'_1)=0$ を解く。

$$(\boldsymbol{v}'_2,\ \boldsymbol{v}'_1)=(\boldsymbol{v}_2,\ \boldsymbol{v}'_1)-x_1\|\boldsymbol{v}'_1\|^2$$

であるから，$x_1=\dfrac{(\boldsymbol{v}_2,\ \boldsymbol{v}'_1)}{\|\boldsymbol{v}'_1\|^2}$ である。よって，$\boldsymbol{v}'_2=\boldsymbol{v}_2-\dfrac{(\boldsymbol{v}_2,\ \boldsymbol{v}'_1)}{\|\boldsymbol{v}'_1\|^2}\boldsymbol{v}'_1$ とする。

[3]　$\boldsymbol{v}'_3=\boldsymbol{v}_3-x_1\boldsymbol{v}'_1-x_2\boldsymbol{v}'_2$ とおいて，$\boldsymbol{v}'_1$，$\boldsymbol{v}'_2$，$\boldsymbol{v}'_3$ が対ごとに直交するように，未知定数 x_1，x_2 を決める。すなわち，x_1，x_2 についての連立方程式

$$\begin{cases}(\boldsymbol{v}'_3,\ \boldsymbol{v}'_1)=0\\(\boldsymbol{v}'_3,\ \boldsymbol{v}'_2)=0\end{cases}$$

を解く。既に $\boldsymbol{v}'_1$ と $\boldsymbol{v}'_2$ が直交しているので

$$(\boldsymbol{v}'_3,\ \boldsymbol{v}'_1)=(\boldsymbol{v}_3,\ \boldsymbol{v}'_1)-x_1\|\boldsymbol{v}'_1\|^2,\ (\boldsymbol{v}'_3,\ \boldsymbol{v}'_2)=(\boldsymbol{v}_3,\ \boldsymbol{v}'_2)-x_2\|\boldsymbol{v}'_2\|^2$$

であるから，$x_1=\dfrac{(\boldsymbol{v}_3,\ \boldsymbol{v}'_1)}{\|\boldsymbol{v}'_1\|^2}$，$x_2=\dfrac{(\boldsymbol{v}_3,\ \boldsymbol{v}'_2)}{\|\boldsymbol{v}'_2\|^2}$ である。

よって $\boldsymbol{v}'_3=\boldsymbol{v}_3-\dfrac{(\boldsymbol{v}_3,\ \boldsymbol{v}'_1)}{\|\boldsymbol{v}'_1\|^2}\boldsymbol{v}'_1-\dfrac{(\boldsymbol{v}_3,\ \boldsymbol{v}'_2)}{\|\boldsymbol{v}'_2\|^2}\boldsymbol{v}'_2$ とする。

以上のような手順を繰り返して，$\boldsymbol{v}'_n$ まで計算する。その k ステップ目 $(k=1,\ 2,\ \cdots\cdots,\ n)$，すなわち $\boldsymbol{v}'_k$ の決定は，次のようになされる。

[k]　$\boldsymbol{v}'_k=\boldsymbol{v}_k-x_1\boldsymbol{v}'_1-x_2\boldsymbol{v}'_2-\cdots\cdots-x_{k-1}\boldsymbol{v}'_{k-1}$ とおいて，$\boldsymbol{v}'_1$，$\boldsymbol{v}'_2$，……，$\boldsymbol{v}'_k$ が対ごとに直交するように，未知定数 x_1，x_2，……，x_{k-1} を決める。すなわち，

x_1，x_2，……，x_{k-1} についての連立方程式 $\begin{cases}(\boldsymbol{v}'_k,\ \boldsymbol{v}'_1)=0\\(\boldsymbol{v}'_k,\ \boldsymbol{v}'_2)=0\\\quad\cdots\cdots\\(\boldsymbol{v}'_k,\ \boldsymbol{v}'_{k-1})=0\end{cases}$ を解く。

既に $\boldsymbol{v}'_1$，$\boldsymbol{v}'_2$，……，$\boldsymbol{v}'_{k-1}$ が対ごとに直交しているので

$$(\boldsymbol{v}'_k,\ \boldsymbol{v}'_i)=(\boldsymbol{v}_k,\ \boldsymbol{v}'_i)-x_i\|\boldsymbol{v}'_i\|^2$$

であるから，$x_i=\dfrac{(\boldsymbol{v}_k,\ \boldsymbol{v}'_i)}{\|\boldsymbol{v}'_i\|^2}$ である $(i=1,\ 2,\ \cdots\cdots,\ k-1)$。

よって，$\boldsymbol{v}'_k=\boldsymbol{v}_k-\dfrac{(\boldsymbol{v}_k,\ \boldsymbol{v}'_1)}{\|\boldsymbol{v}'_1\|^2}\boldsymbol{v}'_1-\dfrac{(\boldsymbol{v}_k,\ \boldsymbol{v}'_2)}{\|\boldsymbol{v}'_2\|^2}\boldsymbol{v}'_2-\cdots\cdots-\dfrac{(\boldsymbol{v}_k,\ \boldsymbol{v}'_{k-1})}{\|\boldsymbol{v}'_{k-1}\|^2}\boldsymbol{v}'_{k-1}$ とする。

以上の手順を n ステップ目まで繰り返すことで，直交基底 $\{\boldsymbol{v}'_1,\ \boldsymbol{v}'_2,\ \cdots\cdots,\ \boldsymbol{v}'_n\}$ が得られる。最後に，得られた直交基底の各ベクトルを正規化して，正規直交基底

$$\left\{\frac{\boldsymbol{v}'_1}{\|\boldsymbol{v}'_1\|},\ \frac{\boldsymbol{v}'_2}{\|\boldsymbol{v}'_2\|},\ \cdots\cdots,\ \frac{\boldsymbol{v}'_n}{\|\boldsymbol{v}'_n\|}\right\}$$

が得られる。

任意に与えられた基底から，直交基底および正規直交基底を構成するための，上記のアルゴリズムを **グラム・シュミットの直交化** という。

グラム・シュミットの直交化によって，計量ベクトル空間上のいかなる基底から出発しても，正規直交基底を得ることができる。これより，次の定理が成り立つことがわかる。

定理 1-3　正規直交基底の存在

有限次元の計量ベクトル空間は，正規直交基底をもつ。

例題 2　$\left\{\boldsymbol{v}_1=\begin{bmatrix}1\\-1\\0\end{bmatrix},\ \boldsymbol{v}_2=\begin{bmatrix}1\\0\\-1\end{bmatrix},\ \boldsymbol{v}_3=\begin{bmatrix}1\\2\\3\end{bmatrix}\right\}$ にグラム・シュミットの直交化を適用して，K^3 の（標準内積に関する）正規直交基底を構成せよ。

解答　[1]　$\boldsymbol{v}_1'=\boldsymbol{v}_1=\begin{bmatrix}1\\-1\\0\end{bmatrix}$

[2]　$\boldsymbol{v}_2'=\boldsymbol{v}_2-x_1\boldsymbol{v}_1'$ として，$(\boldsymbol{v}_2',\ \boldsymbol{v}_1')=1-2x_1=0$ とすると，$x_1=\dfrac{1}{2}$ である。

よって，$\boldsymbol{v}_2'=\boldsymbol{v}_2-\dfrac{1}{2}\boldsymbol{v}_1'=\dfrac{1}{2}\begin{bmatrix}1\\1\\-2\end{bmatrix}$

[3]　$\boldsymbol{v}_3'=\boldsymbol{v}_3-x_1\boldsymbol{v}_1'-x_2\boldsymbol{v}_2'$ とすると，$(\boldsymbol{v}_3',\ \boldsymbol{v}_1')=-1-2x_1=0$ および $(\boldsymbol{v}_3',\ \boldsymbol{v}_2')=-\dfrac{3}{2}-\dfrac{3}{2}x_2=0$ より，$x_1=-\dfrac{1}{2}$，$x_2=-1$ である。

よって

$$\boldsymbol{v}_3'=\boldsymbol{v}_3+\frac{1}{2}\boldsymbol{v}_1'+\boldsymbol{v}_2'=\begin{bmatrix}2\\2\\2\end{bmatrix}$$

以上より，求める正規直交基底は

$$\left\{\frac{1}{\sqrt{2}}\begin{bmatrix}1\\-1\\0\end{bmatrix},\ \frac{1}{\sqrt{6}}\begin{bmatrix}1\\1\\-2\end{bmatrix},\ \frac{1}{\sqrt{3}}\begin{bmatrix}1\\1\\1\end{bmatrix}\right\}$$ ■

練習 11 (1) $\left\{\boldsymbol{v}_1=\begin{bmatrix}1\\2\end{bmatrix},\ \boldsymbol{v}_2=\begin{bmatrix}1\\1\end{bmatrix}\right\}$ にグラム・シュミットの直交化を適用して，K^2 の（標準内積に関する）正規直交基底を構成せよ。

(2) $\left\{\boldsymbol{v}_1=\begin{bmatrix}1\\1\\-1\end{bmatrix},\ \boldsymbol{v}_2=\begin{bmatrix}0\\1\\2\end{bmatrix},\ \boldsymbol{v}_3=\begin{bmatrix}1\\2\\2\end{bmatrix}\right\}$ にグラム・シュミットの直交化を適用して，K^3 の（標準内積に関する）正規直交基底を構成せよ。

◈直交補空間と正射影

Vを内積 $(\cdot,\ \cdot)$ ($K=\mathbb{C}$ のときはエルミート内積) をもつ計量ベクトル空間とし，Sをその部分集合とする。このとき，Sのすべてのベクトルと直交するVのベクトル全体を考え，$S^{\perp}$ と書くことにしよう。

すなわち　$S^{\perp}=\{\boldsymbol{v}\mid$ すべての $\boldsymbol{w}\in S$ について $(\boldsymbol{v},\ \boldsymbol{w})=0\}$

次の補題が示すように，どんな部分集合Sに対しても，$S^{\perp}$ はVの部分空間になる。

補題 1-1　**$S^{\perp}$ はVの部分空間である。**

証明　p. 144，第 5 章定義 1-2 の条件 (S1)，(S2)，(S3) を確かめよう。

(S1)　すべての $\boldsymbol{w}\in S$ について，$(\boldsymbol{0},\ \boldsymbol{w})=0$ である。よって，$\boldsymbol{0}\in S^{\perp}$

(S2)　$\boldsymbol{v}_1,\ \boldsymbol{v}_2\in S^{\perp}$ とする。すなわち，すべての $\boldsymbol{w}\in S$ について，
$(\boldsymbol{v}_1,\ \boldsymbol{w})=(\boldsymbol{v}_2,\ \boldsymbol{w})=0$ とする。このとき，
$(\boldsymbol{v}_1+\boldsymbol{v}_2,\ \boldsymbol{w})=(\boldsymbol{v}_1,\ \boldsymbol{w})+(\boldsymbol{v}_2,\ \boldsymbol{w})=0+0=0$ である。
よって，$\boldsymbol{v}_1+\boldsymbol{v}_2\in S^{\perp}$

(S3)　$\boldsymbol{v}\in S^{\perp}$ とする。すなわち，すべての $\boldsymbol{w}\in S$ について，
$(\boldsymbol{v},\ \boldsymbol{w})=0$ とする。このとき，任意の $a\in K$ について，
$(a\boldsymbol{v},\ \boldsymbol{w})=a(\boldsymbol{v},\ \boldsymbol{w})=0$ である。よって，$a\boldsymbol{v}\in S^{\perp}$

以上より，$S^{\perp}$ について条件 (S1)，(S2)，(S3) が成り立つので，$S^{\perp}$ はVの部分空間である。■

$\boldsymbol{v}\in S^{\perp}$ ならば，Sのベクトルの任意の 1 次結合 $a_1\boldsymbol{w}_1+a_2\boldsymbol{w}_2+\cdots+a_s\boldsymbol{w}_s$ ($\boldsymbol{w}_1,\ \boldsymbol{w}_2,\ \cdots\cdots,\ \boldsymbol{w}_s\in S$) について

$$(\boldsymbol{v},\ a_1\boldsymbol{w}_1+a_2\boldsymbol{w}_2+\cdots\cdots+a_s\boldsymbol{w}_s)$$
$$=\overline{a_1}(\boldsymbol{v},\ \boldsymbol{w}_1)+\overline{a_2}(\boldsymbol{v},\ \boldsymbol{w}_2)+\cdots\cdots+\overline{a_s}(\boldsymbol{v},\ \boldsymbol{w}_s)=0$$

である。

すなわち，$\boldsymbol{v}$ は S のベクトルの，いかなる1次結合とも直交する。よって，W を S で生成される V の部分空間とすると，$S^{\perp}=W^{\perp}$ が成り立つ。

定義 1-7　直交補空間

V の部分空間 W について，部分空間 $W^{\perp}$ を W の 直交補空間 という。

直交補空間という概念がもつ顕著な性質として，次の定理がある。

定理 1-4　直交補空間による直和分解

V を有限次元計量ベクトル空間とし，W をその部分空間とする。このとき，V は W と $W^{\perp}$ の直和に分解する。すなわち，$V=W\oplus W^{\perp}$

証明　次の2つを証明すればよい。

(a)　$V=W+W^{\perp}$ である。すなわち，V の任意のベクトル $\boldsymbol{v}$ は，W のベクトル $\boldsymbol{w}$ と，$W^{\perp}$ のベクトル $\boldsymbol{w}'$ によって，$\boldsymbol{v}=\boldsymbol{w}+\boldsymbol{w}'$ と書ける。

(b)　$W\cap W^{\perp}=\{\boldsymbol{0}\}$

(a) を示す。そのために，W の正規直交基底 $\{\boldsymbol{w}_1,\ \boldsymbol{w}_2,\ \cdots\cdots,\ \boldsymbol{w}_m\}$ をとる $(m=\dim W)$。V の任意のベクトル $\boldsymbol{v}$ について，$a_i=(\boldsymbol{v},\ \boldsymbol{w}_i)$ $(i=1,\ 2,\ \cdots\cdots,\ m)$ として，$\boldsymbol{w}=a_1\boldsymbol{w}_1+a_2\boldsymbol{w}_2+\cdots\cdots+a_m\boldsymbol{w}_m$，$\boldsymbol{u}=\boldsymbol{v}-\boldsymbol{w}$ とする。$(\boldsymbol{w}_j,\ \boldsymbol{w}_i)=\delta_{ji}$ なので*)

$$(\boldsymbol{u},\ \boldsymbol{w}_i)=(\boldsymbol{v},\ \boldsymbol{w}_i)-a_i=a_i-a_i=0$$

が，すべての $i=1,\ 2,\ \cdots\cdots,\ m$ で成り立つ。$\{\boldsymbol{w}_1,\ \boldsymbol{w}_2,\ \cdots\cdots,\ \boldsymbol{w}_m\}$ は W を生成するので，これは $\boldsymbol{u}\in W^{\perp}$ であることを意味している。一方，$\boldsymbol{w}\in W$ であるから，$\boldsymbol{v}=\boldsymbol{w}+\boldsymbol{u}\in W+W^{\perp}$ となる。

次に，(b) を示す。$\boldsymbol{v}\in W\cap W^{\perp}$ として，$\boldsymbol{v}=\boldsymbol{0}$ であることを示せばよい。$\|\boldsymbol{v}\|^2=(\boldsymbol{v},\ \boldsymbol{v})$ を計算すると，$\boldsymbol{v}\in W$ であり，かつ $\boldsymbol{v}\in W^{\perp}$ なので，$(\boldsymbol{v},\ \boldsymbol{v})=0$ となる。よって，(内積の条件 (I4) から) $\boldsymbol{v}=\boldsymbol{0}$ である。■

定理 1-4 より，有限次元計量ベクトル空間 V の部分空間 W が与えられると，V の任意のベクトル $\boldsymbol{v}$ は，次のように，W に属するベクトルと，その直交補空間 $W^{\perp}$ に属するベクトルの和に，一意的に分解できる (p. 148，第5章定理 1-3 参照)。

*) δ_{ji} はクロネッカー記号 (第1章25ページ) である。

$$\boldsymbol{v}=\boldsymbol{w}+\boldsymbol{w}' \quad (\boldsymbol{w}\in W,\ \boldsymbol{w}'\in W^{\perp})$$

このとき，$\boldsymbol{w}$ を，$\boldsymbol{v}$ の W への **正射影** という。また，V の任意のベクトル $\boldsymbol{v}$ に対して，その W への正射影 $\boldsymbol{w}$ を対応させることで，写像

$$p_W : V \longrightarrow W \quad (\boldsymbol{v} \longmapsto p_W(\boldsymbol{v})=\boldsymbol{w})$$

が定義される。

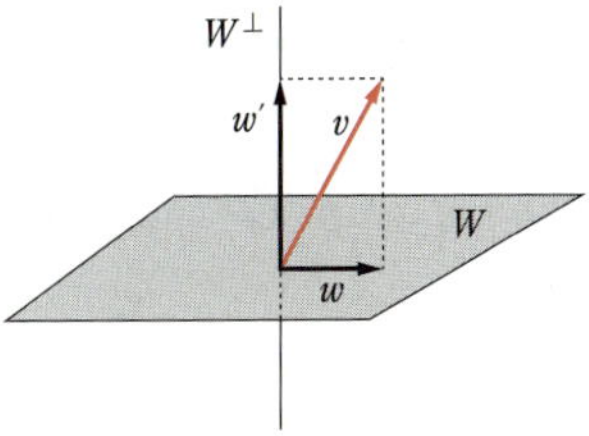

これを，W への **正射影作用素** という。

定理 1-5 正射影作用素の線形性

正射影作用素 p_W は，V から W への，K 上の線形写像である。

証明 第 6 章定義 1-2 (p. 194) の条件 (L1) と (L2) を確かめる。

(L1) $\boldsymbol{v}_1,\ \boldsymbol{v}_2\in V$ について，V の直和分解 $V=W\oplus W^{\perp}$ に従って

$$\boldsymbol{v}_1=\boldsymbol{w}_1+\boldsymbol{w}_1',\ \boldsymbol{v}_2=\boldsymbol{w}_2+\boldsymbol{w}_2' \quad (\boldsymbol{w}_1,\ \boldsymbol{w}_2\in W,\ \boldsymbol{w}_1',\ \boldsymbol{w}_2'\in W^{\perp})$$

と，それぞれ一意的に分解する。このとき，$p_W(\boldsymbol{v}_i)=\boldsymbol{w}_i$ $(i=1,\ 2)$ である。

$$\boldsymbol{v}_1+\boldsymbol{v}_2=(\boldsymbol{w}_1+\boldsymbol{w}_2)+(\boldsymbol{w}_1'+\boldsymbol{w}_2')$$

であり，$\boldsymbol{w}_1+\boldsymbol{w}_2\in W$，$\boldsymbol{w}_1'+\boldsymbol{w}_2'\in W^{\perp}$ であるから，これが $\boldsymbol{v}_1+\boldsymbol{v}_2$ の直和分解 $V=W\oplus W^{\perp}$ による (一意的な) 分解である。

よって，$p_W(\boldsymbol{v}_1+\boldsymbol{v}_2)=\boldsymbol{w}_1+\boldsymbol{w}_2=p_W(\boldsymbol{v}_1)+p_W(\boldsymbol{v}_2)$ となり，p_W について (L1) が成り立つ。

(L2) $\boldsymbol{v}\in V$ について，V の直和分解 $V=W\oplus W^{\perp}$ に従って

$$\boldsymbol{v}=\boldsymbol{w}+\boldsymbol{w}' \quad (\boldsymbol{w}\in W,\ \boldsymbol{w}'\in W^{\perp})$$

と，一意的に分解する。このとき，$p_W(\boldsymbol{v})=\boldsymbol{w}$ である。任意の $a\in K$ について，$a\boldsymbol{v}=a\boldsymbol{w}+a\boldsymbol{w}'$ であり，$a\boldsymbol{w}\in W$，$a\boldsymbol{w}'\in W^{\perp}$ であるから，これが $a\boldsymbol{v}$ の直和分解 $V=W\oplus W^{\perp}$ による (一意的な) 分解である。よって，$p_W(a\boldsymbol{v})=a\boldsymbol{w}=ap_W(\boldsymbol{v})$ となり，p_W について (L2) が成り立つ。 ■

定理 1-4 の証明から，次のことがわかる：$\{\boldsymbol{w}_1,\ \boldsymbol{w}_2,\ \cdots\cdots,\ \boldsymbol{w}_m\}$ を W の正規直交基底とすると，任意の $\boldsymbol{v}$ について

$$p_W(\boldsymbol{v})=(\boldsymbol{v},\ \boldsymbol{w}_1)\boldsymbol{w}_1+(\boldsymbol{v},\ \boldsymbol{w}_2)\boldsymbol{w}_2+\cdots\cdots+(\boldsymbol{v},\ \boldsymbol{w}_m)\boldsymbol{w}_m \qquad (*)$$

である。

練習 12 正射影作用素 p_W の具体的な表示 $(*)$ を用いて，定理 1-5 の別証を与えよ。

例題 3 $\left\{\begin{bmatrix}-1\\1\\1\end{bmatrix},\ \begin{bmatrix}2\\1\\-1\end{bmatrix}\right\}$ で生成される K^3 の部分空間を W とする。このとき，

$\boldsymbol{v}=\begin{bmatrix}1\\1\\3\end{bmatrix}$ の，W への正射影を求めよ。ただし，K^3 の内積は標準内積を考えるものとする。

解答 $\left\{\begin{bmatrix}-1\\1\\1\end{bmatrix},\ \begin{bmatrix}2\\1\\-1\end{bmatrix}\right\}$ にグラム・シュミットの直交化を適用して，W の正規直交基底

$$\left\{\boldsymbol{w}_1=\frac{1}{\sqrt{3}}\begin{bmatrix}-1\\1\\1\end{bmatrix},\ \boldsymbol{w}_2=\frac{1}{\sqrt{42}}\begin{bmatrix}4\\5\\-1\end{bmatrix}\right\}$$

を得る。

よって

$$p_W(\boldsymbol{v})=(\boldsymbol{v},\ \boldsymbol{w}_1)\boldsymbol{w}_1+(\boldsymbol{v},\ \boldsymbol{w}_2)\boldsymbol{w}_2=\begin{bmatrix}-1\\1\\1\end{bmatrix}+\frac{1}{7}\begin{bmatrix}4\\5\\-1\end{bmatrix}=\frac{3}{7}\begin{bmatrix}-1\\4\\2\end{bmatrix}$$ ■

練習 13 $\left\{\begin{bmatrix}1\\2\\2\end{bmatrix},\ \begin{bmatrix}1\\0\\1\end{bmatrix}\right\}$ で生成される K^3 の部分空間を W とするとき，$\boldsymbol{v}=\begin{bmatrix}3\\-1\\1\end{bmatrix}$ の，W への正射影を求めよ。ただし，K^3 の内積は標準内積を考えるものとする。

例題 4 $\left\{\begin{bmatrix}1\\1\\1\end{bmatrix}\right\}$ で生成される K^3 の部分空間を W とする。K^3 から W への正射影作用素を，K^3 の 1 次変換 $p_W : K^3 \longrightarrow K^3$ とみなすとき，その標準基底に関する表現行列を求めよ。

解答 W の正規直交基底は $\left\{\dfrac{1}{\sqrt{3}}\begin{bmatrix}1\\1\\1\end{bmatrix}\right\}$ である。

よって

$$[\,p_W(\boldsymbol{e}_1)\quad p_W(\boldsymbol{e}_2)\quad p_W(\boldsymbol{e}_3)\,]=\frac{1}{3}\begin{bmatrix}1&1&1\\1&1&1\\1&1&1\end{bmatrix}=[\,\boldsymbol{e}_1\quad \boldsymbol{e}_2\quad \boldsymbol{e}_3\,]\frac{1}{3}\begin{bmatrix}1&1&1\\1&1&1\\1&1&1\end{bmatrix}$$

したがって，求める表現行列は $\dfrac{1}{3}\begin{bmatrix}1&1&1\\1&1&1\\1&1&1\end{bmatrix}$ である。■

練習 14 $\left\{\begin{bmatrix}1\\1\\0\end{bmatrix}, \begin{bmatrix}0\\1\\1\end{bmatrix}\right\}$ で生成される K^3 の部分空間を W とする。K^3 から W への正射影作用素を，K^3 の 1 次変換 $p_W : K^3 \longrightarrow K^3$ とみなすとき，その標準基底に関する表現行列を求めよ。

2 直交変換とユニタリ変換

実計量ベクトル空間（または複素計量ベクトル空間）上の１次変換で，内積（またはエルミート内積）を保存するものを直交変換（またはユニタリ変換）という。これらの変換は内積を保つので，ベクトルの大きさや，実計量ベクトル空間の場合は，ベクトルのなす角も不変にする変換である。

そのため，これらの１次変換は，物理や工学などのさまざまな場面に登場する，非常に重要なものである。

この節では，直交変換とユニタリ変換を導入し，その基本性質や，それらの計算法について学ぶ。

◆対称行列とエルミート行列

Kの要素を成分にもつn次正方行列Aが，その転置行列 ${}^tA$ と等しい（${}^tA=A$）とき，Aをn次の**対称行列**という。

対称行列 $A=[a_{ij}]$ においては，その $(i,\ j)$ 成分 a_{ij} と $(j,\ i)$ 成分 a_{ji} が等しい（$a_{ij}=a_{ji}$）。

対称行列は，図１のように，対角成分に対して対称になっている。

$$\begin{bmatrix} a_{11} & a_{12} & a_{13} & \cdots & \cdots & a_{1n} \\ a_{12} & a_{22} & a_{23} & \cdots & \cdots & a_{2n} \\ a_{13} & a_{23} & a_{33} & \cdots & \cdots & a_{3n} \\ \vdots & \vdots & \vdots & \ddots & & \vdots \\ \vdots & \vdots & \vdots & & \ddots & \vdots \\ a_{1n} & a_{2n} & a_{3n} & \cdots & \cdots & a_{nn} \end{bmatrix}$$

図１　対称行列

すなわち，上三角部分（図１の陰影部）の成分が決まれば，それ以外の成分は自動的に決まる。（例えば，図１の $(2,\ 1)$ 成分が a_{12} になっていることに注意。）

例 1

対角行列は対称行列である。
よって，特に，単位行列や零行列も対称行列である。

練習 1

A，B を n 次の対称行列とする。
(1) $A+B$，kA $(k\in K)$ は対称行列であることを示せ。
(2) AB は対称行列になるか。

複素数を成分にもつ行列Aについて，$A^*={}^t\overline{A}$ として，これをAの**随伴行列**（ずいはんぎょうれつ）という。

すなわち，行列 $A=[a_{ij}]$ の随伴行列 A^* とは，すべての成分の複素共役をとってから，転置をとって得られる行列 $[\overline{a}_{ji}]$ である。

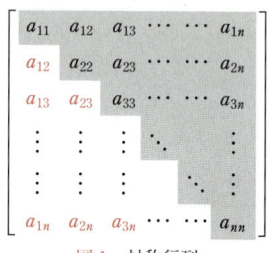

$$\begin{bmatrix} a_{11} & a_{12} & \cdots & a_{1n} \\ a_{21} & a_{22} & \cdots & a_{2n} \\ \vdots & \vdots & & \vdots \\ a_{m1} & a_{m2} & \cdots & a_{mn} \end{bmatrix}^* = \begin{bmatrix} \overline{a}_{11} & \overline{a}_{21} & \cdots & \overline{a}_{m1} \\ \overline{a}_{12} & \overline{a}_{22} & \cdots & \overline{a}_{m2} \\ \vdots & \vdots & & \vdots \\ \overline{a}_{1n} & \overline{a}_{2n} & \cdots & \overline{a}_{mn} \end{bmatrix}$$

練習 2 次を証明せよ。

(1) $(A^*)^*=A$

(2) A, B を複素 $m\times n$ 行列とするとき，$(A+B)^*=A^*+B^*$

(3) Aを複素 $l\times m$ 行列，Bを複素 $m\times n$ 行列とするとき，$(AB)^*=B^*A^*$

(4) Aがn次正則行列ならば，A^* もn次正則行列であり，$(A^*)^{-1}=(A^{-1})^*$ である。

(5) $\det(A^*)=\overline{\det(A)}$

複素数を成分にもつn次正方行列Aが，自分自身の随伴行列 A^* と等しい ($A^*=A$) とき，Aをn次の **エルミート行列** という。

エルミート行列 $A=[a_{ij}]$ においては，その $(i,\ j)$ 成分 a_{ij} が $(j,\ i)$ 成分 a_{ji} の複素共役に等しい ($a_{ij}=\overline{a}_{ji}$)。

特に，$a_{ii}=\overline{a}_{ii}$ ($i=1,\ 2,\ \cdots\cdots,\ n$) である。

すなわち，エルミート行列においては，その対角成分はすべて実数である。

$$\begin{bmatrix} a_{11} & a_{12} & a_{13} & \cdots & \cdots & a_{1n} \\ \bar{a}_{12} & a_{22} & a_{23} & \cdots & \cdots & a_{2n} \\ \bar{a}_{13} & \bar{a}_{23} & a_{33} & \cdots & \cdots & a_{3n} \\ \vdots & \vdots & \vdots & \ddots & & \vdots \\ \vdots & \vdots & \vdots & & \ddots & \vdots \\ \bar{a}_{1n} & \bar{a}_{2n} & \bar{a}_{3n} & \cdots & \cdots & a_{nn} \end{bmatrix}$$

図2　エルミート行列

エルミート行列も，その上三角部分 (図2の陰影部) の成分が決まれば，それ以外の成分は自動的に決まる。

例 2 実対称行列[a] はエルミート行列である。また，実数を成分にもつエルミート行列は，対称行列である。

練習 3 A, B をn次のエルミート行列とする。

(1) $A+B$ はエルミート行列であることを示せ。

(2) kが実数なら，kA はエルミート行列であることを示せ。

練習 4 エルミート行列Aの行列式 $\det(A)$ は実数であることを示せ。

a) すなわち，実数を成分とする対称行列。

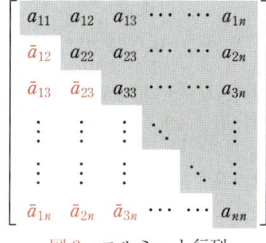

◈グラム行列

$\{\boldsymbol{v}_1, \boldsymbol{v}_2, \cdots\cdots, \boldsymbol{v}_n\}$ をVの基底とする。このとき，n^2 個の実数 g_{ij} $(i, j=1, 2, \cdots\cdots, n)$ を，次で定義しよう。

$$g_{ij}=(\boldsymbol{v}_j, \boldsymbol{v}_i)\ (=\overline{(\boldsymbol{v}_i, \boldsymbol{v}_j)}) \qquad (*)$$

この $\{g_{ij}\}$ で，内積 $(\cdot, \cdot)$ は完全に決定される。実際，Vの任意のベクトル $\boldsymbol{v}=a_1\boldsymbol{v}_1+a_2\boldsymbol{v}_2+\cdots\cdots+a_n\boldsymbol{v}_n$ と $\boldsymbol{w}=b_1\boldsymbol{v}_1+b_2\boldsymbol{v}_2+\cdots\cdots+b_n\boldsymbol{v}_n$ に対して

$$(\boldsymbol{v}, \boldsymbol{w})=\sum_{i=1}^{n}\sum_{j=1}^{n}a_j\overline{b}_i(\boldsymbol{v}_j, \boldsymbol{v}_i)=\sum_{i=1}^{n}\sum_{j=1}^{n}\overline{b}_i g_{ij} a_j \qquad (**)$$

となる。

練習 5　等式 $(**)$ を証明せよ。

以上より，Vの基底 $\{\boldsymbol{v}_1, \boldsymbol{v}_2, \cdots\cdots, \boldsymbol{v}_n\}$ を固定すると，内積 $(\cdot, \cdot)$ は $(*)$ で決まる $\{g_{ij}\}$ で決定される。

n 次正方行列

$$G=[g_{ij}]=\begin{bmatrix} (\boldsymbol{v}_1, \boldsymbol{v}_1) & (\boldsymbol{v}_2, \boldsymbol{v}_1) & \cdots & (\boldsymbol{v}_n, \boldsymbol{v}_1) \\ (\boldsymbol{v}_1, \boldsymbol{v}_2) & (\boldsymbol{v}_2, \boldsymbol{v}_2) & \cdots & (\boldsymbol{v}_n, \boldsymbol{v}_2) \\ \vdots & \vdots & \ddots & \vdots \\ (\boldsymbol{v}_1, \boldsymbol{v}_n) & (\boldsymbol{v}_2, \boldsymbol{v}_n) & \cdots & (\boldsymbol{v}_n, \boldsymbol{v}_n) \end{bmatrix}$$

を，内積 $(\cdot, \cdot)$ の，Vの基底 $\{\boldsymbol{v}_1, \boldsymbol{v}_2, \cdots, \boldsymbol{v}_n\}$ に関する **表現行列**，あるいは **グラム行列** という。

例 3

K^n の標準内積 $(\cdot, \cdot)$ と基本ベクトル $\boldsymbol{e}_i$ $(i=1, 2, \cdots\cdots, n)$ について

$$(\boldsymbol{e}_j, \boldsymbol{e}_i)=\delta_{ij}$$

(δ_{ij} はクロネッカーのデルタ) である。

よって，K^n の標準内積 $(\cdot, \cdot)$ の，標準基底に関するグラム行列は，n 次の単位行列Eである。

例 4

より一般に，$\{\boldsymbol{v}_1, \boldsymbol{v}_2, \cdots\cdots, \boldsymbol{v}_n\}$ が，計量ベクトル空間Vの正規直交基底ならば，$(\boldsymbol{v}_j, \boldsymbol{v}_i)=\delta_{ij}$ $(i, j=1, 2, \cdots\cdots, n)$ なので，その内積 $(\cdot, \cdot)$ の，基底 $\{\boldsymbol{v}_1, \boldsymbol{v}_2, \cdots\cdots, \boldsymbol{v}_n\}$ に関するグラム行列は単位行列Eである。

練習 6 閉区間 $\left[0,\ \frac{\pi}{2}\right]$ 上連続な関数全体のなす，$\mathbb{R}$ 上のベクトル空間 $C^0\left(\left[0,\ \frac{\pi}{2}\right]\right)$ に，$f,\ g \in C^0\left(\left[0,\ \frac{\pi}{2}\right]\right)$ に対して，$(f,\ g)=\int_0^{\frac{\pi}{2}} f(x)g(x)dx$ となる内積を考える（例 2 (p. 242) 参照）。Vを，$\{\sin x,\ \cos x\}$ で生成される $C^0\left(\left[0,\ \frac{\pi}{2}\right]\right)$ の部分空間とする。第 5 章 2 例題 3 (p. 159) より，$\{\sin x,\ \cos x\}$ はVの基底である。内積 $(\cdot,\ \cdot)$ の，Vの基底 $\{\sin x,\ \cos x\}$ に関するグラム行列を求めよ。

グラム行列の性質としては，次が基本的である。

定理 2-1 グラム行列の性質

Vを内積 $(\cdot,\ \cdot)$ をもつ計量ベクトル空間とし，$\{\boldsymbol{v}_1,\ \boldsymbol{v}_2,\ \cdots\cdots,\ \boldsymbol{v}_n\}$ をその基底とする。

(1) **内積 $(\cdot,\ \cdot)$ の，Vの基底 $\{\boldsymbol{v}_1,\ \boldsymbol{v}_2,\ \cdots\cdots,\ \boldsymbol{v}_n\}$ に関するグラム行列 $G=[g_{ij}]$ はエルミート行列である。（よって，$K=\mathbb{R}$ ならGは対称行列である。）**

(2) **$\boldsymbol{v}=a_1\boldsymbol{v}_1+a_2\boldsymbol{v}_2+\cdots\cdots+a_n\boldsymbol{v}_n$，$\boldsymbol{w}=b_1\boldsymbol{v}_1+b_2\boldsymbol{v}_2+\cdots\cdots+b_n\boldsymbol{v}_n$ について，次が成り立つ。**
$$(\boldsymbol{v},\ \boldsymbol{w})=\begin{bmatrix}\overline{b_1} & \overline{b_2} & \cdots & \overline{b_n}\end{bmatrix}G\begin{bmatrix}a_1\\ a_2\\ \vdots\\ a_n\end{bmatrix}$$

証明 (1) 内積の条件 (H3) $(\boldsymbol{v},\ \boldsymbol{w})=\overline{(\boldsymbol{w},\ \boldsymbol{v})}$ より，$g_{ji}=\overline{g_{ij}}$，よって，$G^*=G$ が成り立つ。すなわち，Gはエルミート行列である。

(2) 前ページの等式 (∗∗) を書き直せば，題意の等式が得られることを示そう。そのため，$c_i=\sum_{j=1}^{n} g_{ij}a_j$ $(i=1,\ 2,\ \cdots,\ n)$ とすると，(∗∗) より
$$(\boldsymbol{v},\ \boldsymbol{w})=\sum_{i=1}^{n}\overline{b_i}c_i=\begin{bmatrix}\overline{b_1} & \overline{b_2} & \cdots & \overline{b_n}\end{bmatrix}\begin{bmatrix}c_1\\ c_2\\ \vdots\\ c_n\end{bmatrix}$$
である。$\begin{bmatrix}c_1\\ c_2\\ \vdots\\ c_n\end{bmatrix}=G\begin{bmatrix}a_1\\ a_2\\ \vdots\\ a_n\end{bmatrix}$ なので，題意の等式が得られる。■

線形写像の行列表現の場合と同様に，内積のグラム行列も，基底を取り替えると，別の行列に変換される。その変換の様子を調べてみよう。

Vの基底として，$\{\boldsymbol{v}_1, \boldsymbol{v}_2, \cdots\cdots, \boldsymbol{v}_n\}$ と $\{\boldsymbol{v}'_1, \boldsymbol{v}'_2, \cdots\cdots, \boldsymbol{v}'_n\}$ が与えられているとし，$\{\boldsymbol{v}_1, \boldsymbol{v}_2, \cdots\cdots, \boldsymbol{v}_n\}$ から $\{\boldsymbol{v}'_1, \boldsymbol{v}'_2, \cdots\cdots, \boldsymbol{v}'_n\}$ への基底の変換行列を
$P=[p_{ij}]$ とする。
すなわち

$$[\,\boldsymbol{v}'_1 \quad \boldsymbol{v}'_2 \quad \cdots \quad \boldsymbol{v}'_n\,]=[\,\boldsymbol{v}_1 \quad \boldsymbol{v}_2 \quad \cdots \quad \boldsymbol{v}_n\,]P$$

とする。また，内積 $(\cdot, \cdot)$ の基底 $\{\boldsymbol{v}_1, \boldsymbol{v}_2, \cdots\cdots, \boldsymbol{v}_n\}$ に関するグラム行列を $G=[g_{ij}]$，基底 $\{\boldsymbol{v}'_1, \boldsymbol{v}'_2, \cdots\cdots, \boldsymbol{v}'_n\}$ に関するグラム行列を $G'=[g'_{ij}]$ とする。

このとき，$\boldsymbol{v}'_j=p_{1j}\boldsymbol{v}_1+p_{2j}\boldsymbol{v}_2+\cdots\cdots+p_{nj}\boldsymbol{v}_n$ であるから

$$\begin{aligned} g'_{ij}&=(\boldsymbol{v}'_j, \boldsymbol{v}'_i)=\left(\sum_{l=1}^{n} p_{lj}\boldsymbol{v}_l, \sum_{k=1}^{n} p_{ki}\boldsymbol{v}_k\right) \\ &=\sum_{k=1}^{n}\sum_{l=1}^{n} p_{lj}\overline{p_{ki}}(\boldsymbol{v}_l, \boldsymbol{v}_k)=\sum_{k=1}^{n}\sum_{l=1}^{n}\overline{p_{ki}}g_{kl}p_{lj} \end{aligned} \qquad (\dagger)$$

これより，次の定理が成り立つことがわかる。

定理 2-2　基底変換とグラム行列

計量ベクトル空間 V 上の内積 $(\cdot, \cdot)$ の，基底 $\{\boldsymbol{v}_1, \boldsymbol{v}_2, \cdots\cdots, \boldsymbol{v}_n\}$ に関するグラム行列を $G=[g_{ij}]$，基底 $\{\boldsymbol{v}'_1, \boldsymbol{v}'_2, \cdots\cdots, \boldsymbol{v}'_n\}$ に関するグラム行列を $G'=[g'_{ij}]$ とし，$\{\boldsymbol{v}_1, \boldsymbol{v}_2, \cdots\cdots, \boldsymbol{v}_n\}$ から $\{\boldsymbol{v}'_1, \boldsymbol{v}'_2, \cdots\cdots, \boldsymbol{v}'_n\}$ への基底の変換行列を $P=[p_{ij}]$ とする。このとき，次が成り立つ。

$$G'=P^*GP$$

証明　等式 $(\dagger)$ を踏まえて，n 次正方行列 $A=[a_{kj}]$ を，$a_{kj}=\sum_{l=1}^{n} g_{kl}p_{lj}$ で定義する。このとき，$A=GP$ である。
また，P^* の (i, k) 成分を q_{ik} とすると，$q_{ik}=\overline{p_{ki}}$ であるが，$(\dagger)$ より，$g'_{ij}=\sum_{k=1}^{n} q_{ik}a_{kj}$ なので，$G'=P^*A=P^*GP$ となる。■

特に，正規直交基底を考えることで，内積のグラム行列の，次のような 2 つの性質が明らかになる。

系 2-1

n 次元計量ベクトル空間 V 上の内積 $(\cdot,\ \cdot)$ の，（V の基底に関する）グラム行列を G とする。このとき，G は n 次正則行列 P によって，$G=P^*P$ と書ける。

証明 V の基底 $\{\boldsymbol{v}_1,\ \boldsymbol{v}_2,\ \cdots\cdots,\ \boldsymbol{v}_n\}$ に関するグラム行列が G であるとする。基底 $\{\boldsymbol{v}_1,\ \boldsymbol{v}_2,\ \cdots\cdots,\ \boldsymbol{v}_n\}$ にグラム・シュミットの直交化を適用して，正規直交基底 $\{\boldsymbol{u}_1,\ \boldsymbol{u}_2,\ \cdots\cdots,\ \boldsymbol{u}_n\}$ を構成する。このとき，内積 $(\cdot,\ \cdot)$ の，基底 $\{\boldsymbol{u}_1,\ \boldsymbol{u}_2,\ \cdots\cdots,\ \boldsymbol{u}_n\}$ に関するグラム行列は単位行列である（例 4）。よって，基底 $\{\boldsymbol{v}_1,\ \boldsymbol{v}_2,\ \cdots\cdots,\ \boldsymbol{v}_n\}$ から基底 $\{\boldsymbol{u}_1,\ \boldsymbol{u}_2,\ \cdots\cdots,\ \boldsymbol{u}_n\}$ への変換行列を Q とすると，定理 2-2 より $E=Q^*GQ$ である。$(Q^*)^{-1}=(Q^{-1})^*$ であるから，$P=Q^{-1}$ とすると，$G=P^*P$ が成り立つ。■

系 2-2

n 次元計量ベクトル空間 V 上の内積 $(\cdot,\ \cdot)$ の，（V の基底に関する）グラム行列を G とする。このとき，G は正則であり，$\det(G)$ は正の実数である。

証明 系 2-1 より，$G=P^*P$（P は正則行列）と書ける。よって，$\det(G)=\det(P^*)\det(P)=\det(P)\overline{\det(P)}=|\det(P)|^2$ である（$p.\,257$，練習 2 (5) 参照）が，$\det(P)\neq 0$ なので，$\det(G)>0$ である。よって，G は正則である。■

◈直交行列とユニタリ行列

V を K 上の計量ベクトル空間として，その内積（$K=\mathbb{C}$ のときはエルミート内積）を $(\cdot,\ \cdot)$ とする。V の 1 次変換で，内積を不変に保つものは，応用上も重要であることが多い。

定義 2-1　直交変換・ユニタリ変換

V の 1 次変換 $\varphi : V \longrightarrow V$ が，次の条件を満たすとする。

(U)　V の任意のベクトル $\boldsymbol{v}$，$\boldsymbol{w}$ について，$(\varphi(\boldsymbol{v}),\ \varphi(\boldsymbol{w}))=(\boldsymbol{v},\ \boldsymbol{w})$

このとき，φ を ユニタリ変換 という。特に，$K=\mathbb{R}$ のときは，直交変換 という。

定理 2-3　ユニタリ変換と正規直交基底

VをK上の計量ベクトル空間とし，$\varphi : V \longrightarrow V$ を，Vのユニタリ変換とする。

(1)　Vの任意のベクトル$\boldsymbol{v}$について，$\|\varphi(\boldsymbol{v})\|=\|\boldsymbol{v}\|$ が成り立つ。
すなわち，φはベクトルのノルムを不変に保つ。

(2)　$(K=\mathbb{R})$ φは零ベクトルでないVの 2 つのベクトルのなす角を不変に保つ。

(3)　$\{\boldsymbol{v}_1,\ \boldsymbol{v}_2,\ \cdots\cdots,\ \boldsymbol{v}_n\}$ がVの正規直交基底なら，
$\{\varphi(\boldsymbol{v}_1),\ \varphi(\boldsymbol{v}_2),\ \cdots\cdots,\ \varphi(\boldsymbol{v}_n)\}$ もVの正規直交基底である。

証明　(1)〜(3) のどれも，φが内積を不変に保つことから，明らかである。■

ユニタリ変換（および直交変換）の表現行列には，以下のような，顕著な性質がある。

定理 2-4　ユニタリ変換の表現行列

VをK上の計量ベクトル空間とし，$(\cdot,\ \cdot)$ をその内積（$K=\mathbb{C}$ のときはエルミート内積）とする。
$\{\boldsymbol{v}_1,\ \boldsymbol{v}_2,\ \cdots\cdots,\ \boldsymbol{v}_n\}$ をVの基底とし，この基底に関するグラム行列を $G=[g_{ij}]$ とする。また，$\varphi : V \longrightarrow V$ を，Vの 1 次変換とし，基底 $\{\boldsymbol{v}_1,\ \boldsymbol{v}_2,\ \cdots\cdots,\ \boldsymbol{v}_n\}$ に関するφの表現行列を $U=[u_{ij}]$ とする。このとき，以下は同値。

(a)　φはユニタリ変換である。

(b)　$U^*GU=G$ が成り立つ。

特に，$\{\boldsymbol{v}_1,\ \boldsymbol{v}_2,\ \cdots\cdots,\ \boldsymbol{v}_n\}$ がVの正規直交基底ならば，φがユニタリ変換であるための必要十分条件は，$U^*U=E$ であること，すなわち，$U^*=U^{-1}$ であることである。

証明　$\varphi(\boldsymbol{v}_j)=\sum_{i=1}^{n} u_{ij}\boldsymbol{v}_i$ $(j=1,\ 2,\ \cdots\cdots,\ n)$ であるから，$i,\ j=1,\ 2,\ \cdots\cdots,\ n$ について

$$(\varphi(\boldsymbol{v}_j),\ \varphi(\boldsymbol{v}_i))=\sum_{l=1}^{n}\sum_{k=1}^{n} u_{lj}\overline{u}_{ki}(\boldsymbol{v}_l,\ \boldsymbol{v}_k)=\sum_{l=1}^{n}\sum_{k=1}^{n}\overline{u}_{ki}g_{kl}u_{lj}$$

である。

φがユニタリ変換であるための必要十分条件は，すべてのi, $j=1, 2, \cdots\cdots, n$について$(\varphi(\boldsymbol{v}_j), \varphi(\boldsymbol{v}_i))=(\boldsymbol{v}_j, \boldsymbol{v}_i)=g_{ij}$となることである。これは

$$\sum_{l=1}^{n}\sum_{k=1}^{n}\overline{u_{ki}}g_{kl}u_{lj}=g_{ij}$$

が，すべてのi, $j=1, 2, \cdots\cdots, n$について成り立つことであるが，これは$U^*GU=G$であることに他ならない。

$\{\boldsymbol{v}_1, \boldsymbol{v}_2, \cdots\cdots, \boldsymbol{v}_n\}$が$V$の正規直交基底ならば，グラム行列$G$は単位行列に等しい（p. 258，例 4）。

よって，この場合は$U^*U=E$が成り立つ。特に，
$\det(U^*)\det(U)=\det(E)=1$より$\det(U)\neq 0$であるから，$U$は正則で，$U^*U=E$より$U^*=U^{-1}$となる。■

定理 2-4 の結果を踏まえると，次のように定義される行列の概念が重要であることがわかる。

定義 2-2　直交行列・ユニタリ行列

n次正方行列Uが$U^*U=E$，すなわち$U^*=U^{-1}$を満たすとき，Uを ユニタリ行列 という。特に，$K=\mathbb{R}$の場合は，直交行列 という。
すなわち，n次の実正方行列Uが直交行列であるとは，${}^tUU=E$，すなわち，${}^tU=U^{-1}$が成り立つことである。

ユニタリ行列Uは正則行列であり，$\det(U^*)\det(U)=|\det(U)|^2=\det(E)=1$であるから，その行列式$\det(U)$は絶対値が 1 の複素数である。同様に，直交行列も正則行列であり，その行列式は 1 または -1 である。

定理 2-4 から，特に，次のことが成り立つ。

系 2-3

n次正方行列Uから決まる，K^nの 1 次変換$\varphi_U : K^n \longrightarrow K^n$ $(\varphi_U(\boldsymbol{v})=U\boldsymbol{v})$が，$K^n$の標準内積に関してユニタリ変換であるための必要十分条件は，行列Uがユニタリ行列であることである。

次の定理は，ユニタリ行列（および直交行列）が，行列としてどのようなものであるかを明らかにしている。

定理 2-5　ユニタリ行列の構造

n 次正方行列 U について，次は同値である。

(a)　U はユニタリ行列である。

(b)　U を列ベクトルで書いて $U=[\,\boldsymbol{u}_1\ \ \boldsymbol{u}_2\ \ \cdots\ \ \boldsymbol{u}_n\,]$ とすると，$\{\boldsymbol{u}_1,\ \boldsymbol{u}_2,\ \cdots\cdots,\ \boldsymbol{u}_n\}$ は K^n の，標準内積に関する正規直交基底である。

証明　$U^*=\begin{bmatrix}\boldsymbol{u}_1^*\\ \boldsymbol{u}_2^*\\ \vdots\\ \boldsymbol{u}_n^*\end{bmatrix}$ であるから，$U^*U=\begin{bmatrix}\boldsymbol{u}_1^*\boldsymbol{u}_1 & \boldsymbol{u}_1^*\boldsymbol{u}_2 & \cdots & \boldsymbol{u}_1^*\boldsymbol{u}_n\\ \boldsymbol{u}_2^*\boldsymbol{u}_1 & \boldsymbol{u}_2^*\boldsymbol{u}_2 & \cdots & \boldsymbol{u}_2^*\boldsymbol{u}_n\\ \vdots & \vdots & \ddots & \vdots\\ \boldsymbol{u}_n^*\boldsymbol{u}_1 & \boldsymbol{u}_n^*\boldsymbol{u}_2 & \cdots & \boldsymbol{u}_n^*\boldsymbol{u}_n\end{bmatrix}$ ここで，

各成分 $\boldsymbol{u}_i^*\boldsymbol{u}_j$ は，列ベクトル $\boldsymbol{u}_j$ と列ベクトル $\boldsymbol{u}_i$ の標準内積に等しい(1 例 3，p. 243)。$U^*U=E$ であることは，$\boldsymbol{u}_i^*\boldsymbol{u}_j=\delta_{ij}$ であることに他ならず，これは，$\{\boldsymbol{u}_1,\ \boldsymbol{u}_2,\ \cdots\cdots,\ \boldsymbol{u}_n\}$ が標準内積に関する正規直交基底であることに他ならない。■

例 5

0 章で述べた，回転の 1 次変換を与える行列 $\begin{bmatrix}\cos\theta & -\sin\theta\\ \sin\theta & \cos\theta\end{bmatrix}$ は，直交行列である。

よって，この行列が与える平面 $\mathbb{R}^2$ 上の 1 次変換は，直交変換である。特に，これは，平面のベクトルの大きさを不変にしている。実際，これは原点を中心とした回転なので，ベクトルのノルムを不変にするのは明らかである。

練習 7　$\begin{bmatrix}\cos\theta & -\sin\theta\\ \sin\theta & \cos\theta\end{bmatrix}$ が直交行列であることを確かめよ。

練習 8　$\mathbb{R}^2$ の零でないベクトル $\boldsymbol{w}$ で生成される部分空間（すなわち，原点を通る直線）を L とする。$\mathbb{R}^2$ の 1 次変換 φ を

$$\varphi(\boldsymbol{v})=-\boldsymbol{v}+2\frac{(\boldsymbol{v},\ \boldsymbol{w})}{\|\boldsymbol{w}\|^2}\boldsymbol{w}$$

で定義する。

(1)　φ は L に関する折り返し（鏡映）変換であることを示せ。

(2)　φ の，$\mathbb{R}^2$ の標準基底に関する表現行列を求め，それが直交行列になっていることを確かめよ。

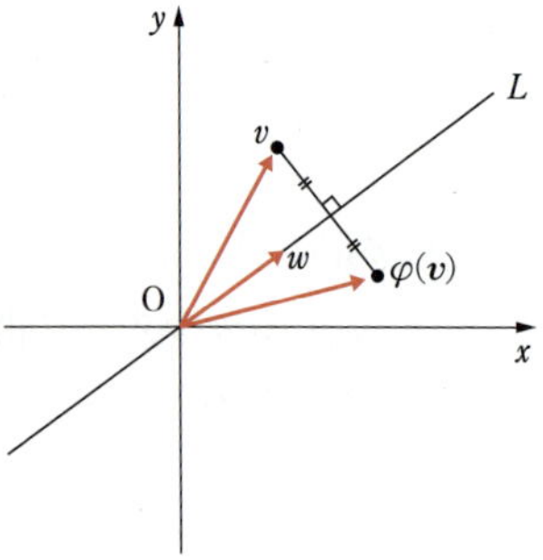

研究 ベクトル積（外積）

いわゆる「ベクトル積（外積）」は，$\mathbb{R}^3$ の 2 つのベクトル $\boldsymbol{v}$，$\boldsymbol{w}$ に対して，同じく $\mathbb{R}^3$ のベクトル $\boldsymbol{v}\times\boldsymbol{w}$ を与える演算である。この補遺的な節で，ベクトル積の定義や，その幾何的意味などについて考察しよう。

◈ベクトル積

$\mathbb{R}^3$ の 2 つのベクトル $\boldsymbol{v}=\begin{bmatrix}a_1\\a_2\\a_3\end{bmatrix}$，$\boldsymbol{w}=\begin{bmatrix}b_1\\b_2\\b_3\end{bmatrix}$ が与えられたとする。このとき，

$\boldsymbol{v}$ と $\boldsymbol{w}$ の **ベクトル積** $\boldsymbol{v}\times\boldsymbol{w}$ を，次で定義する。

$$\boldsymbol{v}\times\boldsymbol{w}=\begin{bmatrix}\begin{vmatrix}a_2 & b_2\\a_3 & b_3\end{vmatrix}\\\begin{vmatrix}a_3 & b_3\\a_1 & b_1\end{vmatrix}\\\begin{vmatrix}a_1 & b_1\\a_2 & b_2\end{vmatrix}\end{bmatrix}=\begin{bmatrix}a_2b_3-b_2a_3\\a_3b_1-b_3a_1\\a_1b_2-b_1a_2\end{bmatrix}$$

ベクトル積について，以下の性質は基本的である。

(a) （交代性） $\boldsymbol{v}\times\boldsymbol{w}=-\boldsymbol{w}\times\boldsymbol{v}$

(b) （線形性） $(a\boldsymbol{v}_1+b\boldsymbol{v}_2)\times\boldsymbol{w}=a\boldsymbol{v}_1\times\boldsymbol{w}+b\boldsymbol{v}_2\times\boldsymbol{w}$（ただし，$a$，$b$ は実数）

練習 9 上の性質 (a) と (b) を証明せよ。

練習 10 $\mathbb{R}^3$ の標準基底 $\{\boldsymbol{e}_1,\ \boldsymbol{e}_2,\ \boldsymbol{e}_3\}$ に対して，次を証明せよ。

$$\boldsymbol{e}_1\times\boldsymbol{e}_2=\boldsymbol{e}_3,\quad \boldsymbol{e}_2\times\boldsymbol{e}_3=\boldsymbol{e}_1,\quad \boldsymbol{e}_3\times\boldsymbol{e}_1=\boldsymbol{e}_2$$

行列式の 3 列目における余因子展開（$p.$ 125，第 4 章定理 4-1）から，次の公式がわかる。

$$\boldsymbol{u}=\begin{bmatrix}c_1\\c_2\\c_3\end{bmatrix} \text{について，} (\boldsymbol{v}\times\boldsymbol{w},\ \boldsymbol{u})=\begin{vmatrix}a_1 & b_1 & c_1\\a_2 & b_2 & c_2\\a_3 & b_3 & c_3\end{vmatrix}$$

ただし，ここで内積 $(\cdot,\ \cdot)$ は，$\mathbb{R}^3$ の標準内積である。

◈ベクトル積の幾何的性質

ベクトル積は，次のように，空間の幾何学的に顕著な性質をもっている。

定理 2-6　ベクトル積の幾何的性質

$\mathbb{R}^3$ のベクトル $\boldsymbol{v}$，$\boldsymbol{w}$ のベクトル積 $\boldsymbol{v}\times\boldsymbol{w}$ について，次が成り立つ。

(1)　**$\boldsymbol{v}\times\boldsymbol{w}$ は $\boldsymbol{v}$ と $\boldsymbol{w}$ の両方に，標準内積に関して直交する。**

(2)　**$\|\boldsymbol{v}\times\boldsymbol{w}\|$ は，$\boldsymbol{v}$ と $\boldsymbol{w}$ によって作られる平行四辺形の面積に等しい。**

証明　$\boldsymbol{v}=\begin{bmatrix} a_1 \\ a_2 \\ a_3 \end{bmatrix}$，$\boldsymbol{w}=\begin{bmatrix} b_1 \\ b_2 \\ b_3 \end{bmatrix}$ とする。

(1)　$(\boldsymbol{v}\times\boldsymbol{w},\ \boldsymbol{v})=\begin{vmatrix} a_1 & b_1 & a_1 \\ a_2 & b_2 & a_2 \\ a_3 & b_3 & a_3 \end{vmatrix}=0$ (p. 115，第 4 章定理 2-6) より，

$\boldsymbol{v}\times\boldsymbol{w}$ と $\boldsymbol{v}$ は直交する。$\boldsymbol{v}\times\boldsymbol{w}$ と $\boldsymbol{w}$ も同様である。

(2)　$\boldsymbol{v}$ と $\boldsymbol{w}$ によって作られる平行四辺形の面積は

$$S=\sqrt{\|\boldsymbol{v}\|^2\|\boldsymbol{w}\|^2-(\boldsymbol{v},\ \boldsymbol{w})^2}$$

に等しい。

これを計算すると

$$\begin{aligned} S&=\sqrt{(a_1{}^2+a_2{}^2+a_3{}^2)(b_1{}^2+b_2{}^2+b_3{}^2)-(a_1b_1+a_2b_2+a_3b_3)^2} \\ &=\sqrt{(a_2b_3-b_2a_3)^2+(a_3b_1-b_3a_1)^2+(a_1b_2-b_1a_2)^2}=\|\boldsymbol{v}\times\boldsymbol{w}\| \end{aligned}$$ ■

ベクトル積 $\boldsymbol{v}\times\boldsymbol{w}$ の向きは，次のようにして決定される。$(\boldsymbol{x},\ \boldsymbol{y},\ \boldsymbol{z})$ がこの順に，図 3 右のようになっているとき，$(x,\ y,\ z)$ は右手系をなしているという。

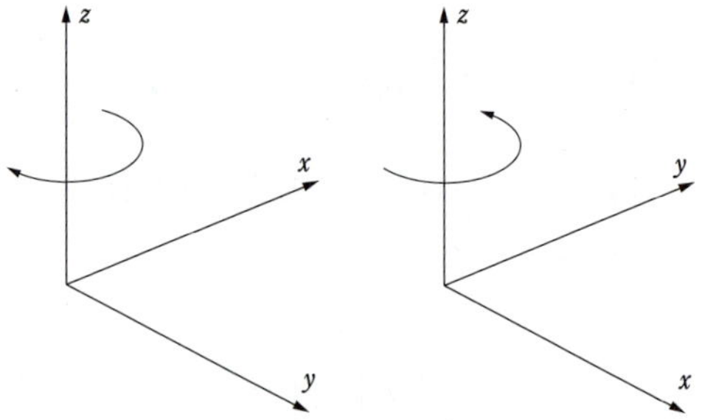

図 3　左手系と右手系

すなわち，$\boldsymbol{x}$ から $\boldsymbol{y}$ に向かって，右手のヒラを体の内側に回すとき，親ゆびが指している方向（この場合は上方）が z の方向になる。ベクトル積 $\boldsymbol{v}\times\boldsymbol{w}$ の向きは，ベクトルの組 $(\boldsymbol{v},\ \boldsymbol{w},\ \boldsymbol{v}\times\boldsymbol{w})$ が右手系をなすように定められる。

Column コラム　グラム・シュミットの直交化の由来

「グラム・シュミットの直交化」のグラムはデンマークの数学者ヤアアン・ペダーセン・グラム（1850–1916 年）を指し，シュミットというのはドイツの数学者エルハルト・シュミット（1876–1959 年）のことである。シュミットの 1907 年の論文に「線型および非線型積分方程式の理論第 I 部：指定された関数系による任意関数の展開」というのがあり，テーマは積分方程式論である。この論文において，理論構築の 1 つの補助手段としてグラム・シュミットの直交化が語られた。

実直線上の有界閉区間 $[a,\ b]$ で定義された実数値連続関数の全体を H で表すと，ごく自然に関数の和と関数のスカラー倍が考えられて，H は無限次元の（いい換えると，有限個の基底が存在しない）ベクトル空間になる。この場合，$[a,\ b]$ 上の個々の連続関数がベクトルである。H に所属する 1 次独立な関数系 $\varphi_1(x)$，$\varphi_2(x)$，……，$\varphi_n(x)$ が与えられたとき，シュミットは新たな関数系 $\psi_1(x)$，$\psi_2(x)$，……，$\psi_n(x)$ を次のように順次構成した。

$$\psi_1(x)=\frac{\varphi_1(x)}{\sqrt{\int_a^b\{\varphi_1(y)\}^2dy}}$$

$$\psi_2(x)=\frac{\varphi_2(x)-\psi_1(x)\int_a^b\varphi_2(z)\psi_1(z)dz}{\sqrt{\int_a^b\left\{\varphi_2(y)-\psi_1(y)\int_a^b\varphi_2(z)\psi_1(z)dz\right\}^2dy}}$$

……

$$\psi_n(x)=\frac{\varphi_n(x)-\sum_{\rho=1}^{\rho=n-1}\psi_\rho(x)\int_a^b\varphi_n(z)\psi_1(z)dz}{\sqrt{\int_a^b\left\{\varphi_n(y)-\sum_{\rho=1}^{\rho=n-1}\psi_\rho(y)\int_a^b\varphi_n(z)\psi_\rho(z)dz\right\}^2dy}}$$

シュミットはここに脚註を附し，本質的に同じことがグラムの論文「最小 2 乗法による実関数の級数展開について」（1883 年）に出ていると書き添えた。これが「グラム・シュミットの直交化」という呼称の由来である。

このように新たに構成された関数系 $\psi_1(x)$，$\psi_2(x)$，……，$\psi_n(x)$ は 1 次独立であり，しかも 2 つずつの積の積分値

$$\int_a^b\psi_\mu(x)\psi_\nu(x)dx$$

は，μ と ν が等しいか，または異なるのに応じて 1 または 0 になる。シュミットはこの事実を指して，これらの関数は正規直交系を作るといい表している。

一般に，H に所属する 2 つの関数 $\varphi(x)$，$\psi(x)$ に対し，それらの内積を

$$(\varphi,\ \psi)=\int_a^b\varphi(x)\psi(x)dx$$

と定めると，正規直交系の意味合いは線形代数学の枠組の中で明瞭に了解されるであろう。シュミットは線形代数学の一般理論を積分方程式論に適用したのではなく，積分方程式論の探究がかえって線形代数学の一般理論の形成に寄与したのである。

章末問題

1. グラム・シュミットの直交化を用いて $\left\{\boldsymbol{v}_1=\begin{bmatrix}1\\1\\1\end{bmatrix},\ \boldsymbol{v}_2=\begin{bmatrix}1\\-1\\1\end{bmatrix},\ \boldsymbol{v}_3=\begin{bmatrix}2\\1\\1\end{bmatrix}\right\}$ を正規直交基底にせよ。

2. $\left\{\begin{bmatrix}1\\1\\-1\end{bmatrix},\ \begin{bmatrix}2\\-1\\1\end{bmatrix}\right\}$ で生成される K^3 の部分空間を W とする。K^3 から W への正射影作用素を，K^3 の 1 次変換 $p_W : K^3 \longrightarrow K^3$ とみなすとき，その標準基底に関する表現行列を求めよ。ただし，K^3 の内積 ($K=\mathbb{C}$ の場合はエルミート内積) は，標準内積を考えるものとする。

3. 有限次元計量ベクトル空間 V から，その部分空間 W への正射影作用素を，V の 1 次変換 $p : V \longrightarrow V$ とみなす。このとき，$p \circ p = p$ であることを示せ。

4. (1) n 次のユニタリ行列について，以下を示せ。
   (a) 単位行列はユニタリ行列である。
   (b) 2 つのユニタリ行列の積もまたユニタリ行列である。
   (c) ユニタリ行列の逆行列もまたユニタリ行列である。
   (2) また，上で「ユニタリ行列」を「直交行列」に替えたものも成り立つことを示せ。

5. n 次正方行列 A が，K^n の部分空間 W を不変にする，すなわち，任意の $\boldsymbol{v} \in W$ について $A\boldsymbol{v} \in W$ であるとする。このとき，A^* が，K^n の標準 (エルミート) 内積に関する W の直交補空間 $W^{\perp}$ を不変にする，すなわち，任意の $\boldsymbol{w} \in W^{\perp}$ について $A^*\boldsymbol{w} \in W^{\perp}$ であることを示せ。

第 8 章

固有値問題と行列の対角化

1 次変換の特徴を表す概念として重要なものに，固有値と固有ベクトルがある。与えられた 1 次変換の固有値と固有ベクトルを求める問題を，固有値問題という。固有値問題は線形代数学の数ある問題の中でも，花形的なテーマになっている。固有値や固有ベクトルについて考察することで，その行列の性質を把握したり，更には 1 次変換の本質が明らかになるばかりでなく，それが考えている 1 次変換を最も有効に表現する基底を教えてくれるので，1 次変換や行列の標準形の問題，特に対角化の問題と密接に関わるからである。そのため，1 次変換の固有値問題は，線形代数学の理論的側面のみならず，数理科学や工学などの，さまざまな分野で幅広い応用がある。

この章では，1 次変換の固有値問題を考察し，その応用として，行列の対角化の問題や，対称行列やエルミート行列の標準形の問題などについて述べる。

[1] 固有値と固有ベクトル

この節では，固有値と固有ベクトルの一般論について議論する。固有値と固有ベクトルは，ベクトル空間の１次変換を理解する上で，極めて重要な概念である。これらを計算することは，行列の標準化・対角化の問題を通じて，１次変換というものの動的かつ総合的な理解につながる第一歩である。

◈固有値・固有ベクトルの意味

例えば，２次正方行列 $B=\begin{bmatrix} 2 & 0 \\ 0 & -1 \end{bmatrix}$ によって決まる，平面上の１次変換 $\varphi_B : \mathbb{R}^2 \longrightarrow \mathbb{R}^2$ を考えよう。この１次変換が，平面上の点を，どのように動かすかは，非常にわかりやすい。これは点 $\begin{bmatrix} x \\ y \end{bmatrix}$ を，点 $\begin{bmatrix} 2x \\ -y \end{bmatrix}$ に写す。

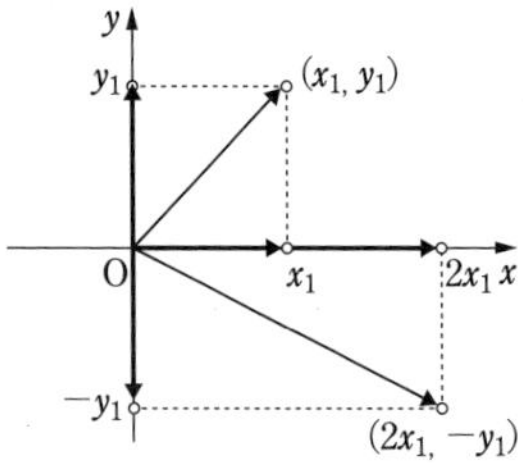

すなわち，φ_B は「x 軸方向を２倍し，y 軸方向を -1 倍する」変換である。

それでは，$A=\begin{bmatrix} 5 & -3 \\ 6 & -4 \end{bmatrix}$ によって決まる，平面上の１次変換 φ_A はどうだろうか。こちらは，どのような変換なのか，すぐにはわからない。しかし，これは φ_B と非常に似ていて，「ベクトル $\boldsymbol{v}_1=\begin{bmatrix} 1 \\ 1 \end{bmatrix}$ 方向を２倍し，ベクトル $\boldsymbol{v}_2=\begin{bmatrix} 1 \\ 2 \end{bmatrix}$ 方向を -1 倍する」というものになっている。

実際

$$\varphi_A(\boldsymbol{v}_1)=\begin{bmatrix} 5 & -3 \\ 6 & -4 \end{bmatrix}\begin{bmatrix} 1 \\ 1 \end{bmatrix}=\begin{bmatrix} 2 \\ 2 \end{bmatrix}=2\boldsymbol{v}_1$$

$$\varphi_A(\boldsymbol{v}_2)=\begin{bmatrix} 5 & -3 \\ 6 & -4 \end{bmatrix}\begin{bmatrix} 1 \\ 2 \end{bmatrix}=\begin{bmatrix} -1 \\ -2 \end{bmatrix}=-\boldsymbol{v}_2$$

それもそのはずで，行列 B は，$\mathbb{R}^2$ の標準基底から基底 $\{\boldsymbol{v}_1, \boldsymbol{v}_2\}$ への基底変換を行列 A に施すことで得られるものである。すなわち，標準基底から基底 $\left\{\boldsymbol{v}_1=\begin{bmatrix} 1 \\ 1 \end{bmatrix}, \boldsymbol{v}_2=\begin{bmatrix} 1 \\ 2 \end{bmatrix}\right\}$ への基底の変換行列 $P=\begin{bmatrix} 1 & 1 \\ 1 & 2 \end{bmatrix}$ によって，$B=P^{-1}AP$ となっているのである。

要するに，行列Aと行列Bの違い，そして1次変換 φ_A と1次変換 φ_B の違いは，$\mathbb{R}^2$ の基底のとり方の違いしかない。その意味では，両者は本質的に同じようなものである。しかし，後者は変換の動きが一目瞭然なのに対して，前者はそうではない。1次変換 φ_B がわかりやすかったのは，行列 $B=\begin{bmatrix} 2 & 0 \\ 0 & -1 \end{bmatrix}$ が対角行列であるからで，$A=\begin{bmatrix} 5 & -3 \\ 6 & -4 \end{bmatrix}$ のような一般の行列から，その形を想像することは，一見無理なように見える。

固有値・固有ベクトルの理論，そしてそこから生じる「行列の対角化」の議論を使えば，行列Aから行列Bを導き出すことができる。そのあらすじは以下の通りである。

まず，行列Aから，行列Bの対角成分の2，-1 を復元するには，どうしたらよいだろうか。これをみつけるには，次の式を考える。

$$\det(B-tE)=\det\begin{bmatrix} 2-t & 0 \\ 0 & -1-t \end{bmatrix}=(t-2)(t+1) \qquad (*)$$

$\det(B-tE)=0$ は，$t=2$，-1 を解にもつ方程式になっている。ところで，$B=P^{-1}AP$ なので，$B-tE=P^{-1}AP-P^{-1}tEP=P^{-1}(A-tE)P$ であるから

$$\begin{aligned}\det(B-tE)&=\det(P^{-1}(A-tE)P)\\&=\det(P)^{-1}\det(A-tE)\det(P)=\det(A-tE)\end{aligned}$$

である。よって，上の式 $(*)$ は，Bを経由しなくても，Aだけから計算できる。すなわち

$$\begin{aligned}\det(A-tE)&=\det\begin{bmatrix} 5-t & -3 \\ 6 & -4-t \end{bmatrix}\\&=(t-5)(t+4)+18=t^2-t-2=(t-2)(t+1)\end{aligned}$$

tについての方程式 $\det(A-tE)=0$ の解は，Aの固有値と呼ばれるものである。すなわち，行列Bの対角成分の2，-1 は，Aの固有値として復元できる。

では，ベクトル $\boldsymbol{v}_1=\begin{bmatrix} 1 \\ 1 \end{bmatrix}$，$\boldsymbol{v}_2=\begin{bmatrix} 1 \\ 2 \end{bmatrix}$ の方は，どうすればAだけからわかるだろうか。ベクトル $\boldsymbol{v}_1$ は，$A\boldsymbol{v}_1=2\boldsymbol{v}_1$ を満たす，零ベクトルでないベクトルである。すなわち，同次連立1次方程式 $(A-2E)\boldsymbol{x}=\boldsymbol{0}$ の，非自明な解である。

今の場合，$A-2E=\begin{bmatrix} 3 & -3 \\ 6 & -6 \end{bmatrix}$ なので，この同次連立1次方程式の解は $\boldsymbol{x}=c\begin{bmatrix} 1 \\ 1 \end{bmatrix}$（$c$ は任意定数）である。こうして，スカラー倍を除いて，$\boldsymbol{v}_1=\begin{bmatrix} 1 \\ 1 \end{bmatrix}$ は復元される。このようなベクトル $\boldsymbol{v}_1$ を，固有値2に対する固有ベクトルという。

同様に，同次連立1次方程式

$$(A+E)\boldsymbol{x}=\boldsymbol{0}$$

の解は $\boldsymbol{x}=d\begin{bmatrix} 1 \\ 2 \end{bmatrix}$（$d$ は任意定数）なので，$\boldsymbol{v}_2=\begin{bmatrix} 1 \\ 2 \end{bmatrix}$ の方も，固有値 -1 に対する固有ベクトルとして，スカラー倍を除いて復元される。ところで，$\boldsymbol{v}_1$，$\boldsymbol{v}_2$ の復元に，任意定数 c，d が現れることは，本質的な問題ではない。実際，$P=\begin{bmatrix} c & d \\ c & 2d \end{bmatrix}$ としても，$c, d \neq 0$ でありさえすれば，$P^{-1}AP=B$ となる。

というわけで，行列 A の固有値・固有ベクトルを計算することで，一見してどのような1次変換を与えているかわかりにくかった行列 A を，基底変換によって，対角行列 $B=P^{-1}AP$ というわかりやすい行列にすることができた。このことから，固有値・固有ベクトルを求めることが，1次変換を理解する上で強力な手法となりうることが了解されたものと思う。

この手法は1次変換の理解だけでなく，行列の対角化，すなわち，与えられた正方行列 A に対して，$P^{-1}AP$ を対角行列にすること1) を通して，行列の計算などへの応用もある。例えば，行列 A のべき乗 A^n の計算は，そのままでは困難であるが，上のように $A=PBP^{-1}$ としておけば

$$A^n=(PBP^{-1})^n=\overbrace{PBP^{-1}\cdot PBP^{-1}\cdot\cdots\cdots\cdot PBP^{-1}}^{n\text{個}}=PB^nP^{-1}$$

$$=\begin{bmatrix} 1 & 1 \\ 1 & 2 \end{bmatrix}\begin{bmatrix} 2^n & 0 \\ 0 & (-1)^n \end{bmatrix}\begin{bmatrix} 2 & -1 \\ -1 & 1 \end{bmatrix}=\begin{bmatrix} 2^{n+1}-(-1)^n & -2^n+(-1)^n \\ 2^{n+1}-2(-1)^n & -2^n+2(-1)^n \end{bmatrix}$$

と見事に計算できる。

このように，固有値・固有ベクトルの手法は，行列や1次変換の理論や計算において，非常に強力な概念である。以下，固有値・固有ベクトルについての一般論を確認していこう。

1) すべての正方行列が，このように対角化できるわけではない。

◈固有値と固有空間

VをK上のベクトル空間とし，$\varphi : V \longrightarrow V$ を，Vの1次変換とする。Kのスカラーλについて，Vの部分集合 W_λ を $W_\lambda=\{\boldsymbol{v}\in V \mid \varphi(\boldsymbol{v})=\lambda\boldsymbol{v}\}$ で定める。

練習 1 W_λ は，Vの部分空間であることを示せ。

＋1ポイント

W_λ は $(\varphi-\lambda \mathrm{id}_V)(\boldsymbol{v})=\varphi(\boldsymbol{v})-\lambda\boldsymbol{v}$ で定まる1次変換 $(\varphi-\lambda \mathrm{id}_V) : V \longrightarrow V$ の核である。

このことからも，W_λ がVの部分空間であることがわかる。

定義 1-1　固有値と固有ベクトル

$W_\lambda \neq \{\boldsymbol{0}\}$ であるとき，すなわち，$\varphi(\boldsymbol{v})=\lambda\boldsymbol{v}$ を満たす零ベクトルでないベクトル$\boldsymbol{v}$が存在するとき，λを1次変換φの 固有値 という。

また，このとき，Vの部分空間 W_λ を，1次変換φの固有値λに対する 固有空間 といい，W_λ に属する零ベクトルでないベクトルを，1次変換φの固有値λに対する 固有ベクトル という。

すなわち，$\varphi(\boldsymbol{v})=\lambda\boldsymbol{v}$ を満たす零ベクトルでないベクトル $\boldsymbol{v}$が存在する場合，λは固有値であり，$\boldsymbol{v}$はλに対する固有ベクトルである。

例 1

Vを $V \neq \{\boldsymbol{0}\}$ なるベクトル空間とする。

(1)　恒等変換 id_V は1を固有値にもち，Vに属する零ベクトルでないすべてのベクトルは，id_V の固有値1に対する固有ベクトルである。

(2)　零写像 $0 : V \longrightarrow V$[a] は0を固有値にもち，Vに属する零ベクトルでないすべてのベクトルは，id_V の固有値0に対する固有ベクトルである。

練習 2 λ，μ を，1次変換φの相違なる $(\lambda \neq \mu)$ 固有値とし，W_λ，W_μ を，それぞれλ，μに対する固有空間とする。このとき，$W_\lambda \cap W_\mu=\{\boldsymbol{0}\}$ であることを示せ。

---

a）すなわち，Vのすべてのベクトルを$\boldsymbol{0}$に写す1次変換。

練習 2 から，φ の相異なる固有値に対する固有空間の和 $W_\lambda + W_\mu$ は，直和であることがわかる。次の定理は，これを一般化したものである。

定理 1-1　固有空間の和

λ_1，λ_2，……，λ_r を，1 次変換 φ の互いに相異なる（すなわち，$i \neq j$ について $\lambda_i \neq \lambda_j$）固有値とする。
このとき，固有空間の和 $W_{\lambda_1} + W_{\lambda_2} + \cdots\cdots + W_{\lambda_r}$ は直和である。

証明　第 5 章定理 1-4 (*p.* 150) の条件 (c) を，自然数 r に関する数学的帰納法で確かめる。
$r=1$ のときは自明である。
$r=s>1$ として，$r=s-1$ のときの条件 (c) は成立していると仮定する。
$\boldsymbol{v}_i \in W_{\lambda_i}$ $(i=1,\ 2,\ \cdots\cdots,\ s)$ について

$$\boldsymbol{v}_1 + \boldsymbol{v}_2 + \cdots\cdots + \boldsymbol{v}_s = \boldsymbol{0} \qquad (*)$$

とする。この両辺に 1 次変換 φ を施すと，$\boldsymbol{v}_i \in W_{\lambda_i}$ なので

$$\lambda_1 \boldsymbol{v}_1 + \lambda_2 \boldsymbol{v}_2 + \cdots\cdots + \lambda_s \boldsymbol{v}_s = \boldsymbol{0} \qquad (**)$$

となる。そこで，$\lambda_s \times (*) - (**)$ を計算すると

$$(\lambda_s - \lambda_1)\boldsymbol{v}_1 + (\lambda_s - \lambda_2)\boldsymbol{v}_2 + \cdots\cdots + (\lambda_s - \lambda_{s-1})\boldsymbol{v}_{s-1} = \boldsymbol{0}$$

となる。$r=s-1$ のときの条件 (c)（数学的帰納法の仮定）から，すべての $j=1,\ 2,\ \cdots\cdots,\ s-1$ について $(\lambda_s - \lambda_j)\boldsymbol{v}_j = \boldsymbol{0}$ となるが，$\lambda_s \neq \lambda_j$ なので，$\boldsymbol{v}_j = \boldsymbol{0}$ である。これを $(*)$ に代入して，$\boldsymbol{v}_s = \boldsymbol{0}$ となる。

以上から，すべての $i=1,\ 2,\ \cdots\cdots,\ s$ について $\boldsymbol{v}_i = 0$ となり，第 5 章定理 1-4 の条件 (c) が確かめられた。■

系 1-1

λ_1，λ_2，……，λ_r を，1 次変換 φ の互いに相異なる（すなわち，$i \neq j$ について $\lambda_i \neq \lambda_j$）固有値とする。また，$\boldsymbol{v}_i$ $(i=1,\ 2,\ \cdots\cdots,\ r)$ を，固有値 λ_i に対する固有ベクトルとする。このとき，$\{\boldsymbol{v}_1,\ \boldsymbol{v}_2,\ \cdots\cdots,\ \boldsymbol{v}_r\}$ は 1 次独立である。

証明　1 次関係 $a_1\boldsymbol{v}_1 + a_2\boldsymbol{v}_2 + \cdots\cdots + a_r\boldsymbol{v}_r = \boldsymbol{0}$ を考える。定理 1-1 より（第 5 章定理 1-4 参照），すべての $i=1,\ 2,\ \cdots\cdots,\ r$ について，$a_i\boldsymbol{v}_i = \boldsymbol{0}$ である。
ところで，$\boldsymbol{v}_i$ は固有ベクトルなので $\boldsymbol{v}_i \neq \boldsymbol{0}$ である。
よって，すべての $i=1,\ 2,\ \cdots\cdots,\ r$ について $a_i = 0$ となり，
$\{\boldsymbol{v}_1,\ \boldsymbol{v}_2,\ \cdots\cdots,\ \boldsymbol{v}_r\}$ が 1 次独立であることが示された。■

◈固有多項式

この項では，特別な場合として，数ベクトル空間 $V=K^n$ の場合を考えよう。Vの１次変換は，（標準基底での表現行列をとることで）一意的に決まるn次正方行列Aによって

$$\varphi_A : K^n \longrightarrow K^n, \qquad \varphi_A(\boldsymbol{v})=A\boldsymbol{v}$$

と書ける（p. 207，第６章 2 定理 2-2 参照）。

φ_A の固有値，固有ベクトル，固有空間を，それぞれ行列Aの **固有値**，**固有ベクトル**，**固有空間** という。

$\lambda\in K$ について，$W_\lambda=\{\boldsymbol{x}\in K^n \mid \varphi_A(\boldsymbol{x})=\lambda\boldsymbol{x}\}$ は，同次連立１次方程式

$$(A-\lambda E)\boldsymbol{x}=\boldsymbol{0} \qquad (*)$$

の解空間である。よって

$$\begin{aligned} \lambda \text{が}A\text{の固有値} &\iff \text{同次連立１次方程式}(*)\text{が非自明解をもつ} \\ &\iff \operatorname{rank}(A-\lambda E)<n \\ &\iff \det(A-\lambda E)=0 \end{aligned}$$

また，このとき，λ に対する固有空間 W_λ の次元は，同次連立１次方程式 $(*)$ の解の自由度に等しい。よって，次が成り立つ。

$$\dim W_\lambda=n-\operatorname{rank}(A-\lambda E)$$

そこで，変数 t についての方程式

$$\det(tE-A)=0 \qquad (**)$$

を考えて，これをAの **固有方程式** という。

左辺の $\det(tE-A)$ は，t についてのn次多項式である。

これを

$$F_A(t)=\det(tE-A)$$

と書いて，Aの **固有多項式** という。

Aの固有値は，Aの固有方程式 $F_A(t)=0$ の解である。Aの固有値λが，固有方程式 $F_A(t)=0$ の，ちょうどm重根（$m\geqq 1$）であるとき，このmを固有値λの重複度という。

注意 固有多項式は，最高次の係数を１にするために，$tE-A$ の行列式として定義しているが，実際の計算のときには $\det(A-tE)$ の方を計算してもよい。
$F_A(t)=(-1)^n\det(A-tE)$ であるから，両者の違いは，符号の違いだけである。

例題 1 行列 $A=\begin{bmatrix}1 & -1 & 1\\ 1 & 1 & 1\\ 0 & 2 & 0\end{bmatrix}$ の固有多項式，固有値を求めよ。また，それぞれの固有値に対する固有空間を求めよ。

解答 $\det(A-tE)=\begin{vmatrix}1-t & -1 & 1\\ 1 & 1-t & 1\\ 0 & 2 & -t\end{vmatrix} \overset{①\leftrightarrow②}{=\!=} -\begin{vmatrix}1 & 1-t & 1\\ 1-t & -1 & 1\\ 0 & 2 & -t\end{vmatrix}$

$\overset{①\times(t-1)+②}{=\!=\!=} -\begin{vmatrix}1 & 1-t & 1\\ 0 & -(1-t)^2-1 & t\\ 0 & 2 & -t\end{vmatrix}=-t\begin{vmatrix}-(1-t)^2-1 & 1\\ 2 & -1\end{vmatrix}$

$=-t\{(1-t)^2-1\}=-t^2(t-2)$

よって，固有多項式は

$$F_A(t)=\det(tE-A)=(-1)^3\det(A-tE)=t^2(t-2)$$

であり，固有値は 0（重複度 2）と 2（重複度 1）である。

固有値 0 に対する固有空間は，同次連立 1 次方程式 $A\boldsymbol{x}=\boldsymbol{0}$ の解空間である。A の簡約階段化は $\begin{bmatrix}1 & 0 & 1\\ 0 & 1 & 0\\ 0 & 0 & 0\end{bmatrix}$ なので，その解は

$\boldsymbol{x}=c\begin{bmatrix}-1\\ 0\\ 1\end{bmatrix}$（$c$ は任意定数）である。よって

$$W_0=\left\{c\begin{bmatrix}-1\\ 0\\ 1\end{bmatrix}\middle|\, c\in K\right\}$$

固有値 2 に対する固有空間は，同次連立 1 次方程式 $(A-2E)\boldsymbol{x}=\boldsymbol{0}$ の解空間である。$A-2E=\begin{bmatrix}-1 & -1 & 1\\ 1 & -1 & 1\\ 0 & 2 & -2\end{bmatrix}$ の簡約階段化は，

$\begin{bmatrix}1 & 0 & 0\\ 0 & 1 & -1\\ 0 & 0 & 0\end{bmatrix}$ なので，その解は $\boldsymbol{x}=c\begin{bmatrix}0\\ 1\\ 1\end{bmatrix}$（$c$ は任意定数）である。

よって

$$W_2=\left\{c\begin{bmatrix}0\\ 1\\ 1\end{bmatrix}\middle|\, c\in K\right\}$$ ■

練習 3 次の行列Aの固有多項式，固有値を求めよ。また，それぞれの固有値に対する固有空間の基底を1組求めよ。

(1) $A=\begin{bmatrix} 2 & 1 \\ 2 & 3 \end{bmatrix}$ (2) $A=\begin{bmatrix} 3 & 1 & 1 \\ 2 & 4 & 2 \\ 1 & 1 & 3 \end{bmatrix}$ (3) $A=\begin{bmatrix} 3 & 2 & -3 & 1 \\ 2 & 7 & -7 & 1 \\ 2 & 10 & -10 & 1 \\ 0 & -4 & 4 & 1 \end{bmatrix}$

◈固有値の重複度と固有空間の次元

固有多項式の基本的な性質として次の定理が成り立つ。

定理 1-2 固有多項式と基底変換

Aをn次正方行列とし，Pをn次正則行列とする。このとき，Aの固有多項式と，$P^{-1}AP$の固有多項式は等しい。

$$F_A(t)=F_{P^{-1}AP}(t)$$

証明
$$F_{P^{-1}AP}(t)=\det(tE-P^{-1}AP)=\det(P^{-1}tEP-P^{-1}AP)$$
$$=\det(P^{-1}(tE-A)P)\overset{\circledast}{=}\det(P)^{-1}\det(tE-A)\det(P)$$
$$=\det(tE-A)=F_A(t)$$

ここで⊛では，第4章定理2-7 (*p.* 116)と系2-2 (*p.* 118)を使っている。■

定理1-2から，Aの固有値と$P^{-1}AP$の固有値は，重複度も込めて一致する。

また，λをAの固有値とし，$\boldsymbol{v}$をλに対するAの固有ベクトルとすると

$$P^{-1}AP\cdot P^{-1}\boldsymbol{v}=P^{-1}A\boldsymbol{v}=P^{-1}\lambda\boldsymbol{v}=\lambda P^{-1}\boldsymbol{v}$$

なので，$P^{-1}\boldsymbol{v}$はλに対する$P^{-1}AP$の固有ベクトルである。

逆に，$\boldsymbol{w}$がλに対する$P^{-1}AP$の固有ベクトルならば，同様に$P\boldsymbol{w}$はλに対するAの固有ベクトルである。

よって，次の系が成り立つ。

系 1-2

λに対する$A'=P^{-1}AP$の固有空間W'_λと，λに対するAの固有空間W_λは，Pから決まる1次変換$\varphi_P: K^n \longrightarrow K^n$ ($\boldsymbol{v}\longmapsto P\boldsymbol{v}$)によって同型である。特に，両者の次元は一致する。

一般に，固有値の重複度と，固有空間の次元について，次の定理が成り立つ。

定理 1-3 固有値の重複度と固有空間の次元

A を n 次正方行列とし，λ をその固有値，m をその重複度とする。
λ に対する固有空間を W_λ とするとき

$$1 \leqq \dim W_\lambda \leqq m$$

証明 $d=\dim W_\lambda$ とする。
λ は A の固有値であるから，$W_\lambda \neq \{\mathbf{0}\}$ である。
すなわち，$d \geqq 1$ である。
ここで，W_λ の基底 $\{\boldsymbol{v}_1, \boldsymbol{v}_2, \cdots\cdots, \boldsymbol{v}_d\}$ をとり，これを K^n の基底 $\{\boldsymbol{v}_1, \cdots\cdots, \boldsymbol{v}_d, \boldsymbol{v}_{d+1}, \cdots\cdots, \boldsymbol{v}_n\}$ に延長する（$p.$ 170，第 5 章定理 3-4）。
$P=[\, \boldsymbol{v}_1 \ \cdots \ \boldsymbol{v}_d \ \boldsymbol{v}_{d+1} \ \cdots \ \boldsymbol{v}_n \,]$ とすると，$B=P^{-1}AP$ は A で決まる

$$1 \text{ 次変換} \quad \varphi_A : K^n \longrightarrow K^n \ (\boldsymbol{v} \longmapsto A\boldsymbol{v})$$

の，基底 $\{\boldsymbol{v}_1, \cdots\cdots, \boldsymbol{v}_d, \boldsymbol{v}_{d+1}, \cdots\cdots, \boldsymbol{v}_n\}$ に関する表現行列である。
$i=1, 2, \cdots\cdots, d$ については，$A\boldsymbol{v}_i=\lambda\boldsymbol{v}_i$ なので，この行列は次の形である。

$$B=P^{-1}AP=\begin{bmatrix} \lambda E_d & C \\ O & A' \end{bmatrix}$$

ここで，E_d は d 次の単位行列，O は $(n-d)\times d$ 型の零行列，C は $d\times(n-d)$ 行列で，A' は $(n-d)$ 次正方行列である。
よって，定理 1-2 と還元定理（$p.$ 119，第 4 章定理 3-1）により

$$\begin{aligned} F_A(t) &= F_B(t) \\ &= \det(tE-B) = \det\begin{bmatrix} (t-\lambda)E_d & C \\ O & tE_{n-d}-A' \end{bmatrix} \\ &= (t-\lambda)^d \det(tE_{n-d}-A') \\ &= (t-\lambda)^d F_{A'}(t) \end{aligned}$$

よって，$F_A(t)$ は $(t-\lambda)^d$ で割り切れるので，$d \leqq m$ が成り立つ。 ■

特に，$m=1$ ならば次がわかる。

系 1-3

λ が A の重複度 1 の固有値であるとする。このとき，$\dim W_\lambda=1$

◈特別な形の行列の固有多項式

特別な形の行列について，固有多項式や固有空間がどのようになるか確かめてみよう。

例 2

上三角行列 $A=\begin{bmatrix} a_{11} & & & & \\ & a_{22} & & & \\ & & \ddots & & \\ & \mathbf{0} & & \ddots & \\ & & & & a_{nn} \end{bmatrix}$ の固有多項式 $F_A(t)$ は，次で与えられる。

$$F_A(t)=(t-a_{11})(t-a_{22})\cdots\cdots(t-a_{nn})$$

実際，$p.\,120$，第 4 章系 3-1 (1) より

$$F_A(t)=\det(tE-A)=\begin{vmatrix} t-a_{11} & & & & \\ & t-a_{22} & & & \\ & & \ddots & & \\ & \mathbf{0} & & \ddots & \\ & & & & t-a_{nn} \end{vmatrix}$$

$$=(t-a_{11})(t-a_{22})\cdots\cdots(t-a_{nn})$$

練習 4

下三角行列 $A=\begin{bmatrix} a_{11} & & & & \\ & a_{22} & & \mathbf{0} & \\ & & \ddots & & \\ & & & \ddots & \\ & & & & a_{nn} \end{bmatrix}$ の固有多項式 $F_A(t)$ は，

$F_A(t)=(t-a_{11})(t-a_{22})\cdots\cdots(t-a_{nn})$ で与えられることを示せ。

練習 5

ブロック対角行列 $A=\begin{bmatrix} A_1 & & & \mathbf{0} \\ & A_2 & & \\ & & \ddots & \\ \mathbf{0} & & & A_r \end{bmatrix}$ について，

$F_A(t)=F_{A_1}(t)F_{A_2}(t)\cdots\cdots F_{A_r}(t)$ を示せ。

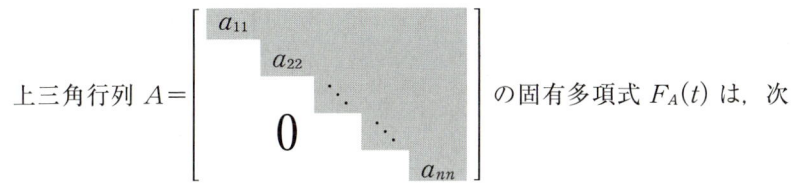

特に，対角行列については，次の定理が成り立つ。

定理 1-4　対角行列の固有多項式と固有空間

n 次の対角行列

$$A=\begin{bmatrix} \lambda_1 E_{m_1} & & & \text{\Large 0} \\ & \lambda_2 E_{m_2} & & \\ & & \ddots & \\ \text{\Large 0} & & & \lambda_r E_{m_r} \end{bmatrix}$$

を考える。

ここで各 $i=1, 2, \cdots\cdots, r$ について，(i, i) 対角ブロックは $\lambda_i E_{m_i}$ であり，E_{m_i} は m_i 次の単位行列である。(よって，$m_1+m_2+\cdots\cdots+m_r=n$ である。)

また，$\lambda_1, \lambda_2, \cdots\cdots, \lambda_r$ は互いに相異なる。すなわち，$\lambda_i \neq \lambda_j$ $(i \neq j)$ とする。このとき，A の固有多項式 $F_A(t)$ は次で与えられる。

$$F_A(t)=(t-\lambda_1)^{m_1}(t-\lambda_2)^{m_2}\cdots\cdots(t-\lambda_r)^{m_r}$$

すなわち，A の固有値は $\lambda_1, \lambda_2, \cdots\cdots, \lambda_r$ であり，各 $i=1, 2, \cdots\cdots, r$ について，λ_i の重複度は m_i である。

また，λ_i の固有空間 W_{λ_i} の次元は m_i に等しい。

$$\dim W_{\lambda_i}=m_i$$

証明　$F_A(t)=(t-\lambda_1)^{m_1}(t-\lambda_2)^{m_2}\cdots\cdots(t-\lambda_r)^{m_r}$ となることは，例 2 からわかる。

また，K^n の標準基底の最初の m_1 個

$$\{\boldsymbol{e}_1, \boldsymbol{e}_2, \cdots\cdots, \boldsymbol{e}_{m_1}\}$$

は，すべて λ_1 に対する固有ベクトルなので，$\dim W_{\lambda_1} \geqq m_1$ である。

これと，定理 1-3 から，$\dim W_{\lambda_1}=m_1$ がわかる。

同様に，次の m_2 個

$$\{\boldsymbol{e}_{m_1+1}, \boldsymbol{e}_{m_1+2}, \cdots\cdots, \boldsymbol{e}_{m_1+m_2}\}$$

は，すべて λ_2 に対する固有ベクトルなので，上と同様に $\dim W_{\lambda_2}=m_2$ がわかる。

これを繰り返して，題意の等式 $\dim W_{\lambda_i}=m_i$ $(i=1, 2, \cdots\cdots, r)$ が得られる。■

2 正方行列の対角化

前節の冒頭では，固有値や固有ベクトルの意味を解説する中で，一般の行列Aを基底変換によって対角行列で表現すること，すなわち，正則行列Pが存在して $P^{-1}AP$ が対角行列にできる例について述べた。このように，与えられた行列を，基底変換によりその表現行列を取り替えることで，対角行列で表現しなおすことを，**行列の対角化**という。対角化は常にできるというわけではないが，1次変換の現象を理解する上で，極めて便利で強力な手法である。この節では，行列の対角化について，1通りのことを学ぶ。

◆正方行列の対角化

n次正方行列Aの固有多項式 $F_A(t)$ は，n次の多項式であり，Aの固有値とは，$F_A(t)=0$ の解である。よって，Aは高々n個の固有値をもつ[2)]。

n次正方行列Aの，すべての固有値を　$\lambda_1,\ \lambda_2,\ \cdots\cdots,\ \lambda_r$　(＊)

とする。ただし，ここでこれらの固有値は，互いに異なるとする。すなわち，$\lambda_i \neq \lambda_j\ (i \neq j)$ とする。

各 $i=1,\ 2,\ \cdots\cdots,\ r$ について，固有値 λ_i に対する固有空間 W_{λ_i} を考える。その次元は，$\dim W_{\lambda_i}=n-\mathrm{rank}(A-\lambda_i E)$ である。

今，これらの次元の和がnに等しい，すなわち，以下が成り立つとしよう。

$$\dim W_{\lambda_1}+\dim W_{\lambda_2}+\cdots\cdots+\dim W_{\lambda_r}=n \qquad (\dagger)$$

1 の定理 1-1 より，K^n の部分空間の和 $W_{\lambda_1}+W_{\lambda_2}+\cdots\cdots+W_{\lambda_r}$ は直和であり，*p.* 179，第5章系 3-4 より，その次元はnに等しい。よって，*p.* 173，定理 3-7 (2) より　$K^n=W_{\lambda_1}\oplus W_{\lambda_2}\oplus\cdots\cdots\oplus W_{\lambda_r}$

となる。

これは，次のことを意味する：各 $i=1,\ 2,\ \cdots\cdots,\ r$ について，固有空間 W_{λ_i} の基底 $\{\boldsymbol{w}_{i1},\ \boldsymbol{w}_{i2},\ \cdots\cdots,\ \boldsymbol{w}_{im_i}\}$ $(m_i=\dim W_{\lambda_i})$ をとると，それらをすべて並べた

$$\boldsymbol{w}_{11},\ \boldsymbol{w}_{12},\ \cdots\cdots,\ \boldsymbol{w}_{1m_1},\ \boldsymbol{w}_{21},\ \boldsymbol{w}_{22},\ \cdots\cdots,\ \boldsymbol{w}_{2m_2},\ \cdots\cdots,\ \boldsymbol{w}_{r1},\ \boldsymbol{w}_{r2},\ \cdots\cdots,\ \boldsymbol{w}_{rm_r} \quad (＊＊)$$

は K^n の基底を与える。そこで，n次正方行列Pを以下で定義する。

$$P=[\,\boldsymbol{w}_{11}\ \ \boldsymbol{w}_{12}\ \ \cdots\ \ \boldsymbol{w}_{1m_1}\ \ \boldsymbol{w}_{21}\ \ \boldsymbol{w}_{22}\ \ \cdots\ \ \boldsymbol{w}_{2m_2}\ \ \cdots\ \ \boldsymbol{w}_{r1}\ \ \boldsymbol{w}_{r2}\ \ \cdots\ \ \boldsymbol{w}_{rm_r}\,]$$

---

2) 複素数まで許せば，重複を込めて，ちょうどn個の固有値が存在する。

このとき，P は n 次正則行列であり，K^n の標準基底から基底 (＊＊) への変換行列を与えている ($p.$ 230，第 6 章 3 例 2 参照)。よって，$B=P^{-1}AP$ は，行列 A で決まる 1 次変換 $\varphi_A : K^n \longrightarrow K^n$ の，基底 (＊＊) に関する表現行列である。

この行列 B は，次のように計算される。各 $i=1,\ 2,\ \cdots\cdots,\ r$ について，$\boldsymbol{w}_{ij}$ ($j=1,\ 2,\ \cdots\cdots,\ m_i$) は，$\varphi_A$ の固有値 λ_i に対する固有ベクトルであるから

$$\varphi_A(\boldsymbol{w}_{ij})=A\boldsymbol{w}_{ij}=\lambda_i\boldsymbol{w}_{ij}$$

が成り立つ。よって

$$\begin{aligned}
AP&=A\left[\,\boldsymbol{w}_{11}\ \boldsymbol{w}_{12}\ \cdots\ \boldsymbol{w}_{1m_1}\ \boldsymbol{w}_{21}\ \boldsymbol{w}_{22}\ \cdots\ \boldsymbol{w}_{2m_2}\ \cdots\ \boldsymbol{w}_{r1}\ \boldsymbol{w}_{r2}\ \cdots\ \boldsymbol{w}_{rm_r}\,\right]\\
&=\left[\,\lambda_1\boldsymbol{w}_{11}\ \lambda_1\boldsymbol{w}_{12}\ \cdots\ \lambda_1\boldsymbol{w}_{1m_1}\ \lambda_2\boldsymbol{w}_{21}\ \lambda_2\boldsymbol{w}_{22}\ \cdots\ \lambda_2\boldsymbol{w}_{2m_2}\ \cdots\ \lambda_r\boldsymbol{w}_{r1}\ \lambda_r\boldsymbol{w}_{r2}\ \cdots\ \lambda_r\boldsymbol{w}_{rm_r}\,\right]\\
&=\left[\,\boldsymbol{w}_{11}\ \cdots\ \boldsymbol{w}_{1m_1}\ \boldsymbol{w}_{21}\ \cdots\ \boldsymbol{w}_{2m_2}\ \cdots\ \boldsymbol{w}_{r1}\ \cdots\ \boldsymbol{w}_{rm_r}\,\right]\begin{bmatrix}\lambda_1E_{m_1} & & & \text{\Large 0}\\ & \lambda_2E_{m_2} & & \\ & & \ddots & \\ \text{\Large 0} & & & \lambda_rE_{m_r}\end{bmatrix}\\
&=P\begin{bmatrix}\lambda_1E_{m_1} & & & \text{\Large 0}\\ & \lambda_2E_{m_2} & & \\ & & \ddots & \\ \text{\Large 0} & & & \lambda_rE_{m_r}\end{bmatrix}
\end{aligned}$$

となるが，$AP=PB$ なので，これは B が固有値を対角成分にもつ対角行列

$$B=P^{-1}AP=\begin{bmatrix}\lambda_1E_{m_1} & & & \text{\Large 0}\\ & \lambda_2E_{m_2} & & \\ & & \ddots & \\ \text{\Large 0} & & & \lambda_rE_{m_r}\end{bmatrix}$$

であることを意味している。

ここで，対角成分には，$m_1=\dim W_{\lambda_1}$ 個の λ_1，$m_2=\dim W_{\lambda_2}$ 個の λ_2 というように，$m_i=\dim W_{\lambda_i}$ 個の λ_i ($i=1,\ 2,\ \cdots\cdots,\ r$) が並んでいる。

このようにして，前ページの (†) で仮定したように，A の固有値の固有空間の次元の和が n に等しいなら，$P^{-1}AP$ が対角行列となるような n 次正則行列 P が存在する，すなわち，A が **対角化可能** である[3)]。

実は，次の定理が示すように，条件 (†) は行列が対角化可能であるための必要十分条件である。

---

3) 対角化可能であることを，しばしば **半単純** ともいう。

定理 2-1 **正方行列の対角化可能条件**

n 次正方行列 A の固有多項式 $F_A(t)$ が，K 上で次のように 1 次因子の積に分解したとする[a]。

$$F_A(t)=(t-\lambda_1)^{m_1}(t-\lambda_2)^{m_2}\cdots\cdots(t-\lambda_r)^{m_r},\ \lambda_i\neq\lambda_j\quad(i\neq j)$$

すなわち，A の互いに相異なる固有値の全体は λ_1，λ_2，……，λ_r であり，λ_i の重複度が m_i である $(i=1,\ 2,\ \cdots\cdots,\ r)$ とする[b]。このとき，以下は同値である。

(a) A は K 上で対角化可能である。すなわち，K 上の n 次正則行列 P が存在して，$P^{-1}AP$ が対角行列になるようにできる。

(b) 各 $i=1,\ 2,\ \cdots\cdots,\ r$ について，固有値 λ_i に対する固有空間を W_{λ_i} とするとき，次が成り立つ。

$$\dim W_{\lambda_1}+\dim W_{\lambda_2}+\cdots\cdots+\dim W_{\lambda_r}=n \qquad (\dagger)$$

すなわち，$K^n=W_{\lambda_1}\oplus W_{\lambda_2}\oplus\cdots\cdots\oplus W_{\lambda_r}$ である。

(c) 各 $i=1,\ 2,\ \cdots\cdots,\ r$ について，$\dim W_{\lambda_i}=m_i$ が成り立つ。

また，A が対角化可能ならば，その対角化 $P^{-1}AP$ の対角成分には，各 $i=1,\ 2,\ \cdots\cdots,\ r$ について，固有値 λ_i はちょうど m_i 個並ぶ。

証明 (b)$\Longrightarrow$(a) は，既に上で証明した。また，$m_1+m_2+\cdots\cdots+m_r=n$ なので，(c)$\Longrightarrow$(b) は明らかである。(a)$\Longrightarrow$(c) を示そう。

$P^{-1}AP$ が対角行列

$$P^{-1}AP=\begin{bmatrix}\alpha_1 & & & \text{\huge 0}\\ & \alpha_2 & & \\ & & \ddots & \\ \text{\huge 0} & & & \alpha_n\end{bmatrix}$$

であるとき，$p.\ 277$，定理 1-2 より，$F_A(t)=F_{P^{-1}AP}(t)$ であり，$p.\ 279$，1 例 2 より　$F_A(t)=F_{P^{-1}AP}(t)=(t-\alpha_1)(t-\alpha_2)\cdots\cdots(t-\alpha_n)$

である。これが　$(t-\lambda_1)^{m_1}(t-\lambda_2)^{m_2}\cdots\cdots(t-\lambda_r)^{m_r}$

に等しいので，各 $i=1,\ 2,\ \cdots\cdots,\ r$ について，α_1，α_2，……，α_n の中のちょうど m_i 個が λ_i に等しい。

a) $K=\mathbb{C}$ のときは，$F_A(t)$ は必ずこのような 1 次因子の積に分解される。

b) $F_A(t)$ の次数は n なので，$m_1+m_2+\cdots\cdots+m_r=n$ である。

よって，Pに更に適当な置換行列（p. 134，第 4 章章末問題 10）を掛けたものを改めてPとおき（すなわち，Pの列ベクトルを適当に並べ替えて）

$$P^{-1}AP=\begin{bmatrix} \lambda_1 E_{m_1} & & & \text{\Large 0} \\ & \lambda_2 E_{m_2} & & \\ & & \ddots & \\ \text{\Large 0} & & & \lambda_r E_{m_r} \end{bmatrix}$$

であるとしてよい。ここで，対角成分には m_i 個の λ_i（$i=1, 2, \cdots\cdots, r$）が並んでいる。このとき，p. 277，系 1-2 と p. 280，定理 1-4 より，$\dim W_{\lambda_i}=m_i$（$i=1, 2, \cdots\cdots, r$）が成り立つ。

以上で，定理の主張はすべて証明された。■

系 2-1

n 次正方行列Aが，K上で n 個の互いに相異なる固有値 $\lambda_1, \lambda_2, \cdots\cdots, \lambda_n$ をもつとする。このとき，Aは対角化可能であり，K上の n 次正則行列Pが存在して，$P^{-1}AP$ を次の形にできる。

$$P^{-1}AP=\begin{bmatrix} \lambda_1 & & & \text{\Large 0} \\ & \lambda_2 & & \\ & & \ddots & \\ \text{\Large 0} & & & \lambda_n \end{bmatrix}$$

証明　系 1-3（p. 278）より，各 $i=1, 2, \cdots\cdots, n$ について，$\dim W_{\lambda_i}=1$ であり，これは λ_i の重複度に等しい。よって，定理 2-1 の条件 (c) が満たされるので，AはK上で対角化可能である。また，定理 2-1 より，Aは題意の形に対角化される。■

上で述べた，行列の対角化の手順を，ここでまとめておこう。

行列Aの対角化の手順

[1]　n 次正方行列Aの固有方程式 $F_A(t)=\det(tE-A)=0$ を解いて，Aの固有値をすべて求める。

[2]　各固有値λについて，同次連立 1 次方程式 $(A-\lambda E)\boldsymbol{x}=\boldsymbol{0}$ を解いて，固有空間 W_λ の基底を求める。

[3]　各固有空間の基底を並べて，K^n の基底にする（ここで，K^n の基底にならない（数が足りない）ならば，対角化不可能である）。

[4]　得られた基底のベクトル $\boldsymbol{v}_1, \boldsymbol{v}_2, \cdots\cdots, \boldsymbol{v}_n$ を並べて，基底変換の行列 $P=[\boldsymbol{v}_1 \quad \boldsymbol{v}_2 \quad \cdots \quad \boldsymbol{v}_n]$ を作る。

[5]　$P^{-1}AP$ が求める対角行列である。

例題 1 $A=\begin{bmatrix} 3 & 8 & 12 \\ 2 & 3 & 6 \\ -2 & -4 & -7 \end{bmatrix}$ が対角化可能かどうか調べ，対角化可能ならば対角化せよ。

解答 $F_A(t)=\begin{vmatrix} t-3 & -8 & -12 \\ -2 & t-3 & -6 \\ 2 & 4 & t+7 \end{vmatrix}=(t+1)^2(t-1)$ と計算されるので，A の固有値は 1（重複度 1）と，-1（重複度 2）である。

1 に対する固有空間 W_1 を計算するために

$$E-A=\begin{bmatrix} -2 & -8 & -12 \\ -2 & -2 & -6 \\ 2 & 4 & 8 \end{bmatrix}$$

の簡約階段化を計算すると，これは $\begin{bmatrix} 1 & 0 & 2 \\ 0 & 1 & 1 \\ 0 & 0 & 0 \end{bmatrix}$ なので，W_1 は基底 $\left\{\begin{bmatrix} -2 \\ -1 \\ 1 \end{bmatrix}\right\}$ をもつ。

-1 に対する固有空間 W_{-1} を計算するために

$$-E-A=\begin{bmatrix} -4 & -8 & -12 \\ -2 & -4 & -6 \\ 2 & 4 & 6 \end{bmatrix}$$

の簡約階段化を計算すると，これは $\begin{bmatrix} 1 & 2 & 3 \\ 0 & 0 & 0 \\ 0 & 0 & 0 \end{bmatrix}$ なので，W_{-1} は基底 $\left\{\begin{bmatrix} -2 \\ 1 \\ 0 \end{bmatrix}, \begin{bmatrix} -3 \\ 0 \\ 1 \end{bmatrix}\right\}$ をもつ。

よって，$\dim W_1=1$ および $\dim W_{-1}=2$ で，これらはそれぞれ固有値 1 および -1 の重複度に等しいから，A は対角化可能である。

実際，W_1 の基底と W_{-1} の基底を並べて $P=\begin{bmatrix} -2 & -2 & -3 \\ -1 & 1 & 0 \\ 1 & 0 & 1 \end{bmatrix}$ とすると

$$P^{-1}AP=\begin{bmatrix} 1 & 0 & 0 \\ 0 & -1 & 0 \\ 0 & 0 & -1 \end{bmatrix}$$ ■

例 1

$p. 276$, [1] 例題 1 の $A=\begin{bmatrix} 1 & -1 & 1 \\ 1 & 1 & 1 \\ 0 & 2 & 0 \end{bmatrix}$ は，固有値 0（重複度 2）と固有値 2（重複度 1）をもつが，固有値 0 に対する固有空間 W_0 の次元は 1 であり，重複度の 2 と等しくない。よって，A は対角化可能ではない。

◆正方行列の三角化

定理 2-1 ($p. 283$) で示されたように，一般にはすべての n 次正方行列が対角化できるわけではない。そして，実際に例 1 のように，対角化できない正方行列の例は存在する。

しかし，次の定理が示すように，任意の正方行列は，(少なくとも $\mathbb{C}$ 上では) 適当な基底変換によって，上三角行列によって表現することができる。これを行列の **三角化** という。

定理 2-2　正方行列の三角化

A を K 上の n 次正方行列とし，次の条件が満たされるとする。

(＊)　A は K の中に，重複を込めて n 個の固有値 λ_1, λ_2, ……, λ_n をもつ[a)]。

このとき，K 上の n 次正則行列 P が存在して，$P^{-1}AP$ を上三角行列にできる。

$$P^{-1}AP=\begin{bmatrix} \lambda_1 & * & * & \cdots & * \\ & \lambda_2 & * & \cdots & * \\ & & \ddots & & \vdots \\ & & & \ddots & * \\ \text{\huge 0} & & & & \lambda_n \end{bmatrix}$$

すなわち，n 次正方行列で，その (重複を込めて) n 個の固有値すべてが K の中に入るものは，三角化可能である。

証明　自然数 n についての数学的帰納法で証明する。

$n=1$ のときは，いかなる 1 次正方行列も既に上三角行列である。よって，題意は自明に成立する。

$n>1$ として，$n-1$ 次正方行列で，その (重複を込めて) $n-1$ 個の固有値が K の中に入るものは三角化可能であると仮定する。A は (重複を込めて) n 個の固有値 λ_1, λ_2, ……, λ_n を，K の中にもつとする。

a) この条件は，$K=\mathbb{C}$ なら，いつでも成り立つ (代数学の基本定理)。

Aの固有値 λ_1 に対する固有ベクトル $\boldsymbol{v}_1$ をとり，これに $n-1$ 個のベクトル $\boldsymbol{v}_2$, ……, $\boldsymbol{v}_n$ を追加して，$\{\boldsymbol{v}_1, \boldsymbol{v}_2, \cdots\cdots, \boldsymbol{v}_n\}$ が K^n の基底になるようにする（第5章定理3-4, p. 170）。そこで，

$P_1=[\,\boldsymbol{v}_1 \quad \boldsymbol{v}_2 \quad \cdots \quad \boldsymbol{v}_n\,]$ とすると，これは K^n の標準基底から基底 $\{\boldsymbol{v}_1, \boldsymbol{v}_2, \cdots\cdots, \boldsymbol{v}_n\}$ への基底変換行列であり，$P_1^{-1}AP_1$ は次の形になる。

$$P_1^{-1}AP_1=\begin{bmatrix} \lambda_1 & * & \cdots & * \\ 0 & & & \\ \vdots & & B & \\ 0 & & & \end{bmatrix}$$

ここで，B は $n-1$ 次の正方行列であり

$$F_A(t)=F_{P_1^{-1}AP_1}(t)=\begin{vmatrix} t-\lambda_1 & * & \cdots & * \\ 0 & & & \\ \vdots & & tE_{n-1}-B & \\ 0 & & & \end{vmatrix}=(t-\lambda_1)F_B(t)$$

よって，B は（重複を込めて）λ_2, ……, λ_n を固有値にもつ。

ゆえに，B は（重複を込めて）$n-1$ 個の固有値をKの中にもつ。

したがって，（数学的帰納法の仮定から）$n-1$ 次正則行列Qによって

$$Q^{-1}BQ=\begin{bmatrix} \lambda_2 & * & \cdots & * \\ & \ddots & & \vdots \\ & & \ddots & * \\ \text{\Large 0} & & & \lambda_n \end{bmatrix}$$

とできる。そこで，n 次正則行列 P_2 を

$$P_2=\begin{bmatrix} 1 & 0 & \cdots & 0 \\ 0 & & & \\ \vdots & & Q & \\ 0 & & & \end{bmatrix}$$

として，$P=P_1P_2$ とすると

$$P^{-1}AP=P_2^{-1}P_1^{-1}AP_1P_2=P_2^{-1}\begin{bmatrix} \lambda_1 & * & \cdots & * \\ 0 & & & \\ \vdots & & B & \\ 0 & & & \end{bmatrix}P_2$$

$$=\begin{bmatrix} 1 & 0 & \cdots & 0 \\ 0 & & & \\ \vdots & & Q^{-1} & \\ 0 & & & \end{bmatrix}\begin{bmatrix} \lambda_1 & * & \cdots & * \\ 0 & & & \\ \vdots & & B & \\ 0 & & & \end{bmatrix}\begin{bmatrix} 1 & 0 & \cdots & 0 \\ 0 & & & \\ \vdots & & Q & \\ 0 & & & \end{bmatrix}$$

$$
=\begin{bmatrix} \lambda_1 & * & \cdots & * \\ 0 & & & \\ \vdots & & Q^{-1}BQ & \\ 0 & & & \end{bmatrix}=\begin{bmatrix} \lambda_1 & * & * & \cdots & * \\ & \lambda_2 & * & \cdots & * \\ & & \ddots & & \vdots \\ & & & \ddots & * \\ \mathbf{0} & & & & \lambda_n \end{bmatrix}
$$

となり，Aは三角化される。

以上で，数学的帰納法により，すべてのnについて題意が示された。■

◈実対称行列・エルミート行列の対角化

AをK上のn次正方行列とし，$A^*=A$ を満たすものとする。すなわち，Aを実対称行列，またはエルミート行列とする。このとき，Aの固有値について，次の定理が成り立つ。

定理 2-3　実対称行列・エルミート行列の固有値

n次正方行列Aが $A^*=A$ を満たすとする。このとき，Aの固有値はすべて実数である。

証明　λをAの固有値とし，$\boldsymbol{v}\in K^n$ をその固有ベクトルとする。$\bar{\lambda}$ でλの複素共役を表し，$\bar{\boldsymbol{v}}$ で$\boldsymbol{v}$の複素共役，すなわち，列ベクトル$\boldsymbol{v}$の成分の複素共役をとったものを表すとする。$A\boldsymbol{v}=\lambda\boldsymbol{v}$ なので，$\bar{A}\bar{\boldsymbol{v}}=\bar{\lambda}\bar{\boldsymbol{v}}$ である（$\bar{A}$ はAのすべての成分の複素共役をとったもの）。

よって，特に，${}^t\bar{\boldsymbol{v}}A^*=\bar{\lambda}{}^t\bar{\boldsymbol{v}}$ が成り立つ。$(\cdot,\ \cdot)$ で K^n の標準内積（$K=\mathbb{C}$ の場合はエルミート内積）を表すとする（p. 241，第7章 1 例1 および p. 243，例3 参照）。

$$
\lambda(\boldsymbol{v},\ \boldsymbol{v})={}^t\bar{\boldsymbol{v}}\lambda\boldsymbol{v}={}^t\bar{\boldsymbol{v}}A\boldsymbol{v}={}^t\bar{\boldsymbol{v}}A^*\boldsymbol{v}=\bar{\lambda}{}^t\bar{\boldsymbol{v}}\boldsymbol{v}=\bar{\lambda}(\boldsymbol{v},\ \boldsymbol{v})
$$

ここで，$\boldsymbol{v}\neq\boldsymbol{0}$ なので $\|\boldsymbol{v}\|^2=(\boldsymbol{v},\ \boldsymbol{v})\neq 0$ であるから，これより $\lambda=\bar{\lambda}$ となる。

すなわち，λは実数である。■

実対称行列やエルミート行列の特別な性質は，固有値だけでなく，固有ベクトルや固有空間においてもみられる。定理 1-1（p. 274）では，一般のn次正方行列の，異なる固有値に対する固有空間の和が直和になっていることを示したが，次の定理が示すように，実対称行列やエルミート行列の場合には，更に強いことが成立している。

定理 2-4　固有空間の直交性

n 次正方行列 A が $A^*=A$ を満たすとし，λ，μ を A の相異なる固有値とする。このとき，固有空間 W_λ と W_μ は，K^n の標準内積に関して直交している。
すなわち，任意の $\boldsymbol{v}\in W_\lambda$ と $\boldsymbol{w}\in W_\mu$ について，$(\boldsymbol{v},\ \boldsymbol{w})=0$ である。

証明　$\boldsymbol{v}\in W_\lambda$ と $\boldsymbol{w}\in W_\mu$ とする。このとき，$A\boldsymbol{v}=\lambda\boldsymbol{v}$ かつ $A\boldsymbol{w}=\mu\boldsymbol{w}$ が成り立つ。特に，最後の式から ${}^t\overline{\boldsymbol{w}}A^*=\mu{}^t\overline{\boldsymbol{w}}$ が成り立つ（定理 2-3 より，μ は実数であることに注意)。よって

$$\lambda(\boldsymbol{v},\ \boldsymbol{w})={}^t\overline{\boldsymbol{w}}\lambda\boldsymbol{v}={}^t\overline{\boldsymbol{w}}A\boldsymbol{v}={}^t\overline{\boldsymbol{w}}A^*\boldsymbol{v}=\mu{}^t\overline{\boldsymbol{w}}\boldsymbol{v}=\mu(\boldsymbol{v},\ \boldsymbol{w})$$

ここで，$\lambda\neq\mu$ なので，$(\boldsymbol{v},\ \boldsymbol{w})=0$ となる。■

実対称行列やエルミート行列は，常に対角化可能である。しかも，次の定理が示すように，基底変換の行列 P として，ユニタリ行列を用いて対角化ができる。

定理 2-5　実対称行列・エルミート行列の対角化

A を n 次エルミート行列とし，λ_1，λ_2，$\cdots$，λ_n を A の固有値の全体（重複も込めて）とする。このとき，ユニタリ行列 U が存在して

$$U^{-1}AU=U^*AU=\begin{bmatrix}\lambda_1 & & & \text{\huge 0}\\ & \lambda_2 & & \\ & & \ddots & \\ \text{\huge 0} & & & \lambda_n\end{bmatrix}$$

とできる。すなわち，エルミート行列はユニタリ行列で対角化可能である。
同様に，A が実対称行列であるとき，直交行列 U が存在して上の形にできる。すなわち，実対称行列は直交行列で対角化可能である。

証明　エルミート行列の場合を証明する（実対称行列の場合も同様である)。自然数 n についての数学的帰納法で証明する。

$n=1$ のときは，A はもともと対角行列である。よって，$U=E=[1]$（単位行列）というユニタリ行列によって，自明に題意の形になる。

$n>1$ として，$n-1$ 次のエルミート行列はユニタリ行列で対角化できると仮定する。A の固有値 λ_1 を 1 つとり，その固有ベクトル $\boldsymbol{v}_1$ をとる。必要ならば，ノルム $\|\boldsymbol{v}_1\|$ で割っておいて，$\|\boldsymbol{v}_1\|=1$ と正規化しておく。ただし，ここでは内積はすべて標準内積を考える。$\boldsymbol{v}_1$ に直交するベクトル全体 $W=\{\boldsymbol{w}\mid(\boldsymbol{v}_1,\ \boldsymbol{w})=0\}$ は K^n の部分空間であり，その次元は $n-1$ である。

任意の $\boldsymbol{w} \in W$ について $A\boldsymbol{w} \in W$ であることを示す。そのために $(\boldsymbol{v}_1,\ A\boldsymbol{w})$ を計算すると，$\boldsymbol{w} \in W$ なので

$$(\boldsymbol{v}_1,\ A\boldsymbol{w}) = {}^t\overline{\boldsymbol{w}}A^*\boldsymbol{v}_1 = {}^t\overline{\boldsymbol{w}}A\boldsymbol{v}_1 = {}^t\overline{\boldsymbol{w}}\lambda_1\boldsymbol{v}_1 = \lambda_1{}^t\overline{\boldsymbol{w}}\boldsymbol{v}_1 = \lambda_1(\boldsymbol{v}_1,\ \boldsymbol{w}) = 0$$

よって，$A\boldsymbol{w} \in W$ である。

これより，次のことがわかる：A で決まる 1 次変換 φ_A は，W 上の 1 次変換 $\psi : W \longrightarrow W\ (\boldsymbol{w} \longmapsto A\boldsymbol{w})$ を定める。W 上には，K^n の標準内積 $(\cdot,\ \cdot)$ を W に制限することで，内積が定義される。そこで，W の正規直交基底 $\{\boldsymbol{v}_2,\ \boldsymbol{v}_3,\ \cdots\cdots,\ \boldsymbol{v}_n\}$ をとり，この基底に関する ψ の表現行列を B とする。このとき，$\{\boldsymbol{v}_1,\ \boldsymbol{v}_2,\ \cdots\cdots,\ \boldsymbol{v}_n\}$ は K^n の正規直交基底を与え，これに関する A の表現行列は，次の形になる。

$$V^{-1}AV = V^*AV = \begin{bmatrix} \lambda_1 & 0 & \cdots & 0 \\ 0 & & & \\ \vdots & & B & \\ 0 & & & \end{bmatrix} \qquad (*)$$

ここで，$V = [\ \boldsymbol{v}_1\ \ \boldsymbol{v}_2\ \ \cdots\ \ \boldsymbol{v}_n\ ]$ はユニタリ行列である（$p.$ 264，第 7 章定理 2-5）。

B が $n-1$ 次エルミート行列であることを示す。$(*)$ の両辺の随伴をとると

$$(V^*AV)^* = V^*AV = \begin{bmatrix} \lambda_1 & 0 & \cdots & 0 \\ 0 & & & \\ \vdots & & B^* & \\ 0 & & & \end{bmatrix}$$

である（再び，λ_1 が実数であることに注意）から，$B^* = B$ である。

数学的帰納法の仮定により，$n-1$ 次のエルミート行列はユニタリ行列で対角化できるから，$n-1$ 次ユニタリ行列 U_1 によって

$$U_1{}^*BU_1 = \begin{bmatrix} \lambda_2 & & & \mathbf{0} \\ & \lambda_3 & & \\ & & \ddots & \\ \mathbf{0} & & & \lambda_n \end{bmatrix}$$

という形になる。そこで，$U_2 = \begin{bmatrix} 1 & 0 & \cdots & 0 \\ 0 & & & \\ \vdots & & U_1 & \\ 0 & & & \end{bmatrix}$ とすると，これは n 次ユニタリ行列で

$$U_2{}^*V^*AVU_2=U_2{}^*\begin{bmatrix}\lambda_1 & 0 & \cdots & 0\\ 0 & & & \\ \vdots & & B & \\ 0 & & & \end{bmatrix}U_2=\begin{bmatrix}\lambda_1 & & & \mathbf{0}\\ & \lambda_2 & & \\ & & \ddots & \\ \mathbf{0} & & & \lambda_n\end{bmatrix}$$

となる。よって，$U=VU_2$ とすると，これはユニタリ行列で，題意を満たす。 ■

このように，実対称行列やエルミート行列は，それぞれ直交行列やユニタリ行列によって対角化できることがわかった。実際の対角化は，次に示すような手順に従って行われる。

実対称行列・エルミート行列Aの対角化の手順

[1] $p.$ 284 の「行列Aの対角化の手順」に従って，$P^{-1}AP$ が対角行列となる基底変換の行列 $P=[\,\boldsymbol{v}_1\ \ \boldsymbol{v}_2\ \ \cdots\ \ \boldsymbol{v}_n\,]$ を求める。

[2] グラム・シュミットの直交化（第 7 章 1）によって基底 $\{\boldsymbol{v}_1,\ \boldsymbol{v}_2,\ \cdots\cdots,\ \boldsymbol{v}_n\}$ を直交化し，正規直交基底 $\{\boldsymbol{u}_1,\ \boldsymbol{u}_2,\ \cdots\cdots,\ \boldsymbol{u}_n\}$ を作る。

[3] 得られた正規直交基底のベクトルを並べて，基底変換の行列 $U=[\,\boldsymbol{u}_1\ \ \boldsymbol{u}_2\ \ \cdots\ \ \boldsymbol{u}_n\,]$ を作る。

[4] Uはユニタリ行列であり，U^*AU が求める対角行列である。

注意 次の例題の解答からもわかるように，この方法で対角化できる理由は，定理 2-4 ($p.$ 289) が成り立つからである。

例題 2 対称行列 $A=\begin{bmatrix}1&2&2\\2&1&2\\2&2&1\end{bmatrix}$ を，直交行列によって対角化せよ。

解答 Aの固有方程式を計算すると

$$F_A(t)=\begin{vmatrix}t-1&-2&-2\\-2&t-1&-2\\-2&-2&t-1\end{vmatrix}=\begin{vmatrix}t-1&-2&-2\\-2&t-1&-2\\0&-t-1&t+1\end{vmatrix}=\begin{vmatrix}t-1&-2&-4\\-2&t-1&t-3\\0&-t-1&0\end{vmatrix}$$

$$=(t+1)\{(t-1)(t-3)-8\}=(t+1)^2(t-5)$$

よって，Aの固有値は -1（重複度 2）と 5（重複度 1）である。

固有値 -1 に対する固有空間 W_{-1} を計算する。

$$A-(-1)E=\begin{bmatrix}2&2&2\\2&2&2\\2&2&2\end{bmatrix}\text{ の簡約階段化は }\begin{bmatrix}1&1&1\\0&0&0\\0&0&0\end{bmatrix}\text{ なので，}$$

固有空間 W_{-1} の基底として $\left\{\begin{bmatrix}-1\\1\\0\end{bmatrix}, \begin{bmatrix}1\\0\\1\end{bmatrix}\right\}$ がとれる。

固有値5に対する固有空間 W_5 を計算する。

$A-5E=\begin{bmatrix}-4&2&2\\2&-4&2\\2&2&-4\end{bmatrix}$ の簡約階段化は $\begin{bmatrix}1&0&-1\\0&1&-1\\0&0&0\end{bmatrix}$ なので，

W_5 の基底として $\left\{\begin{bmatrix}1\\1\\1\end{bmatrix}\right\}$ がとれる。

$\boldsymbol{v}_1=\begin{bmatrix}-1\\1\\0\end{bmatrix}$，$\boldsymbol{v}_2=\begin{bmatrix}-1\\0\\1\end{bmatrix}$，$\boldsymbol{v}_3=\begin{bmatrix}1\\1\\1\end{bmatrix}$ として，基底 $\{\boldsymbol{v}_1, \boldsymbol{v}_2, \boldsymbol{v}_3\}$ を，グラム・シュミットの直交化によって直交化する。既に $\boldsymbol{v}_1$ と $\boldsymbol{v}_3$ および $\boldsymbol{v}_2$ と $\boldsymbol{v}_3$ は直交している（定理 2-4 参照）。

よって，W_{-1} の基底 $\{\boldsymbol{v}_1, \boldsymbol{v}_2\}$ を直交化すれば十分。

$\boldsymbol{v}_1'=\boldsymbol{v}_1$，$\boldsymbol{v}_2'=\boldsymbol{v}_2-k\boldsymbol{v}_1'$ として $(\boldsymbol{v}_2', \boldsymbol{v}_1')=1-2k=0$ なので

$k=\dfrac{1}{2}$ である。よって，$\boldsymbol{v}_2'=\dfrac{1}{2}\begin{bmatrix}-1\\-1\\2\end{bmatrix}$。$\boldsymbol{v}_3'=\begin{bmatrix}1\\1\\1\end{bmatrix}$ として，$\boldsymbol{v}_1'$，$\boldsymbol{v}_2'$，$\boldsymbol{v}_3'$ を正規化する。

$$\boldsymbol{w}_1=\frac{1}{\sqrt{2}}\begin{bmatrix}-1\\1\\0\end{bmatrix},\ \boldsymbol{w}_2=\frac{1}{\sqrt{6}}\begin{bmatrix}-1\\-1\\2\end{bmatrix},\ \boldsymbol{w}_3=\frac{1}{\sqrt{3}}\begin{bmatrix}1\\1\\1\end{bmatrix}$$

$\{\boldsymbol{w}_1, \boldsymbol{w}_2, \boldsymbol{w}_3\}$ が正規直交基底なので $U=[\,\boldsymbol{w}_1\ \ \boldsymbol{w}_2\ \ \boldsymbol{w}_3\,]$ は直交行列であり $U^{-1}AU={}^tUAU=\begin{bmatrix}-1&0&0\\0&-1&0\\0&0&5\end{bmatrix}$ となる。■

練習 1 対称行列 $A=\begin{bmatrix}4&-1&1\\-1&4&-1\\1&-1&4\end{bmatrix}$ を，直交行列によって対角化せよ。

◆正規行列

p. 289，定理 2-5 で確かめたように，エルミート行列はユニタリ行列で対角化できる。この事実の一般化を述べるために，次の概念を導入しよう。K上のn次正方行列Aが $AA^*=A^*A$ を満たすとき，Aは **正規行列** であるという。

例 2

(1) Aがエルミート行列なら，$A^*=A$ なので，$AA^*=A^2=A^*A$ である。よって，エルミート行列は正規行列である。したがって，特に，実対称行列も正規行列である。

(2) Aがユニタリ行列なら，$A^*=A^{-1}$ なので，$AA^*=E=A^*A$ である。よって，ユニタリ行列は正規行列である。したがって，特に，実直交行列も正規行列である。

例 3

(1) $A^*=-A$ を満たす n 次正方行列を，**歪エルミート行列** という。Aが歪エルミート行列なら，$AA^*=-A^2=A^*A$ なので，正規行列である。

(2) ${}^tA=-A$ を満たす n 次正方行列を，**交代行列** という。Aが実交代行列なら，$AA^*=-A^2=A^*A$ なので，正規行列である。

次の定理は，定理 2-5 の一般化を与えているだけでなく，ユニタリ行列で対角化できる行列の種類を，完全に決定している。

定理 2-6 テプリッツの定理

n 次正方行列 A がユニタリ行列で対角化できるための必要十分条件は，A が正規行列であることである。

証明 まず，Aが正規行列であるとして，Aがユニタリ行列で対角化できることを，自然数 n についての数学的帰納法で証明する。

$n=1$ のときは，定理は自明である。そこで，$n-1$ 次までの正規行列はユニタリ行列で対角化できると仮定して (数学的帰納法の仮定)，n 次の正規行列の場合を考えよう。

Aを n 次の正規行列とする。λ を A の固有値の1つとし，その固有空間 W_λ，およびその (K^n の標準的エルミート内積による) 直交補空間 $W_\lambda{}^\perp$ を考える。A は W_λ を不変にする，すなわち，任意の $\boldsymbol{v}\in W_\lambda$ について，$A\boldsymbol{v}=\lambda\boldsymbol{v}\in W_\lambda$ である。よって，A^* は $W_\lambda{}^\perp$ を不変にする，すなわち，任意の $\boldsymbol{w}\in W_\lambda{}^\perp$ について，$A^*\boldsymbol{w}\in W_\lambda{}^\perp$ である ($p.$ 268，第7章章末問題5参照)。ところで，A は正規行列なので，任意の $\boldsymbol{v}\in W_\lambda$ について　$A(A^*\boldsymbol{v})=A^*A\boldsymbol{v}=\lambda(A^*\boldsymbol{v})$

より，$A^*\boldsymbol{v}\in W_\lambda$ である。すなわち，A^* は W_λ をも不変にしている。

よって（再び，第７章章末問題５により），$A=(A^*)^*$ は $W_\lambda{}^\perp$ を不変にしている。

以上より，A と A^* は，どちらも K^n の直和分解 $W_\lambda \oplus W_\lambda{}^\perp$ を保っている。そこで，W_λ の正規直交基底 $\{\boldsymbol{v}_1,\ \boldsymbol{v}_2,\ \cdots\cdots,\ \boldsymbol{v}_m\}$ $(m=\dim W_\lambda)$ と $W_\lambda{}^\perp$ の正規直交規底 $\{\boldsymbol{v}_{m+1},\ \boldsymbol{v}_{m+2},\ \cdots\cdots,\ \boldsymbol{v}_n\}$ を適当にとると，それらを並べて K^n の正規直交基底 $\{\boldsymbol{v}_1,\ \boldsymbol{v}_2,\ \cdots\cdots,\ \boldsymbol{v}_n\}$ が得られる。

よって，$U_1=[\,\boldsymbol{v}_1 \quad \boldsymbol{v}_2 \quad \cdots \quad \boldsymbol{v}_n\,]$ とすると，U_1 はユニタリ行列であり

$$U_1{}^*AU_1=\begin{bmatrix} \lambda E_m & O_{m,n-m} \\ O_{n-m,m} & B \end{bmatrix}$$

という形になる。ここで，(2，2) ブロックの行列 B は $n-m$ 次正方行列である。ところで，A は正規行列で

$$(U_1{}^*AU_1)^*(U_1{}^*AU_1)=U_1{}^*A^*U_1U_1{}^*AU_1=U_1{}^*A^*AU_1$$
$$(U_1{}^*AU_1)(U_1{}^*AU_1)^*=U_1{}^*AU_1U_1{}^*A^*U_1=U_1{}^*AA^*U_1$$

より，$(U_1{}^*AU_1)^*(U_1{}^*AU_1)=(U_1{}^*AU_1)(U_1{}^*AU_1)^*$ となるが，この式の (2，2) ブロックに注目すると，$B^*B=BB^*$ であるから，B は正規行列である。もし，$n=m$ ならば，上の $U_1{}^*AU_1$ が既に A のユニタリ行列による対角化を与えている。$n>m$ ならば，B は $n-m$ 次の正規行列であるが，数学的帰納法の仮定から，これは $n-m$ 次のユニタリ行列 U_2 によって，$U_2{}^*BU_2$ が対角行列にできる。よって，このとき，

$U=U_1\begin{bmatrix} E_m & O_{m,n-m} \\ O_{n-m,m} & U_2 \end{bmatrix}$ とすると，U はユニタリ行列であり，

U^*AU は対角行列になる。

次に，A がユニタリ行列で対角化できるならば，A は正規行列であることを示そう。ユニタリ行列 U によって，U^*AU が対角行列になったとする。このとき，$U^*A^*U=(U^*AU)^*$ も対角行列である。
よって

$$(U^*AU)(U^*A^*U)=(U^*A^*U)(U^*AU)$$

であるが，この等式の左辺は U^*AA^*U であり，右辺は U^*A^*AU なので　　$U^*AA^*U=U^*A^*AU$

この両辺に，左から U を掛けて，右から U^* を掛ければ，$AA^*=A^*A$ が得られる。

よって，A は正規行列であることが示され，以上で定理が証明された。

■

例題 3 $A=\begin{bmatrix} 2 & -2 & -\sqrt{2} \\ -2 & 2 & \sqrt{2} \\ \sqrt{2} & -\sqrt{2} & 4 \end{bmatrix}$ を，ユニタリ行列で対角化せよ。

解答 $AA^*=A^*A=\begin{bmatrix} 10 & -10 & 0 \\ -10 & 10 & 0 \\ 0 & 0 & 20 \end{bmatrix}$ であり，A は正規行列である。

A の固有多項式は $F_A(t)=t(t^2-8t+20)$ と計算されるので，A の固有値は 0, $4+2i$, $4-2i$ (すべて重複度 1) である。

固有値 0 に対する固有空間 W_0 を計算する。A の簡約階段化は

$\begin{bmatrix} 1 & -1 & 0 \\ 0 & 0 & 1 \\ 0 & 0 & 0 \end{bmatrix}$ と計算され，W_0 の基底として $\left\{\begin{bmatrix} 1 \\ 1 \\ 0 \end{bmatrix}\right\}$ がとれる。

固有値 $4+2i$ に対する固有空間 W_{4+2i} を計算する。$A-(4+2i)E$

の簡約階段化を計算すると，$\begin{bmatrix} 1 & 0 & -\dfrac{i}{\sqrt{2}} \\ 0 & 1 & \dfrac{i}{\sqrt{2}} \\ 0 & 0 & 0 \end{bmatrix}$ となる。よって，

W_{4+2i} の基底として $\left\{\begin{bmatrix} i \\ -i \\ \sqrt{2} \end{bmatrix}\right\}$ がとれる。固有値 $4-2i$ に対する固有空間 W_{4-2i} も同様に計算すると，その基底として $\left\{\begin{bmatrix} -i \\ i \\ \sqrt{2} \end{bmatrix}\right\}$ がとれる。これらの基底を，それぞれ正規化して，$\mathbb{C}^3$ の基底

$$\left\{\boldsymbol{v}_1=\frac{1}{\sqrt{2}}\begin{bmatrix} 1 \\ 1 \\ 0 \end{bmatrix},\ \boldsymbol{v}_2=\frac{1}{2}\begin{bmatrix} i \\ -i \\ \sqrt{2} \end{bmatrix},\ \boldsymbol{v}_3=\frac{1}{2}\begin{bmatrix} -i \\ i \\ \sqrt{2} \end{bmatrix}\right\}$$

とすると，これは $\mathbb{C}^3$ の標準エルミート内積に関して，正規直交基底になっている。よって，$U=[\boldsymbol{v}_1 \ \ \boldsymbol{v}_2 \ \ \boldsymbol{v}_3]$ とすると，これはユニタリ行列であり　$U^*AU=\begin{bmatrix} 0 & 0 & 0 \\ 0 & 4+2i & 0 \\ 0 & 0 & 4-2i \end{bmatrix}$ ■

練習 2 交代行列 $A=\begin{bmatrix} 0 & -1 & -2 \\ 1 & 0 & -2 \\ 2 & 2 & 0 \end{bmatrix}$ を，ユニタリ行列で対角化せよ。

◈シルベスター慣性法則

A を n 次エルミート行列とすると，$p.\,289$，定理 2-5 より，ユニタリ行列 U（A が実対称行列の場合は直交行列）によって

$$U^*AU=\begin{bmatrix} \lambda_1 & & & \mathbf{0} \\ & \lambda_2 & & \\ & & \ddots & \\ \mathbf{0} & & & \lambda_n \end{bmatrix}$$

という形になる。

ここで，λ_1，λ_2，……，λ_n は実数で，A の固有値の（重複も込めた）すべてである。

各 λ_i は実数なので，$\lambda_i<0$，$\lambda_i=0$，$\lambda_i>0$ のどれか 1 つが成り立つ。そこで，n 個の文字 1，2，……，n の適当な置換 σ をとって，次が成り立つようにしよう。$\lambda_{\sigma(1)}$，$\lambda_{\sigma(2)}$，……，$\lambda_{\sigma(n)}$ の

- 最初の n_+ 個（すなわち，$\lambda_{\sigma(1)}$，$\lambda_{\sigma(2)}$，……，$\lambda_{\sigma(n_+)}$）はすべて正
- 次の n_- 個（すなわち，$\lambda_{\sigma(n_++1)}$，$\lambda_{\sigma(n_++2)}$，……，$\lambda_{\sigma(n_++n_-)}$）はすべて負
- 残りの n_0 個（すなわち，$\lambda_{\sigma(n_++n_-+1)}$，$\lambda_{\sigma(n_++n_-+2)}$，……，$\lambda_{\sigma(n)}$）はすべて 0 に等しい

（よって，$n_++n_-+n_0=n$）

対応する置換行列 $E(\sigma)$（$p.\,134$，第 4 章章末問題 10）を考えると，第 7 章定理 2-5（$p.\,264$）より，$E(\sigma)$ はユニタリ行列であり

$$E(\sigma)^*U^*AUE(\sigma)=E(\sigma)^{-1}\begin{bmatrix} \lambda_1 & & & \mathbf{0} \\ & \lambda_2 & & \\ & & \ddots & \\ \mathbf{0} & & & \lambda_n \end{bmatrix}E(\sigma)$$

$$=\begin{bmatrix} \lambda_{\sigma(1)} & & & \mathbf{0} \\ & \lambda_{\sigma(2)} & & \\ & & \ddots & \\ \mathbf{0} & & & \lambda_{\sigma(n)} \end{bmatrix}$$

となる。

そこで

$$R=\begin{bmatrix} \{\sqrt{\lambda_{\sigma(1)}}\}^{-1} & & & & & & & & \\ & \ddots & & & & & & \mathbf{0} & \\ & & \{\sqrt{\lambda_{\sigma(n_+)}}\}^{-1} & & & & & & \\ & & & \{\sqrt{-\lambda_{\sigma(n_++1)}}\}^{-1} & & & & & \\ & & & & \ddots & & & & \\ & & & & & \{\sqrt{-\lambda_{\sigma(n_++n_-)}}\}^{-1} & & & \\ & & & & & & 1 & & \\ & \mathbf{0} & & & & & & \ddots & \\ & & & & & & & & 1 \end{bmatrix}$$

(最後に1が対角成分に n_0 個並ぶ) とすると，Rは実対角行列であり，すべての対角成分が0でないので，正則である。

更に

$$R^*E(\sigma)^*U^*AUE(\sigma)R=R^*\begin{bmatrix} \lambda_{\sigma(1)} & & & \mathbf{0} \\ & \lambda_{\sigma(2)} & & \\ & & \ddots & \\ \mathbf{0} & & & \lambda_{\sigma(n)} \end{bmatrix}R$$

$$=\begin{bmatrix} 1 & & & & & & & & \\ & \ddots & & & & & & \mathbf{0} & \\ & & 1 & & & & & & \\ & & & -1 & & & & & \\ & & & & \ddots & & & & \\ & & & & & -1 & & & \\ & & & & & & 0 & & \\ & \mathbf{0} & & & & & & \ddots & \\ & & & & & & & & 0 \end{bmatrix}$$

である。

すなわち，対角成分の最初の n_+ 個が1，次の n_- 個が -1，そして残りの n_0 個が0という形になる。

そこで $P=UE(\sigma)R$ とすることで，次の定理の前半部分が導かれた。

定理 2-7　シルベスター慣性法則

A を n 次エルミート行列とする。このとき，n 次正則行列（A が実対称行列の場合は，実正則行列）P が存在して

$$P^*AP=\begin{bmatrix} E_{n_+} & & \mathbf{0} \\ & -E_{n_-} & \\ \mathbf{0} & & O_{n_0} \end{bmatrix} \qquad (*)$$

となる。ここで，n_+，n_-，n_0 は $n=n_++n_-+n_0$ を満たす 0 以上の整数であり，E_{n_+}，E_{n_-} はそれぞれ n_+ 次および n_- 次の単位行列，O_{n_0} は $n_0\times n_0$ の零行列である。更に，整数の組 $(n_+,\ n_-,\ n_0)$ は，A に対して一意的である。

$(*)$ の右辺の形のエルミート行列を，**シルベスター標準形** という。

証明　整数の組 $(n_+,\ n_-,\ n_0)$ の一意性を示すことだけが残っている。n 次正則行列 Q が存在して，$Q^*AQ=\begin{bmatrix} E_{m_+} & & \mathbf{0} \\ & -E_{m_-} & \\ \mathbf{0} & & O_{m_0} \end{bmatrix}$ となったとする $(n=m_++m_-+m_0)$。$n_++n_-=\mathrm{rank}\,P^*AP=\mathrm{rank}\,Q^*AQ=m_++m_-$ （p. 96，第 3 章章末問題 8 参照）なので，$n_0=m_0$ である。

よって，$n_+=m_+$ であることを示せば十分である。P，Q を列ベクトルで表示して，$P=[\,\boldsymbol{p}_1\ \ \boldsymbol{p}_2\ \ \cdots\ \ \boldsymbol{p}_n\,]$，$Q=[\,\boldsymbol{q}_1\ \ \boldsymbol{q}_2\ \ \cdots\ \ \boldsymbol{q}_n\,]$ とする。仮定より，$i\neq j$ のとき $\boldsymbol{p}_j{}^*A\boldsymbol{p}_i=0$ であり

$$\boldsymbol{p}_i{}^*A\boldsymbol{p}_i=\begin{cases} 1 & (1\leqq i\leqq n_+) \\ -1 & (n_++1\leqq i\leqq n_++n_-) \\ 0 & (n_++n_-+1\leqq i\leqq n) \end{cases}$$

同様に，$i\neq j$ のとき $\boldsymbol{q}_j{}^*A\boldsymbol{q}_i=0$ であり

$$\boldsymbol{q}_i{}^*A\boldsymbol{q}_i=\begin{cases} 1 & (1\leqq i\leqq m_+) \\ -1 & (m_++1\leqq i\leqq m_++m_-) \\ 0 & (m_++m_-+1\leqq i\leqq n) \end{cases}$$

である。

そこで，$\boldsymbol{p}_1$，$\boldsymbol{p}_2$，……，$\boldsymbol{p}_{n_+}$ で生成される K^n の部分空間を U とし，$\boldsymbol{q}_{m_++1}$，$\boldsymbol{q}_{m_++2}$，……，$\boldsymbol{q}_n$ で生成される K^n の部分空間を W とする。

$$U=\langle \boldsymbol{p}_1,\ \boldsymbol{p}_2,\ \cdots\cdots,\ \boldsymbol{p}_{n_+}\rangle,\quad W=\langle \boldsymbol{q}_{m_++1},\ \boldsymbol{q}_{m_++2},\ \cdots\cdots,\ \boldsymbol{q}_n\rangle$$

このとき，$\dim U=n_+$，$\dim W=n-m_+$ である。任意の
$\boldsymbol{u}=a_1\boldsymbol{p}_1+a_2\boldsymbol{p}_2+\cdots\cdots+a_{n_+}\boldsymbol{p}_{n_+}\in U$ について

$$\boldsymbol{u}^*A\boldsymbol{u}=a_1\overline{a_1}+a_2\overline{a_2}+\cdots\cdots+a_{n_+}\overline{a_{n_+}}\geqq 0$$

であり，$\boldsymbol{u}^*A\boldsymbol{u}=0$ となるのは，$\boldsymbol{u}=\boldsymbol{0}$ であるときに限る。また，同様に考えると，任意の $\boldsymbol{w}\in W$ について，$\boldsymbol{w}^*A\boldsymbol{w}\leqq 0$ である。

よって，$U\cap W=\{\boldsymbol{0}\}$ であることがわかるので，和 $U+W$ は直和である。特に，次元公式（第5章定理 3-9，p. 178）から

$$\dim(U+W)=\dim U+\dim W=n_++n-m_+$$

であるが，これは n 以下なので，$n_++n-m_+\leqq n$，すなわち，$n_+\leqq m_+$ となる。

以上の議論を，P，Q の役割を入れ替えて同様に行えば，$m_+\leqq n_+$ が得られる。

よって，$n_+=m_+$ である。■

定理 2-7 における n_+ を A の **正の慣性指数**，n_- を A の **負の慣性指数**，n_0 を A の **退化次数** という。$n_0=0$ のとき，A は **非退化** であるという。また，$\mathrm{sgn}(A)=n_--n_+$ と書いて，これを A の **符号数** という。

$n_+=n$ であるとき，エルミート行列 A は **正定値**，$n_-=n$ であるときは **負定値** であるという。正定値または負定値であるエルミート行列は，特に非退化である。

練習 3 対称行列 $A=\begin{bmatrix} 4 & -1 & 1 \\ -1 & 4 & -1 \\ 1 & -1 & 4 \end{bmatrix}$ について，P^*AP がシルベスター標準形となるような，正則行列 P を求めよ。

練習 4 エルミート行列 A が正定値であるための必要十分条件は，正則行列 P によって $A=P^*P$ と書けることであることを示せ。

研究 2次形式とその標準形

n 個の変数 x_1，x_2，……，x_n についての，2次の単項式 x_ix_j（i，$j=1$，2，……，n）の実数係数の1次結合の形の式（すなわち，2次の同次式）

$$q(x_1,\ x_2,\ \cdots\cdots,\ x_n)=\sum_{i=1}^{n}\sum_{j=1}^{n}a_{ij}x_ix_j$$

を，n 変数の **2次形式** という。

係数の行列 $A=[a_{ij}]$ と，変数による列ベクトル $\boldsymbol{x}=\begin{bmatrix} x_1 \\ x_2 \\ \vdots \\ x_n \end{bmatrix}$ を用いると，

$q(x_1,\ x_2,\ \cdots\cdots,\ x_n)$ は次のように行列形で書ける。

$$q(x_1,\ x_2,\ \cdots\cdots,\ x_n)=\sum_{i=1}^{n} x_i\left(\sum_{j=1}^{n} a_{ij}x_j\right)$$

$$=\begin{bmatrix} x_1 & x_2 & \cdots & x_n \end{bmatrix}\begin{bmatrix} a_{11} & a_{12} & \cdots & a_{1n} \\ a_{21} & a_{22} & \cdots & a_{2n} \\ \vdots & \vdots & & \vdots \\ a_{n1} & a_{n2} & \cdots & a_{nn} \end{bmatrix}\begin{bmatrix} x_1 \\ x_2 \\ \vdots \\ x_n \end{bmatrix}={}^t\boldsymbol{x}A\boldsymbol{x}$$

このようにして，n 次正方行列 A から決まる 2 次形式を

$$q_A(x_1,\ x_2,\ \cdots\cdots,\ x_n)={}^t\boldsymbol{x}A\boldsymbol{x}$$

と書く。

$A=[a_{ij}]$ について，$q_A(x_1,\ x_2,\ \cdots\cdots,\ x_n)$ の $x_i{}^2$ の係数は，A の対角成分 a_{ii} である。また，$x_ix_j=x_jx_i$ $(i\neq j)$ の係数は $a_{ij}+a_{ji}$ である。そこで，すべての $i\neq j$ について a_{ij} と a_{ji} を，どちらも $\dfrac{a_{ij}+a_{ji}}{2}$ で取り替えても，2 次形式 $q_A(x_1,\ x_2,\ \cdots\cdots,\ x_n)$ は変わらず，$a_{ij}=a_{ji}$ が成り立つ。

よって，2 次形式を考えるときは，n 次正方行列 A は実対称行列であるとしてよい。

このとき

$$q_A(x_1,\ x_2,\ \cdots\cdots,\ x_n)=\sum_{i=1}^{n} a_{ii}x_i{}^2+2\sum_{1\leqq i<j\leqq n} a_{ij}x_ix_j$$

例 4

(1) $A=\begin{bmatrix} \lambda_1 & & & 0 \\ & \lambda_2 & & \\ & & \ddots & \\ 0 & & & \lambda_n \end{bmatrix}$ のとき

$$q_A(x_1,\ x_2,\ \cdots\cdots,\ x_n)=\lambda_1x_1{}^2+\lambda_2x_2{}^2+\cdots\cdots+\lambda_nx_n{}^2$$

(2) $A=\begin{bmatrix} 1 & 2 & 2 \\ 2 & 1 & 2 \\ 2 & 2 & 1 \end{bmatrix}$ のとき

$$q_A(x_1,\ x_2,\ x_3)=x_1{}^2+x_2{}^2+x_3{}^2+4x_2x_3+4x_3x_1+4x_1x_2$$

練習 5 次の対称行列Aについて，2 次形式 q_A を求めよ。

(1) $A=\begin{bmatrix} 2 & 1 \\ 1 & 2 \end{bmatrix}$ (2) $A=\begin{bmatrix} 0 & 1 & 2 \\ 1 & 0 & 1 \\ 2 & 1 & 0 \end{bmatrix}$ (3) $A=\begin{bmatrix} 1 & 0 & 1 & 0 \\ 0 & 2 & 0 & 2 \\ 1 & 0 & 2 & 0 \\ 0 & 2 & 0 & 1 \end{bmatrix}$

練習 6 次の 2 次形式 q に対応する，実対称行列Aを求めよ。

(1) $q(x_1,\ x_2)=ax_1{}^2+bx_1x_2+cx_2{}^2$

(2) $q(x_1,\ x_2,\ x_3)=x_1{}^2+x_3{}^2-2x_2x_3+2x_3x_1$

実対称行列・エルミート行列の対角化（p. 289，定理 2-5）から，任意の実対称行列Aに対して，直交行列Uで ${}^tUAU=\begin{bmatrix} \lambda_1 & & & \text{\huge 0} \\ & \lambda_2 & & \\ & & \ddots & \\ \text{\huge 0} & & & \lambda_n \end{bmatrix}$ という形にできる。

そこで，$\boldsymbol{x}'=\begin{bmatrix} x_1' \\ x_2' \\ \vdots \\ x_n' \end{bmatrix}$ を

$$\boldsymbol{x}=U\boldsymbol{x}' \quad \text{すなわち} \quad \boldsymbol{x}'=U^{-1}\boldsymbol{x}={}^tU\boldsymbol{x}$$

で導入しよう。この変数変換によって，実対称行列Aから決まる 2 次形式 $q_A(x_1,\ x_2,\ \cdots\cdots,\ x_n)={}^t\boldsymbol{x}A\boldsymbol{x}$ は，次のように変換される。

$$q_A(x_1,\ x_2,\ \cdots\cdots,\ x_n)={}^t\boldsymbol{x}A\boldsymbol{x}={}^t\boldsymbol{x}'{}^tUAU\boldsymbol{x}'$$

$$=\begin{bmatrix} x_1' & x_2' & \cdots & x_n' \end{bmatrix}\begin{bmatrix} \lambda_1 & & & \text{\huge 0} \\ & \lambda_2 & & \\ & & \ddots & \\ \text{\huge 0} & & & \lambda_n \end{bmatrix}\begin{bmatrix} x_1' \\ x_2' \\ \vdots \\ x_n' \end{bmatrix}=\lambda_1x_1'^2+\lambda_2x_2'^2+\cdots+\lambda_nx_n'^2$$

以上より，次の定理が成り立つ。

定理 2-8 2 次形式の標準形

$\mathbb{R}$上の任意の n 変数 2 次形式 $q(x_1,\ x_2,\ \cdots\cdots,\ x_n)$ は，直交行列Uによる変数変換 $\begin{bmatrix} x_1 \\ x_2 \\ \vdots \\ x_n \end{bmatrix}=U\begin{bmatrix} x_1' \\ x_2' \\ \vdots \\ x_n' \end{bmatrix}$ によって，次の形に変換される。

$$q(x_1,\ x_2,\ \cdots,\ x_n)=\lambda_1x_1'^2+\lambda_2x_2'^2+\cdots\cdots+\lambda_nx_n'^2 \quad (\lambda_1,\ \lambda_2,\ \cdots\cdots,\ \lambda_n\in\mathbb{R}) \qquad (*)$$

(∗)の形の2次形式を **標準形** という。定理 2-8 より，任意の2次形式は，直交変換による座標変換によって標準形にすることができる。

また，上の直交行列 U に，シルベスター慣性法則のときと同様に，適当な置換行列と，*p*. 297 の行列 R のような対角行列を右から掛けることで，与えられた2次形式は次の形にまで変形することができる。

定理 2-9　2次形式のシルベスター標準形

$\mathbb{R}$ 上の任意の n 変数2次形式 $q(x_1,\ x_2,\ \cdots\cdots,\ x_n)$ は，正則行列 P による

変数変換 $\begin{bmatrix} x_1 \\ x_2 \\ \vdots \\ x_n \end{bmatrix} = P \begin{bmatrix} x'_1 \\ x'_2 \\ \vdots \\ x'_n \end{bmatrix}$ **によって，次の形に変換される。**

$$q(x_1,\ x_2,\ \cdots\cdots,\ x_n) = x'^2_1 + x'^2_2 + \cdots\cdots + x'^2_{n_+} - x'^2_{n_++1} - x'^2_{n_++2} - \cdots\cdots - x'^2_{n_++n_-} \quad (**)$$

ここで，n_+，n_- は，$n_+ + n_- \leqq n$ を満たす0以上の整数である。

(∗∗)の形の2次形式を **シルベスター標準形** という。エルミート行列のシルベスター標準形の場合と同様に，n_+ を2次形式 q の **正の慣性指数**，n_- を q の **負の慣性指数** という。また，$\mathrm{sgn}(q) = n_- - n_+$ と書いて，これを q の **符号数** という。$n_+ = n$ であるとき，2次形式 q は **正定値**，$n_- = n$ であるときは **負定値** であるという。

練習 7　$\mathbb{R}$ 上の2変数2次形式

$$a{x_1}^2 + bx_1x_2 + c{x_2}^2 \quad (a,\ b,\ c \in \mathbb{R})$$

が正定値であるための必要十分条件は，$a>0$ かつ $b^2-4ac<0$ であることを示せ。

練習 8　次の2次形式の標準形と，シルベスター標準形を求めよ。

(1)　$4x_1^2 + 2x_2^2 + 3x_3^2 - 4x_2x_3 + 4x_3x_1 - 4x_1x_2$

(2)　$x_2^2 + 2x_3^2 + 3x_4^2 - 2x_1x_2 - 2x_1x_3 + 4x_2x_3 - 2x_2x_4 - 2x_3x_4$

(3)　$4x_1x_2 + 4x_1x_4 + 4x_3x_4$

研究　空間内の2次曲面の分類

2次形式の標準形を使うと，例えば，3次元空間 $\mathbb{R}^3$ の中の2次曲面を，座標変換によって分類することができる。ここでは，2次曲面とは，$\boldsymbol{x}=\begin{bmatrix} x \\ y \\ z \end{bmatrix}$ として，3次対称行列 $A=[a_{ij}]$ と3次の横ベクトル $[\,b_1\ \ b_2\ \ b_3\,]$，および実数の定数 c によって

$$\begin{aligned} &{}^t\boldsymbol{x}A\boldsymbol{x}+[\,b_1\ \ b_2\ \ b_3\,]\boldsymbol{x}+c \\ &=a_{11}x^2+a_{22}y^2+a_{33}z^2+2a_{23}yz+2a_{13}zx+2a_{12}xy \\ &\quad +b_1x+b_2y+b_3z+c=0 \end{aligned}$$

という形の方程式で定義される，空間内の曲面 S のこととする。

2次形式の標準形定理（$p.$ 301，定理 2-8）に従って，新しい座標 $\boldsymbol{x}'=\begin{bmatrix} x' \\ y' \\ z' \end{bmatrix}$ を $\boldsymbol{x}=P\boldsymbol{x}'$ で定義すると，${}^tPAP=\begin{bmatrix} a'_{11} & & \\ & a'_{22} & \\ & & a'_{33} \end{bmatrix}$ および，$[\,b_1\ \ b_2\ \ b_3\,]P=[\,b'_1\ \ b'_2\ \ b'_3\,]$ として，S の定義式は

$$\begin{aligned} &{}^t\boldsymbol{x}'\,{}^tPAP\boldsymbol{x}'+[\,b_1\ \ b_2\ \ b_3\,]P\boldsymbol{x}'+c \\ &=a'_{11}x'^2+a'_{22}y'^2+a'_{33}z'^2+b'_1x'+b'_2y'+b'_3z'+c=0 \end{aligned}$$

と変形される。

したがって，最初から，考えている2次曲面 S の方程式は

$$a_1x^2+a_2y^2+a_3z^2+b_1x+b_2y+b_3z+c=0 \qquad (*)$$

（a_1，a_2，a_3，b_1，b_2，b_3，c は実数）という形だとして，一般性は失われない。ここで，a_1，a_2，a_3 の中で，正のものの個数を n_+，負のものの個数を n_-，0のものの個数を n_0 とすると，これらはそれぞれ，最初に考えた対称行列 A の正の慣性指数，負の慣性指数，および退化次数に等しい。

[1]　$(n_+,\ n_-,\ n_0)=(3,\ 0,\ 0)$ または $(0,\ 3,\ 0)$ のとき：a_1，a_2，a_3 はどれも0でなく，その符号が一致しているので，必要ならば定義式 $(*)$ の全体に -1 を掛けて，a_1，a_2，a_3 はどれも正であるとしてよい。

また，平行移動　$(x,\ y,\ z)=\left(x'-\dfrac{b_1}{2a_1},\ y'-\dfrac{b_2}{2a_2},\ z'-\dfrac{b_3}{2a_3}\right)$

によって新しい座標 (x', y', z') を導入すると，定義式 (∗) は

$$a_1x'^2+a_2y'^2+a_3z'^2+c'=0$$

(c' は実数) という形に変形される。よって，最初から，定義式は

$$a_1x^2+a_2y^2+a_3z^2=c \quad (a_1, a_2, a_3>0)$$

という形であるとしてよい。

[1a] $c>0$ のとき，S は **楕円面** である。

[1b] $c<0$ のとき，S は空集合である。

[1c] $c=0$ のとき，S は 1 点 (原点のみ) である。

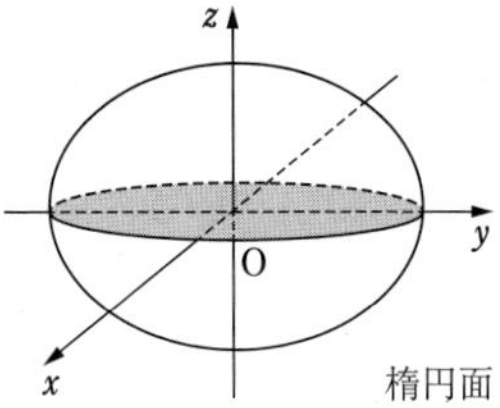

楕円面

[2] $(n_+, n_-, n_0)=(2, 1, 0)$ または $(1, 2, 0)$ のとき：変数 x, y, z を適当に入れ替え，また，必要ならば全体に -1 を掛けることで，$a_1>0$, $a_2>0$, $a_3<0$ と仮定してよい。また，[1] と同様の平行移動によって，定義式は最初から　$a_1x^2+a_2y^2+a_3z^2=c \quad (a_1, a_2>0, a_3<0)$

という形であるとしてよい。

[2a] $c>0$ のとき，S は **一葉双曲面** である。

[2b] $c<0$ のとき，S は **二葉双曲面** である。

[2c] $c=0$ のとき，S は **楕円錐面** である。

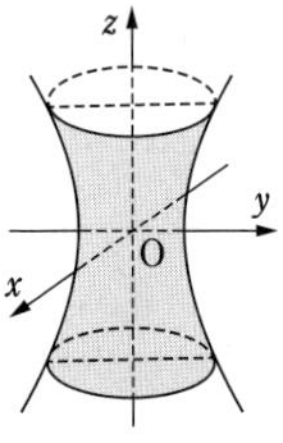

一葉双曲面

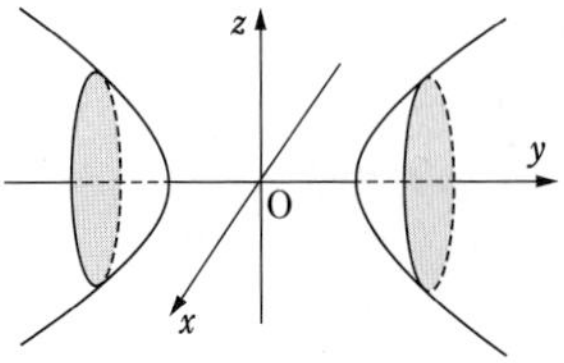

二葉双曲面

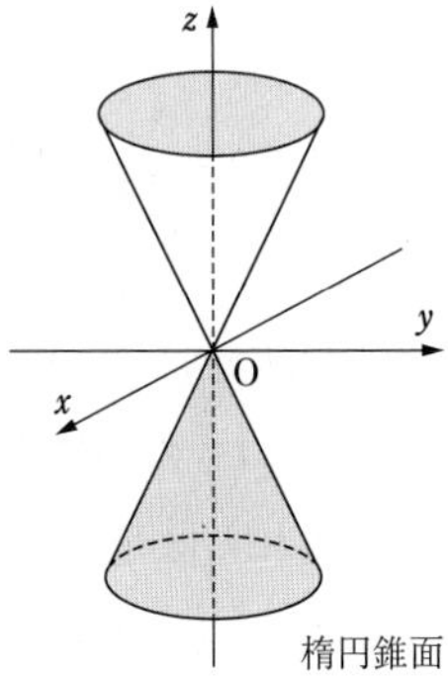

楕円錐面

[3] $(n_+, n_-, n_0)=(2, 0, 1)$ または $(0, 2, 1)$ のとき：変数 x, y, z を適当に入れ替え，また，必要ならば全体に -1 を掛けることで，$a_1>0$, $a_2>0$, $a_3=0$ と仮定してよい。このとき，平行移動

$$(x, y, z)=\left(x'-\frac{b_1}{2a_1}, y'-\frac{b_2}{2a_2}, z'\right)$$

によって新しい座標 (x', y', z') を導入すると，定義式 (＊) は

$$a_1x'^2+a_2y'^2+b_3z'+c'=0$$

(c' は実数) という形に変形される。よって，最初から，定義式は

$$a_1x^2+a_2y^2+b_3z=c \quad (a_1,\ a_2>0)$$

という形であるとしてよい。

$b_3 \neq 0$ とすると，z を $z+\dfrac{c-1}{b_3}$ と取り替えるという平行移動によって，$c=1$ と仮定してよい。このとき，

[3a]　S は **楕円放物面** である。

$b_3=0$ ならば，

[3b]　$c<0$ のとき，S は空集合である。

[3c]　$c>0$ のとき，S は楕円柱である。

[3d]　$c=0$ のとき，S は直線である。

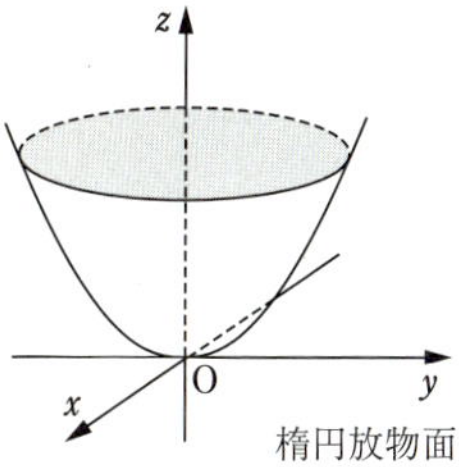

楕円放物面

[4]　$(n_+,\ n_-,\ n_0)=(1,\ 1,\ 1)$ のとき：変数 x，y，z を適当に入れ替え，また，必要ならば全体に -1 を掛けることで，$a_1>0$，$a_2<0$，$a_3=0$ と仮定してよい。また，[3] と同様の平行移動によって，定義式は最初から

$$a_1x^2+a_2y^2+b_3z=c \quad (a_1>0,\ a_2<0)$$

という形であるとしてよい。

[3] と同様に，$b_3 \neq 0$ とすると，z を $z+\dfrac{c-1}{b_3}$ と取り替えるという平行移動によって，$c=1$ と仮定してよい。このとき，

[4a]　S は **双曲放物面** である。

$b_3=0$ ならば，

[4b]　$c \neq 0$ のとき，S は双曲柱である。

[4c]　$c=0$ のとき，S は 2 枚の交差する平面である。

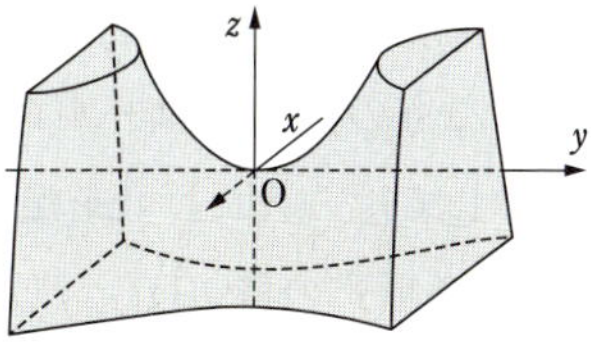

双曲放物面

練習 9　$(n_+,\ n_-,\ n_0)=(1,\ 0,\ 2)$，$(0,\ 1,\ 2)$，$(0,\ 0,\ 3)$ の場合を考察して，上の分類を完成させよ。

練習 10　上で行った R^3 内の 2 次曲面の分類を参考にして，R^2 内の 2 次曲線の分類をせよ。

3 最小多項式と対角化

p. 283, 定理 2-1 で示されたように，一般には与えられた n 次正方行列が対角化できるとは限らず，対角化ができるための条件は，固有値に対する固有空間の次元についての条件を満たさなければならない。実は，対角化が可能であるための条件には，正方行列の **最小多項式** というものを用いた，もう 1 つの形があり，こちらも応用上重要である。それだけでなく，最小多項式は，正方行列のさまざまな性質を調べる上で，有効な情報を与えることが多く，線形代数学の基本的な概念として重要である。

この節では，正方行列の最小多項式を導入し，これと対角化可能性の関係について学ぶ。

◈多項式に行列を代入する

t を変数とする K 上の多項式[4)]

$$f(t)=a_r t^r+a_{r-1}t^{r-1}+\cdots\cdots+a_1 t+a_0 \quad (a_0,\ a_1,\ \cdots\cdots,\ a_r \in K)$$

を考える。

定義 3-1　多項式への正方行列の代入

A を K 上の n 次正方行列とする。A の $f(t)$ への 代入 $f(A)$ とは，次で定義される n 次正方行列である。

$$f(A)=a_r A^r+a_{r-1}A^{r-1}+\cdots\cdots+a_1 A+a_0 E_n$$

多項式への行列 A の代入については，次の基本性質がある：K 上の多項式 $f(t)$，$g(t)$ について，次が成り立つ。

[1]　多項式の和 $h(t)=f(t)+g(t)$ を計算しておいて，その計算結果に A を代入したもの $h(A)$ は，$f(t)$，$g(t)$ に別々に A を代入しておいて，それらの結果として得られた行列を足したもの $f(A)+g(A)$ に等しい。

[2]　多項式の積 $h(t)=f(t)g(t)$ を計算しておいて，その計算結果に A を代入したもの $h(A)$ は，$f(t)$，$g(t)$ に別々に A を代入しておいて，それらの結果として得られた行列を掛けたもの $f(A)g(A)$ に等しい。

練習 1　$f(t)$，$g(t)$ が 2 次多項式 $f(t)=at^2+bt+c$，$g(t)=a't^2+b't+c'$ であるときに，基本性質 [2] を確かめよ。

4) 一般に，K の要素を係数にもつ多項式を，**K 上の多項式** という。

前ページの基本性質 [1], [2] が示すことは，行列の多項式への代入は，通常の数の多項式への代入と同様に扱ってよいということである。

また，次の性質も重要である。

[3]　任意の n 次正則行列 P について，$f(P^{-1}AP)=P^{-1}f(A)P$

実際，自然数 k について

$$
\begin{aligned}
(P^{-1}AP)^k &= \overbrace{(P^{-1}AP)\cdot(P^{-1}AP)\cdots\cdots(P^{-1}AP)}^{k\text{個}} \\
&= P^{-1}A\cdot(PP^{-1})\cdot A\cdot(PP^{-1})\cdots\cdots(PP^{-1})\cdot AP \\
&= P^{-1}\overbrace{A\cdot A\cdots\cdots A}^{k\text{個}}P = P^{-1}A^kP
\end{aligned}
$$

であり，これと前ページの基本性質 [1], [2] より [3] が導かれる。

練習 2　基本性質 [3] を確かめよ。すなわち，$f(t)=a_rt^r+a_{r-1}t^{r-1}+\cdots\cdots+a_1t+a_0$ について，$f(P^{-1}AP)=P^{-1}f(A)P$ であることを示せ。

[4]　λ が A の固有値であるとき，$f(\lambda)$ は $f(A)$ の固有値である。

実際，$\boldsymbol{v}$ を λ に対する固有ベクトルとする ($A\boldsymbol{v}=\lambda\boldsymbol{v}$) と

$$A^2\boldsymbol{v}=A(A\boldsymbol{v})=A(\lambda\boldsymbol{v})=\lambda A\boldsymbol{v}=\lambda^2\boldsymbol{v}$$

$$A^3\boldsymbol{v}=A(A^2\boldsymbol{v})=A(\lambda^2\boldsymbol{v})=\lambda^2A\boldsymbol{v}=\lambda^3\boldsymbol{v}$$

というように，一般に $A^k\boldsymbol{v}=\lambda^k\boldsymbol{v}$ がわかる。これより，多項式

$f(t)=a_rt^r+a_{r-1}t^{r-1}+\cdots\cdots+a_1t+a_0$ について

$$
\begin{aligned}
f(A)\boldsymbol{v} &= (a_rA^r+a_{r-1}A^{r-1}+\cdots\cdots+a_1A+a_0E)\boldsymbol{v} \\
&= a_rA^r\boldsymbol{v}+a_{r-1}A^{r-1}\boldsymbol{v}+\cdots\cdots+a_1A\boldsymbol{v}+a_0\boldsymbol{v} \\
&= a_r\lambda^r\boldsymbol{v}+a_{r-1}\lambda^{r-1}\boldsymbol{v}+\cdots\cdots+a_1\lambda\boldsymbol{v}+a_0\boldsymbol{v} \\
&= (a_r\lambda^r+a_{r-1}\lambda^{r-1}+\cdots\cdots+a_1\lambda+a_0)\boldsymbol{v}=f(\lambda)\boldsymbol{v}
\end{aligned}
$$

よって，$f(\lambda)$ は $f(A)$ の固有値であり，$\boldsymbol{v}$ はそれに対する固有ベクトルを与えている。

最後に，次の基本性質を述べておく。

[5]　A, B が可換である，すなわち，$AB=BA$ であるとき，$f(A)$ と $f(B)$ も可換である。すなわち，$f(A)f(B)=f(B)f(A)$

練習 3　$f(t)$ が 2 次多項式 $f(t)=ax^2+bx+c$ であるときに，基本性質 [5] を確かめよ。

練習 4 A, B が可換であるとき，次を証明せよ：自然数 n について

$$(A+B)^n=\sum_{k=0}^{n}\binom{n}{k}A^kB^{n-k} \qquad ただし，\binom{n}{k}=\frac{n(n-1)\cdots\cdots(n-k+1)}{k!}$$

◆ケーリー・ハミルトンの定理

正方行列の多項式への代入について，次の定理は有名である。

> **定理 3-1　ケーリー・ハミルトンの定理**
>
> **A を n 次正方行列とし，$F_A(t)=\det(tE-A)$ をその固有多項式とする。このとき，次が成り立つ。**
>
> $$F_A(A)=O$$

証明　複素数を成分にもつ行列として $F_A(A)=O$ であることを示せばよい。

$\mathbb{C}$上では，固有多項式は，次の形に分解する。

$$F_A(t)=(t-\lambda_1)(t-\lambda_2)\cdots\cdots(t-\lambda_n)$$

すなわち，Aの固有値は（重複も込めて）λ_1, λ_2, ……, λ_n である。このとき，前項の基本性質 [2] より

$$F_A(A)=(A-\lambda_1E)(A-\lambda_2E)\cdots\cdots(A-\lambda_nE)$$

である。

また，任意の n 次正則行列 P について，$B=P^{-1}AP$ とすると，定理 1-2 (p. 277) と前項の基本性質 [3] より

$$F_B(B)=F_{P^{-1}AP}(B)=F_A(B)=F_A(P^{-1}AP)=P^{-1}F_A(A)P$$

すなわち，$F_A(A)=PF_B(B)P^{-1}$ であり，$F_A(A)=O$ であることと $F_B(B)=O$ であることは同値である。

よって，題意を示すために，適当な P によって，A を $B=P^{-1}AP$ で取り替えてもよい。

特に，定理 2-2 (p. 286) から，適当な n 次正則行列 P をとれば，$B=P^{-1}AP$ を上三角行列にすることができる。よって，最初から A は上三角行列

$$A=\begin{bmatrix} \lambda_1 & * & * & \cdots & * \\ & \lambda_2 & * & \cdots & * \\ & & \ddots & & \vdots \\ & & & \ddots & * \\ \text{\Large 0} & & & & \lambda_n \end{bmatrix}$$

であるとしてよい。

$k=1,\ 2,\ \cdots\cdots,\ n$ について

$$A-\lambda_k E=\begin{bmatrix} \lambda_1-\lambda_k & * & * & \cdots & \cdots & * \\ & \lambda_2-\lambda_k & * & \cdots & \cdots & * \\ & & \ddots & & & \vdots \\ & & & 0 & & \vdots \\ & & & & \ddots & * \\ \mathbf{0} & & & & & \lambda_n-\lambda_k \end{bmatrix}$$

すなわち，$A-\lambda_k E$ は上三角行列で，k 番目の対角成分が 0 である。

ここから　　$F_A(A)=(A-\lambda_1 E)(A-\lambda_2 E)\cdots\cdots(A-\lambda_n E)=O$

と計算される（$p.$ 39，第 1 章章末問題 5 参照）。■

◈多項式の割り算

ここで，次の事項に進む前に，準備として多項式の割り算と，ユークリッドのアルゴリズム（ユークリッドの互除法）について簡単に学んでおこう。

まず，高校で学んだ「多項式の割り算」について復習しよう。$f(t)$，$g(t)$ を変数 t についての 1 変数多項式とする。ただし，$g(t)\neq 0$ とする。このとき，次の 2 つの条件を同時に満たす多項式 $q(t)$，$r(t)$ の組が一意的に存在する。

(a)　$f(t)=g(t)q(t)+r(t)$

(b)　$r(t)=0$ であるか，さもなければ $r(t)$ はその次数[5] $\deg r(t)$ が $g(t)$ の次数 $\deg g(t)$ よりも小さい多項式である。すなわち，$\deg r(t)<\deg g(t)$

多項式 $q(t)$，$r(t)$ を，それぞれ $f(t)$ を $g(t)$ で割った **商** と **余り** という。

練習 5　多項式 $f(t)$ が $t=a$ を解にもつ（すなわち，$f(a)=0$）ための必要十分条件は，$f(t)$ が $t-a$ で割り切れることであることを示せ（因数定理）。

多項式 $f(t)$，$g(t)$ の最大公約数を，$\mathrm{GCD}(f(t),\ g(t))$ と書くことにしよう。最大公約数 $\mathrm{GCD}(f(t),\ g(t))$ は，（0 でない定数による）定数倍を除いて定まる量である。例えば，$\mathrm{GCD}(f(t),\ g(t))=1$ とは，$f(t)$，$g(t)$ の最大公約数が 0 でない定数であるということである。

$\mathrm{GCD}(f(t),\ g(t))=1$ のとき，$f(t)$ と $g(t)$ は **互いに素** であるという。

練習 6　$f(t)=g(t)q(t)+r(t)$ が成り立つとき，$\mathrm{GCD}(f(t),\ g(t))=\mathrm{GCD}(g(t),\ r(t))$ であることを示せ。

5）deg は degree の略で，多項式の次数を表す記号。

多項式の割り算を用いれば，整数の割り算のときと同様にして，ユークリッドの互除法を行うことで，2つの多項式の最大公約数を求めることができる。具体的には，次のようにする。$f(t)$，$g(t)$ を多項式として，その最大公約数を求めよう。そこで $f_0(t)=f(t)$，$f_1(t)=g(t)$ として，次のアルゴリズムに入力する。

ユークリッドのアルゴリズム（互除法）

[0]　$k=1$ としておく。

[1]　$f_k(t)=0$ ならば，$f_{k-1}(t)$ を出力して終了する。

[2]　さもなければ，$f_{k-1}(t)$ を $f_k(t)$ で割った余りを $f_{k+1}(t)$ とし，k に 1 を加えて（すなわち，k を $k+1$ におき換えて）[1] に戻る。

第 5 章 3 で述べた「基底構成のアルゴリズム」と同様に，このアルゴリズムも，有限回の繰り返しで必ず終了するかどうかが問題になる。この場合は，$f_1(t)$，$f_2(t)$，……，$f_k(t)$，…… と番号が進むと，次数が必ず下がる，すなわち

$$\deg f_1(t)>\deg f_2(t)>\cdots\cdots>\deg f_k(t)>\deg f_{k+1}(t)>\cdots\cdots$$

であることから，どこかの段階で $f_n(t)=0$ となって終了しなければならない。こうして，アルゴリズムが終了して出力された $f_{n-1}(t)$ が，求める $f(t)$，$g(t)$ の最大公約数である。実際

$$\begin{aligned}\mathrm{GCD}(f(t),\ g(t))&=\mathrm{GCD}(f_0(t),\ f_1(t))=\mathrm{GCD}(f_1(t),\ f_2(t))\\&=\cdots\cdots=\mathrm{GCD}(f_{n-1}(t),\ 0)=f_{n-1}(t)\end{aligned}$$

整数の場合と同様に，次の定理が成り立つ。

定理 3-2　最大公約数の表示

多項式 $h(t)$ が，$f(t)$，$g(t)$ の最大公約数であるとする。このとき

$$a(t)f(t)+b(t)g(t)=h(t)$$

となる多項式 $a(t)$，$b(t)$ が存在する。

証明　$f_0(t)=f(t)$，$f_1(t)=g(t)$ として，ユークリッドのアルゴリズムを適用して，$f_{n-1}(t)$ が出力されたとする（$f_n(t)=0$ である）。そこで，$k=0$，1，……，$n-1$ について，次のことを自然数 k についての数学的帰納法で示そう。

$(\dagger)_k$ $a_k(t)f(t)+b_k(t)g(t)=f_k(t)$ となる多項式 $a_k(t)$, $b_k(t)$ が存在する。
特に $k=n-1$ のときを考えると，$f_{n-1}(t)$ は $h(t)$ の定数倍なので，
$a_{n-1}(t)f(t)+b_{n-1}(t)g(t)=f_{n-1}(t)$ の両辺を適当に定数倍すれば，題意の式が得られる。

$k=0$ のときは，$a_0(t)=1$，$b_0(t)=0$ とすればよい。また，$k=1$ のときは，$a_1(t)=0$，$b_1(t)=1$ とすればよい。

$k>1$ について，$(\dagger)_{k-1}$ と $(\dagger)_k$ を仮定して，$(\dagger)_{k+1}$ を導こう。
すなわち

$$\begin{aligned} a_{k-1}(t)f(t)+b_{k-1}(t)g(t)&=f_{k-1}(t) \\ a_k(t)f(t)+b_k(t)g(t)&=f_k(t) \end{aligned} \qquad (*)$$

となる多項式 $a_{k-1}(t)$，$b_{k-1}(t)$ と $a_k(t)$，$b_k(t)$ が存在すると仮定する(数学的帰納法の仮定)。$f_{k+1}(t)$ は $f_{k-1}(t)$ を $f_k(t)$ で割った余りであるから

$$f_{k-1}(t)=q(t)f_k(t)+f_{k+1}(t) \qquad (**)$$

と書ける ($q(t)$ は割り算の商)。$(*)$ と $(**)$ から

$$\{a_{k-1}(t)-q(t)a_k(t)\}f(t)+\{b_{k-1}(t)-q(t)b_k(t)\}g(t)=f_{k+1}(t)$$

よって，$a_{k+1}(t)=a_{k-1}(t)-q(t)a_k(t)$，$b_{k+1}(t)=b_{k-1}(t)-q(t)b_k(t)$ とすれば，$k+1$ のときの結果 $(\dagger)_{k+1}$ が導かれる。

以上で，自然数 k についての数学的帰納法から，$k=0$, 1, ……, $n-1$ について $(\dagger)_k$ が示された。 ■

系 3-1

多項式 $f(t)$，$g(t)$ が互いに素であるとする。
このとき

$$a(t)f(t)+b(t)g(t)=1$$

となる多項式 $a(t)$，$b(t)$ が存在する。

系 3-2

多項式 $f_1(t)$，$f_2(t)$，……，$f_r(t)$ について，$h(t)$ をその最大公約数 $\mathrm{GCD}(f_1(t),\ f_2(t),\ \cdots\cdots,\ f_r(t))$ とする。
このとき

$$a_1(t)f_1(t)+a_2(t)f_2(t)+\cdots\cdots+a_r(t)f_r(t)=h(t)$$

となる多項式 $a_1(t)$，$a_2(t)$，……，$a_r(t)$ が存在する。

証明 自然数 r についての数学的帰納法で証明する。

$r=1$ のときは，自明である。

$r=k>1$ として，$r=k-1$ のときの題意が正しいと仮定する（数学的帰納法の仮定）。$f_1(t)$，$f_2(t)$，……，$f_{k-1}(t)$ の最大公約数を $h_1(t)$ とすると

$$a_1(t)f_1(t)+a_2(t)f_2(t)+\cdots\cdots+a_{k-1}(t)f_{k-1}(t)=h_1(t)$$

となる多項式 $a_1(t)$，$a_2(t)$，……，$a_{k-1}(t)$ が存在する。

また，$f_1(t)$，$f_2(t)$，……，$f_k(t)$ の最大公約数は $h_1(t)$ と $f_k(t)$ の最大公約数に（定数倍を除いて）一致する。

よって，定理 3-2（p. 310）から

$$a(t)h_1(t)+b(t)f_k(t)=h(t)$$

となる多項式 $a(t)$，$b(t)$ が存在する。

よって

$$a(t)a_1(t)f_1(t)+a(t)a_2(t)f_2(t)+\cdots\cdots+a(t)a_{k-1}(t)f_{k-1}(t)+b(t)f_k(t)=h(t)$$

となり，$r=k$ のときの題意が導かれる。

以上より，数学的帰納法から，すべての自然数 r について題意が証明された。■

◆最小多項式

A を n 次正方行列とする。A を代入すると O（零行列）になるような多項式 $f(t)$ $(f(A)=O)$ を考える。そのような多項式の全体がなす集合を考えよう。

$$I_A=\{f(t)\mid f(A)=O\}$$

明らかに，集合 I_A は，次の条件を満たしている。

(a) $0\in I_A$

(b) $f(t)$，$g(t)\in I_A$ なら，$f(t)+g(t)\in I_A$ である（すなわち，I_A は多項式の和で閉じている）。

(c) $f(t)\in I_A$ ならば，任意の多項式 $h(t)$ について，$h(t)f(t)\in I_A$ である（すなわち，$f(t)$ のすべての倍数も I_A に入る）。

大事なことであるが，I_A は，0 でない多項式を含んでいる。実際，例えば，ケーリー・ハミルトンの定理（定理 3-1，p. 308）から，A の固有多項式 $F_A(t)$ は I_A に含まれる。

そこで，I_A に属する 0 でない多項式の中で，その次数が最小であるものが存在する。そのような多項式を 1 つとって，$p(t)$ としよう。このとき，次が成り立つ。

補題 3-1　集合 I_A は，$p(t)$ の倍数全体の集合，すなわち，$p(t)h(t)$ ($h(t)$ は任意の多項式) という形の多項式全体に一致する。

証明　$p(t) \in I_A$ なので，$p(t)$ の倍数はすべて I_A に属する。逆に，I_A に属する多項式は，すべて $p(t)$ の倍数であることを示そう。
任意の $f(t) \in I_A$ を，$p(t)$ で割った余りを $r(t)$ とする。

$$f(t)=p(t)q(t)+r(t) \qquad r(t)=0 \text{ または } \deg r(t)<\deg p(t)$$

$f(t)$，$p(t) \in I_A$ なので，$f(A)=p(A)=O$ である。
よって，$r(A)=f(A)-p(A)q(A)=O$ なので，$r(t) \in I_A$ である。
もし，$r(t) \neq 0$ なら，$r(t)$ の次数は $p(t)$ の次数よりも小さいから，$p(t)$ の次数の最小性に反する。
よって，$r(t)=0$ とならなければならない。
これは，$f(t)=p(t)q(t)$ であること，すなわち，$f(t)$ が $p(t)$ の倍数であることを示している。■

特に，I_A に属する 0 でない多項式の中で，次数が最小のものは，定数倍を除いて 1 つしかない。

すなわち，$p(t)$ と $q(t)$ が I_A に属する 0 でない多項式で，どちらも次数が最小なら，$q(t)$ は $p(t)$ の倍数で，次数が等しいので，定数倍でなければならない。

よって，I_A に属する 0 でない多項式の中で，次数が最小で，最高次の係数が 1 であるものは，ただ 1 つに定まる。

定義 3-2　最小多項式
I_A に属する 0 でない多項式で，次数が最小であり，最高次の係数が 1 に等しいものを，A の 最小多項式 といい

$$p_A(t)$$

と書く。

最小多項式の基本的な性質として，次の定理が成り立つ。

定理 3-3　最小多項式の性質

n 次正方行列 A の固有多項式 $F_A(t)$ が，次のように分解したとする。

$$F_A(t)=(t-\lambda_1)^{m_1}(t-\lambda_2)^{m_2}\cdots\cdots(t-\lambda_r)^{m_r},\ \lambda_i \neq \lambda_j \quad (i \neq j)$$

このとき，A の最小多項式は，次の形である。

$$p_A(t)=(t-\lambda_1)^{l_1}(t-\lambda_2)^{l_2}\cdots\cdots(t-\lambda_r)^{l_r}$$

ここで，l_1，l_2，……，l_r は

$$1 \leqq l_1 \leqq m_1,\ 1 \leqq l_2 \leqq m_2,\ \cdots\cdots,\ 1 \leqq l_r \leqq m_r$$

を満たす整数である。特に，$1 \leqq \deg p_A(t) \leqq n$ である。

すなわち，$p_A(t)$ は $F_A(t)$ を割り切る多項式で，しかも，A のすべての固有値を解にもつということである。

証明　$F_A(t)$ は I_A に属する多項式なので，$p_A(t)$ の倍数である。
よって，A の任意の固有値 $\lambda=\lambda_i$ ($i=1,\ 2,\ \cdots\cdots,\ r$) について，$p_A(t)$ が $t-\lambda$ で割り切れること，すなわち $p_A(\lambda)=0$ であることを示せばよい。
固有値 λ に対する固有ベクトル $\boldsymbol{v} \neq \boldsymbol{0}$ をとる ($A\boldsymbol{v}=\lambda\boldsymbol{v}$)。$p.$ 307 の基本性質 [4] から，$p_A(A)\boldsymbol{v}=p_A(\lambda)\boldsymbol{v}$ であるが，$p_A(A)=O$ なので，
$p_A(\lambda)\boldsymbol{v}=\boldsymbol{0}$ であり，$\boldsymbol{v} \neq \boldsymbol{0}$ なので $p_A(\lambda)=0$ である。■

例題 1　$A=\begin{bmatrix} 3 & 8 & 12 \\ 2 & 3 & 6 \\ -2 & -4 & -7 \end{bmatrix}$ の最小多項式を求めよ。

解答　A の固有多項式は $F_A(t)=(t+1)^2(t-1)$ と計算される。
よって，A の最小多項式 $p_A(t)$ は

$$(t+1)(t-1) \qquad \text{または} \qquad (t+1)^2(t-1)$$

のどちらかである。
$p(t)=(t+1)(t-1)$ として，$p(A)$ を計算すると

$$p(A)=(A+E)(A-E)=\begin{bmatrix} 4 & 8 & 12 \\ 2 & 4 & 6 \\ -2 & -4 & -6 \end{bmatrix}\begin{bmatrix} 2 & 8 & 12 \\ 2 & 2 & 6 \\ -2 & -4 & -8 \end{bmatrix}=O$$

よって，$(t+1)(t-1)=t^2-1$ が A の最小多項式である。■

練習 7 次の行列Aの最小多項式を求めよ。

(1) $A=\begin{bmatrix} 2 & 1 \\ 2 & 3 \end{bmatrix}$　　(2) $A=\begin{bmatrix} 3 & 1 & 1 \\ 2 & 4 & 2 \\ 1 & 1 & 3 \end{bmatrix}$

練習 8 $p.$ 307 の基本性質 [3] を用いて，次を証明せよ：Aをn次正方行列，Pをn次正則行列とするとき，Aの最小多項式と$P^{-1}AP$の最小多項式は等しい。

$$p_A(t)=p_{P^{-1}AP}(t)$$

◈最小多項式と対角化可能性

次の定理は，系 2-1 ($p.$ 284) の一般化になっており，しかも定理 2-1 ($p.$ 283) よりも条件が確認しやすく便利である。

定理 3-4　最小多項式と対角化

n次正方行列Aについて，以下は同値である。

(a) **Aは（$\mathbb{C}$上で）対角化可能である。**

(b) **Aの最小多項式 $p_A(t)$ は重解をもたない。**

(c) **Aの互いに相異なるすべての固有値を λ_1，λ_2，……，λ_r ($i\neq j$ ならば $\lambda_i\neq\lambda_j$) とするとき**

$$p_A(t)=(t-\lambda_1)(t-\lambda_2)\cdots\cdots(t-\lambda_r)$$

と分解される。

証明 定理 3-3 から，(b) と (c) が同値であることがわかる。そこで，(a) と (c) の同値性を証明しよう。

(c)$\Longrightarrow$(a) を示す。各 $i=1$, 2, ……, r について，多項式 $q_i(t)$ を，

$p_A(t)=(t-\lambda_i)q_i(t)$，すなわち，$q_i(t)=\dfrac{p_A(t)}{t-\lambda_i}$ で定める。このとき，

$q_1(t)$，$q_2(t)$，……，$q_r(t)$ は，定数より他に，すべてに共通する因子がない（すなわち，最大公約数が 1 である）。よって，系 3-2 より

$$g_1(t)q_1(t)+g_2(t)q_2(t)+\cdots\cdots+g_r(t)q_r(t)=1 \qquad (*)$$

となる多項式 $g_1(t)$，$g_2(t)$，……，$g_r(t)$ が存在する。

各 $i=1$, 2, ……, r について，固有値 λ_i に対する固有空間

$W_{\lambda_i}=\{\boldsymbol{v}\mid A\boldsymbol{v}=\lambda_i\boldsymbol{v}\}$ を考える。また，任意の $\boldsymbol{v}\in K^n$ について，

$\boldsymbol{w}_i=q_i(A)\boldsymbol{v}$ とする。$p_A(t)=(t-\lambda_i)q_i(t)=tq_i(t)-\lambda_i q_i(t)$ なので，

$p_A(A)\boldsymbol{v}=A\boldsymbol{w}_i-\lambda_i\boldsymbol{w}_i$ であるが，$p_A(A)=O$ なので，$A\boldsymbol{w}_i=\lambda_i\boldsymbol{w}_i$

すなわち，$\boldsymbol{w}_i \in W_{\lambda_i}$ である。

また，p. 307 の基本性質 [4] から，$g_i(A)\boldsymbol{w}_i = g_i(\lambda_i)\boldsymbol{w}_i$ である。そこで，各 $i=1, 2, \cdots\cdots, r$ について，定数 c_i を $c_i = g_i(\lambda_i)$ で定めると，
$(*)$ から

$$
\begin{aligned}
\boldsymbol{v} &= \{g_1(A)q_1(A) + g_2(A)q_2(A) + \cdots\cdots + g_r(A)q_r(A)\}\boldsymbol{v} \\
&= g_1(A)q_1(A)\boldsymbol{v} + g_2(A)q_2(A)\boldsymbol{v} + \cdots\cdots + g_r(A)q_r(A)\boldsymbol{v} \\
&= g_1(A)\boldsymbol{w}_1 + g_2(A)\boldsymbol{w}_2 + \cdots\cdots + g_r(A)\boldsymbol{w}_r \\
&= g_1(\lambda_1)\boldsymbol{w}_1 + g_2(\lambda_2)\boldsymbol{w}_2 + \cdots\cdots + g_r(\lambda_r)\boldsymbol{w}_r \\
&= c_1\boldsymbol{w}_1 + c_2\boldsymbol{w}_2 + \cdots\cdots + c_r\boldsymbol{w}_r
\end{aligned}
$$

これは，任意のベクトル $\boldsymbol{v} \in K^n$ が，固有空間 W_{λ_1}，W_{λ_2}，……，W_{λ_r} の和 $W_{\lambda_1} + W_{\lambda_2} + \cdots\cdots + W_{\lambda_r}$ に入ることを示している。定理 1-1 から，この和は直和なので

$$K^n = W_{\lambda_1} \oplus W_{\lambda_2} \oplus \cdots\cdots \oplus W_{\lambda_r}$$

である。特に，定理 2-1 の条件 (b) が成り立つので，A は対角化可能である。

最後に，(a) ⟹ (c) を示す。A は

$$
P^{-1}AP = \begin{bmatrix} \lambda_1 E_{m_1} & & & \boldsymbol{0} \\ & \lambda_2 E_{m_2} & & \\ & & \ddots & \\ \boldsymbol{0} & & & \lambda_r E_{m_r} \end{bmatrix}
$$

という形に対角化されている。そこで，
$p(t) = (t-\lambda_1)(t-\lambda_2)\cdots\cdots(t-\lambda_r)$ とし，$B = P^{-1}AP$ とする。p. 307 の基本性質 [3] から

$$p(A) = p(B) = (B-\lambda_1 E)(B-\lambda_2 E)\cdots(B-\lambda_r E)$$

となる。ここで，各 $i=1, 2, \cdots\cdots, r$ について

$$
B-\lambda_i E = \begin{bmatrix} (\lambda_1-\lambda_i)E_{m_1} & & & & & \boldsymbol{0} \\ & (\lambda_2-\lambda_i)E_{m_2} & & & & \\ & & \ddots & & & \\ & & & O_{m_i} & & \\ & & & & \ddots & \\ \boldsymbol{0} & & & & & (\lambda_r-\lambda_i)E_{m_r} \end{bmatrix}
$$

となっている。$(B-\lambda_1 E)(B-\lambda_2 E)\cdots\cdots(B-\lambda_r E)$ は，これらのブロック対角行列の積であるから，$p(A) = p(B) = O_n$ となる。

よって，補題 3-1 (p. 313) から，$p(t)$ はAの最小多項式 $p_A(t)$ の倍数である。また，定理 3-3 (p. 314) から，逆に $p_A(t)$ が $p(t)$ の倍数であることがわかる。よって，
$p(t)=cp_A(t)$ (c は 0 でない定数) と書けるが，$p(t)$ も $p_A(t)$ も，最高次の係数が 1 なので，$c=1$ である。以上より

$$p_A(t)=p(t)=(t-\lambda_1)(t-\lambda_2)\cdots\cdots(t-\lambda_r)$$

となり，(c) が導かれる。 ■

例 1

例題 1 から，$A=\begin{bmatrix} 3 & 8 & 12 \\ 2 & 3 & 6 \\ -2 & -4 & -7 \end{bmatrix}$ の最小多項式は $t^2-1=(t+1)(t-1)$ であり，これは重解をもたないので，A は対角化可能である。

実際，[2] 例題 1 (p. 285) で見たように，$P=\begin{bmatrix} -2 & -2 & -3 \\ -1 & 1 & 0 \\ 1 & 0 & 1 \end{bmatrix}$ とすると

$$P^{-1}AP=\begin{bmatrix} 1 & 0 & 0 \\ 0 & -1 & 0 \\ 0 & 0 & -1 \end{bmatrix}$$

と対角化される。

練習 9

[2] 例 1 の行列 $A=\begin{bmatrix} 1 & -1 & 1 \\ 1 & 1 & 1 \\ 0 & 2 & 0 \end{bmatrix}$ の最小多項式を求め，A が対角化不可能であることを確かめよ。

◆同時対角化

2 つの n 次正方行列 A，B に対して，n 次正則行列 P によって，$P^{-1}AP$ と $P^{-1}BP$ の両方をいっぺんに対角化することを，**同時対角化** という。A，B がどちらも対角化可能であっても，同時対角化が可能であるとは限らない。次の定理は，同時対角化ができる状況がどのようなものであるかを，完全に決定している。

定理 3-5　同時対角化定理

各々対角化可能な 2 つの n 次正方行列 A，B について，次は同値である。

(a) **A，B は同時対角化可能である。すなわち，n 次正則行列 P によって，$P^{-1}AP$ と $P^{-1}BP$ を同時に対角行列にできる。**

(b) **A，B は可換である。すなわち，$AB=BA$**

証明 (a)⟹(b) を示す。n 次正則行列 P によって，$P^{-1}AP$ と $P^{-1}BP$ が対角行列になっているとすると，対角行列どうしは可換なので

$$(P^{-1}AP)(P^{-1}BP)=(P^{-1}BP)(P^{-1}AP)$$

であるから，$P^{-1}ABP=P^{-1}BAP$ である。これに左から P を掛けて，右から P^{-1} を掛ければ，$AB=BA$ が得られる。

(b)⟹(a) を示す。A のすべての相異なる固有値を λ_1，λ_2，……，λ_r とする。A は対角化可能なので，K^n はこれらの固有値に対する固有空間の直和に分解する（定理 2-1，p. 283）。

$$K^n=W_{\lambda_1}\oplus W_{\lambda_2}\oplus\cdots\cdots\oplus W_{\lambda_r} \qquad (*)$$

ところで，$AB=BA$ から，B は各 W_{λ_i} $(i=1,\ 2,\ \cdots\cdots,\ r)$ を不変にする。実際，任意の $\boldsymbol{v}\in W_{\lambda_i}$ について

$$A(B\boldsymbol{v})=BA\boldsymbol{v}=B(\lambda_i\boldsymbol{v})=\lambda_i(B\boldsymbol{v})$$

なので，$B\boldsymbol{v}\in W_{\lambda_i}$ である。よって，特に，B は直和分解 $(*)$ を保つ。

これより，各 W_{λ_1}，W_{λ_2}，……，W_{λ_r} の基底をとって，この順に並べて n 次正則行列 Q を作ると

$$Q^{-1}AQ=\begin{bmatrix}\lambda_1E_{m_1} & & & \text{\Large 0}\\ & \lambda_2E_{m_2} & & \\ & & \ddots & \\ \text{\Large 0} & & & \lambda_rE_{m_r}\end{bmatrix},\quad Q^{-1}BQ=\begin{bmatrix}B_1 & & & \text{\Large 0}\\ & B_2 & & \\ & & \ddots & \\ \text{\Large 0} & & & B_r\end{bmatrix}$$

という形になる。ここで，$m_i=\dim W_{\lambda_i}$ $(i=1,\ 2,\ \cdots\cdots,\ r)$ とした。また，B_i は，行列 B が W_{λ_i} 上に引き起こす 1 次変換の表現行列となるような，m_i 次正方行列である。

ここで，B の最小多項式を $p_B(t)$ とすると

$$O=p_B(B)=p_B(Q^{-1}BQ)=\begin{bmatrix}p_B(B_1) & & & \text{\Large 0}\\ & p_B(B_2) & & \\ & & \ddots & \\ \text{\Large 0} & & & p_B(B_r)\end{bmatrix}$$

なので，$p_B(B_i)=O$ となる。これは，各 B_i の最小多項式が $p_B(t)$ の約数になっていることを示しているが，p. 315，定理 3-4 より $p_B(t)$ は重解をもたないので，各 B_i の最小多項式も重解をもたない。よって，再び定理 3-4 より，各 B_i は対角化可能である。

そこで，各 $i=1,\ 2,\ \cdots\cdots,\ r$ について，m_i 次正則行列 P_i を，$P_i^{-1}B_iP_i$ が対角行列になるようにとり

$$P=Q\begin{bmatrix} P_1 & & & \mathbf{0} \\ & P_2 & & \\ & & \ddots & \\ \mathbf{0} & & & P_r \end{bmatrix}$$

とすると　$$P^{-1}BP=\begin{bmatrix} P_1^{-1}B_1P_1 & & & \mathbf{0} \\ & P_2^{-1}B_2P_2 & & \\ & & \ddots & \\ \mathbf{0} & & & P_r^{-1}B_rP_r \end{bmatrix}$$

は対角行列であるが

$$P^{-1}AP=\begin{bmatrix} P_1^{-1}\lambda_1E_{m_1}P_1 & & & \mathbf{0} \\ & P^{-1}\lambda_2E_{m_2}P_2 & & \\ & & \ddots & \\ \mathbf{0} & & & P_r^{-1}\lambda_rE_{m_r}P_r \end{bmatrix}$$

$$=\begin{bmatrix} \lambda_1E_{m_1} & & & \mathbf{0} \\ & \lambda_2E_{m_2} & & \\ & & \ddots & \\ \mathbf{0} & & & \lambda_rE_{m_r} \end{bmatrix}$$

も，依然として対角行列である。よって，n 次正則行列 P によって，A と B は同時に対角化されている。

以上で，定理が証明された。■

例題 2　$A=\begin{bmatrix} 3 & 8 & 12 \\ 2 & 3 & 6 \\ -2 & -4 & -7 \end{bmatrix}$，$B=\begin{bmatrix} -5 & -14 & -26 \\ 0 & 2 & 1 \\ 2 & 4 & 9 \end{bmatrix}$ とする。

(1)　$AB=BA$ を確かめよ。

(2)　$P^{-1}AP$ と $P^{-1}BP$ が対角行列になるような 3 次正則行列 P を求めよ。

解答　(1)　$AB=BA=\begin{bmatrix} 9 & 22 & 38 \\ 2 & 2 & 5 \\ -4 & -8 & -15 \end{bmatrix}$ と計算される。

(2)　[2] 例題 1 で確かめたように，$Q=\begin{bmatrix} -2 & -2 & -3 \\ -1 & 1 & 0 \\ 1 & 0 & 1 \end{bmatrix}$ とすると，

Aは

$$Q^{-1}AQ=\begin{bmatrix}1&0&0\\0&-1&0\\0&0&-1\end{bmatrix}$$

と対角化される。ここで，$Q^{-1}BQ$ を計算してみると，

$Q^{-1}BQ=\begin{bmatrix}1&0&0\\0&2&1\\0&0&3\end{bmatrix}$ となる。そこで，この右下の 2×2 ブロック $B_1=\begin{bmatrix}2&1\\0&3\end{bmatrix}$ を対角化する。B_1 の固有値は 2，3 であり，固有値 2 に対する固有空間 W_2 の基底として $\left\{\begin{bmatrix}1\\0\end{bmatrix}\right\}$ がとれ，固有値 3 に対する固有空間 W_3 の基底として $\left\{\begin{bmatrix}1\\1\end{bmatrix}\right\}$ がとれる。

よって，これは $\begin{bmatrix}1&-1\\0&1\end{bmatrix}\begin{bmatrix}2&1\\0&3\end{bmatrix}\begin{bmatrix}1&1\\0&1\end{bmatrix}=\begin{bmatrix}2&0\\0&3\end{bmatrix}$ と対角化される。

したがって，$P=Q\begin{bmatrix}1&0&0\\0&1&1\\0&0&1\end{bmatrix}$ とすれば

$$P^{-1}AP=\begin{bmatrix}1&0&0\\0&-1&0\\0&0&-1\end{bmatrix},\quad P^{-1}BP=\begin{bmatrix}1&0&0\\0&2&0\\0&0&3\end{bmatrix}$$

と同時対角化される。■

注意 例題 2 では，Bの方を先に対角化すると，Bの固有空間はそれぞれ 1 次元なので自動的にAも対角化できる。

練習 10 $A=\begin{bmatrix}1&2&1\\-1&4&1\\2&-4&0\end{bmatrix}$，$B=\begin{bmatrix}-55&136&40\\-14&35&10\\-28&68&21\end{bmatrix}$ とする。

(1) $AB=BA$ を確かめよ。

(2) $P^{-1}AP$ と $P^{-1}BP$ が対角行列になるような，3 次正則行列 P を求めよ。

Column コラム 固有関数から固有ベクトルへ

固有値と固有ベクトルに相当する概念は早い時期からさまざまな場面に現れたが，固有値という言葉が提案されたのは比較的新しく，1904 年のことである。固有値の原語はドイツ語の Eigenwert（アイゲンヴェーアト）である。eigen は「特有の」「独特の」「固有の」という意味合いの形容詞，Wert は「値打ち」「価値」という意味の名詞である。

1904 年，ドイツの数学者ダーフィット・ヒルベルト（1862-1943 年）は「線形積分方程式の一般理論の概要第 1 報告」という論文においてこの言葉を使用した。

実直線上の有界閉区間 $[a,\ b]$ 上の実数値連続関数の全体の作るベクトル空間を H とする。$K(s,\ t)$ は平面上の閉領域 $[a,\ b]\times[a,\ b]=\{(s,\ t)\mid a\leqq s\leqq b,\ a\leqq t\leqq b\}$ 上で定義された連続関数とし，H に所属する関数 $\varphi(x)$ に対して関数

$$T(\varphi)=\int_a^b K(s,\ t)\varphi(t)dt$$

を対応させると，H の 1 次変換 $T: H \longrightarrow H$ が定義される。ヒルベルトが考察したのは $K(s,\ t)$ を核とする非同次積分方程式

$$f(s)=\varphi(s)-\lambda\int_a^b K(s,\ t)\varphi(t)dt$$

であり，ベクトル空間 H とその 1 次変換 T を明示したわけではないが，H と T の言葉を用意しておけば，この積分方程式は

$$f(s)=(1-\lambda T)(\varphi)$$

という形に表示される（ここで，1 は恒等変換を表している）。この方程式が解をもつかどうかは定数 λ により左右されるが，ある特定の λ を除いて常に解ける。そこでヒルベルトは，除外された特定の λ の値のことを「核 $K(s,\ t)$ の固有値」と呼んだのである。

λ が $K(s,\ t)$ の固有値でなければ，スウェーデンの数学者フレドホルム（1866-1927 年）が示したように，同次積分方程式

$$0=\varphi(s)-\lambda\int_a^b K(s,\ t)\varphi(t)dt$$

あるいは，ベクトル空間 H と線形写像 T の言葉によりいい換えると，方程式

$$0=(1-\lambda T)(\varphi)$$

は恒等的に 0 となることのない解をもつ。その解に対し，ヒルベルトは「核 $K(s,\ t)$ の該当する固有値に所属する固有関数」という呼称を提案した。ベクトル空間の要素をベクトルと呼ぶという線形代数学の流儀によれば，固有ベクトルという呼称がよく似合う。

「核 $K(s,\ t)$ の固有値」「固有関数」と「線形変換の固有値」「固有ベクトル」との隔たりはほんの一歩である。

章末問題

1. 次の行列Aの固有値および固有空間の基底を求め，対角化可能ならば対角化せよ。

(1) $A=\begin{bmatrix}1&2\\0&1\end{bmatrix}$　(2) $A=\begin{bmatrix}3&1&1\\2&4&2\\1&1&3\end{bmatrix}$　(3) $A=\begin{bmatrix}7&6&-4\\-5&-4&4\\5&5&-3\end{bmatrix}$

(4) $A=\begin{bmatrix}-4&0&0&3\\3&-1&0&-3\\0&0&-1&0\\-6&0&0&5\end{bmatrix}$　(5) $A=\begin{bmatrix}2&-1&1\\a&1-a&a\\1&-1&2\end{bmatrix}$

2. 実対称行列 $A=\begin{bmatrix}0&\sqrt{2}&1\\\sqrt{2}&1&\sqrt{2}\\1&\sqrt{2}&0\end{bmatrix}$ を直交行列で対角化せよ。

3. エルミート行列 $A=\begin{bmatrix}3&i&-1\\-i&5&i\\-1&-i&3\end{bmatrix}$ をユニタリ行列で対角化せよ。

4. 次の行列Aの最小多項式を求めよ。また，対角化可能であれば，対角化せよ。

(1) $A=\begin{bmatrix}1&0&2\\0&1&1\\0&0&2\end{bmatrix}$　(2) $A=\begin{bmatrix}0&-2&6\\2&5&-3\\-2&-1&7\end{bmatrix}$　(3) $A=\begin{bmatrix}4&0&-6\\3&-2&-3\\3&0&-5\end{bmatrix}$

5. n次正方行列A，Bと$\lambda\in K$について，λがABの固有値ならば，λはBAの固有値でもあることを示せ。

6. K^nに標準内積（第7章 1 例1および第7章 1 例3参照，$p.241$，$p.243$）を考える。K^nの部分空間Wに対して，K^nからWへの正射影作用素p_Wを，K^n上の1次変換とみなす。このとき，p_Wは対角化可能であり，その対角化の対角成分には，1が$\dim W$個並び，残りの成分はすべて0であることを示せ。

7. (1) K上のベクトル空間V上の1次変換φが，$\varphi^2=\varphi$を満たすとき，φは**射影子**であるという。φがVの射影子であるとき，直和分解 $V=\varphi(V)\oplus\mathrm{Ker}(\varphi)$ が成り立つことを示せ。

(2) n次正方行列Aが$A^2=A$を満たすとする。このとき，Aは$\begin{bmatrix}E_p&O_{pq}\\O_{qp}&O_{qq}\end{bmatrix}$（$E_p$は$p$次の単位行列，$O_{pq}$は$p\times q$の零行列，$p+q=n$）の形の対角行列に対角化できることを示せ。

8. n次正方行列A，Bが対角化可能であり，$AB=BA$を満たすとする。このとき，$A+B$とABも対角化可能であることを示せ。

9. （フロベニウスの定理）n次正方行列Aの固有値全体をλ_1，λ_2，……，λ_nとし，$f(t)$を変数tの多項式とする。このとき，$f(A)$の固有値全体は$f(\lambda_1)$，$f(\lambda_2)$，……，$f(\lambda_n)$であることを示せ。

第 9 章

ジョルダンの標準形

第 8 章の定理 2-1（p. 283）と定理 3-4（p. 315）では，正方行列が対角化可能であるための条件が与えられている。これらの定理からわかるように，n 次正方行列は常に対角化ができるというわけではない。そこで，どんな正方行列にも適用できる変形として，三角化を考えた（第 8 章定理 2-2，p. 286）。

n 次正方行列 A が対角化可能であれば，その対角化の成分は A の固有値が重複度の分だけ並んだものになるので，その形は A に対して（対角成分の並べ方の順序を除いて）1 通りに決まるという意味で「標準的」である。しかし，三角化は，与えられた n 次正方行列 A に対して，何通りものとり方があり，1 通りには決まらないというデメリットがある。

そこで，対角化が一般にはできない場合も含めて，すべての正方行列に対する「標準形」の概念があると望ましい。ジョルダン標準形は，すべての正方行列に対して適用される標準形であり，与えられた行列に対して（ジョルダンブロックの並べ方の順序を除いて）一意的である。

ジョルダン標準形は，線形代数学における 1 次変換の分類のハイライトであり，1 つの到達点である。それは理論的な数学のみならず，幅広い数理科学の分野への応用がある重要定理でもある。この章では，ジョルダンの標準形について，その概念的・理論的側面や具体的な計算法などについて学ぶ。

1 広義固有空間とジョルダンの標準形

この節では，ジョルダンの標準形の概要について述べ，その計算法について1通りのことを述べる。ジョルダン標準形定理（定理 1-3）の証明は，本書のインターネットサイトで行う。

◈べき零変換

VをK上のベクトル空間として，$\varphi : V \longrightarrow V$ を，Vの1次変換とする。

$$\varphi^k = \overbrace{\varphi \circ \cdots\cdots \circ \varphi}^{k\text{個}}$$

で，φをk回合成したものを表すとする。

定義 1-1　べき零変換・べき零行列

(1)　$\varphi^k = 0$ **(零写像) となる自然数** k **が存在するとき，1次変換** φ **は べき零 であるという。**

(2)　n **次正方行列** A **について，** $A^k = O_n$ **(** n **次の零行列) となる自然数** k **が存在するとき，** A **は べき零 であるという。**

Aがべき零行列ならば，Aから決まる1次変換 $\varphi_A : K^n \longrightarrow K^n$ はべき零である。また，φがn次元ベクトル空間V上のべき零変換ならば，その任意の基底による表現行列はべき零行列である。

練習 1　Aがべき零行列で，Pが正則行列であるとき，$P^{-1}AP$ もまたべき零行列であることを示せ。

べき零行列の基本的な性質として，以下の2つの定理が成り立つ。

定理 1-1　べき零行列の基本性質（その1）

(1)　A **を** n **次のべき零行列とする。このとき，** A **の最小多項式** $p_A(t)$ **は**

$$p_A(t) = t^m \quad (1 \leqq m \leqq n)$$

の形である。特に， A **の固有値はすべて 0 である。**

(2)　**逆に，** n **次正方行列** A **の固有値がすべて 0 ならば，** A **はべき零である。**

証明　(1)　Aはべき零なので，$A^k = O$ となる自然数kが存在する。このとき，$f(t) = t^k$ とすると，$f(A) = O$ なので，$f(t)$ は $p_A(t)$ で割り切れる（第8章補題 3-1，$p.$ 313）。

すなわち，$p_A(t)$ は t^k の約数なので，$p_A(t)=t^m$ の形である。
また，第 8 章定理 3-3 ($p.$ 314) より，$1 \leqq m=\deg p_A(t) \leqq n$ であり，A の固有値はすべて 0 であることもわかる。

(2) A の固有値がすべて 0 ならば，A の固有多項式は $F_A(t)=t^n$ である。ケーリー・ハミルトンの定理 (第 8 章定理 3-1，$p.$ 308) から，$F_A(A)=A^n=O$ である。すなわち，A はべき零である。■

定理 1-1 (1) から，特に n 次のべき零行列 A について $A^n=O$ であることがわかる。また，べき零行列 A の最小多項式が $p_A(t)=t^m$ ならば，$A^{m-1} \neq O$ である。実際，$A^{m-1}=O$ ならば，$p(t)=t^{m-1}$ として $p(A)=O$ となるが，これは最小多項式 $p_A(t)$ の次数の最小性に反する。

定理 1-2　べき零行列の基本性質 (その 2)

A を n 次のべき零行列とし，$\boldsymbol{v} \in K^n$ を $\boldsymbol{v} \neq \boldsymbol{0}$ であるベクトルとする。自然数 l について

$$\boldsymbol{v},\ A\boldsymbol{v},\ A^2\boldsymbol{v},\ \cdots\cdots,\ A^l\boldsymbol{v}$$

がどれも零ベクトルでないならば，これらは K 上 1 次独立である。

証明　$A^n=O$ なので，ベクトルの列 $\boldsymbol{v}$, $A\boldsymbol{v}$, $A^2\boldsymbol{v}$, …… において，$A^k\boldsymbol{v}=\boldsymbol{0}$ となる自然数 k は存在する。そのような最小の自然数 k を考える ($1 \leqq k \leqq n$)。このとき，$\{\boldsymbol{v},\ A\boldsymbol{v},\ A^2\boldsymbol{v},\ \cdots\cdots,\ A^{k-1}\boldsymbol{v}\}$ が 1 次独立であることを示せば十分である ($p.$ 159，第 5 章 [2] 例題 4 参照)。

そこで，1 次関係

$$c_0\boldsymbol{v}+c_1A\boldsymbol{v}+\cdots\cdots+c_{k-1}A^{k-1}\boldsymbol{v}=\boldsymbol{0} \qquad (*)$$

を考えよう。両辺に A^{k-1} を左から掛けると，$c_0A^{k-1}\boldsymbol{v}=\boldsymbol{0}$ となるが，$A^{k-1}\boldsymbol{v} \neq \boldsymbol{0}$ なので $c_0=0$ である。このとき

$$c_1A\boldsymbol{v}+\cdots\cdots+c_{k-1}A^{k-1}\boldsymbol{v}=\boldsymbol{0}$$

となるが，これに A^{k-2} を左から掛けて同様に議論すれば，$c_1=0$ となる。

以下同様に，順次 A のべきを左から掛けていけば，$c_2=\cdots\cdots=c_{k-1}=0$ が導かれる。

よって，1 次関係 $(*)$ は自明なものに限られることになり，$\{\boldsymbol{v},\ A\boldsymbol{v},\ A^2\boldsymbol{v},\ \cdots\cdots,\ A^{k-1}\boldsymbol{v}\}$ が 1 次独立であることが示された。■

例題 1 m 次正方行列 N_m を，次で定義する。

$$N_m=\begin{bmatrix} 0 & 1 & & & & \\ & 0 & 1 & & \text{\Large 0} & \\ & & 0 & 1 & & \\ & & & \ddots & \ddots & \\ & & & & 0 & 1 \\ & \text{\Large 0} & & & & 0 \end{bmatrix}$$

すなわち，N_m は対角成分の1つ右上の成分がすべて1で，その他の成分はすべて0であるような行列である。このとき，$N_m^m=O$ かつ $N_m^{m-1}\neq O$ であることを示せ。

解答 m 次正方行列 N_m で決まる K^m 上の1次変換 $\varphi_{N_m}: K^m \longrightarrow K^m$ を考える。K^m の標準基底 $\{\boldsymbol{e}_1, \boldsymbol{e}_2, \cdots\cdots, \boldsymbol{e}_m\}$ について

$$\varphi_{N_m}(\boldsymbol{e}_i)=\begin{cases} \boldsymbol{0} & (i=1) \\ \boldsymbol{e}_{i-1} & (i>1) \end{cases}$$

よって，すべての $i=1, 2, \cdots\cdots, m$ について

$$\varphi_{N_m}^m(\boldsymbol{e}_i)=\boldsymbol{0}$$

である。これは $N_m^m=O$ であることを示している。しかし

$$\varphi_{N_m}^{m-1}(\boldsymbol{e}_m)=\boldsymbol{e}_1$$

なので，$N_m^{m-1}\neq O$ である。■

練習 2 A，B が n 次のべき零行列で，互いに可換である，すなわち $AB=BA$ であるとする。このとき，$A+B$ もべき零行列であることを示せ。
（ヒント：第8章 [3] 練習4を用いよ。）

◈ジョルダン標準形定理

$\lambda\in K$ について，次の形の m 次正方行列を，固有値 λ の m 次 **ジョルダン細胞** といい，$J(\lambda, m)$ で表す。

$$J(\lambda, m)=\begin{bmatrix} \lambda & 1 & & & & \\ & \lambda & 1 & & \text{\Large 0} & \\ & & \lambda & 1 & & \\ & & & \ddots & \ddots & \\ & & & & \lambda & 1 \\ & \text{\Large 0} & & & & \lambda \end{bmatrix}$$

すなわち，ジョルダン細胞 $J(\lambda, m)$ とは，すべての対角成分が λ で，そのすぐ右上の成分が 1 であり，その他の成分はすべて 0 であるような正方行列である。

例 1　例題 1 の N_m は，固有値 0 の m 次ジョルダン細胞 $N_m=J(0, m)$ である。

注意　ジョルダン細胞 $J(\lambda, m)$ で対角行列であるものは，$m=1$ のとき，すなわち 1×1 行列 $[\lambda]$ しかない。

ジョルダン細胞 $J(\lambda, m)$ について，$J(\lambda, m)-\lambda E$ は例題 1 の N_m に等しい。したがって

$$\{J(\lambda, m)-\lambda E\}^m=O \qquad \text{かつ} \qquad \{J(\lambda, m)-\lambda E\}^{m-1}\neq O$$

である。

練習 3　ジョルダン細胞 $J(\lambda, m)$ の最小多項式は $(t-\lambda)^m$ であることを示せ。

いくつかのジョルダン細胞が対角ブロックに並んだ正方行列

$$\begin{bmatrix} J(\lambda_1, m_1) & & & \text{\Large 0} \\ & J(\lambda_2, m_2) & & \\ & & \ddots & \\ \text{\Large 0} & & & J(\lambda_r, m_r) \end{bmatrix}$$

を，**ジョルダン行列** という。ここで固有値 λ_1，λ_2，……，λ_r がすべて等しく λ である場合，すなわち

$$\begin{bmatrix} J(\lambda, m_1) & & & \text{\Large 0} \\ & J(\lambda, m_2) & & \\ & & \ddots & \\ \text{\Large 0} & & & J(\lambda, m_r) \end{bmatrix} \qquad (*)$$

を，**固有値 λ のジョルダン行列** という。

$(*)$ の行列を A として，$A-\lambda E$ を考えると，$m=\max\{m_1, m_2, \cdots\cdots, m_r\}$ として

$$(A-\lambda E)^m=O \qquad \text{かつ} \qquad (A-\lambda E)^{m-1}\neq O$$

が成り立つ。すなわち，この行列 A の最小多項式は $(t-\lambda)^m$ (ただし，$m=\max\{m_1, m_2, \cdots\cdots, m_r\}$) である。

定理 1-3　ジョルダン標準形定理

n 次正方行列 A の固有多項式 $F_A(t)$ が，次のように分解したとする[a]。

$$F_A(t)=(t-\lambda_1)^{m_1}(t-\lambda_2)^{m_2}\cdots\cdots(t-\lambda_r)^{m_r},\ \ \lambda_i \neq \lambda_j \quad (i \neq j)$$

このとき，n 次正則行列 P が存在して，$P^{-1}AP$ が次の形になる。

$$P^{-1}AP=\begin{bmatrix} J_1 & & & \mathbf{0} \\ & J_2 & & \\ & & \ddots & \\ \mathbf{0} & & & J_r \end{bmatrix} \qquad (\dagger)$$

ここで，各 $i=1,\ 2,\ \cdots\cdots,\ r$ について，J_i は固有値 λ_i の m_i 次ジョルダン行列

$$J_i=\begin{bmatrix} J(\lambda_i,\ l_{i1}) & & & \mathbf{0} \\ & J(\lambda_i,\ l_{i2}) & & \\ & & \ddots & \\ \mathbf{0} & & & J(\lambda_i,\ l_{ir_i}) \end{bmatrix} \qquad (\ddagger)$$

（ただし，$l_{i1}+l_{i2}+\cdots\cdots+l_{ir_i}=m_i$）である。更に，各 $i=1,\ 2,\ \cdots\cdots,\ r$ および $p=1,\ 2,\ \cdots\cdots,\ n$ について，ここに現れる p 次のジョルダン細胞 $J(\lambda_i,\ p)$ の個数は

$$\mathrm{rank}(A-\lambda_i E)^{p+1}-2\,\mathrm{rank}(A-\lambda_i E)^{p}+\mathrm{rank}(A-\lambda_i E)^{p-1}$$

に等しい。

よって，特に，上の形はジョルダン細胞の並べ方を除いて，A だけで一意的に決まる。

定理 1-3 における $P^{-1}AP$ のような形の行列を，**ジョルダンの標準形** という。

この定理の証明は，長く，多くの準備を必要とするため，後回し（本書のインターネットサイト参照）とし，しばらくはその計算方法について述べることにしよう。

注意　定理 1-3 の（$\dagger$）の形の行列において，そこに現れるジョルダン細胞のサイズ l_{ij} がすべて 1 に等しい場合が，対角行列になっている場合である。

注意　定理 1-3 の（$\ddagger$）の行列 J_i の最小多項式は，$l_i=\max\{l_{i1},\ l_{i2},\ \cdots\cdots,\ l_{ir_i}\}$ として，$(t-\lambda_i)^{l_i}$ で与えられる。よって，（$\dagger$）の形から，A の最小多項式 $p_A(t)$ は

$$p_A(t)=p_{P^{-1}AP}(t)=(t-\lambda_1)^{l_1}(t-\lambda_2)^{l_2}\cdots\cdots(t-\lambda_r)^{l_r}$$

（ただし，$i=1,\ 2,\ \cdots\cdots,\ r$ について $l_i=\max\{l_{i1},\ l_{i2},\ \cdots\cdots,\ l_{ir_i}\}$）で与えられる。

---

a）今までにも述べてきたように，$K=\mathbf{C}$ ならば，この条件は常に成り立つ。

特に

$$
\begin{aligned}
& p_A(t) \text{ が重解をもたない} \\
\Longleftrightarrow\ & l_1=l_2=\cdots\cdots=l_r=1 \\
\Longleftrightarrow\ & P^{-1}AP \text{ のすべてのジョルダン細胞が } 1\times 1 \\
\Longleftrightarrow\ & A \text{ は対角化可能}
\end{aligned}
$$

となり[1]，第 8 章定理 3-4 ($p.$ 315) を再び得ることができる。

◈広義固有空間

Vをn次元ベクトル空間とし，$\varphi : V \longrightarrow V$ をV上の 1 次変換とする。φの固有値λについて，$\varphi-\lambda\mathrm{id}_V$ で

$$(\varphi-\lambda\mathrm{id}_V)(\boldsymbol{v})=\varphi(\boldsymbol{v})-\lambda\boldsymbol{v}$$

というV上の 1 次変換を表す。

定義 1-2　広義固有空間

φの固有値λについて

$$\widetilde{W}_\lambda=\{\boldsymbol{v} \mid (\varphi-\lambda\mathrm{id}_V)^n(\boldsymbol{v})=\boldsymbol{0}\}$$

として，これをλに対するφの 広義固有空間 という。

また，n次正方行列Aの固有値λについて，Aで決まる K^n 上の 1 次変換 φ_A のλに対する広義固有空間 $\widetilde{W}_\lambda$ を，Aのλに対する 広義固有空間 という。

すなわち，Aの固有値λに対する広義固有空間とは，次で与えられる。

$$\widetilde{W}_\lambda=\{\boldsymbol{v} \mid (A-\lambda E)^n\boldsymbol{v}=\boldsymbol{0}\}$$

広義固有空間 $\widetilde{W}_\lambda$ は，線形写像 $(\varphi-\lambda\mathrm{id}_V)^n$ の核であるから，Vの部分空間である。また，$\widetilde{W}_\lambda$ 上では $\varphi-\lambda\mathrm{id}_V$ はべき零変換なので，$\dim\widetilde{W}_\lambda=m$ とすると，$\widetilde{W}_\lambda$ 上で $(\varphi-\lambda\mathrm{id}_V)^m=0$ である。

最初に，広義固有空間について次が成り立つことを証明しよう。

補題 1-1　$\varphi(\widetilde{W}_\lambda)\subseteqq\widetilde{W}_\lambda$

すなわち，φを $\widetilde{W}_\lambda$ に制限したものは，$\widetilde{W}_\lambda$ 上の 1 次変換を引き起こす。これは，行列Aの言葉で述べると，$\widetilde{W}_\lambda$ がAで不変であること，すなわち，任意の $\boldsymbol{v}\in\widetilde{W}_\lambda$ について，$A\boldsymbol{v}$ もまた $\widetilde{W}_\lambda$ に属するということである。

1) 最後の同値性には，ジョルダン標準形の（ジョルダン細胞の順序を除いた）一意性を使っている。

証明　任意の $\boldsymbol{v}$ について

$$((\varphi-\lambda\mathrm{id}_V)\circ\varphi)(\boldsymbol{v})=(\varphi-\lambda\mathrm{id}_V)(\varphi(\boldsymbol{v}))$$
$$=\varphi(\varphi(\boldsymbol{v}))-\lambda\varphi(\boldsymbol{v})=\varphi(\varphi(\boldsymbol{v})-\lambda\boldsymbol{v})$$
$$=\varphi((\varphi-\lambda\mathrm{id}_V)(\boldsymbol{v}))=(\varphi\circ(\varphi-\lambda\mathrm{id}_V))(\boldsymbol{v})$$

であるが，これは φ と $\varphi-\lambda\mathrm{id}_V$ が写像の合成に関して交換可能であること

$$(\varphi-\lambda\mathrm{id}_V)\circ\varphi=\varphi\circ(\varphi-\lambda\mathrm{id}_V)$$

を示している。

よって，$(\varphi-\lambda\mathrm{id}_V)^n\circ\varphi=\varphi\circ(\varphi-\lambda\mathrm{id}_V)^n$ である。

そこで，任意の $\boldsymbol{v}\in\widetilde{W}_\lambda$ について

$$(\varphi-\lambda\mathrm{id}_V)^n(\varphi(\boldsymbol{v}))=\varphi((\varphi-\lambda\mathrm{id}_V)^n(\boldsymbol{v}))=\varphi(\boldsymbol{0})=\boldsymbol{0}$$

より，$\varphi(\boldsymbol{v})\in\widetilde{W}_\lambda$ である。

よって，$\varphi(\widetilde{W}_\lambda)\subseqq\widetilde{W}_\lambda$ であることがわかる。■

A が $\widetilde{W}_\lambda$ 上に引き起こす1次変換は，$\widetilde{W}_\lambda$ の適当な基底によって，m 次正方行列 B で表現できる（$m=\dim\widetilde{W}_\lambda$）。このとき，$\widetilde{W}_\lambda$ 上では $(B-\lambda E_m)^n=O_m$ であるから，B の最小多項式は，$(t-\lambda)^l$ $(1\leqq l\leqq m)$ の形である。特に，B は λ のみを，その固有値としてもつこともわかる。

補題 1-2　**λ_1，λ_2，……，λ_r を，n 次正方行列 A の互いに相違なる固有値とする。このとき，$\widetilde{W}_{\lambda_1}+\widetilde{W}_{\lambda_2}+\cdots\cdots+\widetilde{W}_{\lambda_r}$ は直和である。**

証明　自然数 r に関する数学的帰納法で証明する。

$r=1$ のときは自明である。そこで，$r\geqq2$ として，まず $r=2$ の場合を証明しよう。

この場合，$\widetilde{W}_{\lambda_1}\cap\widetilde{W}_{\lambda_2}=\{\boldsymbol{0}\}$ を示せばよい。$\boldsymbol{v}\in\widetilde{W}_{\lambda_1}\cap\widetilde{W}_{\lambda_2}$ として，$\boldsymbol{v}\neq\boldsymbol{0}$ であるとしよう。このとき，$(A-\lambda_1E)^m\boldsymbol{v}=\boldsymbol{0}$ だが，$(A-\lambda_1E)^{m-1}\boldsymbol{v}\neq\boldsymbol{0}$ であるような m をとることができる。$\boldsymbol{w}=(A-\lambda_1E)^{m-1}\boldsymbol{v}$ とすると，$(A-\lambda_1E)\boldsymbol{w}=\boldsymbol{0}$ なので，$A\boldsymbol{w}=\lambda_1\boldsymbol{w}$ である。

このとき

$$(A-\lambda_2E)^n\boldsymbol{w}=(A-\lambda_2E)^{n-1}(A\boldsymbol{w}-\lambda_2\boldsymbol{w})$$
$$=(A-\lambda_2E)^{n-1}\{(\lambda_1-\lambda_2)\boldsymbol{w}\}$$
$$=\cdots\cdots=(\lambda_1-\lambda_2)^n\boldsymbol{w}\neq\boldsymbol{0}$$

（最後の「$\neq\boldsymbol{0}$」は，$\lambda_1\neq\lambda_2$ であり，$\boldsymbol{w}\neq\boldsymbol{0}$ であることからわかる）。

しかし

$(A-\lambda_2E)(A-\lambda_1E)=A^2-(\lambda_1+\lambda_2)A+\lambda_1\lambda_2E=(A-\lambda_1E)(A-\lambda_2E)$

である。

すなわち，$A-\lambda_1E$ と $A-\lambda_2E$ は交換可能なので

$$\begin{aligned}(A-\lambda_2E)^n\boldsymbol{w}&=(A-\lambda_2E)^n(A-\lambda_1E)^{m-1}\boldsymbol{v}\\&=(A-\lambda_1E)^{m-1}(A-\lambda_2E)^n\boldsymbol{v}\\&=(A-\lambda_1E)^{m-1}\boldsymbol{0}=\boldsymbol{0}\end{aligned}$$

となり，矛盾である。

よって，$r=2$ の場合が示された。

次に，$r>2$ として，$r-1$ 個までの広義固有空間の和については，主張は正しいと仮定する。第 5 章定理 1-4 (p. 150) の条件(c)を確かめる。

$\boldsymbol{v}_i\in\widetilde{W}_{\lambda_i}$ $(i=1,\ 2,\ \cdots\cdots,\ r)$ として，$\boldsymbol{v}_1+\boldsymbol{v}_2+\cdots\cdots+\boldsymbol{v}_r=\boldsymbol{0}$ とする。

この両辺に $(A-\lambda_rE)^n$ を掛けると

$$(A-\lambda_rE)^n\boldsymbol{v}_1+(A-\lambda_rE)^n\boldsymbol{v}_2+\cdots\cdots+(A-\lambda_rE)^n\boldsymbol{v}_{r-1}=\boldsymbol{0} \qquad (*)$$

である。

また

$$(A-\lambda_iE)^n(A-\lambda_rE)^n\boldsymbol{v}_i=(A-\lambda_rE)^n(A-\lambda_iE)^n\boldsymbol{v}_i=\boldsymbol{0}$$

なので，$(A-\lambda_rE)^n\boldsymbol{v}_i\in\widetilde{W}_{\lambda_i}$ である。

よって，$(*)$ より，数学的帰納法の仮定から，$(A-\lambda_rE)^n\boldsymbol{v}_i=\boldsymbol{0}$ $(i=1,\ 2,\ \cdots\cdots,\ r-1)$ がわかる。これは $\boldsymbol{v}_i\in\widetilde{W}_{\lambda_i}\cap\widetilde{W}_{\lambda_r}$ であることを意味しているが，上で証明した $r=2$ の場合により，$\widetilde{W}_{\lambda_i}\cap\widetilde{W}_{\lambda_r}=\{\boldsymbol{0}\}$ であるから，$\boldsymbol{v}_i=\boldsymbol{0}$ $(i=1,\ 2,\ \cdots\cdots,\ r-1)$ となる。

$\boldsymbol{v}_1+\boldsymbol{v}_2+\cdots\cdots+\boldsymbol{v}_r=\boldsymbol{0}$ としていたので，これより $\boldsymbol{v}_r=\boldsymbol{0}$ もわかり，第 5 章定理 1-4 の条件(c)が確かめられた。■

正方行列の対角化可能条件 (p. 283，第 8 章定理 2-1 参照) で確かめたように，n 次正方行列 A によって，K^n が A の固有空間の直和に分解できるとは限らず，分解できることは，A が対角化可能であるための必要十分条件なのであった。

しかし，広義固有空間によっては，K^n は常にその直和に分解される。

定理 1-4　広義固有空間による分解

n 次正方行列 A の，互いに相違なる固有値を λ_1，λ_2，……，λ_r として，$i=1$，2，……，r について，固有値 λ_i の重複度を m_i とする。
すなわち，A の固有多項式 $F_A(t)$ が

$$F_A(t)=(t-\lambda_1)^{m_1}(t-\lambda_2)^{m_2}\cdots\cdots(t-\lambda_r)^{m_r}$$

で与えられているとする。
このとき，K^n は広義固有空間 $\widetilde{W}_{\lambda_1}$，$\widetilde{W}_{\lambda_2}$，……，$\widetilde{W}_{\lambda_r}$ の直和に分解する。

$$K^n=\widetilde{W}_{\lambda_1}\oplus\widetilde{W}_{\lambda_2}\oplus\cdots\cdots\oplus\widetilde{W}_{\lambda_r}$$

また，$i=1$，2，……，r について，次が成り立つ。

$$\dim\widetilde{W}_{\lambda_i}=m_i$$

証明　$i=1$，2，……，r について

$$g_i(t)=\frac{F_A(t)}{(t-\lambda_i)^{m_i}}$$

としよう。
このとき，任意の $\boldsymbol{v}\in K^n$ について，ケーリー・ハミルトンの定理（第8章定理 3-1，$p.$ 308）より $F_A(A)=O$ であるから，
$F_A(A)\boldsymbol{v}=(A-\lambda_iE)^{m_i}g_i(A)\boldsymbol{v}=\boldsymbol{0}$ である。
すなわち，$g_i(A)\boldsymbol{v}\in\widetilde{W}_{\lambda_i}$ である。

第8章系 3-2（$p.$ 311）から

$$a_1(t)g_1(t)+a_2(t)g_2(t)+\cdots\cdots+a_r(t)g_r(t)=1$$

となる多項式 $a_1(t)$，$a_2(t)$，……，$a_r(t)$ が存在する。
このとき，任意の $\boldsymbol{v}\in K^n$ について

$$\begin{aligned}\boldsymbol{v}&=\{a_1(A)g_1(A)+a_2(A)g_2(A)+\cdots\cdots+a_r(A)g_r(A)\}\boldsymbol{v}\\&=g_1(A)\{a_1(A)\boldsymbol{v}\}+g_2(A)\{a_2(A)\boldsymbol{v}\}+\cdots\cdots+g_r(A)\{a_r(A)\boldsymbol{v}\}\end{aligned}$$

であるが，$g_i(A)\{a_i(A)\boldsymbol{v}\}\in\widetilde{W}_{\lambda_i}$ なので，$\boldsymbol{v}\in\widetilde{W}_{\lambda_1}+\widetilde{W}_{\lambda_2}+\cdots\cdots+\widetilde{W}_{\lambda_r}$ である。これより，$K^n=\widetilde{W}_{\lambda_1}+\widetilde{W}_{\lambda_2}+\cdots\cdots+\widetilde{W}_{\lambda_r}$ であることがわかる。
補題 1-2 から，これは直和である。

最後に，$\dim\widetilde{W}_{\lambda_i}=m_i$ $(i=1,\ 2,\ \cdots\cdots,\ r)$ であることを示そう。
$\dim\widetilde{W}_{\lambda_i}=m'_i$ とする。$\widetilde{W}_{\lambda_i}$ の基底 $\{\boldsymbol{w}_{i1},\ \boldsymbol{w}_{i2},\ \cdots\cdots,\ \boldsymbol{w}_{im'_i}\}$ をとり，これを $i=1$，2，……，r について順に並べると，K^n の基底となる。この基底で A の表現行列をとり直すと（すなわち，新しい基底を順に並べて

得られる n 次正則行列 P について $P^{-1}AP$ を考えると)，p. 329，補題 1-1 から，A は各 $\widetilde{W}_{\lambda_i}$ 上の1次変換を引き起こすので

$$P^{-1}AP=\begin{bmatrix} A_1 & & & \mathbf{0} \\ & A_2 & & \\ & & \ddots & \\ \mathbf{0} & & & A_r \end{bmatrix}$$

というブロック対角行列になる。ここで，A_i は m'_i 次正方行列であり，A が $\widetilde{W}_{\lambda_i}$ 上に引き起こす1次変換の表現行列である。A_i は λ_i のみを，その固有値としてもつので，その固有多項式は $F_{A_i}(t)=(t-\lambda_i)^{m'_i}$ である。よって

$$\begin{aligned} F_A(t)&=F_{P^{-1}AP}(t)=F_{A_1}(t)F_{A_2}(t)\cdots\cdots F_{A_r}(t) \\ &=(t-\lambda_1)^{m'_1}(t-\lambda_2)^{m'_2}\cdots\cdots(t-\lambda_r)^{m'_r} \end{aligned}$$

ここから，$m_1=m'_1$，$m_2=m'_2$，……，$m_r=m'_r$ がわかり，$\dim \widetilde{W}_{\lambda_i}=m_i$ $(i=1,\ 2,\ \cdots\cdots,\ r)$ となる。■

定理 1-4 と，広義固有空間が A のみで一意的に決まることから，ジョルダン標準形定理（定理 1-3）を証明するには，次を証明すればよいことがわかる。

定理 1-5　単一固有値の場合のジョルダン標準形

n 次正方行列 A が，λ のみを固有値にもつとする。このとき，n 次正則行列 P が存在して，$P^{-1}AP$ が次の形になる。

$$P^{-1}AP=\begin{bmatrix} J(\lambda,\ l_1) & & & \mathbf{0} \\ & J(\lambda,\ l_2) & & \\ & & \ddots & \\ \mathbf{0} & & & J(\lambda,\ l_r) \end{bmatrix}$$

(ただし，$l_1+l_2+\cdots\cdots+l_r=n$)

更に，$p=1,\ 2,\ \cdots\cdots,\ n$ について，ここに現れる p 次のジョルダン細胞 $J(\lambda,\ p)$ の個数は

$$\operatorname{rank}(A-\lambda E)^{p+1}-2\operatorname{rank}(A-\lambda E)^{p}+\operatorname{rank}(A-\lambda E)^{p-1}$$

に等しい。

よって，特に，上の形はジョルダン細胞の並べ方を除いて，A だけで一意的に決まる。

この定理の証明は場所を変え，本書のインターネットサイトで行う。

◈ジョルダン標準形の計算

定理 1-4 の広義固有空間への直和分解を用いて，ジョルダンの標準形をいくつか計算してみよう。その際，定理 1-5 のように，各広義固有空間 $\widetilde{W}_\lambda$ を分解するジョルダン細胞のサイズの組 $\{l_1, l_2, \cdots\cdots, l_r\}$ をいかにして決定するかが問題となる。

広義固有空間の次元を m とすると，これは $m=l_1+l_2+\cdots\cdots+l_r$ を満たす。よって，小さい m の値については，l_1，l_2，……，l_r の並べ替えを除くと，次のように，すべての可能性を書き出すことができる。

- $m=2$ なら，次の 2 通り。

$$2=1+1 \quad (r=2)$$
$$2=2 \quad (r=1)$$

- $m=3$ なら，次の 3 通り。

$$3=1+1+1 \quad (r=3)$$
$$3=2+1 \quad (r=2)$$
$$3=3 \quad (r=1)$$

- $m=4$ なら，次の 5 通り。

$$4=1+1+1+1 \quad (r=4)$$
$$4=2+1+1 \quad (r=3)$$
$$4=2+2 \quad (r=2)$$
$$4=3+1 \quad (r=2)$$
$$4=4 \quad (r=1)$$

一般の m に対して，m の自然数への分解 $m=l_1+l_2+\cdots\cdots+l_r$ $(l_1 \geqq l_2 \geqq \cdots \geqq l_r)$ の個数は，m の **分割数** と呼ばれている数である。

$m \leqq 3$ の場合，分割 $m=l_1+l_2+\cdots\cdots+l_r$ の形は，そこに現れる最大の自然数 l_1 だけで決まっている。この事実が根拠となって，以下の例で見るように，広義固有空間の次元が 3 以下の場合のジョルダン標準形は，最小多項式だけで決まる ($p.$ 328 の注意を参照)。

例題 2　$A=\begin{bmatrix} -6 & -7 & 2 \\ 5 & 6 & -2 \\ -7 & -9 & 1 \end{bmatrix}$ のジョルダン標準形を求めよ。

解答 Aの固有多項式を計算すると，$F_A(t)=(t+1)^2(t-3)$ である。
よって，$\dim \widetilde{W}_{-1}=2$，$\dim \widetilde{W}_3=1$ である。Aの最小多項式は，
$(t+1)(t-3)$ か，または $(t+1)^2(t-3)$ である。しかし，

$$(A+E)(A-3E)=\begin{bmatrix} -5 & -7 & 2 \\ 5 & 7 & -2 \\ -7 & -9 & 2 \end{bmatrix}\begin{bmatrix} -9 & -7 & 2 \\ 5 & 3 & -2 \\ -7 & -9 & -2 \end{bmatrix} \neq O$$ なので，

最小多項式は $p_A(t)=F_A(t)=(t+1)^2(t-3)$ である。よって，Aの
ジョルダン標準形は $\begin{bmatrix} 3 & 0 & 0 \\ 0 & -1 & 1 \\ 0 & 0 & -1 \end{bmatrix}$ となるはずである（$p.\,328$ の注意を参照）。
実際に求めるために，各広義固有空間を計算する。同次連立 1 次方程式 $(A-3E)\boldsymbol{v}=\boldsymbol{0}$ を解いて，$\widetilde{W}_3=W_3$ の基底として $\left\{\boldsymbol{v}_1=\begin{bmatrix} 1 \\ -1 \\ 1 \end{bmatrix}\right\}$
がとれる。次に，$\widetilde{W}_{-1}$ の基底を求めるために，($\dim \widetilde{W}_{-1}=2$ であることに注目して) 同次連立 1 次方程式 $(A+E)^2\boldsymbol{v}=\boldsymbol{0}$ を解く。

$$(A+E)^2=\begin{bmatrix} -24 & -32 & 8 \\ 24 & 32 & -8 \\ -24 & -32 & 8 \end{bmatrix}$$ なので，$\widetilde{W}_{-1}$ の基底として

$\left\{\boldsymbol{w}_2=\begin{bmatrix} -4 \\ 3 \\ 0 \end{bmatrix},\ \boldsymbol{w}_3=\begin{bmatrix} 1 \\ 0 \\ 3 \end{bmatrix}\right\}$ がとれる。ここで，$(A+E)\boldsymbol{w}_2=\begin{bmatrix} -1 \\ 1 \\ 1 \end{bmatrix}$ は
零ベクトルではないので，$p.\,325$，定理 1-2 より，
$\{\boldsymbol{w}_2,\ (A+E)\boldsymbol{w}_2\}$ は $\widetilde{W}_{-1}$ の基底を与える。また，$(A+E)^2\boldsymbol{w}_2=\boldsymbol{0}$
である。そこで，$\boldsymbol{v}_2=(A+E)\boldsymbol{w}_2$，$\boldsymbol{v}_3=\boldsymbol{w}_2$ とすると

$$A\boldsymbol{v}_2=\{(A+E)-E\}\boldsymbol{v}_2=(A+E)^2\boldsymbol{w}_2-(A+E)\boldsymbol{w}_2=-\boldsymbol{v}_2$$
$$A\boldsymbol{v}_3=\{(A+E)-E\}\boldsymbol{v}_3=(A+E)\boldsymbol{w}_2-\boldsymbol{w}_2=\boldsymbol{v}_2-\boldsymbol{v}_3$$

と計算される。

以上より，$P=[\,\boldsymbol{v}_1\ \ \boldsymbol{v}_2\ \ \boldsymbol{v}_3\,]$ とすると

$$P^{-1}AP=\begin{bmatrix} 3 & 0 & 0 \\ 0 & -1 & 1 \\ 0 & 0 & -1 \end{bmatrix}$$ ■

＋1ポイント

例題 2 の解答で，$\widetilde{W}_{-1}$ の基底を求めるところは，次のようにしてもよい。

まず，$(A+E)\boldsymbol{x}=\boldsymbol{0}$ を解いて，固有ベクトル $\boldsymbol{v}_2=\begin{bmatrix}-1\\1\\1\end{bmatrix}$ を選んでおく。

そして次に，連立1次方程式 $(A+E)\boldsymbol{x}=\boldsymbol{v}_2$ を解いて，その解の1つとして，

$\boldsymbol{v}_3=\begin{bmatrix}-4\\3\\0\end{bmatrix}$ をとる。

練習 4 $A=\begin{bmatrix}4&-3&3\\-1&3&-2\\-3&4&-3\end{bmatrix}$ のジョルダン標準形を求めよ。

例題 3 $A=\begin{bmatrix}-3&2&-7\\0&1&2\\2&-1&5\end{bmatrix}$ のジョルダン標準形を求めよ。

解答 A の固有多項式を計算すると，$F_A(t)=(t-1)^3$ である。よって，$\dim\widetilde{W}_1=3$ なので，$K^3=\widetilde{W}_1$ である。A の最小多項式は，$t-1$，$(t-1)^2$，または $(t-1)^3$ である。

しかし

$$A-E=\begin{bmatrix}-4&2&-7\\0&0&2\\2&-1&4\end{bmatrix}\neq O,$$

$$(A-E)^2=\begin{bmatrix}2&-1&4\\4&-2&8\\0&0&0\end{bmatrix}\neq O$$

なので，最小多項式は $p_A(t)=F_A(t)=(t-1)^3$ である。

よって，A のジョルダン標準形は $\begin{bmatrix}1&1&0\\0&1&1\\0&0&1\end{bmatrix}$ となるはずである

(p. 328 の注意を参照)。

実際に求めてみよう。

$$\boldsymbol{e}_1=\begin{bmatrix}1\\0\\0\end{bmatrix}$$ に対して，$(A-E)\boldsymbol{e}_1=\begin{bmatrix}-4\\0\\2\end{bmatrix}\neq\boldsymbol{0}$，$(A-E)^2\boldsymbol{e}_1=\begin{bmatrix}2\\4\\0\end{bmatrix}\neq\boldsymbol{0}$

なので，定理 1-2 より，

$\{\boldsymbol{e}_1,\ (A-E)\boldsymbol{e}_1,\ (A-E)^2\boldsymbol{e}_1\}$ は K^3 の基底を与える。

また，$(A-E)^3\boldsymbol{e}_1=\boldsymbol{0}$ である。そこで

$$\boldsymbol{v}_1=(A-E)^2\boldsymbol{e}_1,\quad \boldsymbol{v}_2=(A-E)\boldsymbol{e}_1,\quad \boldsymbol{v}_3=\boldsymbol{e}_1$$

として，$P=[\,\boldsymbol{v}_1\ \ \boldsymbol{v}_2\ \ \boldsymbol{v}_3\,]$ とする。

$$A\boldsymbol{v}_1=\{(A-E)+E\}\boldsymbol{v}_1=(A-E)^3\boldsymbol{e}_1+(A-E)^2\boldsymbol{e}_1=\boldsymbol{v}_1$$
$$A\boldsymbol{v}_2=\{(A-E)+E\}\boldsymbol{v}_2=(A-E)^2\boldsymbol{e}_1+(A-E)\boldsymbol{e}_1=\boldsymbol{v}_1+\boldsymbol{v}_2$$
$$A\boldsymbol{v}_3=\{(A-E)+E\}\boldsymbol{v}_3=(A-E)\boldsymbol{e}_1+\boldsymbol{e}_1=\boldsymbol{v}_2+\boldsymbol{v}_3$$

と計算される。

以上より

$$P^{-1}AP=\begin{bmatrix}1&1&0\\0&1&1\\0&0&1\end{bmatrix}$$ ■

練習 5 次の行列 A のジョルダン標準形を求めよ。

(1) $A=\begin{bmatrix}5&2&2\\-2&2&-3\\-1&-1&2\end{bmatrix}$　　(2) $A=\begin{bmatrix}1&1&-1\\0&1&0\\0&0&1\end{bmatrix}$

今までの計算例においては，現れる広義固有空間の次元が 3 以下であったので，そのジョルダン標準形の形は最小多項式だけから決定することができた。しかし，一般には，ジョルダンの標準形は，最小多項式だけからは決まらない。そのため，定理 1-3 の後半に示されている公式を用いて，具体的にジョルダン細胞の数を計算する必要がある。

例題 4 $A=\begin{bmatrix} 4 & -1 & -2 & 2 \\ 7 & -4 & -12 & 10 \\ -6 & 6 & 13 & -8 \\ -3 & 3 & 5 & -1 \end{bmatrix}$ のジョルダン標準形を求めよ。

解答 Aの固有多項式を計算すると，$F_A(t)=(t-3)^4$ である。よって，$\dim \widetilde{W}_3=4$ なので，$K^4=\widetilde{W}_3$ である。Aの最小多項式は，$t-3$，$(t-3)^2$，$(t-3)^3$，$(t-3)^4$ のどれかである。

$A-3E=\begin{bmatrix} 1 & -1 & -2 & 2 \\ 7 & -7 & -12 & 10 \\ -6 & 6 & 10 & -8 \\ -3 & 3 & 5 & -4 \end{bmatrix} \neq O$，$(A-3E)^2=O$ となるので，

最小多項式は $p_A(t)=F_A(t)=(t-3)^2$ である。

よって，Aのジョルダン標準形は

$$\begin{bmatrix} 3 & 1 & 0 & 0 \\ 0 & 3 & 0 & 0 \\ 0 & 0 & 3 & 1 \\ 0 & 0 & 0 & 3 \end{bmatrix} \text{ または } \begin{bmatrix} 3 & 1 & 0 & 0 \\ 0 & 3 & 0 & 0 \\ 0 & 0 & 3 & 0 \\ 0 & 0 & 0 & 3 \end{bmatrix}$$

のどちらかである (p. 328 の注意を参照)。

どちらかに決めるためには，2 次のジョルダン細胞 $J(3,\ 2)$ の個数を数える必要がある。$(A-3E)^3=O$，$(A-3E)^2=O$ なので，$A-3E$ の階数を計算すればよい。そのために，同次連立 1 次方程式 $(A-3E)\boldsymbol{x}=\boldsymbol{0}$ を解く。その解空間は W_3 であり，計算すると，

その基底として，$\left\{\boldsymbol{w}_1=\begin{bmatrix} 1 \\ 1 \\ 0 \\ 0 \end{bmatrix},\ \boldsymbol{w}_2=\begin{bmatrix} 2 \\ 0 \\ 2 \\ 1 \end{bmatrix}\right\}$ がとれる。特に，

$\mathrm{rank}(A-3E)=4-2=2$ とわかるので，2 次のジョルダン細胞 $J(3,\ 2)$ の個数は

$\mathrm{rank}(A-3E)^3-2\,\mathrm{rank}(A-3E)^2+\mathrm{rank}(A-3E)=0-2\cdot 0+2=2$

よって，求めるジョルダン標準形は $\begin{bmatrix} 3 & 1 & 0 & 0 \\ 0 & 3 & 0 & 0 \\ 0 & 0 & 3 & 1 \\ 0 & 0 & 0 & 3 \end{bmatrix}$ の方になっていることがわかる。

これを踏まえて，連立方程式 $(A-3E)\boldsymbol{x}=\boldsymbol{w}_1$ を解くと，例えば，

$\boldsymbol{x}=\begin{bmatrix}-5\\0\\-3\\0\end{bmatrix}$ という解が，また，連立方程式 $(A-3E)\boldsymbol{x}=\boldsymbol{w}_2$ を解く

と，例えば，$\boldsymbol{x}=\begin{bmatrix}-12\\0\\-7\\0\end{bmatrix}$ という解が得られる。そこで，

$\left\{\boldsymbol{v}_1=\boldsymbol{w}_1,\ \boldsymbol{v}_2=\begin{bmatrix}-5\\0\\-3\\0\end{bmatrix},\ \boldsymbol{v}_3=\boldsymbol{w}_2,\ \boldsymbol{v}_4=\begin{bmatrix}-12\\0\\-7\\0\end{bmatrix}\right\}$ を考えると，これは

K^4 の基底になっている。

実際，$P=[\,\boldsymbol{v}_1\quad\boldsymbol{v}_2\quad\boldsymbol{v}_3\quad\boldsymbol{v}_4\,]=\begin{bmatrix}1&-5&2&-12\\1&0&0&0\\0&-3&2&-7\\0&0&1&0\end{bmatrix}$ は（例えば，階

数が容易に 4 であると計算できるので）正則である。

$$A\boldsymbol{v}_1=\{(A-3E)+3E\}\boldsymbol{v}_1=(A-3E)^2\boldsymbol{v}_2+3\boldsymbol{v}_1=3\boldsymbol{v}_1$$
$$A\boldsymbol{v}_2=\{(A-3E)+3E\}\boldsymbol{v}_2=(A-3E)\boldsymbol{v}_2+3\boldsymbol{v}_2=\boldsymbol{v}_1+3\boldsymbol{v}_2$$
$$A\boldsymbol{v}_3=\{(A-3E)+3E\}\boldsymbol{v}_3=(A-3E)^2\boldsymbol{v}_4+3\boldsymbol{v}_3=3\boldsymbol{v}_3$$
$$A\boldsymbol{v}_4=\{(A-3E)+3E\}\boldsymbol{v}_4=(A-3E)\boldsymbol{v}_4+3\boldsymbol{v}_4=\boldsymbol{v}_3+3\boldsymbol{v}_4$$

と計算される。

以上より，$P^{-1}AP=\begin{bmatrix}3&1&0&0\\0&3&0&0\\0&0&3&1\\0&0&0&3\end{bmatrix}$ ■

練習 6　行列 $A=\begin{bmatrix}0&1&0&1\\-4&3&1&3\\-5&3&2&4\\3&-1&-1&-1\end{bmatrix}$ のジョルダン標準形を求めよ。

◈ジョルダン分解

固有値λのm次ジョルダン細胞

$$J(\lambda,\ m)=\begin{bmatrix} \lambda & 1 & & & & \mathbf{0} \\ & \lambda & 1 & & & \\ & & \lambda & 1 & & \\ & & & \ddots & \ddots & \\ & & & & \lambda & 1 \\ \mathbf{0} & & & & & \lambda \end{bmatrix}$$

は，$S=\lambda E$，$N=J(0,\ m)$ とすると，$J(\lambda,\ m)=S+N$ と分解される。ここで，この分解は次の性質をもっている。

- Sは対角行列である。
- Nはべき零行列である（例題 1）
- SとNは可換である，すなわち，$SN=NS$

ここで，最後の $SN=NS$ は，Sが単位行列のスカラー倍なので，明らかであることに注意。

一般に，n次正方行列Aのジョルダン標準形が，定理 1-3 のように与えられたとき，S' で $P^{-1}AP$ の対角成分だけからなる対角行列を表し，$N'=P^{-1}AP-S'$ とすると，上と同様に N' はべき零行列であり，$S'N'=N'S'$ である。そこで，$S=PS'P^{-1}$，$N=PN'P^{-1}$ とすれば

$$A=P(P^{-1}AP)P^{-1}=P(S'+N')P^{-1}=S+N$$

である。よって，次の定理の前半部分が証明された。

定理 1-6　ジョルダン分解

Aを$\mathbb{C}$上のn次正方行列とする。このとき，Aは次の条件を満たす分解 $A=S+N$ をもつ。

(a)　Sは対角化可能である。

(b)　Nはべき零行列である。

(c)　SとNは可換である，すなわち，$SN=NS$

しかも，この 3 条件を満たすような分解 $A=S+N$ は，Aに対して一意的に決まる。

定理のような分解 $A=S+N$ を，行列Aの **ジョルダン分解** という。

証明 分解 $A=S+N$ は，既に上でAのジョルダン標準形を用いて構成した。そこで，一意性を証明しよう。

そのために，まず，上で構成したSとNが，Aについての多項式で書ける（すなわち，何らかの多項式 $f(t)$ にAを代入したものになっている）ことを証明しよう。

A の互いに相違なる固有値を λ_1，λ_2，……，λ_r として，Aの固有多項式 $F_A(t)$ が　$F_A(t)=(t-\lambda_1)^{m_1}(t-\lambda_2)^{m_2}\cdots\cdots(t-\lambda_r)^{m_r}$

で与えられているとする。このとき，定理 1-4 の証明と同様に，

$i=1, 2, \cdots\cdots, r$ について

$$g_i(t)=\frac{F_A(t)}{(t-\lambda_i)^{m_i}}$$

とする。第 8 章系 3-2 (p. 311) から

$$a_1(t)g_1(t)+a_2(t)g_2(t)+\cdots\cdots+a_r(t)g_r(t)=1 \qquad (*)$$

となる多項式 $a_1(t)$，$a_2(t)$，……，$a_r(t)$ がとれる。

このとき，$S=\lambda_1 a_1(A)g_1(A)+\lambda_2 a_2(A)g_2(A)+\cdots\cdots+\lambda_r a_r(A)g_r(A)$ とすると，これが上でジョルダン標準形を用いてAから構成したSになっている。実際，$B=P^{-1}AP=\begin{bmatrix} J_1 & & & \text{\huge 0} \\ & J_2 & & \\ & & \ddots & \\ \text{\huge 0} & & & J_r \end{bmatrix}$ が定理 1-3 のジョルダン標準形であるとすると

$$P^{-1}SP=\lambda_1 a_1(B)g_1(B)+\lambda_2 a_2(B)g_2(B)+\cdots\cdots+\lambda_r a_r(B)g_r(B)$$

であるが，$g_i(B)$ は第 i 対角ブロックを除いてすべて 0 であり，$(*)$ から，$a_i(B)g_i(B)$ の第 i 対角ブロックは単位行列 E_{m_i} である。よって

$$P^{-1}SP=\begin{bmatrix} \lambda_1 E_{m_1} & & & \text{\huge 0} \\ & \lambda_2 E_{m_2} & & \\ & & \ddots & \\ \text{\huge 0} & & & \lambda_r E_{m_r} \end{bmatrix}$$

となり，Sが上のようにAのジョルダン標準形から作られたものに一致していることがわかる。

以上より，SがAの多項式であることが証明された。$N=A-S$ であるから，Nも同様にAの多項式で表される行列である。

さて，題意の条件 (a)，(b)，(c) を満たす，もう 1 つの分解 $A=S'+N'$ が存在したとして，実は $S=S'$ かつ $N'=N$ であることを証明しよう。

S' と N' は互いに可換なので，$S'A=S'(S'+N')=(S'+N')S'=AS'$ などより，S'，N' はAと可換である。
よって，Aの多項式である S，Nとも可換である。$A=S+N=S'+N'$ なので，$S-S'=N'-N$ である。Nと N' が可換なので，$N'-N$ はべき零行列である（練習 2 参照）。また，Sと S' が可換で，どちらも対角化可能なので，Sと S' は同次対角化ができる（第 8 章定理 3-5，p. 317）。
よって，$S-S'$ も対角化可能である。
すなわち，正則行列Pによって

$$P^{-1}(S-S')P=P^{-1}(N'-N)P$$

が対角行列であるが，べき零行列は 0 のみを固有値にもつ（定理 1-1 (1)，p. 324）ので，この両辺は零行列である。
すなわち，$S-S'=N'-N=O$ であり，$S=S'$，$N=N'$ となる。

以上から，分解の一意性も証明され，定理が証明された。■

練習 7 $A=\begin{bmatrix} -3 & 2 & -7 \\ 0 & 1 & 2 \\ 2 & -1 & 5 \end{bmatrix}$ のジョルダン分解を求めよ。

Column コラム　2 次形式の変換と整数論

17 世紀のはじめ，フランスの数学者ピエール・ド・フェルマ（1607-1665 年）は「4 で割ると 1 が余る素数 M は，$M=a^2+b^2$（a，b は整数）と，2 つの平方数の和の形にただ 1 通りの仕方で表される」という事実を発見し，これを「直角三角形の基本定理」と呼んだ。1795 年，ガウスは「-1 は 4 で割ると 1 が余る素数 M の平方剰余である」こと，いい換えると，2 次合同式 $x^2\equiv-1 \pmod M$ を満たす整数 x が存在するという事実を発見した。命題の姿は異なるが，これらは論理的に同等で，一方を承認すると他方を証明することができる。その際，フェルマの発見からガウスの発見を導くのは容易だが，逆は難しい。ガウスはそれを 2 次形式の変換理論に基づいて証明した。「4 で割ると 1 が余る素数」として $M=97$ を例にとると，$97=4^2+9^2$ と表示される（フェルマの定理）とともに，合同式 $x^2\equiv-1 \pmod{97}$ は解 $x=22$ をもつ（ガウスの定理）。後者の事実から出発し，前者の表示における 2 つの数 4 と 9 が出現する様子を観察してみよう。

一般に整数を係数にもつ 2 次形式 $F=ax^2+2bxy+cy^2$ に対し，ガウスは b^2-ac を F の判別式と呼んだ。$g=x'^2+y'^2$ は判別式 -1 の 2 次形式であり，97 は $x'=4$，$y'=9$ とするときの g の値である。g の判別式が -1 であることに留意して，97 と 22 を用いて 2 次形式 $f=97x^2+44xy+5y^2$ を作る。xy の係数 44 は 22 の 2 倍，y^2 の係数は 2 次形式の判別式が -1 になるように定めた。ガウスが指示した手順に沿って 1 次変換 $x=-2x'-y'$，$y=9x'+4y'$ を行うと

$$f=97(-2x'-y')^2+44(-2x'-y')(9x'+4y')+5(9x'+4y')^2=\cdots=x'^2+y'^2=g$$

と計算が進み，f は g に移されることが確認される。逆に，g は 1 次変換 $x'=4x+y$，$y'=-9x-2y$ により f に移されていくが，この計算を遂行すると $f=(4x+y)^2+(-9x-2y)^2=(4^2+9^2)x^2+\cdots$ となり，f における x^2 の係数は 4^2+9^2 であることが見て取れる。いい換えると，等式 $97=4^2+9^2$ が成立する。2 つの数 4 と 9 がこうして現れて，97 はそれらの平方の和の形に表された。

以上の計算過程をベクトルと行列の言葉で書き直す。2 次形式 f は対称行列 $A=\begin{bmatrix}97 & 22\\ 22 & 5\end{bmatrix}$ とベクトル $\boldsymbol{p}=\begin{bmatrix}x\\ y\end{bmatrix}$ を用いて，$f=(A\boldsymbol{p},\ \boldsymbol{p})$ と表示される。ベクトル $\boldsymbol{p}'=\begin{bmatrix}x'\\ y'\end{bmatrix}$ により $g=(\boldsymbol{p}',\ \boldsymbol{p}')$ と表示すると，g は行列 $P=\begin{bmatrix}4 & 1\\ -9 & -2\end{bmatrix}$ により f に変換される。実際，g において変換 $\boldsymbol{p}'=P\boldsymbol{p}$ を行うと，$(P\boldsymbol{p},\ P\boldsymbol{p})=({}^tPP\boldsymbol{p},\ \boldsymbol{p})$ となるが，${}^tPP=A$ であるから，g は f に移っていくことがわかる。

ガウスによる 2 次形式の変換理論には行列もベクトルも表立って登場することはないが，行列とベクトル，対称行列，行列により定められる 1 次変換，行列の積，逆行列，転置行列など，線形代数学の基礎を作る諸概念が既に生き生きと姿を現している。

章末問題

1. 次の行列Aのジョルダン標準形を求めよ。

(1) $A=\begin{bmatrix} 2 & 2 & 3 \\ 1 & 3 & 3 \\ -1 & -2 & -2 \end{bmatrix}$ (2) $A=\begin{bmatrix} 0 & 2 & 6 \\ -1 & 1 & 3 \\ -1 & -1 & 5 \end{bmatrix}$

(3) $A=\begin{bmatrix} -1 & -1 & -1 & -2 \\ 1 & 1 & 1 & 0 \\ 2 & 1 & 2 & 2 \\ 1 & 1 & 0 & 3 \end{bmatrix}$

(4) $A=\begin{bmatrix} 4 & -4 & -11 & 11 \\ 7 & -16 & -48 & 46 \\ -6 & 16 & 43 & -38 \\ -3 & 9 & 23 & -19 \end{bmatrix}$

2. 次のべき零行列Aのジョルダン標準形を求めよ。

$$A=\begin{bmatrix} 0 & 1 & 1 & 1 & 1 \\ 0 & 0 & 0 & 0 & 1 \\ 0 & 0 & 0 & 0 & 1 \\ 0 & 0 & 0 & 0 & 1 \\ 0 & 0 & 0 & 0 & 0 \end{bmatrix}$$

3. $A=\begin{bmatrix} -3 & 2 & -7 \\ 0 & 1 & 2 \\ 2 & -1 & 5 \end{bmatrix}$について，$A^n$ (nは自然数) を求めよ。

答　の　部

注意　各章ごとに，練習問題と章末問題の答の数値などを示した。証明は省略し「略」とした。なお，省略した証明も含め，本書の姉妹書『チャート式シリーズ 大学教養 線形代数』の中では詳しく解答されている。

第1章　行列の概念

1 行列とは何か

練習1　(1)　(3, 2) 型　(2)　(2, 2) 型　(3)　(3, 3) 型

練習2　(1)　行列A：(3, 2) 型，行列B：(3, 3) 型　(2)　1，(2, 1) 成分　(3)　0，(2, 3) 成分

練習3　行列A　行ベクトル：$\begin{bmatrix}-2 & 3\end{bmatrix}$，$\begin{bmatrix}4 & -1\end{bmatrix}$，列ベクトル：$\begin{bmatrix}-2\\4\end{bmatrix}$，$\begin{bmatrix}3\\-1\end{bmatrix}$

行列C　行ベクトル：$\begin{bmatrix}1 & -3 & 0\end{bmatrix}$，$\begin{bmatrix}5 & 2 & 4\end{bmatrix}$，$\begin{bmatrix}-1 & -2 & 0\end{bmatrix}$，

列ベクトル：$\begin{bmatrix}1\\5\\-1\end{bmatrix}$，$\begin{bmatrix}-3\\2\\-2\end{bmatrix}$，$\begin{bmatrix}0\\4\\0\end{bmatrix}$

2 行列の演算

練習1　(1)　$\begin{bmatrix}2 & 0\\2 & 5\end{bmatrix}$　(2)　$\begin{bmatrix}-5 & -2\\-8 & -5\end{bmatrix}$　(3)　$\begin{bmatrix}8 & -6\\-3 & -2\end{bmatrix}$

練習2　(1)　$X=\frac{1}{2}\begin{bmatrix}-2 & 0\\9 & 2\end{bmatrix}$　(2)　$X=\begin{bmatrix}-12 & 0\\-1 & 12\end{bmatrix}$　**練習3**　略　**練習4**　$\begin{bmatrix}8 & -32\\-8 & 32\end{bmatrix}$

練習5　$X=\begin{bmatrix}a & b & c\\0 & a & b\\0 & 0 & a\end{bmatrix}$　(a，b，c は任意定数)

練習6　(1)　$A^2-AB+BA-B^2$　(2)　$A^2-AB-BA+B^2$　(3)　$A^2+6A+9E$　(4)　$2A^2+2E$

練習7　$\begin{bmatrix}2 & 0 & 0 & 0\\0 & -2 & 0 & 0\\0 & 0 & 4 & -11\\0 & 0 & 3 & -2\end{bmatrix}$　**練習8**　$\begin{bmatrix}-2 & 0 & 0\\0 & -2 & 0\\0 & 0 & 3\end{bmatrix}$

3 行列の種々の概念

練習1　(1)　略　(2)　略　**練習2**　$c=-b$　かつ　$d=a$　かつ　$b\neq 0$

練習3　いずれも逆行列はある。

Aの逆行列は $\begin{bmatrix}1 & -2 & 7\\0 & 1 & -3\\0 & 0 & 1\end{bmatrix}$，$B$の逆行列は $\begin{bmatrix}0 & 0 & 0 & 1\\0 & 0 & 1 & 0\\0 & 1 & 0 & 0\\1 & 0 & 0 & 0\end{bmatrix}$，$C$の逆行列は $\frac{1}{2}\begin{bmatrix}a+1 & -a+1\\-a-2 & a\end{bmatrix}$

練習4　略　**練習5**　(1)　略　(2)　略　**練習6**　$-1<a<0$

練習7　(1)　$\begin{bmatrix}-4 & -1\\-19 & -8\end{bmatrix}$　(2)　$\frac{1}{13}\begin{bmatrix}-8 & 1\\19 & -4\end{bmatrix}$　(3)　$\begin{bmatrix}1 & 0\\0 & 1\end{bmatrix}$　**練習8**　略

章末問題

1　$\frac{1}{3}n^3+\left(i+j+\frac{1}{2}\right)n^2+\left(4ij+i+j+\frac{1}{6}\right)n$　2　略　3　略

4　略　5　略　6　略

第 2 章　連立 1 次方程式

1 連立 1 次方程式と行列

練習 1　(1) $\begin{bmatrix} 4 & -1 & 3 \\ 1 & 2 & -4 \end{bmatrix}\begin{bmatrix} x \\ y \\ z \end{bmatrix}=\begin{bmatrix} 0 \\ 2 \end{bmatrix}$　(2) $\begin{bmatrix} -1 & 0 & 2 \\ 0 & 2 & 1 \end{bmatrix}\begin{bmatrix} x \\ y \\ z \end{bmatrix}=\begin{bmatrix} 3 \\ 1 \end{bmatrix}$

(3) $\begin{bmatrix} 3 & 1 & 0 \\ 1 & 0 & -2 \\ 1 & 1 & 1 \\ -1 & 3 & -5 \end{bmatrix}\begin{bmatrix} x \\ y \\ z \end{bmatrix}=\begin{bmatrix} 3 \\ 1 \\ -1 \\ 0 \end{bmatrix}$

練習 2，**練習 3**　$\begin{cases} x=-1 \\ y=-1 \\ z=1 \end{cases}$

2 行列の行基本変形

練習 1　(1) $\begin{bmatrix} 1 & 2 & -4 & 2 \\ 4 & -1 & 3 & 0 \end{bmatrix}$　(2) $\begin{bmatrix} -1 & 2 & 3 \\ 0 & 5 & 7 \end{bmatrix}$　(3) $\begin{bmatrix} 1 & 0 & -2 & 1 \\ 0 & 1 & 3 & -2 \\ 0 & 3 & -7 & 1 \end{bmatrix}$

練習 2　$\begin{bmatrix} 0 & 1 & 2 & 3 \\ 0 & 4 & 5 & 0 \\ 6 & 0 & 0 & 0 \\ 0 & 0 & 0 & 0 \end{bmatrix}$：階段形でない；$\begin{bmatrix} 1 & 2 & 3 \\ 4 & 5 & 0 \\ 0 & 0 & 0 \end{bmatrix}$：階段形でない；

$\begin{bmatrix} 0 & 1 & 2 & 4 \\ 0 & 0 & 8 & 4 \\ 0 & 0 & 0 & 0 \end{bmatrix}$：階段形である，主番号 2 の主列は $\begin{bmatrix} 1 \\ 0 \\ 0 \end{bmatrix}$ で，主成分は 1，主番号 3 の主列は $\begin{bmatrix} 2 \\ 8 \\ 0 \end{bmatrix}$

で，主成分は 8

練習 3　略

練習 4　$\begin{bmatrix} 1 & 2 & -2 \\ 0 & 1 & 0 \\ 0 & 0 & 1 \\ 0 & 0 & 0 \end{bmatrix}$：簡約階段形でない；$\begin{bmatrix} 1 & 3 & 2 & -1 \\ 0 & 0 & 1 & 3 \\ 0 & 0 & 0 & 0 \end{bmatrix}$：簡約階段形でない；

$\begin{bmatrix} 1 & 0 & 1 & 7 & 0 & 2 \\ 0 & 1 & 4 & 2 & 0 & -1 \\ 0 & 0 & 0 & 0 & 1 & 2 \end{bmatrix}$：簡約階段形である

練習 5　略　　**練習 6**　略

練習 7　(1) $\begin{bmatrix} 1 & 0 & -1 & -2 \\ 0 & 1 & 2 & 3 \\ 0 & 0 & 0 & 0 \\ 0 & 0 & 0 & 0 \end{bmatrix}$　(2) $\begin{bmatrix} 1 & 0 & 1 \\ 0 & 1 & 0 \\ 0 & 0 & 0 \end{bmatrix}$　(3) $\begin{bmatrix} 1 & 0 & 0 & 2 & 0 \\ 0 & 1 & 0 & 3 & 0 \\ 0 & 0 & 1 & 1 & 0 \\ 0 & 0 & 0 & 0 & 1 \end{bmatrix}$

練習 8　(1) 2　(2) 2　(3) 4　　**練習 9**　$a=1,\ 2$ のとき 2，$a\neq 1,\ 2$ のとき 3

3 連立 1 次方程式とその解

練習 1　略

練習 2　(1) $\begin{cases} x=4-2c \\ y=c \\ z=1 \end{cases}$　（c は任意定数）；自由度は 1　(2) $\begin{cases} x=-12 \\ y=13 \\ z=-5 \end{cases}$　；自由度は 0

(3) $\begin{cases} x=c+7 \\ y=c+2 \\ z=c \end{cases}$ (c は任意定数)；自由度は 1　(4) $\begin{cases} x=-2c+2d \\ y=c \\ z=4-24d \\ u=3-10d \\ v=d \end{cases}$ (c, d は任意定数)；自由度は 2

練習 3　(1) 略　(2) 略

練習 4　(1) $a=-3$；$\begin{cases} x=5-c-7d \\ y=-3+2c+5d \\ z=c \\ w=d \end{cases}$ (c, d は任意定数)　(2) $a \neq 1$；$\begin{cases} x=\dfrac{2-3a}{1-a} \\ y=\dfrac{1}{1-a} \end{cases}$

練習 5　$a=1,\ 2$

章末問題

1　(1) $\begin{bmatrix} 1 & 2 & 0 & 4 \\ 0 & 0 & 1 & 1 \end{bmatrix}$　(2) $\begin{bmatrix} 1 & -3 & 0 & -1 \\ 0 & 0 & 1 & -2 \\ 0 & 0 & 0 & 0 \end{bmatrix}$　(3) $\begin{bmatrix} 1 & 0 & 0 & 0 \\ 0 & 1 & 0 & 1 \\ 0 & 0 & 1 & 3 \\ 0 & 0 & 0 & 0 \end{bmatrix}$　(4) $\begin{bmatrix} 1 & 0 & -1 & 0 & 2 \\ 0 & 1 & 2 & 0 & -1 \\ 0 & 0 & 0 & 1 & 1 \\ 0 & 0 & 0 & 0 & 0 \end{bmatrix}$

2　(1) $\begin{cases} x=-2 \\ y=3 \\ z=1 \end{cases}$　(2) $\begin{cases} x=-4-3c \\ y=1 \\ z=c \\ w=2 \end{cases}$ (c は任意定数)　(3) 解なし

3　(1) $\begin{cases} x=0 \\ y=0 \\ z=0 \end{cases}$　(2) $\begin{cases} x=c \\ y=3c \\ z=c \end{cases}$ (c は任意定数)　**4**　(1) $a \neq 2,\ -3$　(2) $a=-3$

5　(1) 2　(2) 2　(3) 2　(4) 4

6　(1) $a=b=1$ のとき 1，$a=b \neq 1$, $a \neq b=1$ のとき 2，$a \neq b$, $b \neq 1$ のとき 3

(2) $a=-1,\ \dfrac{1}{2}$ のとき 2，$a \neq -1,\ \dfrac{1}{2}$ のとき 3

7　(1) 略　(2) 略

第 3 章　行列の構造

1　基本行列と基本変形

練習 1　(1) 基本行列である；P_{12}　(2) 基本行列である；$P_{21}(1)$

(3) 基本行列である；$P_1(2)$　(4) 基本行列でない

練習 2　(1) $\begin{bmatrix} 1 & 2 & -4 & 2 \\ 4 & -1 & 3 & 0 \end{bmatrix}$　(2) $\begin{bmatrix} -1 & 2 & 3 \\ 0 & 5 & 7 \end{bmatrix}$　(3) $\begin{bmatrix} -1 & 2 & 3 \\ 6 & 3 & 3 \end{bmatrix}$　(4) $\begin{bmatrix} 1 & 0 & -2 & 1 \\ 2 & -2 & 6 & -1 \\ -1 & 3 & -5 & 0 \end{bmatrix}$

練習 3　(1) $P_{32}P_2(3)A$　(2) $P_{41}(2)P_{23}(-1)A$　(3) $P_{43}(-3)P_{42}P_{31}(2)A$

練習 4　(1) $\begin{bmatrix} -1 & 4 & 3 & 0 \\ 2 & 1 & -4 & 2 \end{bmatrix}$　(2) $\begin{bmatrix} -1 & 0 & 3 \\ 2 & 5 & 1 \end{bmatrix}$　(3) $\begin{bmatrix} 1 & -1 & -1 & 1 \\ 1 & 0 & 2 & -1 \\ -1 & 4 & -6 & 0 \end{bmatrix}$

練習 5　略　**練習 6**　(1) $AP_2(3)P_{32}$　(2) $AP_{32}(-1)P_{14}(2)$　(3) $AP_{13}(2)P_{42}P_{34}(-3)$

練習 7　(1) $\begin{bmatrix} 1 & 0 & 0 & 0 \\ 0 & 1 & 0 & 0 \end{bmatrix}$　(2) $\begin{bmatrix} 1 & 0 & 0 \\ 0 & 1 & 0 \end{bmatrix}$　(3) $\begin{bmatrix} 1 & 0 & 0 & 0 \\ 0 & 1 & 0 & 0 \\ 0 & 0 & 1 & 0 \end{bmatrix}$

2　正則行列

練習 1　略　**練習 2**　(1) 略　(2) 略　**練習 3**　(1) 略　(2) 略

3 逆行列

練習 1 (1) $P_{12}P_1\left(\frac{1}{2}\right)$ (2) $P_{23}(-2)P_{12}(3)$ (3) $P_{23}(1)P_2\left(\frac{1}{3}\right)P_{12}$ **練習 2** 略

練習 3 (1) 正則である；逆行列は $\begin{bmatrix} -1 & 1 & 0 \\ 0 & -2 & 1 \\ 2 & 1 & -1 \end{bmatrix}$ (2) 正則でない

(3) 正則である；逆行列は $\frac{1}{2}\begin{bmatrix} 6 & -4 & 6 \\ 2 & -1 & 1 \\ -8 & 6 & -8 \end{bmatrix}$

章末問題

1 (1) 簡約階段化は $\begin{bmatrix} 1 & 0 & 2 & 0 & 4 & 0 \\ 0 & 1 & -1 & 0 & 0 & 8 \\ 0 & 0 & 0 & 1 & -1 & 1 \\ 0 & 0 & 0 & 0 & 0 & 0 \end{bmatrix}$；標準形は $\begin{bmatrix} 1 & 0 & 0 & 0 & 0 & 0 \\ 0 & 1 & 0 & 0 & 0 & 0 \\ 0 & 0 & 1 & 0 & 0 & 0 \\ 0 & 0 & 0 & 0 & 0 & 0 \end{bmatrix}$

(2) 簡約階段化は $\begin{bmatrix} 1 & 0 & 1 & 0 & -2 & 3 \\ 0 & 1 & 3 & 0 & 1 & -1 \\ 0 & 0 & 0 & 1 & 3 & 2 \\ 0 & 0 & 0 & 0 & 0 & 0 \\ 0 & 0 & 0 & 0 & 0 & 0 \end{bmatrix}$；標準形は $\begin{bmatrix} 1 & 0 & 0 & 0 & 0 & 0 \\ 0 & 1 & 0 & 0 & 0 & 0 \\ 0 & 0 & 1 & 0 & 0 & 0 \\ 0 & 0 & 0 & 0 & 0 & 0 \\ 0 & 0 & 0 & 0 & 0 & 0 \end{bmatrix}$

2 (例) $Q=\frac{1}{4}\begin{bmatrix} -3 & 4 & 1 & 0 \\ -5 & 4 & 3 & 0 \\ 1 & 0 & 1 & 0 \\ 6 & -4 & -2 & 4 \end{bmatrix}$, $P=\begin{bmatrix} 1 & 0 & 0 & -2 & -1 \\ 0 & 1 & 0 & -3 & -2 \\ 0 & 0 & 1 & -1 & 0 \\ 0 & 0 & 0 & 1 & 0 \\ 0 & 0 & 0 & 0 & 1 \end{bmatrix}$

3 (1) (例) $\begin{bmatrix} 1 & 0 \\ 1 & 1 \end{bmatrix}\begin{bmatrix} 1 & 2 \\ 0 & 1 \end{bmatrix}\begin{bmatrix} 0 & 1 \\ 1 & 0 \end{bmatrix}\begin{bmatrix} 1 & 1 \\ 0 & 1 \end{bmatrix}$

(2) (例) $\begin{bmatrix} 1 & 0 & 0 \\ -2 & 1 & 0 \\ 0 & 0 & 1 \end{bmatrix}\begin{bmatrix} 1 & 0 & 0 \\ 0 & 1 & 0 \\ 0 & 1 & 1 \end{bmatrix}\begin{bmatrix} 1 & 0 & 0 \\ 0 & 1 & 0 \\ 0 & 0 & 2 \end{bmatrix}\begin{bmatrix} 1 & 0 & 0 \\ 0 & 1 & -1 \\ 0 & 0 & 1 \end{bmatrix}\begin{bmatrix} 1 & 0 & 0 \\ 0 & 2 & 0 \\ 0 & 0 & 1 \end{bmatrix}\begin{bmatrix} 1 & 1 & 0 \\ 0 & 1 & 0 \\ 0 & 0 & 1 \end{bmatrix}\begin{bmatrix} 1 & 0 & -1 \\ 0 & 1 & 0 \\ 0 & 0 & 1 \end{bmatrix}$

(3) (例) $\begin{bmatrix} 1 & 0 & 0 \\ 0 & 1 & 0 \\ 2 & 0 & 1 \end{bmatrix}\begin{bmatrix} 1 & 0 & 0 \\ 0 & 1 & 1 \\ 0 & 0 & 1 \end{bmatrix}\begin{bmatrix} 1 & -1 & 0 \\ 0 & 1 & 0 \\ 0 & 0 & 1 \end{bmatrix}\begin{bmatrix} 2 & 0 & 0 \\ 0 & 1 & 0 \\ 0 & 0 & 1 \end{bmatrix}\begin{bmatrix} 1 & 0 & 0 \\ 0 & -1 & 0 \\ 0 & 0 & 1 \end{bmatrix}\begin{bmatrix} 1 & 0 & 0 \\ 0 & 1 & 0 \\ 1 & 0 & 1 \end{bmatrix}\begin{bmatrix} 0 & 0 & 1 \\ 0 & 1 & 0 \\ 1 & 0 & 0 \end{bmatrix}$

(4) (例) $\begin{bmatrix} 1 & 0 & 0 & 0 \\ 1 & 1 & 0 & 0 \\ 0 & 0 & 1 & 0 \\ 0 & 0 & 0 & 1 \end{bmatrix}\begin{bmatrix} 1 & 0 & 0 & 0 \\ 0 & 1 & 0 & 0 \\ 0 & 0 & 1 & 0 \\ 0 & 0 & -1 & 1 \end{bmatrix}\begin{bmatrix} 1 & 0 & 0 & 0 \\ 0 & 1 & 0 & 0 \\ 0 & 0 & 1 & 0 \\ 0 & -1 & 0 & 1 \end{bmatrix}\begin{bmatrix} 1 & 0 & 0 & 0 \\ 0 & 1 & 0 & 0 \\ 1 & 0 & 1 & 0 \\ 0 & 0 & 0 & 1 \end{bmatrix}\begin{bmatrix} 1 & 0 & 0 & 0 \\ 0 & 1 & 0 & 0 \\ 0 & 0 & 1 & 0 \\ 0 & 0 & 0 & 4 \end{bmatrix}\begin{bmatrix} 1 & 0 & 0 & -1 \\ 0 & 1 & 0 & 0 \\ 0 & 0 & 1 & 0 \\ 0 & 0 & 0 & 1 \end{bmatrix}\begin{bmatrix} 1 & 0 & 0 & 0 \\ 0 & 1 & 0 & 2 \\ 0 & 0 & 1 & 0 \\ 0 & 0 & 0 & 1 \end{bmatrix}$

$\times\begin{bmatrix} 1 & 0 & 0 & 0 \\ 0 & 1 & 0 & 0 \\ 0 & 0 & 1 & 2 \\ 0 & 0 & 0 & 1 \end{bmatrix}\begin{bmatrix} 1 & 0 & 0 & 0 \\ 0 & 0 & 1 & 0 \\ 0 & 1 & 0 & 0 \\ 0 & 0 & 0 & 1 \end{bmatrix}\begin{bmatrix} 1 & 0 & 0 & 0 \\ 0 & -2 & 0 & 0 \\ 0 & 0 & 1 & 0 \\ 0 & 0 & 0 & 1 \end{bmatrix}\begin{bmatrix} 1 & 0 & 0 & 0 \\ 0 & 1 & 0 & 0 \\ 0 & 0 & -2 & 0 \\ 0 & 0 & 0 & 1 \end{bmatrix}\begin{bmatrix} 1 & 1 & 0 & 0 \\ 0 & 1 & 0 & 0 \\ 0 & 0 & 1 & 0 \\ 0 & 0 & 0 & 1 \end{bmatrix}\begin{bmatrix} 1 & 0 & 1 & 0 \\ 0 & 1 & 0 & 0 \\ 0 & 0 & 1 & 0 \\ 0 & 0 & 0 & 1 \end{bmatrix}$

4 (1) 正則である；逆行列は $\begin{bmatrix} 0 & 1 & -1 \\ -1 & -2 & \frac{4}{3} \\ -1 & -2 & 1 \end{bmatrix}$ (2) 正則である；逆行列は $\frac{1}{7}\begin{bmatrix} 3 & -2 & -4 \\ -2 & -1 & -2 \\ -4 & -2 & 3 \end{bmatrix}$

(3) 正則である；逆行列は $\frac{1}{2}\begin{bmatrix} 4 & 5 & -11 \\ -2 & -2 & 6 \\ -2 & -3 & 7 \end{bmatrix}$ (4) 正則でない

5 (1) $\begin{bmatrix} 0 & 0 & -1 & 2 \\ 0 & -2 & 2 & -1 \\ -1 & 2 & -1 & 0 \\ 2 & -1 & 0 & 0 \end{bmatrix}$ (2) $\begin{bmatrix} 1 & 0 & 0 & 0 \\ -a & 1 & 0 & 0 \\ a^2-b & -a & 1 & 0 \\ -a^3+2ab-c & a^2-b & -a & 1 \end{bmatrix}$

6 (1) 略 (2) 略 (3) 略 (4) 略

(5) $n\times m$ 行列Bの最初の l_1 列を第1列ブロック，次の l_2 列を第2列ブロックなどとして，その列全体を第1列ブロックから第k列ブロックまでの列ブロックに分解する。$\widetilde{P}_{ij}$ を右から行列Bに掛けることで，行列Bの第 i 列ブロックと第 j 列ブロックが入れ替わる。$\widetilde{P}_i(C)$ を右から行列Bに掛けることで，行列Bの第 i 列ブロックを B_i として B_i にCを右から掛けて，B_iC におき換わる。$\widetilde{P}_{ij}(D)$ を右から行列Bに掛けることで，行列Bの第 j ブロックを B_j として B_j に右からDを掛けて，第 i 列ブロックに足される。

7 略　8 (1) 略 (2) 略

第4章　行列式

1 置換

練習1 (1) 3421 (2) 54231 (3) 143256 (4) 1753462

練習2 (1) $\begin{pmatrix} 1 & 2 & 3 & 4 \\ 3 & 4 & 1 & 2 \end{pmatrix}$ (2) $\begin{pmatrix} 1 & 2 & 3 & 4 & 5 \\ 3 & 5 & 4 & 2 & 1 \end{pmatrix}$ (3) $\begin{pmatrix} 1 & 2 & 3 & 4 & 5 & 6 \\ 6 & 4 & 3 & 5 & 1 & 2 \end{pmatrix}$

練習3 略　**練習4** 略　**練習5** (1) 1 (2) 1 (3) -1　**練習6** 略

2 行列式

練習1 (1) -2 (2) -1 (3) 1　**練習2** (1) 0 (2) $ad-bc$ (3) $r^2\sin\theta$

練習3 略　**練習4** 略　**練習5** (1) 略 (2) 略

3 行列式の計算

練習1 略　**練習2** $a_{11}{}^2a_{22}{}^2\cdots\cdots a_{nn}{}^2$　**練習3** 略

練習4 略　**練習5** (1) -36 (2) 1 (3) 231

4 行列式の展開

練習1 (1) -6 (2) 0 (3) 7　**練習2** (1) 6 (2) 0 (3) -7　**練習3** 略

練習4 -15　**練習5** 略　**練習6** (1) $\begin{cases} x=\dfrac{10}{17} \\ y=\dfrac{1}{17} \end{cases}$ (2) $\begin{cases} x=1 \\ y=2 \\ z=3 \end{cases}$

章末問題

1 略　2 略　3 (1) $\lambda^2-7\lambda+10$ (2) -55 (3) $4a^2b^2c^2$ (4) 0

4 $1+\sum_{k=1}^{n} a_k$　5 (1) 略 (2) $D_n=n+1$　6 (1) 略 (2) 略 (3) 略

7 (1) 略 (2) 略 (3) 略　8 (1) 略 (2) 略 (3) 略　9 略

10 (1) 略 (2) 略 (3) 略 (4) 略

第5章　ベクトル空間

1 ベクトル空間と部分空間

練習1 略　**練習2** 略

練習 3 (1) 部分空間である；略

(2) 部分空間でない；${}^t[1\ \ 1\ \ 1] \in W$ であるが，$(-1){}^t[1\ \ 1\ \ 1] \notin W$ であるから。

(3) 部分空間でない；${}^t[1\ \ 0\ \ 0] \in W$ であるが，$\dfrac{1}{2}{}^t[1\ \ 0\ \ 0] \notin W$ であるから。

(4) 部分空間である；略

練習 4 略　**練習 5** (1) 略 (2) 略　**練習 6** (1) 略 (2) 略　**練習 7** 略

練習 8 (1) 直和である (2) 直和でない (3) 直和でない

練習 9 略　**練習 10** 略

2 1 次独立と 1 次従属

練習 1 (1) 略 (2) 略　**練習 2** 略　**練習 3** 略　**練習 4** 略

練習 5 (1) 1 次従属である (2) 1 次独立である (3) 1 次従属である

練習 6 略　**練習 7** $a=4$　**練習 8** 略　**練習 9** 略　**練習 10** 略

3 基底と次元

練習 1 $\{\boldsymbol{v}_2,\ \boldsymbol{v}_4\}$　**練習 2** 略　**練習 3** 略；(例) $\{\boldsymbol{v}_1,\ \boldsymbol{v}_2,\ \boldsymbol{v}_5\}$　**練習 4** 略

練習 5 (1) $x-1=y-3=z-2$；点 $(3,\ 5,\ 4)$ を通る (2) (例) $x-1=\dfrac{y+1}{5}=\dfrac{z-2}{3}$

練習 6 $2x+7y+4z=0$

章末問題

1 (1) 略 (2) 略 (3) $n+1$　**2** 略　**3** 略　**4** 略

5 略　**6** (1) 略 (2) 略　**7** (1) $\{\boldsymbol{v}_1,\ \boldsymbol{v}_2,\ \boldsymbol{v}_4\}$ (2) (例) $1\cdot\boldsymbol{v}_1+1\cdot\boldsymbol{v}_2+(-1)\cdot\boldsymbol{v}_3+0\cdot\boldsymbol{v}_4=0$

第 6 章　線形写像

1 線形写像

練習 1 (1) 略 (2) 略　**練習 2** 略　**練習 3** 略　**練習 4** 略

練習 5 (1) 線形写像である (2) 線形写像でない (3) 線形写像でない (4) 線形写像でない

練習 6 (1) 線形写像である (2) 線形写像でない (3) 線形写像でない (4) 線形写像である

練習 7 略　**練習 8** 略　**練習 9** (1) $A=\begin{bmatrix}1 & 2\\ 0 & 1\end{bmatrix}$ (4) $A=\begin{bmatrix}0 & 0\\ 0 & 1\end{bmatrix}$　**練習 10** 略

練習 11 (1) $A=\begin{bmatrix}1 & -1\\ 1 & 1\end{bmatrix}$ (2) 略 (3) $B=\dfrac{1}{2}\begin{bmatrix}1 & 1\\ -1 & 1\end{bmatrix}$，略　**練習 12** 略　**練習 13** 略

2 線形写像の基本性質

練習 1 略　**練習 2** $\left\{\begin{bmatrix}2\\ 4\\ -1\\ 1\end{bmatrix},\ \begin{bmatrix}3\\ 9\\ -3\\ 0\end{bmatrix}\right\}$；2　**練習 3** $\left\{\begin{bmatrix}-9\\ 4\\ 3\\ 0\\ 0\end{bmatrix},\ \begin{bmatrix}-6\\ 1\\ 0\\ 3\\ 0\end{bmatrix},\ \begin{bmatrix}-3\\ 2\\ 0\\ 0\\ 3\end{bmatrix}\right\}$；3

練習 4 4，5，6，7　**練習 5** 略

3 線形写像の行列表現

練習 1 $\begin{bmatrix}0 & 1 & 0 & 0\\ 0 & 0 & 2 & 0\\ 0 & 0 & 0 & 3\end{bmatrix}$　**練習 2** $\begin{bmatrix}1 & 1 & 3 & 2 & 1\\ 5 & 1 & 7 & 6 & 1\end{bmatrix}$　**練習 3** (1) 略 (2) 略

練習 4 $\begin{bmatrix}0 & 0 & 2 & 0\\ 0 & 0 & 0 & 6\end{bmatrix}$　**練習 5** $P=\begin{bmatrix}1 & 1 & -1\\ 0 & 1 & 2\\ 1 & 1 & 0\end{bmatrix}$　**練習 6** $\begin{bmatrix}0 & 1 & 1 & 0 & 1\\ 1 & 2 & 0 & 1 & 1\end{bmatrix}$

練習 7 (1) $\begin{bmatrix}-283 & -322\\ 254 & 289\end{bmatrix}$ (2) $\begin{bmatrix}32 & 59 & 74\\ -2 & -2 & -8\\ -9 & -18 & -18\end{bmatrix}$

章末問題

1　略

2　(1)　f_A の像の基底は $\left\{\begin{bmatrix}1\\2\\3\\4\end{bmatrix}, \begin{bmatrix}1\\-1\\1\\3\end{bmatrix}, \begin{bmatrix}1\\-1\\1\\1\end{bmatrix}\right\}$, f_A の核の基底は $\left\{\begin{bmatrix}-1\\1\\1\\0\end{bmatrix}\right\}$, f_A の階数は 3

(2)　f_A の像の基底は $\left\{\begin{bmatrix}1\\2\\0\\-1\end{bmatrix}, \begin{bmatrix}0\\-1\\1\\2\end{bmatrix}, \begin{bmatrix}0\\1\\0\\1\end{bmatrix}\right\}$, f_A の核の基底は $\left\{\begin{bmatrix}-1\\-1\\1\\0\\0\end{bmatrix}, \begin{bmatrix}-2\\-1\\0\\1\\0\end{bmatrix}\right\}$, f_A の階数は 3

(3)　f_A の像の基底は $\left\{\begin{bmatrix}1\\1\\1\\1\end{bmatrix}, \begin{bmatrix}1\\0\\1\\2\end{bmatrix}\right\}$, f_A の核の基底は $\left\{\begin{bmatrix}-1\\1\\1\end{bmatrix}\right\}$, f_A の階数は 2

3　$\begin{bmatrix}0&1&0&0&\cdots&0&0&0\\0&0&2&0&\cdots&0&0&0\\0&0&0&&&0&0&0\\\vdots&\vdots&\vdots&\ddots&\ddots&\ddots&\vdots&\vdots\\0&0&0&0&&&0&0\\0&0&0&0&\cdots&0&n-1&0\\0&0&0&0&\cdots&0&0&n\end{bmatrix}$　　4　$\begin{bmatrix}1&2&0&2\\3&6&2&4\\2&4&1&3\end{bmatrix}$

5　(1)　$\dfrac{1}{3}\begin{bmatrix}1&1&-1\\-1&2&-2\\1&1&-4\end{bmatrix}$　(2)　$\dfrac{1}{3}\begin{bmatrix}-1&-4&1\\7&10&-4\\-4&-13&4\end{bmatrix}$　　6　$\begin{bmatrix}1&0&2\\0&1&3\end{bmatrix}$

7　略　　8　略　　9　略

第7章　内積

1　内積と計量ベクトル空間

練習1　略　　**練習2**　略　　**練習3**　略　　**練習4**　略

練習5　略　　**練習6**　略　　**練習7**　略

練習8　(1)　$\|\boldsymbol{v}\|=2$, $\|\boldsymbol{w}\|=\sqrt{2}$; $\dfrac{\pi}{4}$　(2)　$\|\boldsymbol{v}\|=\sqrt{2}$, $\|\boldsymbol{w}\|=\sqrt{6}$; $\dfrac{5}{6}\pi$　(3)　$\|\boldsymbol{v}\|=2$, $\|\boldsymbol{w}\|=\sqrt{3}$; $\dfrac{\pi}{6}$

練習9　(1)　$\dfrac{1}{\sqrt{10}}\begin{bmatrix}1\\3\end{bmatrix}$　(2)　$\dfrac{1}{\sqrt{3}}\begin{bmatrix}1\\-1\\1\end{bmatrix}$　(3)　$\dfrac{1}{3\sqrt{2}}\begin{bmatrix}1\\3\\2\\2\end{bmatrix}$　(4)　$\dfrac{1}{4}\begin{bmatrix}3\\1\\1\\-2\\1\end{bmatrix}$

練習10　略；$\left\{\dfrac{1}{\sqrt{2}}\begin{bmatrix}1\\-1\\0\end{bmatrix}, \dfrac{1}{\sqrt{22}}\begin{bmatrix}3\\3\\2\end{bmatrix}, \dfrac{1}{\sqrt{11}}\begin{bmatrix}-1\\-1\\3\end{bmatrix}\right\}$

練習11　(1)　$\left\{\dfrac{1}{\sqrt{5}}\begin{bmatrix}1\\2\end{bmatrix}, \dfrac{1}{\sqrt{5}}\begin{bmatrix}-1\\2\end{bmatrix}\right\}$　(2)　$\left\{\dfrac{1}{\sqrt{3}}\begin{bmatrix}1\\1\\-1\end{bmatrix}, \dfrac{1}{\sqrt{42}}\begin{bmatrix}1\\4\\5\end{bmatrix}, \dfrac{1}{\sqrt{14}}\begin{bmatrix}3\\-2\\1\end{bmatrix}\right\}$

練習12　略　　**練習13**　$\dfrac{1}{3}\begin{bmatrix}7\\-4\\5\end{bmatrix}$　　**練習14**　$\dfrac{1}{3}\begin{bmatrix}2&1&-1\\1&2&1\\-1&1&2\end{bmatrix}$

2 直交変換とユニタリ変換

練習1 (1) 略 (2) 必ずしも対称行列にはならない

練習2 (1) 略 (2) 略 (3) 略 (4) 略 (5) 略　**練習3** (1) 略 (2) 略

練習4 略　**練習5** 略　**練習6** $\frac{1}{4}\begin{bmatrix}\pi & 2\\ 2 & \pi\end{bmatrix}$　**練習7** 略

練習8 (1) 略

(2) ベクトル$\boldsymbol{w}$の方向ベクトルを $\begin{bmatrix}a\\ b\end{bmatrix}$ $(a\neq0$ または $b\neq0)$ とすると，φの，R^2 の標準基底に関する表現行列は $\frac{1}{a^2+b^2}\begin{bmatrix}a^2-b^2 & 2ab\\ 2ab & -a^2+b^2\end{bmatrix}$，もしくは，$x$ 軸の正の向きと直線Lのなす角をθとすると，φの，R^2 の標準基底に関する表現行列は $\begin{bmatrix}\cos 2\theta & \sin 2\theta\\ \sin 2\theta & -\cos 2\theta\end{bmatrix}$，略

練習9 略　**練習10** 略

章末問題

1 $\left\{\frac{1}{\sqrt{3}}\begin{bmatrix}1\\1\\1\end{bmatrix}, \frac{1}{\sqrt{6}}\begin{bmatrix}1\\-2\\1\end{bmatrix}, \frac{1}{\sqrt{2}}\begin{bmatrix}1\\0\\-1\end{bmatrix}\right\}$　2 $\frac{1}{2}\begin{bmatrix}2 & 0 & 0\\ 0 & 1 & -1\\ 0 & -1 & 1\end{bmatrix}$　3 略

4 (1) (a) 略 (b) 略 (c) 略 (2) 略　5 略

第8章　固有値問題と行列の対角化

1 固有値と固有ベクトル

練習1 略　**練習2** 略

練習3 (1) 固有多項式は $(t-1)(t-4)$；固有値は 1，4，

固有値 1 に対する固有空間の基底は $\left\{\begin{bmatrix}1\\-1\end{bmatrix}\right\}$，固有値 4 に対する基底は $\left\{\begin{bmatrix}1\\2\end{bmatrix}\right\}$

(2) 固有多項式は $(t-2)^2(t-6)$；固有値は 2，6

固有値 2 に対する固有空間の基底は $\left\{\begin{bmatrix}1\\0\\-1\end{bmatrix}, \begin{bmatrix}0\\1\\-1\end{bmatrix}\right\}$，固有値 6 に対する基底は $\left\{\begin{bmatrix}1\\2\\1\end{bmatrix}\right\}$

(3) 固有多項式は $(t-1)^2(t-2)(t+3)$；固有値は 1，2，-3

固有値 1 に対する固有空間の基底は $\left\{\begin{bmatrix}1\\0\\0\\-2\end{bmatrix}, \begin{bmatrix}0\\1\\1\\1\end{bmatrix}\right\}$，固有値 2 に対する基底は $\left\{\begin{bmatrix}1\\1\\1\\0\end{bmatrix}\right\}$，

固有値 -3 に対する基底は $\left\{\begin{bmatrix}1\\2\\3\\-1\end{bmatrix}\right\}$

練習4 略　**練習5** 略

2 正方行列の対角化

練習1 $U=\frac{1}{\sqrt{6}}\begin{bmatrix}\sqrt{3} & 1 & \sqrt{2}\\ 0 & 2 & -\sqrt{2}\\ -\sqrt{3} & 1 & \sqrt{2}\end{bmatrix}$ とすると，$U^{-1}AU=\begin{bmatrix}3 & 0 & 0\\ 0 & 3 & 0\\ 0 & 0 & 6\end{bmatrix}$

練習 2　$U=\frac{1}{6}\begin{bmatrix} 4 & 3i-1 & -3i-1 \\ -4 & 3i+1 & -3i+1 \\ 2 & 4 & 4 \end{bmatrix}$ とすると，$U^*AU=\begin{bmatrix} 0 & 0 & 0 \\ 0 & 3i & 0 \\ 0 & 0 & -3i \end{bmatrix}$

練習 3　$P=\frac{1}{3\sqrt{2}}\begin{bmatrix} -\sqrt{3} & 1 & 1 \\ 0 & 2 & -1 \\ \sqrt{3} & 1 & 1 \end{bmatrix}$　**練習 4**　略

練習 5　(1)　$q_A(x_1,\ x_2)=2{x_1}^2+2{x_2}^2+2x_1x_2$　(2)　$q_A(x_1,\ x_2,\ x_3)=2x_1x_2+2x_2x_3+4x_3x_1$

(3)　$q_A(x_1,\ x_2,\ x_3,\ x_4)={x_1}^2+2{x_2}^2+2{x_3}^2+{x_4}^2+2x_1x_3+4x_2x_4$

練習 6　(1)　$A=\frac{1}{2}\begin{bmatrix} 2a & b \\ b & 2c \end{bmatrix}$　(2)　$A=\begin{bmatrix} 1 & 0 & 1 \\ 0 & 0 & -1 \\ 1 & -1 & 1 \end{bmatrix}$　**練習 7**　略

練習 8　(1)　$\begin{bmatrix} x_1 \\ x_2 \\ x_3 \end{bmatrix}=\frac{1}{2}\begin{bmatrix} 1 & 1 & 0 \\ 0 & 2 & 2 \\ 0 & 0 & 2 \end{bmatrix}\begin{bmatrix} x'_1 \\ x'_2 \\ x'_3 \end{bmatrix}$ とすると，標準形は $x_1'^2+x_2'^2+x_3'^2$；これはシルベスター標準形でもある

(2)　$\begin{bmatrix} x_1 \\ x_2 \\ x_3 \\ x_4 \end{bmatrix}=\begin{bmatrix} 0 & 1 & 1 & -1 \\ -1 & 1 & -1 & 0 \\ 0 & 0 & 1 & 0 \\ 0 & 0 & 0 & 1 \end{bmatrix}\begin{bmatrix} x'_1 \\ x'_2 \\ x'_3 \\ x'_4 \end{bmatrix}$ とすると，標準形は $x_1'^2-x_2'^2-x_3'^2+3x_4'^2$；

$\begin{bmatrix} x_1 \\ x_2 \\ x_3 \\ x_4 \end{bmatrix}=\frac{1}{\sqrt{3}}\begin{bmatrix} 0 & -1 & \sqrt{3} & \sqrt{3} \\ -\sqrt{3} & 0 & \sqrt{3} & -\sqrt{3} \\ 0 & 0 & 0 & \sqrt{3} \\ 0 & 1 & 0 & 0 \end{bmatrix}\begin{bmatrix} x'_1 \\ x'_2 \\ x'_3 \\ x'_4 \end{bmatrix}$ とすると，シルベスター標準形は

$x_1'^2+x_2'^2-x_3'^2-x_4'^2$

(3)　$\begin{bmatrix} x_1 \\ x_2 \\ x_3 \\ x_4 \end{bmatrix}=\frac{1}{2}\begin{bmatrix} 1 & 1 & 0 & 0 \\ 1 & -1 & -1 & 1 \\ 0 & 0 & 1 & 1 \\ 0 & 0 & 1 & -1 \end{bmatrix}\begin{bmatrix} x'_1 \\ x'_2 \\ x'_3 \\ x'_4 \end{bmatrix}$ とすると，標準形は $x_1'^2-x_2'^2+x_3'^2-x_4'^2$；

$\begin{bmatrix} x_1 \\ x_2 \\ x_3 \\ x_4 \end{bmatrix}=\frac{1}{2}\begin{bmatrix} 1 & 0 & 1 & 0 \\ 1 & -1 & -1 & 1 \\ 0 & 1 & 0 & 1 \\ 0 & 1 & 0 & -1 \end{bmatrix}\begin{bmatrix} x'_1 \\ x'_2 \\ x'_3 \\ x'_4 \end{bmatrix}$ とすると，シルベスター標準形は $x_1'^2+x_2'^2-x_3'^2-x_4'^2$

練習 9　[1]　$(n_+,\ n_-,\ n_0)=(1,\ 0,\ 2)$ のとき

(ア)　$a_1>0$ かつ $a_2=a_3=0$ のとき，$c'=\dfrac{b_1^2}{4a_1}-c$ とすると

[a]　$b_2=b_3=0$ のとき

[α]　$c'>0$ のとき，2 次曲面 S は 2 枚の平行な平面である。

[β]　$c'=0$ のとき，2 次曲面 S は 1 枚の平面である。

[γ]　$c'<0$ のとき，2 次曲面 S は空集合である。

[b]　$b_2\neq0$ または $b_3\neq0$ のとき，2 次曲面 S は放物柱面である。

(イ)　$a_2>0$ かつ $a_1=a_3=0$ のとき，$c'=\dfrac{b_2^2}{4a_2}-c$ とすると

[a]　$b_1=b_3=0$ のとき

[α]　$c'>0$ のとき，2 次曲面 S は 2 枚の平行な平面である。

[β]　$c'=0$ のとき，2 次曲面 S は 1 枚の平面である。

[γ]　$c'<0$ のとき，2 次曲面 S は空集合である。

[b]　$b_1\neq0$ または $b_3\neq0$ のとき，2 次曲面 S は放物柱面である。

(ウ)　$a_3>0$ かつ $a_1=a_2=0$ のとき，$c'=\dfrac{b_3^2}{4a_3}-c$ とすると

[a]　$b_1=b_2=0$ のとき

[α]　$c'>0$ のとき，2 次曲面 S は 2 枚の平行な平面である。

[β]　$c'=0$ のとき，2 次曲面 S は 1 枚の平面である。

[γ]　$c'<0$ のとき，2 次曲面 S は空集合である。

[b]　$b_1\neq0$ または $b_2\neq0$ のとき，2 次曲面 S は放物柱面である。

[2]　$(n_+,\ n_-,\ n_0)=(0,\ 1,\ 2)$ のとき

(ア)　$a_1<0$ かつ $a_2=a_3=0$ のとき，$c'=\dfrac{b_1^2}{4a_1}-c$ とすると

[a]　$b_2=b_3=0$ のとき

[α]　$c'>0$ のとき，2 次曲面 S は空集合である。

[β]　$c'=0$ のとき，2 次曲面 S は 1 枚の平面である。

[γ]　$c'<0$ のとき，2 次曲面 S は 2 枚の平行な平面である。

[b]　$b_2\neq0$ または $b_3\neq0$ のとき，2 次曲面 S は放物柱面である。

(イ)　$a_2<0$ かつ $a_1=a_3=0$ のとき，$c'=\dfrac{b_2^2}{4a_2}-c$ とすると

[a]　$b_1=b_3=0$ のとき

[α]　$c'>0$ のとき，2 次曲面 S は空集合である。

[β]　$c'=0$ のとき，2 次曲面 S は 1 枚の平面である。

[γ]　$c'<0$ のとき，2 次曲面 S は 2 枚の平行な平面である。

[b]　$b_1\neq0$ または $b_3\neq0$ のとき，2 次曲面 S は放物柱面である。

(ウ)　$a_3<0$ かつ $a_1=a_2=0$ のとき，$c'=\dfrac{b_3^2}{4a_3}-c$ とすると

[a]　$b_1=b_2=0$ のとき

[α]　$c'>0$ のとき，2 次曲面 S は空集合である。

[β]　$c'=0$ のとき，2 次曲面 S は 1 枚の平面である。

[γ]　$c'<0$ のとき，2 次曲面 S は 2 枚の平行な平面である。

[b]　$b_1\neq0$ または $b_2\neq0$ のとき，2 次曲面 S は放物柱面である。

[3]　$(n_+,\ n_-,\ n_0)=(0,\ 0,\ 3)$ のとき

(ア)　$b_1=b_2=b_3=c=0$ のとき，2 次曲面 S の方程式は存在しない。

(イ)　$b_1=b_2=b_3=0$ かつ $c\neq0$ のとき，2 次曲面 S は空集合である。

(ウ) $b_1 \neq 0$ または $b_2 \neq 0$ または $b_3 \neq 0$ のとき，2 次曲面 S は 1 枚の平面である。

練習 10 R^2 内の 2 次曲線の方程式は $a_1x^2+a_2y^2+b_1x+b_2y+c=0$ (a_1, a_2, b_1, b_2, c は実数) という形であるとして一般性は失われない。この 2 次曲線を S とする。

また，a_1, a_2 のうち，正のものの個数を n_+，負のものの個数を n_-，0 のものの個数を n_0 とする。

[1] $(n_+,\ n_-,\ n_0)=(2,\ 0,\ 0)$ のとき，$c'=\dfrac{b_1^2}{4a_1}+\dfrac{b_2^2}{4a_2}-c$ とすると

(ア) $c'>0$ のとき，2 次曲線 S は楕円である。

(イ) $c'=0$ のとき，2 次曲線 S は 1 点である。

(ウ) $c'<0$ のとき，2 次曲線 S は空集合である。

[2] $(n_+,\ n_-,\ n_0)=(0,\ 2,\ 0)$ のとき，$c'=\dfrac{b_1^2}{4a_1}+\dfrac{b_2^2}{4a_2}-c$ とすると

(ア) $c'>0$ のとき，2 次曲線 S は空集合である。

(イ) $c'=0$ のとき，2 次曲線 S は 1 点である。

(ウ) $c'<0$ のとき，2 次曲線 S は楕円である。

[3] $(n_+,\ n_-,\ n_0)=(1,\ 1,\ 0)$ のとき，$c'=\dfrac{b_1^2}{4a_1}+\dfrac{b_2^2}{4a_2}-c$ とすると

(ア) $c' \neq 0$ のとき，2 次曲線 S は双曲線である。

(イ) $c'=0$ のとき，2 次曲線 S は 2 本の直線である。

[4] $(n_+,\ n_-,\ n_0)=(1,\ 0,\ 1)$ のとき

(ア) $a_1>0$ かつ $a_2=0$ のとき，$c'=\dfrac{b_1^2}{4a_1}-c$ とすると

[a] $b_2 \neq 0$ のとき，2 次曲線 S は放物線である。

[b] $b_2=0$ のとき

[α] $c'>0$ のとき，2 次曲線 S は 2 本の直線である。

[β] $c'=0$ のとき，2 次曲線 S は 1 本の直線である。

[γ] $c'<0$ のとき，2 次曲線 S は空集合である。

(イ) $a_1=0$ かつ $a_2>0$ のとき，$c'=\dfrac{b_2^2}{4a_2}-c$ とすると

[a] $b_1 \neq 0$ のとき，2 次曲線 S は放物線である。

[b] $b_1=0$ のとき

[α] $c'>0$ のとき，2 次曲線 S は 2 本の直線である。

[β] $c'=0$ のとき，2 次曲線 S は 1 本の直線である。

[γ] $c'<0$ のとき，2 次曲線 S は空集合である。

[5] $(n_+,\ n_-,\ n_0)=(0,\ 1,\ 1)$ のとき

(ア) $a_1<0$ かつ $a_2=0$ のとき，$c'=\dfrac{b_1^2}{4a_1}-c$ とすると

[a] $b_2 \neq 0$ のとき，2 次曲線 S は放物線である。

[b] $b_2=0$ のとき

[α] $c'>0$ のとき，2 次曲線 S は空集合である。

[β] $c'=0$ のとき，2 次曲線 S は 1 本の直線である。

[γ] $c'<0$ のとき，2 次曲線 S は 2 本の直線である。

(イ) $a_1=0$ かつ $a_2<0$ のとき，$c'=\dfrac{b_2^2}{4a_2}-c$ とすると

[a] $b_1 \neq 0$ のとき，2 次曲線 S は放物線である。

[b] $b_1=0$ のとき

[α] $c'>0$ のとき，2 次曲線 S は空集合である。

[β] $c'=0$ のとき，2 次曲線 S は 1 本の直線である。

[γ] $c'<0$ のとき，2次曲線 S は2本の直線である。

[6] $(n_+,\ n_-,\ n_0)=(0,\ 0,\ 2)$ のとき

(ア) $b_1 \neq 0$ または $b_2 \neq 0$ のとき，2次曲線 S は1本の直線である。

(イ) $b_1=b_2=0$ のとき

[a] $c=0$ のとき，2次曲線 S の方程式は存在しない。

[b] $c \neq 0$ のとき，2次曲線 S は空集合である。

3 最小多項式と対角化

練習 1 略　**練習 2** 略　**練習 3** 略　**練習 4** 略

練習 5 略　**練習 6** 略　**練習 7** (1) $(t-1)(t-4)$ (2) $(t-2)(t-6)$

練習 8 略　**練習 9** 略　**練習 10** (1) 略 (2) $P=\begin{bmatrix} 1 & 7 & 4 \\ 1 & 2 & 1 \\ -2 & 3 & 2 \end{bmatrix}$

章末問題

1 (1) 固有値は 1 (重複度 2)，固有値 1 に対する固有空間の基底は $\left\{\begin{bmatrix} 1 \\ 0 \end{bmatrix}\right\}$，対角化可能でない

(2) 固有値は 2 (重複度 2)，6 (重複度 1)，固有値 2 に対する固有空間の基底は $\left\{\begin{bmatrix} -1 \\ 1 \\ 0 \end{bmatrix}, \begin{bmatrix} -1 \\ 0 \\ 1 \end{bmatrix}\right\}$，固有値 6 に対する固有空間の基底は $\left\{\begin{bmatrix} 1 \\ 2 \\ 1 \end{bmatrix}\right\}$，行列 A は対角化可能で $P=\begin{bmatrix} -1 & -1 & 1 \\ 1 & 0 & 2 \\ 0 & 1 & 1 \end{bmatrix}$ とすると，

$P^{-1}AP=\begin{bmatrix} 2 & 0 & 0 \\ 0 & 2 & 0 \\ 0 & 0 & 6 \end{bmatrix}$

(3) 固有値は 1 (重複度 1)，2 (重複度 1)，-3 (重複度 1)，固有値 1 に対する固有空間の基底は $\left\{\begin{bmatrix} -1 \\ 1 \\ 0 \end{bmatrix}\right\}$，固有値 2 に対する固有空間の基底は $\left\{\begin{bmatrix} 2 \\ -1 \\ 1 \end{bmatrix}\right\}$，固有値 -3 に対する固有空間の基底は $\left\{\begin{bmatrix} -1 \\ 1 \\ -1 \end{bmatrix}\right\}$，行列 A は対角化可能で $P=\begin{bmatrix} -1 & 2 & -1 \\ 1 & -1 & 1 \\ 0 & 1 & -1 \end{bmatrix}$ とすると，$P^{-1}AP=\begin{bmatrix} 1 & 0 & 0 \\ 0 & 2 & 0 \\ 0 & 0 & -3 \end{bmatrix}$

(4) 固有値は -1 (重複度 3)，2 (重複度 1)，固有値 -1 に対する固有空間の基底は $\left\{\begin{bmatrix} 1 \\ 0 \\ 0 \\ 1 \end{bmatrix}, \begin{bmatrix} 0 \\ 1 \\ 0 \\ 0 \end{bmatrix}, \begin{bmatrix} 0 \\ 0 \\ 1 \\ 0 \end{bmatrix}\right\}$，固有値 2 に対する固有空間の基底は $\left\{\begin{bmatrix} 1 \\ -1 \\ 0 \\ 2 \end{bmatrix}\right\}$，行列 A は対角化可能で

$P=\begin{bmatrix} 1 & 0 & 0 & 1 \\ 0 & 1 & 0 & -1 \\ 0 & 0 & 1 & 0 \\ 1 & 0 & 0 & 2 \end{bmatrix}$ とすると，$P^{-1}AP=\begin{bmatrix} -1 & 0 & 0 & 0 \\ 0 & -1 & 0 & 0 \\ 0 & 0 & -1 & 0 \\ 0 & 0 & 0 & 2 \end{bmatrix}$

(5) $a=2$ のとき，固有値は 1 (重複度 3)，固有値 1 に対する固有空間の基底は $\left\{\begin{bmatrix} 1 \\ 1 \\ 0 \end{bmatrix}, \begin{bmatrix} -1 \\ 0 \\ 1 \end{bmatrix}\right\}$，行列 A は対角化可能でない；$a \neq 2$ のとき，固有値は 1 (重複度 2)，$-a+3$ (重複度 1)，固有値 1 に対する固有空間の基底は $\left\{\begin{bmatrix} 1 \\ 1 \\ 0 \end{bmatrix}, \begin{bmatrix} -1 \\ 0 \\ 1 \end{bmatrix}\right\}$，固有値 $-a+3$ に対する固有空間の基底は $\left\{\begin{bmatrix} 1 \\ a \\ 1 \end{bmatrix}\right\}$，行列 A は

対角化可能で $P=\begin{bmatrix}1&-1&1\\1&0&a\\0&1&1\end{bmatrix}$ とすると，$P^{-1}AP=\begin{bmatrix}1&0&0\\0&1&0\\0&0&-a+3\end{bmatrix}$

2 $P=\dfrac{1}{2\sqrt{3}}\begin{bmatrix}-2\sqrt{2}&-1&\sqrt{3}\\2&-\sqrt{2}&\sqrt{6}\\0&3&\sqrt{3}\end{bmatrix}$ とすると，$P^{-1}AP=\begin{bmatrix}-1&0&0\\0&-1&0\\0&0&3\end{bmatrix}$

3 $P=\dfrac{1}{\sqrt{6}}\begin{bmatrix}\sqrt{3}&-\sqrt{2}&-1\\0&-\sqrt{2}\,i&2i\\\sqrt{3}&\sqrt{2}&1\end{bmatrix}$ とすると，$P^{-1}AP=\begin{bmatrix}2&0&0\\0&3&0\\0&0&6\end{bmatrix}$

4 (1) $(t-1)(t-2)$，行列Aは対角化可能で $P=\begin{bmatrix}1&0&2\\0&1&1\\0&0&1\end{bmatrix}$ とすると，$P^{-1}AP=\begin{bmatrix}1&0&0\\0&1&0\\0&0&2\end{bmatrix}$

(2) $(t-4)^2$，行列Aは対角化可能でない。

(3) $(t-1)(t+2)$，行列Aは対角化可能で $P=\begin{bmatrix}2&0&1\\1&1&0\\1&0&1\end{bmatrix}$ とすると，$P^{-1}AP=\begin{bmatrix}1&0&0\\0&-2&0\\0&0&-2\end{bmatrix}$

5 略　**6** 略　**7** (1) 略 (2) 略　**8** 略　**9** 略

第9章　ジョルダンの標準形

1 広義固有空間とジョルダンの標準形

練習1 略　**練習2** 略　**練習3** 略

練習4 $P=\begin{bmatrix}-3&0&1\\-1&1&1\\1&1&0\end{bmatrix}$ とすると，$P^{-1}AP=\begin{bmatrix}2&0&0\\0&1&1\\0&0&1\end{bmatrix}$

練習5 (1) $P=\begin{bmatrix}-2&2&1\\1&-2&0\\1&-1&0\end{bmatrix}$ とすると，$P^{-1}AP=\begin{bmatrix}3&1&0\\0&3&1\\0&0&3\end{bmatrix}$

(2) $P=\begin{bmatrix}1&0&0\\0&1&1\\0&0&1\end{bmatrix}$ とすると，$P^{-1}AP=\begin{bmatrix}1&1&0\\0&1&0\\0&0&1\end{bmatrix}$

練習6 $P=\begin{bmatrix}1&0&1&0\\1&2&0&3\\2&0&1&0\\0&-1&1&-2\end{bmatrix}$ とすると，$P^{-1}AP=\begin{bmatrix}1&1&0&0\\0&1&0&0\\0&0&1&1\\0&0&0&1\end{bmatrix}$

練習7 $\begin{bmatrix}1&0&0\\0&1&0\\0&0&1\end{bmatrix}+\begin{bmatrix}-4&2&-7\\0&0&2\\2&-1&4\end{bmatrix}$

章末問題

1 (1) $P=\begin{bmatrix}1&1&2\\1&0&-1\\-1&0&0\end{bmatrix}$ とすると，$P^{-1}AP=\begin{bmatrix}1&1&0\\0&1&0\\0&0&1\end{bmatrix}$

(2) $P=\begin{bmatrix}3&2+2i&2-2i\\0&1&1\\1&1&1\end{bmatrix}$ とすると，$P^{-1}AP=\begin{bmatrix}2&0&0\\0&2-2i&0\\0&0&2+2i\end{bmatrix}$

(3) $P=\begin{bmatrix} -1 & 0 & 0 & -1 \\ 1 & 0 & -2 & 0 \\ 1 & 1 & 0 & 1 \\ 0 & 0 & 1 & 1 \end{bmatrix}$ とすると，$P^{-1}AP=\begin{bmatrix} 1 & 1 & 0 & 0 \\ 0 & 1 & 0 & 0 \\ 0 & 0 & 1 & 0 \\ 0 & 0 & 0 & 2 \end{bmatrix}$

(4) $P=\begin{bmatrix} -2 & 6 & 1 & 1 \\ -6 & 24 & 7 & 0 \\ 4 & -20 & -6 & 0 \\ 2 & -12 & -3 & 0 \end{bmatrix}$ とすると，$P^{-1}AP=\begin{bmatrix} 3 & 1 & 0 & 0 \\ 0 & 3 & 1 & 0 \\ 0 & 0 & 3 & 1 \\ 0 & 0 & 0 & 3 \end{bmatrix}$

2 $P=\begin{bmatrix} 3 & 0 & 0 & 0 & 0 \\ 0 & 1 & -1 & -1 & -1 \\ 0 & 1 & 0 & 1 & 0 \\ 0 & 1 & 0 & 0 & 1 \\ 0 & 0 & 1 & 0 & 0 \end{bmatrix}$ とすると，$P^{-1}AP=\begin{bmatrix} 0 & 1 & 0 & 0 & 0 \\ 0 & 0 & 1 & 0 & 0 \\ 0 & 0 & 0 & 0 & 0 \\ 0 & 0 & 0 & 0 & 0 \\ 0 & 0 & 0 & 0 & 0 \end{bmatrix}$

3 $A^n=\dfrac{1}{2}\begin{bmatrix} 2n^2-10n+2 & -n^2+5n & 4n^2-18n \\ 4n^2-4n & -2n^2+2n+2 & 8n^2-4n \\ 4n & -2n & 8n+2 \end{bmatrix}$

索　引

第1刷　2019年12月 1 日　発行
第2刷　2020年 1 月10日　発行
第3刷　2020年 2 月 1 日　発行
第4刷　2020年 3 月 1 日　発行
第5刷　2020年 7 月 1 日　発行
第6刷　2021年 2 月 1 日　発行
第7刷　2021年11月 1 日　発行
第8刷　2023年 2 月 1 日　発行
第9刷　2024年 3 月 1 日　発行
第10刷　2025年 1 月10日　発行

●カバーデザイン　株式会社麒麟三隻館
●カバーイラスト　占部浩
●カバー著者近影　撮影・河野裕昭
●見返し写真
前上　Quantum computer and People／sh22/gettyimages
前下　Network, abstract illustration／KTSDESIGN/SCIENCE PHOTO LIBRARY /gettyimages
後上　Sound wave background／alengo/gettyimages
後下　hh5800/gettyimages

ISBN978-4-410-15462-1

数研講座シリーズ
大学教養
線形代数

著　者　加藤文元
発行者　星野 泰也
発行所　数研出版株式会社
〒101-0052　東京都千代田区神田小川町２丁目３番地３
〔振替〕00140-4-118431
〒604-0861　京都市中京区烏丸通竹屋町上る大倉町205番地
〔電話〕代表（075）231-0161
ホームページ　https://www.chart.co.jp
印刷　創栄図書印刷株式会社

241010

線形写像と固有値・固有ベクトル

CDなどでは音声データをデジタル信号に変換するために，フーリエ解析の手法を用いている。これは音声信号などの周期関数を，三角関数などの比較的に簡単な周期関数の１次結合の形に展開することで実行される。展開に用いる関数の系は，ある種の内積によって直交基底をなし，それによって実際の計算が効果的に行えるように工夫されている。

また，大量のデータに統計的な処理を施して，データの大局的な性質や傾向を分析する多変量解析においては，データを多数の変数で表現したものに，多次数の行列演算による線形代数的な計算処理が応用される。例えば，主成分分析という手法においては，行列の固有値・固有ベクトルの理論が応用され，与えられたデータの分散の構造が分析される。

多変量解析